复旦卓越 · 环境管理系列

GUTI FEIWU CHULI YU CHUZHI

固体废物处理与处置

编委会

主　编　杨治广

副主编　朱新峰

编　者　延　旭　张建云　张　霞
　　　　　李　钢　黄向东　李　菲

复旦大学出版社

内容简介

本教材阐释了不同固体废物的共性预处理技术（压实、破碎、分选），并分别对危险废物、生活垃圾、电子垃圾、农业固体废物、工业固体废物、建筑垃圾、矿业固体废物、污泥等八类固体废物从概念、现状、组成、危害、管理、收运、预处理、处理、处置、资源化、工程实例等方面进行了介绍。

固体废物具有种类多样性，每种废物的组成及处理各有特点。因此，本教材以固体废物的分类作为章节划分依据，每章针对一种固体废物，详细介绍其污染控制相关理论知识与工程措施。本教材还对固体废物物理、化学、生物等的转化原理进行了介绍以增加理论指导，并对部分重点公式进行了举例说明。每章后附有思考题，书后附有实验与课程设计。本教材还配有电子资源平台，扫下方二维码，即可获得知识链接、配套课件、主要相关规范标准等内容。

前言

进入 21 世纪,随着社会经济的高速发展,我国已进入生态文明建设时期,固体废物污染环境治理需求日益突出。在我国,大气、水污染治理技术与管理逐渐成熟完善,且已取得了较好的成效;同时,借助发达国家固体废物污染治理经验,我国固体废物污染控制技术与管理也有了很大发展,例如,过去垃圾以填埋为主要处置措施,而现在正逐渐过渡到以焚烧处置为主,固体废物资源化途径日新月异,固体废物污染控制管理也有了新的举措,如我国已开启了分类投放、分类收集、分类运输、分类处理的全程"四步走"生活垃圾管理新模式。因此,迫切需要总结更新固体废物污染控制的教学内容,培养具有较强社会适应能力和竞争能力的高素质新时代应用型人才。

基于以上情况,在河南省应用型本科院校教材建设联盟的指导下,我们编写了《固体废物处理与处置》一书,本书具有三个方面的特点:

(1)基于不同的固体废物的特点,将危险废物、电子垃圾、矿业固体废物、工业固体废物、污泥、农业固体废物、建筑垃圾、生活垃圾八类固体废物各作为一章进行有针对性的讲解;

(2)阐释理论知识的同时,突出了工程实例,强化实践能力培养;

(3)更新了垃圾分类、《固体废物污染环境防治法》(2020 年颁布)、固体废物处理与资源化技术等方面的知识。

本书由河南城建学院杨治广主编。全书共分为十章。第一章绪论,由杨治广编写,介绍了固体废物的概念、特点、来源、现状、管理与危害;第二章固体废物处理技术,由河南城建学院朱新锋编写,介绍了固体废物的压实、破碎、分选、稳定化与固化;第三章危险废物与第四章电子垃圾,分别由河南城建学院延旭与河南工程学院张建云编写,介绍了危险废物及电子垃圾的概念、来源、特性、管理、处理处置与资源化;第五章矿业固体废物与第六章工业固体废物,分别由河南城建学院杨治广、张霞编写,介绍了工矿业固体废物的来源、分类、危害、处理处置、资源化与放射性尾矿的治理;第七章污泥,由河南工程学院李钢编写,介绍了污泥的概念、来源、特点、脱水及资源化技术;第八章农业固体废物,由洛阳理工学院黄向东编写,介绍了农业固体废物的概念、组成特点及资源化技术;第九章建筑垃圾,由河南城建学院李菲编写,介绍了建筑垃圾的概念、组成、现状、危害、填埋、受纳与资源化;第十章生活垃圾,由河南城建学院杨治广编写,介绍了生活垃圾的概念、危害、现状、组成、收运、预处理、生活垃圾的填埋与焚烧处置、堆肥等资源化。实验及课程设计部分,由杨治广编写。全书最后由杨治广整理编校。河南城建学院的刘小珍、闫高俊、张尧超、孙艺涵、李亚、施孔慧、闫铎文、谢平安、葛静芸、李莉莉参与了前期资料收集、文字初步编辑及后期校订工作。

　　本书参考了相关同类教材及其他文献资料,在此对原作者致以诚挚的谢意。由于编者水平有限,本书的纰漏和不当之处,敬请读者提出宝贵意见和建议,以待修订时更正。

Contents

目录

第一章 绪论

📖 **学习目标**

1. 了解固体废物的产生、处理与管理发展史,了解固体废物与水、大气污染控制的相关性,了解发达国家的立法。

2. 掌握固体废物的概念、分类及其特点,掌握固体废物污染危害,以及其控制应遵循的原则与具体控制措施。

3. 熟悉相关国际公约及我国的相关立法、规范和标准。

第一节 固体废物概论

一、固体废物的概念及特点

何为固体废物(solid waste)?国际上较为通用的定义认为,固体废物是无直接用途的、可以永久丢弃的可移动的物品;《巴塞尔公约》中给出的定义认为,固体废物是指处置的、打算予以处置的或按照国家法律规定必须加以处置的物质或物品;学术界认为,固体废物是在社会生产、流通和消费等一系列活动中产生的,对占有者来说一般不具有原有价值而被丢弃的以固态和泥状赋存的物质;资源学家则认为,固体废物是时空上错位的资源。《中华人民共和国固体废物污染环境防治法》(以下简称《固体废物污染环境防治法》)中明确提出,固体废物是指在生产、生活和其他活动中产生的丧失原有利用价值或者虽未丧失利用价值但被抛弃或者放弃的固态、半固态和置于容器中的气态的物品、物质以及法律、行政法规规定纳入固体废物管理的物品、物质。

固体废物又叫固体废弃物。广义而言,废物按其形态有气、液、固三态。废物以液态或者气态存在,且污染成分主要是混入了一定量(通常浓度很低)的水或气体(大气或气态物质)时,分别看作废水或废气,一般应纳入水环境或大气环境管理体系,并分别有专项法规作为执法依据。不能排入水体的液态物质和不能排入大气的置于容器中的气态物质,多具有较大的危害性,在我国归入固体废物管理体系。所以,固体废物包括所有经过使用而被弃置的固态或半固态物质,甚至还包括具有一定毒害性的液态或气态物质。按化学性质,固体废物可分为无机废物和有机废物。按危害性,固体废物分为一般废物和有害废物。按照来源,固体废物可分为工矿业固体废物、生活垃圾及农林等其他固体废物。《固体废物污染环境防治法》是按照工业固体废物、生活垃圾、危险废物、建筑垃圾和农业固体废物等进行分类管理的。

固体废物的种类繁多,往往各种废物相互混杂在一起,因此,它具有成分复杂性,增加了处理与利用的难度。

应当强调指出的是,固体废物的"废"具有时间和空间的相对性:在此生产过程中或此方面可能暂时无使用价值的,未必在其他生产过程或其他方面也无使用价值。在经济技术落后国家或地区抛弃的废物,在经济技术发达国家或地区可能是宝贵的资源。在当前经济技术条件下暂时无使用价值的废物,在发展循环利用技术后可能就是资源。从空间角度看,废物仅仅相对于某一过程或某一方面没有使用价值,而并非在一切过程或一切方面都没有使用价值。一种过程的废物,往往可以成为另一种过程的原料。固体废物一般具有某些工业原材料所具有的化学、物理特性,且较废水、废气容易收集、运输、加工处理,因而可以回收利用。因此,固体废物常被看作"放错地方的原料"。

固体废物的危害具有潜在性、长期性和灾难性。固体废物呆滞性大、扩散性小,它对环境的影响主要是通过水、气和土壤进行的。其中,污染成分的迁移转化,如浸出液在土壤中的迁移,是一个比较缓慢的过程,其危害可能在数年乃至数十年后才能发现。从某种意义上讲,固体废物,特别是有害废物,对环境造成的危害可能要比水、气造成的危害严重得多。

在固、液、气三种形态的污染(固体废物污染、水污染、大气污染)中,固体废物的污染问题较之大气、水污染是最后引起人们注意的,也是最少得到人们重视的、最贴近生活的环境污染问题。固体废物来源分散多样,成分复杂,性状各异,是污染中最难处置的;固体废物是最具综合性的环境问题,既是各种污染物质的富集终态,又是土壤、大气、地表水和地下水等的污染源。因此,固体废物的处理处置具有综合性特征。

二、固体废物的来源及现状

固体废物在人类刚出现之时就已经陪伴在我们身边了。原始社会中,固体废物主要是粪便和动植物残渣;17—18世纪,随着机械加工工业的出现,木质屑末成为主要工业废物;19—20世纪,化学工业兴起,大量的含各种有机无机有毒有害废渣成为危害人类的主要废物;20世纪以后,固体废物成了废渣大家族。人类真正意识到固体废物危害性是在第一次工业能源革命之后——各行各业迅速发展,新兴事物不断出现,导致许多本还有利用价值的

"废物"逐渐被搁置,逐渐积累,从而使世界各国逐渐加大了对固体废物的重视程度,也促使一大批人加入研究固体废物处理的大浪潮中。

20 世纪 60 年代中期以后,环境保护受到重视,污染治理技术迅速发展,形成了一系列处理方法。20 世纪 70 年代以来,一些工业发达国家面临同样的问题:经济的迅速发展带来城市生活垃圾产生量的急剧增加,垃圾填埋需要占用大量土地,也给环境造成严重的污染,寻找新的填埋场越来越困难;混合收集的垃圾经处理后的产品质量差,许多堆肥厂也因此关闭;焚烧处理成本高,同样也产生二次污染。因此,这些发达国家提出了"资源循环"的口号,开始从固体废物中回收资源和能源,逐步把控制废物污染的途径发展为资源化,走上了可持续发展道路。当前,各发达国家已经将再生资源的开发利用视为"第二矿业",给予了高度重视,形成了一个新兴工业体系。

我国固体废物污染控制工作开始于 20 世纪 80 年代初期,提出了以"减量化""资源化""无害化"的三化原则作为控制固体废物污染的基本政策。进入 20 世纪 90 年代后,根据世界形势,面对我国经济建设的巨大需求与资源供应严重不足的紧张局面,我国已把回收利用再生资源作为重要的发展战略。《中国 21 世纪议程》指出:"中国认识到固体废物问题的严重性,认识到解决该问题是改变传统发展模式和消费模式的重要组成部分",总目标是完善固体废物法规体系和管理制度。实施废物最小量化,为废物最小量化、资源化和无害化提供技术支持,分别建成废物最小量化、资源化和无害化示范工程。

2015 年 12 月 8 日环保部发布的《2015 年全国大、中城市固体废物污染环境防治年报》显示,2015 年全国 244 个大、中城市共产生一般工业固体废物 19.2 亿 t,工业危险废物 2 436.7 万 t,医疗废物 62.2 万 t,生活垃圾产量约为 16 816.1 万 t。固体废物特点如表 1-1 所示。

表 1-1　固体废物成分及其特点列表

分　类	成　　分	来源特点	污染特点	危　　害
生活垃圾	纸类、金属、玻璃、塑料、腐质类、电池、皮革及织物、渣土等	来源于人类的各类活动	来源广,成分复杂,污染严重	污染土壤、大气、水体,污染环境
电子垃圾	复印机、手机、电视机、电脑等	来源于人类的日常生活	基数大,处理困难,处理工艺复杂	含有镉、汞、六价铬、聚氯乙烯塑料和溴化阻燃剂等对环境有害物质
农业固体废物	粪便、秸秆等	来源于农业和畜牧业	污染源大、危害性大	未经处理的粪便排入江河湖泊,形成厌氧腐化或富营养化现象,也会传染疾病,影响人体健康;造成水稻徒长、倒伏、晚熟或不熟;使地下蓄水层中有过量的硝酸盐

分类	成　分	来源特点	污染特点	危　害
医疗废物	一次性针头针管、各种导流导液的胶皮管、带菌的纱布纱条棉球,以及各种病人手术后的切除物、过期药品等	来源于对人和动物诊断、化验、处置、疾病预防等医疗活动和研究过程中产生的固态或液态废物	极强的传染性、生物毒性和腐蚀性,数量巨大、种类繁多,具有空间传染、急性传染、交叉传染和潜伏传染等特征,危害性更大	对水体、大气、土壤的污染及对人体造成直接危害,医疗垃圾携带的病原体、重金属和有机污染物可对地表水和地下水造成严重污染,对医疗垃圾处理不当还可对环境造成二次污染
化工废物	不合格的产品、不能出售的副产品、反应釜底料、滤饼渣、废催化剂等	来源于化工厂加工的废料	危害性大,难处理、难降解,腐蚀性大	对人体有害;药品含破坏臭氧层物质;杀虫剂中约有50%含致癌物质,有些可损伤动物肝脏
核废物	金属、含放射性废渣(矿渣)、粉尘、器具等	来源于铀、钍矿开采,铀富集和核燃料制造,核反应堆和辐照染料后处理	放射性强,核废料的放射性只能靠放射性核素自身的衰变而减少;射线危害性大,核废料放出的射线通过物质时,会对生物体造成辐射损伤	放射性强,射线危害大,危害人体的身体健康
工矿业废物	砂、石、纸、纤维、飞灰等	来源于金属冶炼、矿业开采	污染源大,治理困难	污染大气环境、水环境
厨余物	剩饭、剩菜、菜叶、果皮、塑料袋等	来源于食堂、饭店、厨房剩余物	污染源大,危害大	大量滋生蚊蝇,促使垃圾中的细菌大量繁殖,产生有毒气体和沼气,引起垃圾爆炸
建筑垃圾	金属、水泥、黏土、陶瓷、石膏、石棉、砂、石、纸、纤维等	来源于建筑物、构筑物、管网等建设、铺设或拆除、修缮过程中所产生的渣土、弃土、弃料、余泥及其他废物	量大,治理困难	建筑垃圾随意堆放不仅降低了对水体的调蓄能力,也将导致地表水和泄洪能力的降低;含有大量金属和非金属污染物,水质成分很复杂;少量可燃建筑垃圾在焚烧过程中产生有毒的致癌物质,造成对空气的二次污染;建筑垃圾占用土地,降低土壤质量

　　固体废物主要包括生活垃圾、工业固体废物、农业固体废物和危险废物。就地域而言,我国东部沿海地区经济发达,人口众多,城镇化水平高,生活垃圾、工业固体废物和危险废物产生量都很大;中部地区经济发展相对较慢,农业生产比较发达,也有很多工矿企业,农业和工业固体废物的产生量均较大;西部地区相对来说发展比较慢,城镇化水平较低,农业以畜牧业为主,因而生活垃圾和工业固体废物产生量相对较少,主要固体废物是农业废物。矿产资源丰富的地区,废矿石和尾矿的产生量较大。总之,有人类生活的地方就有固体废物的产

生,因此,固体废物还具有分散性的特征。

第二节　固体废物的处理利用史

一、固体废物的古代处理与利用

固体废物的处理和利用有悠久的历史,早在公元前 3000—公元前 1000 年,古希腊米诺斯文明时期,克里特岛的首府诺萨斯即有垃圾覆土埋入大坑的处理。但大部分古代城市的固体废物都是任意丢弃,年复一年,甚至将城市埋没,有的城市是后来在废墟上重建的。英国巴斯城的现址,比它在古罗马时期的原址高出 4～7 m。

为了保护环境,古代有些城市颁布过管理垃圾的法令。古罗马的一个标志台上写着"垃圾必须倒往远处,违者罚款"。1384 年,英国颁布禁止把垃圾倒入河流的法令。苏格兰大城市爱丁堡 18 世纪设有大废料场,将废料分类出售。1874 年,英国建成世界第一座焚化炉,垃圾焚化后,将余烬填埋。1875 年,英国颁布公共卫生法,规定由地方政府负责集中处置垃圾。最早的处置方法主要是填埋或焚烧。

中国、印度等亚洲国家,自古以来就有利用粪便和垃圾堆肥的处理方法。

二、固体废物的现代处理与利用

进入 20 世纪后,随着生产力的发展,人口进一步向城市集中(美国 100 年前 80％人口在农村,目前 80％人口在城市),消费水平迅速提高,固体废物排出量急剧增加,成为严重的环境问题。20 世纪 60 年代中期,环境保护受到重视,污染治理技术迅速发展,大体上形成一系列处置方法。20 世纪 70 年代以来,美国、英国、德国、法国、日本等国由于废物放置场地紧张,处理费用浩大,也由于资源缺乏,提出了"资源循环"的概念。为了加强固体废物的管理,许多国家设立了专门的管理机关和科学研究机构,研究固体废物的来源、性质、特征和对环境的危害,研究固体废物处置、回收、利用的技术和管理措施,以及制定各种规章和环境标准,出版有关书刊。固体废物的处理和利用,逐步成为环境工程学的重要组成部分。

为了保护环境和发展生产,许多国家不断采取新措施和新技术来处理和利用固体废物。矿业废物从在低洼地堆存,发展为矿山土地复原、安全筑坝等。工业废物从消极堆存,发展到综合利用。城市垃圾从人工收集、输送发展到机械化、自动化和管道化收集输送;从无控制的填埋,发展到卫生填埋、滤沥循环填埋;从露天焚化和利用焚化炉,发展到回收能源的焚化,中温和高温分解等,从压缩成型发展为高压压缩成型。城市有机垃圾和农业有机废物还用于制取沼气回收能源。工业有害废渣从隔离堆存发展到化学固定、化学转化以防止污染。总的趋势是从消极处置转向积极利用,实现废物的再资源化。

对城市垃圾进行分选回收。根据垃圾的化学、物理性质(如比重、电磁性、颜色、回弹性、可燃性等)进行分选,再用干法、水浆机法、高温或中温分解等方法处理,从中回收金属、玻璃、造纸原料、塑料等物资,同时回收热能和可燃气体。

对于工业废渣,大多作为资源综合利用。美国自70年代以来,已将每年排出的4 000多万t钢渣和高炉渣全部利用起来。英国、法国、瑞典、比利时、德国等的高炉渣也在当年全部得到利用。中国、苏联高炉渣的利用率为70%以上,日本为85%。日本、丹麦等国已将粉煤灰全部利用起来,美国的利用率为20%,中国为10%。

固体废物资源化利用已成为世界各国控制固体废物污染和缓解自然资源紧张的重要国策之一。固体废物资源化应遵循的原则主要包括:技术可行、经济效益好、就地利用产品、不产生二次污染、符合国家相应产品的质量标准。

实现固体废物污染环境控制的主要措施包括:淘汰污染严重的落后生产工艺和设备;采用清洁的资源和能源;采用精料;加强生产过程控制,提高管理水平和员工的环保意识;提高产品质量和寿命;发展物质循环利用工艺;进行综合利用;进行无害化处理与处置。

我国控制固体废物对环境污染和对人体健康危害的指导原则是实行对固体废物的减量化(reduction)、资源化(resource utilization)和无害化(harmlessness)。

减量化是指在生产、流通和消费等过程中减少资源消耗和废物产生。减量化是循环经济的重要内容,是固体废物管理领域的重要概念,是垃圾管理的基本要求,是降低垃圾对环境危害的最终手段。须注意,减量化不仅指减少垃圾的产生量。对减量化的含义有三种不同的理解:第一种理解是减少垃圾的产生量,也就是源头削减/废物预防;第二种理解是减少垃圾的最终处置量,即在垃圾处理过程中,通过压实、破碎等物理手段,或通过焚烧、热解等化学的处理方法,减少垃圾的数量和容积,从而方便运输和处置;第三种理解是减少垃圾的排放量,即垃圾产生后,经过回收阶段,减少需要进入城市生活垃圾处理处置系统的垃圾数量。

资源化是利用对固体废物的再循环利用,回收能源和资源。对工业固体废物的回收必须根据具体的行业生产特点而定,还应注意技术可行、产品具有竞争力及能获得经济效益等因素。

固体废物的无害化处置是指经过适当的处理或处置,使固体废物或其有害成分无法危害环境或转化为对环境无害的物质。常用的方法有焚烧法、堆肥法、等离子气化法和热解气化法。

第三节 固体废物的管理

一、固体废物的立法分类

固体废物的产生和处理具有历史性，与社会、经济和技术的发展水平相关联，而法律上对于固体废物的分类体现了政府对废物的管理和处理能力，因此，立法上有效的分类更能对固体废物污染环境防治和综合利用进行有效的管理，各国立法对固体废物的分类必须结合各自的经济社会发展水平开展。日本是固体废物有效管理的典型国家，这主要得益于日本固体废物立法体系的完整，但如果没有对固体废物进行良好的分类，恐怕再好的制度也无法执行。日本《废物处理和清扫法》将废物分为产业废物和一般废物。产业废物是指伴随事业活动所产生的废物和其中的灰烬、污泥、废油、废酸、废碱、废塑料，以及政令所规定的其他废物；一般废物是指除产业废物以外的废物。美国《1980年固体废物处置法》将废物分为工业废物、城市垃圾（家庭垃圾与商业垃圾）、下水污泥、农业废物、矿业废物等五类。

目前我国尚未进行《固体废物综合利用》的立法，但从《固体废物污染环境防治法》的立法结构和框架可以看出，我国立法实际上将固体废物分为工业固体废物、生活垃圾、危险废物、建筑垃圾、农业固体废物等。传统上按照危害性将废物分为两大类，即一般固体废物和危险废物，再按照来源将一般废物分为工业固体废物、生活垃圾、电子废物、农业固体废物等。

解决固体废物污染控制问题的关键之一是建立和健全相应的法规、标准体系。20世纪70年代以来，人们逐步加深了对固体废物环境管理重要性的认识，不断加强对固体废物的科学管理，并从组织机构、环境立法、科学研究和财政拨款等方面给予支持和保证。许多国家开展了对固体废物及其污染状况的调查，并在此基础上制定和颁布了固体废物管理的法规和标准。

二、世界各国固体废物的立法

世界各国的固体废物管理法规都经历了一个漫长的、从简单到完整的过程。1943—1953年，在美国纽约州尼加拉市的一段废弃运河上，两家化学公司填埋处置了大约21 000 t、80余种化学废物。从1976年开始，当地居民的地下室发现了有害物质的浸出，同时还发现当地居民有癌症、呼吸道疾病、流产等多发的现象。当地政府对约900户居民采取紧急避难措施，并对处置场地实施了污染修复工程，前后共花费了1.4亿美元。以此为契机，1980年，美国国会通过了《综合环境对策、赔偿及责任法》。美国 1965 年制定的《固体废物处置法》是第一个关于固体废物的专业性法规,该法 1976 年修改为《资源保护与回收法》(Resource Conservation and Recovery Act, RCRA),并分别于 1980 年和 1984 年经美国国会修订,日臻完善,迄今已成为世界上最全面、最详尽的关于固体废物管理的法规之一。根据 RCRA 的要求,美国环境保护局(Environment Protection Agency, EPA)又颁布了《有害固体废物修正案》(Hazardous and Solid Waste Amendments, HSWA),其内容包括九大部分及大量附录,每一部分都与 RCRA 的有关章节相对应,实际上是 RCRA 的实施细则。为了清除已废弃的固体废物处置场对环境造成的污染,美国又于 1980 年颁布了《综合环境对策、赔偿及责任法》(Comprehensive Environmental Response, Compensation, and Liability Act, CERCLA),俗称《超级基金法》。

1931 年,日本富山县通川流域出现了一种怪病,患者劳动过后腰、手、脚等关节疼痛,延续一段时间后,全身各部位都神经痛、骨痛尤烈,进而骨骼软化萎缩,导致身高缩短,骨骼变形、易折,轻微活动甚至咳嗽都可能导致骨折,称为"骨痛病"。20 世纪 50 年代中期开始对其进行研究,1959 年提出了病因是镉中毒的说法。神冈矿业排放的废物和废水中含有大量的镉,1971—1976 年,土壤调查表明当地土壤中镉含量最高达 4.85 mg/kg,平均为 1.12 mg/kg,而土壤背景值为 0.34 mg/kg。当地糙米中镉最高浓度为 4.29 mg/kg,平均为 0.99 mg/kg。截至 1991 年 3 月,患病人数 129 人,死亡 116 人。1992 年,净化后土壤中镉浓度为 0.14 mg/kg,糙米中镉浓度为 0.11 mg/kg。1973—1989 年,赔偿金额为 438 亿日元,若早期就防治则只需 96 亿日元。1970 年,日本国会一次通过了 6 个环境新法规,修改了 8 个与环境有关的法规,成为历史上最著名的"公害国会"。日本关于固体废物管理的法规主要是 1970 年颁布并经多次修订的《废物处理及清扫法》。此外,日本还于 1991 年颁布了《促进再生资源利用法》,对促进固体废物的减量化和资源化起到了重要作用。

三、国际公约

(一)《控制危险废物越境转移及其处置巴塞尔公约》

1976 年 7 月 10 日,意大利北部小城塞维索(Seveso)一家生产 2,4,6-三氯苯酚(TCP)的工厂发生了爆炸事故。该化工厂共生产了 2.0 kg 的二噁英(见第十章),造成了周围 1 810 hm^2(1 hm^2 为 10^4 m^2)土地的污染。二噁英通常指具有相似结构和理化特性的一组多氯取代的平面芳烃类化合物,属氯代含氧三环芳烃类化合物,包括 75 种多氯代二苯并-对-二噁英和 135 种多氯代二苯并呋喃,缩写为 PCDD/Fs。其中,2,3,7,8-四氯二苯并-对-二噁英(2,3,7,8-TCDD)是目前所有已知化合物中毒性最强的化合物,其毒性比氰化物大一千倍。在现场清理过程中,收集了 20 万 m^3 的污染严重的土壤和 41 罐反应残渣,清理这些污染土壤和反应残渣,约耗资 2 亿美元。一年后,废物被转移到法国,1985 年又被转移到瑞士的巴塞尔,并以 250 万美元的价格进行了焚烧处理。

该事故引起了一场关于二噁英问题和危险废物越境转移问题的国际争论,导致 1989 年诞生了《控制危险废料越境转移及其处置巴塞尔公约》(以下简称《巴塞尔公约》),并于 1992 年 5 月 5 日正式生效,截至 2020 年 5 月 1 日,《巴塞尔公约》共有 187 个成员。《巴塞尔公约》的总体目标是保护人类健康和环境免遭危险废物的不利影响。《巴塞尔公约》的各项条款都围绕以下主要目标:①减少危险废物的产生并促进危险废物的无害环境管理,而无论其处置地点在何处;②限制危险废物的越境转移,除非其转移被认为符合无害环境管理的原则;③在允许越境转移的情况下,实行管制制度。

自获得通过以来,《巴塞尔公约》在各方面取得了长足进展。1995 年 9 月 22 日,在日内瓦对该公约进行了修正,通过了《巴塞尔公约》修正案。1990 年 3 月 22 日,我国政府代表签署了《巴塞尔公约》,1991 年 9 月 4 日,全国人大常委会决定批准该公约。《巴塞尔公约》的要点包括:各缔约国有权禁止有害废物的进境和进口;建立预先通知和批准制度;有害废物和非法越境转移视为犯罪行为。该公约共 29 条,附件 6 条。该公约中,"废物"指处置的、打算予以处置的或按照国家法律规定必须加以处置的物质或物种,《巴塞尔公约》要求各缔约国根据各国经济、技术和经济方面的能力,保证将本国内产生的危险废物和其他废物减至最低限度,保证提供充分的处置设施用以从事危险废物和其他废物的环境无害化管理,不论处置场所位于何处,在可能范围内,这些设施应设在本国内。

(二)《关于持久性有机污染物的斯德哥尔摩公约》

《关于持久性有机污染物的斯德哥尔摩公约》又称《POPs 公约》(POPs 是 persistent organic pollutants 的缩写,即持久性有机污染物)。它是国际社会鉴于 POPs 对全人类可能造成的严重危害,为淘汰和削减 POPs 的生成和排放、保护环境和人类免受 POPs 的危害而共同签署的一项重要国际环境公约。公约于 2001 年 5 月 22 日在瑞典斯德哥尔摩召开的一次全权代表会议上通过,2004 年 5 月 17 日生效。截至 2020 年 5 月底,共有 184 个成员。中国于 2004 年 8 月 13 日递交批准书,同年 11 月 11 日公约对中国生效。《POPs 公约》适用于香港、澳门特区。《POPs 公约》的目标是,铭记《里约环境与发展宣言》确立的预防原则,保护人类健康和环境免受持久性有机污染物的危害。

(三)《关于在国际贸易中对某些危险化学品和农药采用事先知情同意程序的鹿特丹公约》

《关于在国际贸易中对某些危险化学品和农药采用事先知情同意程序的鹿特丹公约》是由联合国环境规划署和联合国粮食及农业组织在 1998 年 9 月 10 日在鹿特丹制定的,于 2004 年 2 月 24 日生效。该公约是根据联合国《经修正的关于化学品国际贸易资料交流的伦敦准则》和《农药的销售与使用国际行为守则》以及《国际化学品贸易道德守则》中规定的原则制定的,其宗旨是保护包括消费者和工人健康在内的人类健康和环境免受国际贸易中某些危险化学品和农药的潜在有害影响,简称《鹿特丹公约》或《PIC 公约》。

《鹿特丹公约》由 30 条正文和 5 个附件组成。其核心是要求各缔约方对某些极危险的化学品和农药的进出口实行一套决策程序,即事先知情同意(prior informed consent,PIC)程序。《鹿特丹公约》对"化学品""禁用化学品""严格限用的化学品""极为危险的农药制剂"等术语做了明确的定义,其适用范围是禁用或严格限用的化学品,以及极为危险的农药制剂。公约以附件三的形式公布了第一批极危险的化学品和农药清单。其目标是方便各国就国际贸易中的某些危险化学品的特性进行资料交流、为此类化学品的进出口规定一套国家决策程序并将这些决定通知缔约方,以促进缔约方在此类化学品的国际贸易中分担责任和开展合作,保护人类健康和环境免受此类化学品可能造成的危害,并推动以无害环境的方式使用这些化学品。

《鹿特丹公约》于 2005 年 6 月 20 日正式对我国生效。该公约的实施可以有效限制或禁止某些对我国生态环境和人民身体健康危害严重的化学品进入我国,规范化学品进出口秩序,降低健康和环境风险,是我国加强化学品环境管理的良好契机。

(四)《关于汞的水俣公约》

《关于汞的水俣公约》简称《水俣公约》,共有 128 个签约方。

水俣是日本的一座城市,20 世纪中期曾发生严重的汞污染事件。汞是一种重金属,俗称水银,是一种有毒物质。2013 年 1 月 19 日,联合国环境规划署通过了旨在全球范围内控制和减少汞排放的国际公约《水俣公约》,就具体限排范围做出详细规定,以减少汞对环境和人类健康造成的损害。该公约对含汞类产品的限制规定,2020 年前禁止生产和进出口的含汞类产品包括电池、开关和继电器、某些类型的荧光灯、肥皂和化妆品等。《水俣公约》认为,小型金矿和燃煤电站是汞污染的最大来源。各国应制定国家战略,减少小型金矿的汞使用量。公约还要求控制各种大型燃煤电站锅炉和工业锅炉的汞排放,并加强对垃圾焚烧处理、水泥加工设施的管控。

2013 年 10 月,国际社会就具有全球法律约束力的《水俣公约》达成一致,中国成为首批签约国。

2016 年 4 月,十二届全国人大常委会第二十次会议决定批准《关于汞的水俣公约》,2017 年 8 月 16 日,该公约对我国正式生效。公约要求缔约国自 2020 年起,禁止生产及进出口含汞产品。

(五)《生物多样性公约》

《生物多样性公约》是一项保护地球生物资源的国际性公约,于 1992 年 6 月 1 日由联合国环境规划署发起的政府间谈判委员会第七次会议在内罗毕通过,于 1992 年 6 月 5 日由签约国在巴西里约热内卢举行的联合国环境与发展大会上签署,并于 1993 年 12 月 29 日正式生效。常设秘书处设在加拿大的蒙特利尔。联合国《生物多样性公约》缔约国大会是全球履行该公约的最高决策机构,一切有关履行《生物多样性公约》的重大决定都要经过缔约国大会的通过。

《生物多样性公约》是一项有法律约束力的公约,旨在保护濒临灭绝的植物和动物,最大限度地保护地球上的多种多样的生物资源,以造福当代和子孙后代。

该公约规定:发达国家将以赠送或转让的方式向发展中国家提供新的补充资金以补偿它们为保护生物资源而日益增加的费用,应以更实惠的方式向发展中国家转让技术,从而为保护世界上的生物资源提供便利;签约国应为本国境内的植物和野生动物编目造册,制定计划保护濒危的动植物;建立金融机构以帮助发展中国家实施清点和保护动植物的计划;使用另一个国家自然资源的国家要与那个国家分享研究成果、盈利和技术。

截至 2020 年 5 月,该公约的成员有 196 个。中国于 1992 年 6 月 11 日签署该公约,1992年 11 月 7 日批准,1993 年 1 月 5 日交存加入书。

四、我国固体废物管理的立法实践

由于我国近现代化的起步较晚,工业化水平长期与发达国家保持着相当大的差距。长期以来,我国为追求 GDP 增长而依赖"大量生产—大量消费—大量废弃"的生产、消费模式,这种模式在拉动经济增长的同时也带来了废物规模的爆炸式增长,导致各地区垃圾围城的问题初见端倪并快速恶化;同时,随着城市化的快速发展以及居民对消费品需求的大幅提高,资源的消耗速度不断提高,进一步加剧了资源能源的短缺。基于此种情况,虽然目前我国还没有出台一部综合性的固体废物管理法律,但国家对固体废物的管理及循环经济发展非常重视,各级政府对固体废物管理进行了大量的投入,相关部门也颁布了一系列固体废物政策和法规,逐步形成了固体废物污染防治法律法规体系与资源综合利用的政策体系。

我国真正意义上的固体废物管理的立法实践工作主要是随着环境保护的立法逐步完善的,以时间为主线可以分为三个阶段。

第一阶段:1973 年前。这一阶段提倡固体废物综合利用,主要是党和国家领导人对固体废物的综合利用做了一些碎片化的指示和鼓励。1957 年,中共中央在《关于一九五七年开展增产节约运动的指示》中指出:"所有制造部门都应当在保证质量的前提下,广泛采用代用原料,充分地利用废料,开辟新的原料资源,增加生产。"周恩来在《国务院关于进一步开展增产节约运动的指示》中指出,"凡是有社会需要而原材料供应不足的产品,除了努力开辟原材料的来源以外,应该在保证产品质量的条件下,尽量节约原材料,利用各种废料、旧料和代用品进行生产"。

第二阶段:1973—1995 年。这一阶段,随着改革开放的逐步深入,经济社会快速发展,我国已建立起了比较完整的工业体系固体废物的综合利用,开始摆脱纯经济性质,与环境保护相结合,并越来越重视固体废物污染环境的防治。为此,全国人大、国务院及相关管理部门制定了一系列废物管理法律、法规等规范性文件,使废物管理进入规范化时代,基本奠定了废物管理的立法格局。

20世纪六七十年代,随着世界范围内的环境问题相继爆发,环保思潮在全球兴起,国际社会于1972年在瑞典斯德哥尔摩召开了联合国人类环境会议,并通过了著名的《人类环境宣言》,我国派出政府代表团参加了这次会议。会议召开后,我国的环保事业(包括固体废物污染环境防治工作)开始起步,国家对固体废物污染环境的防治也逐步开始重视。1973年,国务院发布的《关于保护和改善环境的若干规定(试行草案)》提出了"综合利用,化害为利"的环保方针,并在第四部分系统地规定了综合利用的方案和步骤。同时期,我国爆发了首次水污染事件——"官厅水库污染事件",这次事件使政府对环境保护的重要性有了进一步认识。为加强环境保护的国际合作,1974年,国务院成立了专门负责环境保护工作的环境保护领导小组。随后,1977年4月,国家计委、国家建委、财政部和国务院环境保护领导小组联合下发了《关于治理工业"三废",开展综合利用的几项规定》,指出"凡是现有企业能通过'三废'综合利用生产的产品,要优先发展"。这标志着我国以治理"三废"和综合利用为特点的固体废物污染防治进入新阶段。

为进一步加强环境保护工作,1979年全国人大常委会通过了《中华人民共和国环境保护法(试行)》,该法第18条明确规定了"对于污染环境的废气、废水、废渣,要实行综合利用、化害为利",这是第一次以国家法律的形式对固体废物的综合利用做出规定。20世纪80年代,我国固体废物污染防治工作主要以综合利用为主,制定固体废物资源化方针和鼓励综合利用废物的政策。1985年,国务院批转了国家经委《关于开展资源综合利用若干问题的暂行规定》,这一规定进一步明确了废物综合利用对合理利用资源、保护自然环境的重要意义。1989年,我国正式颁布《中华人民共和国环境保护法》(以下简称《环境保护法》),在第25条中明确规定,工业企业要采用经济合理的废物综合利用技术和污染物处理技术,这一规定初步描述了固体废物污染防治与综合利用相结合的管理思路。

第三阶段:1995年至今。从20世纪90年代中期开始,国务院环保部门就受国家委托从固体废物污染环境防治的角度起草固体废物处理法案,经历年的征求意见和修改。1996年,我国首部固体废物管理法律——《固体废物污染环境防治法》正式颁布实施,这部法律系统地规定了固体废物处理的基本原则、监管体制,制度措施、法律责任等,为固体废物污染环境的管理工作提供了法律依据。随着20世纪90年代可持续发展理论的提出,发展循环经济逐渐成为各国转变经济发展方式的主要方向,固体废物立法领域逐步由单一的污染防治思维转变为污染防治与循环利用并重的管理思维。同阶段,为应对我国经济高速增长带来的资源和环境问题,并响应国际社会发展循环经济、建设循环型社会的立法趋势,我国于2003年颁布了《中华人民共和国清洁生产促进法》,明确规定要"提高资源利用效率,减少和避免污染物的产生,保护和改善环境,保障人体健康,促进经济与社会可持续发展",对污染防治与提高资源利用率做了原则性的规定。为促进循环型社会建设,2008 年我国以废物循环利用为目的通过了《中华人民共和国循环经济促进法》,标志着污染防治和循环利用相结合的固体废物管理法律制度的基本建立,改变了长期以来以污染防治为中心的固体废物管理制度,固体废物管理法制逐步进入一个新的发展阶段。在此基础上,2009 年国务院颁布了《废弃电器电子产品回收处理管理条例》,其宗旨就是要促进资源的综合利用与循环经济的发展。

《固体废物污染环境防治法》于 2004 年第 1 次修订,新修订的法律强调,国家采取有利于固体废物综合利用活动的经济、技术政策和措施,对固体废物实行充分回收和合理利用,促进清洁生产和循环经济发展。2013 年进行了第 2 次修订,将第 44 条第 2 款修改为:"禁止擅自关闭、闲置或者拆除生活垃圾处置的设施、场所;确有必要关闭、闲置或者拆除的,必须经所在地的市、县人民政府环境卫生行政主管部门和环境保护行政主管部门核准,并采取措施,防止污染环境。"2015 年进行了第 3 次修订,将第 25 条第 1 款和第 2 款中的"自动许可进口"修改为"非限制进口",删去了第 3 款中的"进口列入自动许可进口目录的固体废物,应当依法办理自动许可手续。"2016 年进行了第 4 次修订,将第 44 条第 2 款修改为:"禁止擅自关闭、闲置或者拆除生活垃圾处置的设施、场所;确有必要关闭、闲置或者拆除的,必须经所在地的市、县级人民政府环境卫生行政主管部门商所在地环境保护行政主管部门同意后核准,并采取措施,防止污染环境。"将第 59 条第 1 款修改为:"转移危险废物的,必须按照国家有关规定填写危险废物转移联单。跨省、自治区、直辖市转移危险废物的,应当向危险废物移出地省、自治区、直辖市人民政府环境保护行政主管部门申请。移出地省、自治区、直辖市人民政府环境保护行政主管部门应当商经接受地省、自治区、直辖市人民政府环境保护行政主管部门同意后,方可批准转移该危险废物。未经批准的,不得转移。"

2019 年进行了第 5 次修订,2019 年 6 月 5 日,国务院常务会议通过《固体废物污染环境防治法(修订草案)》,人大常委会围绕生活垃圾分类制度、危险废物处置等问题提出了意见建议,新的《固体废物污染环境防治法》于 2020 年 4 月 29 日经全国人大常委会通过,自 2020 年 9 月 1 日起施行,主要做了如下修订:①明确固体废物污染环境防治坚持减量化、资源化和无害化原则。②强化政府及其有关部门监督管理责任。明确目标责任制、信用记录、联防联控、全过程监控和信息化追溯等制度,明确国家逐步实现固体废物零进口。③完善工业固体废物污染环境防治制度。强化产生者责任,增加排污许可、管理台账、资源综合利用评价等制度。④完善生活垃圾污染环境防治制度。明确国家推行生活垃圾分类制度,确立生活垃圾分类的原则。统筹城乡,加强农村生活垃圾污染环境防治;规定地方可以结合实际制定生活垃圾具体管理办法。⑤完善建筑垃圾、农业固体废物等污染环境防治制度。建立建筑垃圾分类处理、全过程管理制度;健全秸秆、废弃农用薄膜、畜禽粪污等农业固体废物污染环境防治制度;明确国家建立电器电子、铅蓄电池、车用动力电池等产品的生产者责任延伸制度;

加强过度包装、塑料污染治理力度;明确污泥处理、实验室固体废物管理等基本要求。⑥完善危险废物污染环境防治制度。规定危险废物分级分类管理、信息化监管体系、区域性集中处置设施、场所建设等内容;加强危险废物跨省转移管理,通过信息化手段管理、共享转移数据和信息,规定电子转移联单,明确危险废物转移管理应当全程管控、提高效率。⑦健全保障机制。增加了"保障措施"一章,从用地、设施场所建设、经济技术政策和措施、从业人员培训和指导、产业专业化和规模化发展、污染防治技术进步、政府资金安排、环境污染责任保险、社会力量参与、税收优惠等方面全方位保障固体废物污染环境防治工作。⑧严格法律责任。对违法行为实行严惩重罚,提高罚款额度,增加处罚种类,强化处罚到人,同时补充规定一些违法行为的法律责任。

 知识链接 1-1

《中华人民共和国固体废物污染环境防治法》

 知识链接 1-2

中国改革开放 40 年生态环境保护的历史变革

——从"三废"治理走向生态文明建设

五、我国固体废物管理体制

固体废物的管理体制是指关于固体废物管理机构的设置及相关关系和管理职能分工和协调的机制。其核心是固体废物管理机构的设置、各机构职权范围的划分和协调。管理体制是固体废物管理的组织保障,是固体废物管理的重要内容。

(一)我国固体废物管理体制的历史发展

我国很早就有国家的固体废物管理机构,而且时间上远远早于环境保护机构的设立。新中国成立后,由于各种商业及生产性物资的缺乏,那时还不存在固体废物污染环境的概念,只有固体废物的价值概念。为对固体废物进行综合利用,国家在商业部门内设置了专门负责废旧物资的回收和管理的部门。之后,伴随着机构改革的进行,国家在经济、建设主管部门内设置了"三废"办公室和综合利用办公室,主要负责固体废物的管理和综合利用。1972 年联合国人类环境会议和 1973 年第一次全国环境保护会议的召开,使得环境保护成为舆论的焦点,包括固体废物(废渣)的危害问题,提出要设立专门机构对环境保护进行统筹规划,全面安排、组织实施、督促检查。由此,1974年,国务院成立了专门负责环境保护工作的环境保护领导小组,负责全国的环境保护工作,之后又演变为临时性的环境保护办公室。1984年,国务院正式批准成立了国家环境保护局,设置了负责全国固体废物管理工作的固体废物管理处,同时,全国的废物综合利用工作由国家经委负责。1988年,国家经委撤销,废物综合利用管理工作由新成立的国家计委负责。1989年,《环境保护法》正式颁布,自此,我国在环境保护领域长期实行"统一管理与部门分工负责管理相结合"的行政管理体制,这种环境管理体制决定了环境法体系内的《固体废物污染环境防治法》关于固体废物的管理体制也必然奉行统一管理与部门分工负责管理相结合的体制,即"国务院生态环境主管部门对全国固体废物污染环境防治工作实施统一监督管理。国务院发展改革、工业和信息化、自然资源、住房城乡建设、交通运输、农业农村、商务、卫生健康、海关等主管部门在各自职责范围内负责固体废物污染环境防治的监督管理工作。地方人民政府生态环境主管部门对本行政区域固体废物污染环境防治工作实施统一监督管理。地方人民政府发展改革、工业和信息化、自然资源、住房城乡建设、交通运输、农业农村、商务、卫生健康等主管部门在各自职责范围内负责固体废物污染环境防治的监督管理工作。"这一管理体制明显将固体废物作为一种污染物进行管理,基本没有考虑固体废物的循环利用价值,具有一定的缺陷。

(二)《固体废物污染环境防治法》中的管理体制

《固体废物污染环境防治法》制定了一些行之有效的管理制度。

1. 分类管理制度

固体废物具有量多面广、成分复杂的特点,因此,《固体废物污染环境防治法》确立了对生活垃圾、工业固体废物、危险废物、建筑垃圾和农业固体废物分别管理的原则,明确规定了主管部门和处置原则;在《固体废物污染环境防治法》第81条中明确规定,"禁止混合收集、贮存、运输、处置性质不相容而未经安全性处理的危险废物。……禁止将危险废物混入非危险废物中贮存。"第36条规定"禁止向生活垃圾收集设施中投放工业固体废物"。

2. 危险废物申报登记制度

为了使生态环境主管部门掌握危险废物的种类、产生量、流向以及对环境的影响等情况,进而有效地防治危险废物对环境的污染,《固体废物污染环境防治法》要求实施危险废物申报登记制度。

3. 固体废物污染环境影响评价制度及其防治设施的"三同时"制度

环境影响评价和"三同时"制度(即固体废物污染防治设施与主体工程同时设计、同时施工、同时投入使用)是我国环境保护的基本制度。

4. 排污收费制度

排污收费制度也是我国环境保护的基本制度。但是,固体废物的排放与废水、废气的排放有着本质的不同。废水、废气排放进入环境后,可以在自然当中通过物理、化学、生物等多种途径进行稀释、降解,并且有着明确的环境容量;而固体废物进入环境后,并没有被其形态相同的环境体接纳。固体废物对环境的污染是通过释放出的水和大气污染物进行的,而这一过程是长期的和复杂的,并且难以控制。因此,严格意义上讲,固体废物是严禁不经任何处置排入环境当中的。《固体废物污染环境防治法》规定,产生工业固体废物的单位对其产生的不能利用或者暂时不利用的工业固体废物,必须按照国务院生态环境等主管部门的规定建设贮存设施、场所,或者采取无害化处置措施。这样,任何单位都被禁止向环境排放固体废物。固体废物排污费的交纳,则是对那些在按照规定和环境保护标准建成工业固体废物贮存或者处置的设施、场所,或者这些设施、场所经改造达到环境保护标准之前产生的工业固体废物而言的。县级以上地方人民政府应当按照产生者付费原则,建立生活垃圾处理收费制度。

5. 进口废物审批制度

《固体废物污染环境防治法》明确规定:"禁止中华人民共和国境外的固体废物进境倾倒、堆放、处置""禁止经中华人民共和国过境转移危险废物"。为贯彻这些规定,2017 年 7 月国务院颁布了《禁止洋垃圾入境推进固体废物进口管理制度改革实施方案》。2018 年 3 月,生态环境部通过了《关于全面落实〈禁止洋垃圾入境推进固体废物进口管理制度改革实施方案〉2018—2020 年行动方案》《进口固体废物加工利用企业环境违法问题专项督查行动方案(2018 年)》。

6. 危险废物行政代执行制度

由于危险废物的危害特性,其产生后如不进行适当的处置而任由产生者向环境排放,则可能造成严重危害。因此,必须采取一切措施保证危险废物得到妥善的处理处置。《固体废物污染环境防治法》规定,"违反本法规定,危险废物产生者未按照规定处置其产生的危险废物被责令改正后拒不改正的,由生态环境主管部门组织代为处置,处置费用由危险废物产生者承担;拒不承担代为处置费用的,处代为处置费用一倍以上三倍以下的罚款。"行政代执行制度是一种行政强制执行措施,这一措施保证了危险废物能得到妥善、适当的处置,而处置费用由危险废物产生者承担,也符合我国"谁污染谁治理"的原则。

7. 危险废物经营单位许可证制度

危险废物的危险特性决定,并非任何单位和个人都能从事危险废物的收集、贮存、处理、处置等经营活动。从事危险废物的收集、贮存、处理、处置活动,必须既具备达到一定要求的设施、设备,又要有相应的专业技术能力等条件。必须对从事这方面工作的企业和个人进行审批和技术培训,建立专门的管理机制和配套的管理程序。因此,对从事这一行业的单位的资质进行审查是非常必要的。《固体废物污染环境防治法》规定,"从事收集、贮存、利用、处置危险废物经营活动的单位,应当按照国家有关规定申请取得许可证。"许可证制度将有助于我国危险废物管理和技术水平的提高,保证危险废物的严格控制,防止危险废物污染环境的事故发生。

8.危险废物转移报告单制度

危险废物转移报告单制度的建立,是为了保证危险废物的运输安全,以及防止危险废物的非法转移和非法处置,保证危险废物的安全监控,防止危险废物污染事故的发生。

(三)《循环经济促进法》中的管理体制

在固体废物的减量化、资源化和无害化管理方面,同样执行统一管理与部门分工负责管理相结合的管理体制,《循环经济促进法》进行了具体规定:各级循环经济发展综合管理部门负责组织协调、监督管理全国循环经济发展工作;各级生态环境等有关主管部门按照各自的职责负责有关循环经济的监督管理工作。这一管理体制赋予了各级循环经济发展综合管理部门对固体废物的循环利用的管理权限。

(四)固体废物管理标准体系

固体废物污染环境及其控制标准体系的建立是固体废物环境立法的一个重要组成部分,否则就无法对固体废物进行全面的、有效的管理。

我国有关固体废物管理的标准主要分为四类。

(1)固体废物分类标准。例如,《生活垃圾分类制度实施方案》(国办发〔2017〕26号)。

(2)固体废物监测标准。例如,《固体废物浸出毒性测定方法》(GB/T 15555—1995),《固体废物浸出毒性浸出方法》(GB 5086—1997),《工业固体废物采样制样技术规范》(HJ/T 20—1998),《危险废物鉴别标准通则》(GB 5085.7—2019),《城市生活垃圾采样和物理分析方法》(CJ/T 313—2009)。

(3)固体废物污染控制标准。例如,《恶臭污染物排放标准》(GB/T 14554—93),《生活垃圾填埋场污染控制标准》(GB 16889—2008),《生活垃圾焚烧污染控制标准》(GB 18485—2014)。

(4)固体废物综合利用标准。例如,《工业固体废物综合利用技术评价导则》(GB/T 32326—2015),《农业废弃物综合利用通用要求》(GB/T 34805—2017)。

近年来,我国生态环境部门有关固体废物处理与处置方面的规范、标准陆续出台,为我国的固体废物污染防治提供了依据。例如,2019年3月1日起实施纺织印染工业、锅炉、制药工业、农药制造工业、化肥工业、制革工业、制糖工业、淀粉工业等8个行业污染源源强核算技术指南;2020年1月13日,生态环境部公布了《砷渣稳定化处置工程技术规范》(HJ 1090—2020)、《固体废物再生利用污染防治技术导则》(HJ 1091—2020)等。

受利益驱动,很多超过了使用寿命并产生严重污染的设备仍然被大量使用,对环境造成了一定破坏。按照新修订的《固体废物污染环境防治法》,产生严重污染环境的工业固体废物的生产工艺和设备将被列入限期淘汰名录。

法律规定,国务院工业和信息化主管部门应当会同国务院有关部门组织研究、开发和推广减少工业固体废物产生量和降低工业固体废物危害性的生产工艺和设备,公布限期淘汰产生严重污染环境的工业固体废物的落后生产工艺、设备的名录。生产者、销售者、进口者、使用者必须在国务院工业和信息化主管部门会同国务院有关部门规定的期限内分别停止生产、销售、进口或者使用被列入这一名录的设备。列入限期淘汰名录被淘汰的设备,不得转让给他人使用。

第四节　固体废物的危害

一、对土壤环境的影响

　　固体废物任意露天堆放,必将占用大量的土地,破坏地貌和植被。据估算,每堆积 1×10^4 t 渣约占地 667 m²。固体废物及其淋洗和渗滤液中所含有害物质会改变土壤的性质和结构,并对土壤中的微生物产生影响。这些有害成分的存在不仅有碍植物根系的发育和生长,而且还会在植物有机体内积蓄,通过食物链危及人体健康。

　　土壤是细菌、真菌等微生物聚居的场所。这些微生物形成了一个生态系统,在大自然的物质循环中担负着碳循环和氮循环的部分重要任务。工业固体废物,特别是有害固体废物,经过风化、雨雪淋溶、地表径流的侵蚀,产生高温和毒水或其他反应,能杀灭土壤中的微生物,使土壤丧失腐解能力,导致草木不生。例如,我国内蒙古包头市的某尾矿堆积量已达 1 500 万 t,使尾砂坝下游的一个乡的大片土地被污染,居民被迫搬迁。

　　固体废物中的有害物质进入土壤后,还可能在土壤中发生积累。我国西南某市郊因农田长期施用垃圾,土壤中的汞浓度已超过本底值 8 倍,铜、铅浓度分别增加 87% 和 55%,对作物的生长等带来危害。来自大气层核爆炸试验的散落物,以及来自工业或科研单位的放射性固体废物,也能在土壤中积累,并被植物吸收,进而通过食物进入人体。20 世纪 70 年代,美国密苏里州为了控制道路粉尘,曾把混有四氯二苯并对二噁英(2,3,7,8-TCDDs)的淤泥废渣当作沥青铺路面,造成多处污染。土壤中 TCDDs 浓度高达 300 μg/L,污染深度达 60 cm,导致牲畜大批死亡,人们备受多种疾病折磨。在居民的强烈要求下,美国环保局同意全市居民搬迁,并花 3 300 万美元买下该城镇的全部地产,还赔偿了市民的一切损失。

二、对大气环境的影响

堆放的固体废物中的细微颗粒、粉尘等可随风飞扬,从而对大气环境造成污染。研究表明:当风力在 4 级以上时,在粉煤灰或尾矿堆表层的粒径小于 1.5 cm 的粉末将出现剥离,其飘扬的高度可达 20～50 m 以上,在风季期间可使平均视程降低 30％～70％。而且堆积的废物中某些物质的化学反应,可以不同程度上产生毒气或恶臭,造成地区性空气污染。例如,煤矸石自燃会散发大量的二氧化硫。辽宁、山东、江苏三省的 112 座矸石堆中,自燃起火的有 42 座。美国有 3/4 的垃圾堆散发臭气造成大气污染。

废物填埋场中逸出的沼气也会对大气环境造成影响,它在一定程度上会消耗填埋场上层空间的氧,从而使种植物衰败。此外,固体废物在运输和处理过程中,也能产生有害气体和粉尘。

三、对水环境的影响

在世界范围内,有不少国家直接将固体废物倾倒于河流湖泊或海洋。应当指出,这是有违国际公约、理应严加管制的。固体废物随天然降水或地表径流进入河流湖泊,或随风飘迁落入河流湖泊,污染地面水;随渗滤液渗透到土壤中,进入地下水,使地下水污染;废渣直接排入河流、湖泊或海洋,能造成更大的水体污染。

即使无害的固体废物排入河流湖泊,也会造成水体污染、河床淤塞、水面减小,甚至导致水利工程设施的效益减少或被废弃。我国沿河流、湖泊、海岸建立的许多企业,每年向附近水域排放大量灰渣。有些电厂排污口的灰堆已延伸到航道中心,灰渣在河道中大量淤积,从长远看对其下游的大型水利工程是一种潜在的威胁。

生活垃圾未经无害化处理就任意堆放,也已造成许多城市地下水污染。哈尔滨市韩家洼子垃圾填埋场的地下水色度和锰、铁、酚、汞含量及细菌总数、大肠杆菌数等都严重超标,锰含量超标 3 倍多,汞含量超标 20 多倍,细菌总数超标 4.3 倍,大肠杆菌数超标 11 倍以上。

四、影响环境卫生

固体废物在城市里大量堆放而又处理不妥,不仅妨碍市容,而且有害城市卫生。城市堆放的生活垃圾,非常容易发酵腐化,产生恶臭,招引蚊蝇、老鼠等滋生繁衍,容易引起疾病传染;在城市下水道的污泥中,还含有几百种病菌和病毒。长期堆放的工业固体废物有毒物质潜伏期较长,会造成长期威胁。城市的清洁卫生文明,很大程度上同固体废物的收集、处理有关,尤其是国家卫生城市和风景旅游城市若对固体废物不妥善处理,将会造成非常不良的影响。

建设生态文明是中华民族永续发展的千年大计。必须树立和践行"绿水青山就是金山银山"的理念,坚持节约资源和保护环境的基本国策,像对待生命一样对待生态环境,统筹山水林田湖草系统治理,实行最严格的生态环境保护制度,形成绿色发展方式和生活方式,坚定走生产发展、生活富裕、生态良好的文明发展道路,建设美丽中国,为人民创造良好生产生活环境,为全球生态安全做出贡献。

本章小结

本章介绍了固体废物的概念、特点、来源、现状、危害及固体废物污染环境控制应遵循的原则与主要措施,简要叙述了古代与现代的固体废物处理与利用情况,简要叙述了我国的固体废物管理立法实践历程,概述了《控制危险废料越境转移及其处置巴塞尔公约》等相关的国际公约,详细阐述了目前我国有关固体废物管理的法律、标准及规范,对《固体废物污染环境防治法》的主要内容以及我国目前的相关政策进行了重点介绍。本章学习目标是在掌握基本概念的基础上对《固体废物处理与处置》这门课程有一个整体认识并树立环境保护意识。

关键词

固体废物　国际公约　处理与处置　固体法　规范标准

习 题

1. 填空

(1)《中华人民共和国固体废物污染环境防治法》中把固体废物分为_____、_____、_____、_____和_____进行分类管理。其中,一个国家固体废物污染控制的有效性主要看_____的控制。

(2)我国控制固体废物污染的基本原则为_____原则,即_____、_____和_____。

2. 名词解释

固体废物、《巴塞尔公约》。

3. 简述固体废物的特性。

4. 简述固体废物污染环境控制的主要措施。

5. 简述固体废物污染危害。

6. 简述固体废物污染环境防治设施的"三同时"制度。

第二章 固体废物处理技术

学习目标

1. 了解固体废物处理技术的历史及现状。
2. 掌握压实、破碎、分选、稳定化、固化技术的概念、目的、影响因素及原理。
3. 熟悉固体废物的处理与处置的区别与联系,熟悉各种固化的效果评价。

第一节 固体废物处理概述

固体废物的处理通常是指采用物理、化学、生物、物化及生化方法把固体废物转化得适于运输、贮存、利用或处置的过程,固体废物处理的目标是无害化、减量化、资源化。具体采用的技术有:压实技术(compaction)、破碎技术(comminution)、分选技术(selection)、固化技术(solidification)、堆肥(compost)、厌氧发酵(anaerobic digestion)等。

固体废物处置(disposal of solid waste)通常是指将固体废物最终置于符合环境保护规定要求的场所或设施,以保证有害物质现在和将来不对人类和环境造成不可接受的危害。《固体废物污染环境防治法》中,固体废物处置是指将固体废物焚烧和用其他改变固体废物的物理、化学、生物特性的方法,达到减少已产生的固体废物数量、缩小固体废物体积、减少或者消除其危险成分的活动,或者将固体废物最终置于符合环境保护规定要求的填埋场的活动。主要包括:焚烧(incineration)、热解(pyrolysis)、卫生填埋(sanitary landfill)、安全填埋(secure landfill)。

固体废物的成分十分复杂,其形状、大小、物理性质的差别也十分大,在对固体废物进行处理与处置之前,为了提高固体废物处理和处置过程的工作效率和改善固体废物的处理和处置效果,一般都对固体废物进行压实、破碎、分级和分选等一种或多种预处理过程,可以缩减体积、缩小粒径差别、增大固体废物的颗粒比表面积、分离不同固体成分、回收有利用价值的物质等。对固体废物进行预处理后可以达到如下目的:使运输、焚烧、热解、熔化、压缩等操作易于进行,更经济有效;提供合适的粒度,有利于综合利用;增大颗粒比表面积,提高焚烧、热解、堆肥处理的效果;减小面积,便于运输和高密度填埋。预处理技术主要有压实、破碎、筛分、分选和脱水等。

我国节能环保产业位列战略性新兴产业之首,政策强力支持,"十二五"期间,环保产业投资达 3.1 万亿元,环保重点投资项目涉及固体废物处理、脱硫脱硝、市政污水、污泥、工业废水等多个方面。此外,《工业和信息化部办公厅关于开展工业固体废物综合利用基地建设试点工作的通知》要求,到"十二五"末,各试点地区工业固体废物综合利用率在 2010 年基础上提高 10～12 个百分点,建设一批各具特色的工业固体废物综合利用基地,形成了一套完善的工业固体废物综合利用政策体系和推广机制,促进全国工业固体废物综合利用跨越式发展。我国固体废物处理行业面临良好的产业发展机会。

固废处理投资在我国环保投资占比中长期处于低位,导致目前固废处理处置设施严重不足。"十一五"期间,全国生活垃圾无害化处理设施建设规划总投资为 862.9 亿元,平均每年投资额约为 173 亿元。包括医疗垃圾、工业废物在内的固废处理投资总规模约 2 100 亿元,年均增速 18.5%,其中的垃圾处理以 25% 的增速位列环保投资之首。

"十二五"是固废处理行业投资水平从低向高迈进的一个拐点。"十二五"期间,我国固废处理行业进入高速发展期。我国固废处理行业投资达到 8 000 亿元,占环保产业 3.1 万亿元总投资比例将达到 25.8%,年复合增长率约 30%,是环保行业整体投资增速的 2 倍。在政策的推动下,我国固废处理领域迎来更为乐观的成长空间。湘江流域"十二五"重金属污染治理投入 600 亿元都为废旧商品回收。受这些政策或产业规划的驱动,固废处理工程、设备及固废设施运营等子行业都进入高速成长期。其中,固废工程设备商首先受益,而专业运营商也迎来较大的发展机遇。

"十三五"期间,我国进一步推动循环发展。《国务院关于印发"十三五"生态环境保护规划的通知》(国发〔2016〕65 号)要求,实施循环发展引领计划,推进城市低值废弃物集中处置,开展资源循环利用示范基地和生态工业园区建设,建设一批循环经济领域国家新型工业化产业示范基地和循环经济示范市县。实施高端再制造、智能再制造和在役再制造示范工程。深化工业固体废物综合利用基地建设试点,建设产业固体废物综合利用和资源再生利用示范工程。依托国家"城市矿产"示范基地,培育一批回收和综合利用骨干企业、再生资源利用产业基地和园区。健全再生资源回收利用网络,规范完善废钢铁、废旧轮胎、废旧纺织品与服装、废塑料、废旧动力电池等综合利用行业管理。尝试建立逆向回收渠道,推广"互联网＋回收"、智能回收等新型回收方式,实行生产者责任延伸制度。到 2020 年,全国工业固体废物综合利用率提高到 73%。实现化肥农药零增长,实施循环农业示范工程,推进秸秆高值化和产业化利用。到 2020 年,秸秆综合利用率达 85%,国家现代农业示范区和粮食主产县基本实现农业资源循环利用。

第二节　固体废物的预处理

一、固体废物的压实

压实是一种采用机械方法将固体废物中的空气挤压出来,减少其空隙率以增加其聚集程度的过程。其目的有二:一是减少体积、增加容重以便于装卸和运输,降低运输成本;二是制作高密度惰性块料以便于贮存、填埋或做建筑材料。大部分固体废物(除焦油、污泥等)都可进行压实处理。

压实技术最初主要用来处理金属加工业排出的各种松散废料,后来逐步发展到处理城市垃圾,如纸箱、纸袋和纤维制品等。一般固体废物经过压缩处理后,压缩比(即体积减小的程度)为3~5,如果同时采用破碎和压实技术,其压缩比可增加到5~10。压缩后的垃圾或袋装或打捆,对于大型压缩块,往往先将铁丝网置于压缩腔内,再装入废物,因而压缩完成后即已牢固捆好。除了便于运输外,固体废物压实处理还具有三大优点。

(1)减轻环境污染。经过高压压缩的垃圾块切片用显微镜镜检表明,它已成为一种均匀的类塑料结构。日本东京湾的垃圾块在自然暴露三年后检验,没有任何可见的降解痕迹,足见其确已成为一种惰性材料,从而减轻了对环境的污染。

(2)快速安全造地。用惰性固体废物压缩块作为地基或填海造地材料,上面只需覆盖很薄土层,所填场地不必做其他处理或等待多年的沉降,即可利用。

(3)节省贮存或填埋场地。废金属切屑、废钢铁制品或其他废渣,其压缩块在加工利用之前,往往需要堆存保管,放射性废物要深埋于地下水泥堡或废矿坑等中,压缩处理可大大节省贮存场地。

(一)固体废物压实的原理

大多数固体废物是由不同颗粒与颗粒间的空隙组成的集合体。自然堆放的固体废物,其表观体积是废物颗粒有效体积与空隙占有的体积之和:

$$V_m = V_s + V_v \tag{2-1}$$

其中:V_m 为固体废物的表观体积;V_s 为固体颗粒体积(包括水分);V_v 为空隙体积。

当对固体废物实施压实操作时,随压力的增大,空隙体积减小,表观体积也随之减小,而容重增大。所谓容重,就是固体废物的干密度,用 ρ_d 表示:

$$\rho_d = \frac{m_s}{V_m} = (m_m - m_w)/V_m \tag{2-2}$$

其中：m_s 为固体废物颗粒质量；m_m 为固体废物总质量，包括水分质量；m_w 为固体废物中水分质量。

因此，固体废物压实的本质，可看作施加一定压力，提高废物容重的过程。当固体废物受到外界压力时，各颗粒间相互挤压，变形或破碎，达到重新组合的效果。

压实技术适合处理冰箱、洗衣机、纸箱、纸袋、纤维、废金属细丝等压缩性能大而复原性小的物质，木头、玻璃、金属、塑料块等很密实的固体或是焦油、污泥等黏稠半固体物质不宜做压实处理。

（二）固体废物压实程度的度量

常用下述指标表示废物的压实程度。

1. 空隙比与空隙率

固体废物的空隙比 e 定义如下：

$$e = \frac{V_v}{V_S} \tag{2-3}$$

空隙率 ϵ 比空隙比 e 更常用，空隙率定义如下：

$$\epsilon = \frac{V_v}{V_m} \tag{2-4}$$

空隙比与空隙率越低，表明压实程度越高，相应的密度越大。

2. 湿密度与干密度

若忽略空隙中的气体质量，则固体废物总质量（m_m），等于固体物质质量（m_s）与水分质量（m_w）之和：

$$m_m = m_s + m_w \tag{2-5}$$

因而，固体废物湿密度 ρ_w 定义如下：

$$\rho_w = \frac{m_m}{V_m} \tag{2-6}$$

固体废物干密度 ρ_d 定义如下：

$$\rho_d = \frac{m_s}{V_m} \tag{2-7}$$

一般废物收运及处理过程中测定的物料质量都包括水分，因此，一般密度均指湿密度。压实前后固体废物密度值及其变化率大小容易测定，比较实用。

3. 体积减小百分比

体积减小百分比 R 用式(2-8)表示：

$$R = \frac{V_i - V_f}{V_i} \times 100\% \qquad (2-8)$$

其中：R 为体积减小百分比；V_i 为压实前废物的体积；V_f 为压实后废物的体积。

4. 压缩比与压缩倍数

压缩比 r 是固体废物经压实处理后体积减小的程度。

$$r = \frac{V_f}{V_i} \qquad (2-9)$$

r 越小，压实效果越好。

压缩倍数 n 是固体废物经压实处理后，体积压实的程度。

$$n = \frac{V_i}{V_f} \qquad (2-10)$$

n 与 r 互为倒数，n 越大，压实效果越好，实际工程中，习惯上采用 n。

例题 2-1 某固体废物总质量为 10 kg，含水量为 22%，体积为 8 dm³，空隙体积为 4 dm³，压实操作后体积为 4.5 dm³，质量为 9 kg。分别计算其空隙率、压缩比、湿密度和干密度。

解： 空隙率＝4÷8×100%＝50%

压缩比＝4.5÷8×100%＝56.25%

压缩前湿密度＝10÷8＝1.25(kg/dm³)

压缩前干密度＝10×(1－22%)÷8＝0.975(kg/dm³)

压缩后湿密度＝9÷4.5＝2(kg/dm³)

压缩后干密度＝(9－10×22%＋1)÷4.5＝1.73(kg/dm³)

答： 空隙率 50%，压缩比 56.25%，压缩前湿密度 1.25 kg/dm³，压缩前干密度 0.975 kg/dm³，压缩后湿密度 2 kg/dm³，压缩后干密度 1.73 kg/dm³。

（三）固体废物的压实设备及选用

固体废物的压实设备虽然种类很多，外观形状和大小千差万别，但其构造和工作原理大体相同，主要由容器单元和压实单元两部分组成。前者负责接受废物原料；后者在液压或气压的驱动下，依靠压头将废物压实。

根据操作情况，固体废物的压实设备可分为固定式和移动式两大类。凡是采用人工或机械方法(液压方式为主)把废物送到压实机械里进行压实的设备均为固定式。各种家用小型压实器、废物收集车上配备的压实器及转运站配置的专用压实机等,均属固定式压实设备。移动式压实设备是指在填埋现场使用的轮胎式或履带式压土机、钢轮式布料压实机以及其他专门设计的压实机具。固定式压实设备一般设在工厂内部、废物转运站、高层住宅垃圾滑道的底部等场合;移动式压实设备一般安装在收集垃圾的车上,接受废物后即进行压实,随后送往处置场地。在实际选用压实设备时,常根据设备适用于何种物质的压实,将其分为金属压实器(打包机)、非金属压实器(打包机)、城市垃圾压实器等。

1. 金属类废物压实器

金属类废物压实器主要有三向联合式(见图 2-1)和回转式(见图 2-2)两种。三向联合式压实器适合用于压实松散金属废物。它具有三个互相垂直的压头,金属废物等被置于容器单元内,而后依次启动 1、2、3 三个压头,逐渐使固体废物的空间体积缩小,容积密度增大,最终达到一定尺寸。压后尺寸一般在 200~1 000 mm。

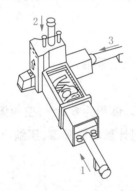

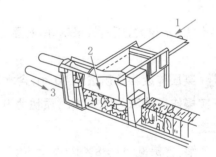

图 2-1　三向联合式压实器　　　　　图 2-2　回转式压实器

回转式压实器的使用是将废物装入容器单元后,先按水平式压头 1 的方向压缩,然后按箭头的运动方向驱动旋动压头 2,最后按水平压头 3 的运动方向将废物压至一定尺寸排出。

2. 非金属压实器

非金属压实器是适用于废纸、农作物秸秆等非金属固体废物的压实器,主要有废纸打包机、秸秆打包机等。该类打包机是机电一体化产品,主要由机械系统、控制系统、上料系统与动力系统等组成。整个打包过程由压包、回程、提箱、转箱、出包上行、出包下行、接包等组成。

3. 城市垃圾压实器

城市垃圾压实器与金属类废物压实器构造相似,常采用三向联合式压实器及水平式压实器,其中以水平式压实器更为普遍。城市垃圾在压缩时可能会产生污水、有机物腐败等现象,因此,对城市垃圾压实器,一般都要考虑其密封性能和压实器的表面处理(如金属表面的酸洗磷化、四周涂覆沥青)等问题,以免造成二次污染或影响压实器的使用寿命。图 2-3 所示是用于压实城市垃圾的水平式压实器。先将垃圾加入装料室,启动具有压面的水平压头,使垃圾致密化和定型化,然后将坯块推出。推出过程中,坯块表面的杂乱废物受破碎杆作用而被破碎,不致妨碍坯块移出。

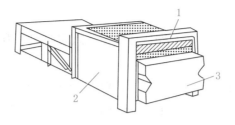

图 2-3 城市垃圾压实器

压实器的选择主要针对固体废物的压实程度,选择合适的压缩比和使用压力。应针对不同的废物,采用不同的压实方式,选用不同的压实设备。此外,应注意压实过程中的具体情况,如城市垃圾压缩过程中会出现水分,塑料热压时会粘在压头上等,应对不同废物采用不同的压缩设备。还要注意,压实过程与后续处理过程有关,应综合考虑是否选用压实设备。

压实处理的流程因固体废物的种类、性质、处理目的不同而有别。图 2-4 所示是典型的城市垃圾压实处理工艺流程。金属加工业排出的不同形状的金属切屑、碎屑、尾料等金属类废物,均是进行回炉熔炼或再生的宝贵资源,但要制成体积较小、密度较大并具有适宜尺寸的坯块。其基本流程如下:破碎,压实,坯块,回收再生。

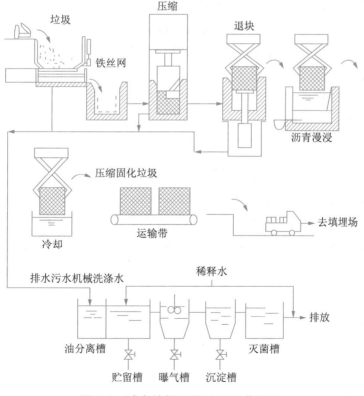

图 2-4 城市垃圾压实处理工艺流程

二、固体废物的破碎

固体废物的破碎是指利用外力克服固体废物质点间的内聚力而使大块固体废物分裂成小块的过程。

固体废物破碎的目的如下：可以使得固体废物的容积减少，便于压缩、运输和贮存，高密度填埋处置时，压实密度高而均匀，可以加快覆土还原；使得固体废物中连接在一起的一种材料等单体分离，提供分选所要求的入选粒度，从而有效地回收固体废物中有用的成分；使固体废物均匀一致；比表面积增加，可以提高焚烧、热分解、熔融等作业的稳定性和热效率；防止粗大、锋利的固体废物损坏分选、焚烧和热解等设备或炉膛；为固体废物的下一步加工做准备，比如，煤矸石的制砖、制水泥等都要求把煤矸石破碎到一定粒度以下，以便进一步加工制备。

（一）影响破碎效果的因素

影响破碎过程的因素是物料机械强度及破碎力。物料机械强度是由物料一系列力学性质所决定的综合指标，力学性质主要有硬度、解理、韧性及物料的结构缺陷等。

硬度是指物料抵抗外界机械力侵入的性质。硬度愈高、抵抗外界机械力侵入的能力愈大，破碎时愈困难。硬度反映了物料的坚固性。

对于坚固性指标的测定，一种是从能耗观点出发，如 F.C.邦德功指数就是以能耗来测定物料坚固性；另一种是从力的强度出发，如岩矿硬度的测定。国外多用 F.C.邦德功指数反映物料的坚固性，这种办法比较可靠，只要测出各种物料的功指数大小就能判明各种物料的坚固性。我国通常用莫氏硬度及普氏硬度系数 f 表示物料的坚固性。莫氏硬度是相对硬度，选取 10 种标准矿物作为硬度等级，这 10 种矿物及硬度等级分别是：

| 滑石(1) | 石膏(2) | 方解石(3) | 萤石(4) | 磷灰石(5) |
| 正长石(6) | 石英(7) | 黄玉(8) | 刚玉(9) | 金刚石(10) |

普氏硬度系数是苏联学者普罗托季亚科诺夫提出，用 f 来表示岩石的坚固性系数，坚固性愈大的岩石，普氏硬度系数也愈大。常见的岩石普氏硬度系数介于 1 至 20 之间。测定岩石普氏硬度系数的方法很多，最简单的方法是用 5 m×5 m×5 m 岩体试样，使其受单向压缩，设其极限抗压强度为 R kg/cm^2，将 R 值除以 100，值即为 f。根据 f 值的大小，将各种岩石的坚固程度分成 10 级。普氏硬度系数大于 4 或莫氏硬度等级大于 3 的页岩不易凿岩爆破、难以破碎粉碎、塑性较差。

$$f = \frac{R}{100} \tag{2-11}$$

当存在几种物料时，用上述方法测出的数值大小顺序也就反映了它们破碎的难易顺序。

物料受压轧、切割、锤击、拉伸、弯曲等外力作用时所表现出的抵抗性能叫作韧性,包括脆性、柔性、延展性、挠性、弹性等力学性质。一般来说,自然界的物料大多数都具有脆性,但有的较大,有的较小。脆性大的物料在破磨中容易被粉碎,易过磨、过粉碎。脆性小的不容易被粉碎,破磨中不容易过磨、过粉碎。延展性多为一些自然金属矿物所具有,它们在破磨中容易被打成薄片而不易磨成细粒。柔性、挠性及弹性多为一些纤维结晶矿物(如石棉)、片状结晶矿物(如云母、辉钼矿等)所具有,这些物料破碎及解理并不困难,粉碎成细粒十分困难。

物料在外力作用下沿一定方向破裂成光滑平面的性质叫作解理,解理是结晶物料特有的性质。所形成的平滑面称为解理面(若不沿一定方向破裂而形成的凹凸不平的表面则称为断口)。按解理发育程度可分为五种类型:极完全解理、完全解理、中等解理、不完全解理和极不完全解理。

(二)结构缺陷

结构缺陷对物料破碎的影响较为显著,随着物料粒度的变小,裂缝及裂纹逐渐消失,强度逐渐增大,力学的均匀性增高,故细磨更为困难。

总体来说,固体废物的机械强度反映了固体废物抗破碎的阻力。常用静载 F 测定的抗压强度、抗拉强度、抗剪强度和抗弯强度来表示。其中,抗压强度最大,抗剪强度次之,抗弯强度较小,抗拉强度最小。一般以固体废物的抗压强度为标准来衡量。抗压强度大于250 MPa 者为坚硬固体废物,抗压强度 $40\sim250$ MPa 者为中硬固体废物,抗压强度小于40 MPa 者为软固体废物。

固体废物的机械强度与废物颗粒的粒度有关,粒度小的废物颗粒,机械强度较高。

按在破碎时的性状划分,物料分为最坚硬物料、坚硬物料、中硬物料和软质物料四种。

(三)破碎方法

破碎方法可分为干式破碎、湿式破碎、半湿式破碎三类。其中,湿式破碎与半湿式破碎在破碎的同时兼具分级分选的处理作用。

干式破碎即通常所说的破碎。按所用的外力即消耗能量形式的不同,干式破碎可分为机械能破碎和非机械能破碎两种方法。机械能破碎是利用工具对固体废物施力而将其破碎的;非机械能破碎则是利用电能、热能等对固体废物进行破碎的新方法,如低温破碎、热力破碎、低压破碎和超声波破碎等。

如图 2-5 所示为机械能破碎常用的方法,有压碎、劈碎、剪切、磨剥、冲击等破碎作用方式。压碎作用是将材料在挤压设备两个坚硬表面之间挤压,这两个表面或者都是移动的,或者一个静止一个移动。劈碎需要刃口,适合破碎机械强度较小的废物,如生活垃圾、秸秆、塑料等。剪切作用是指切开或割裂废物,特别适合用于二氧化硅含量低的松软物料。磨剥作用是在两个坚硬的物体表面的中间碾碎废物。冲击作用有重力冲击和动冲击。重力冲击是物体落到一个硬表面上,在自重作用下被撞碎的过程;动冲击是指供料碰到一个比它硬的快速旋转的表面时发生的作用。一般的破碎机同时兼有多种破碎方法,通常是破碎机的组件与要被破碎的物料间多种作用力起混合作用。

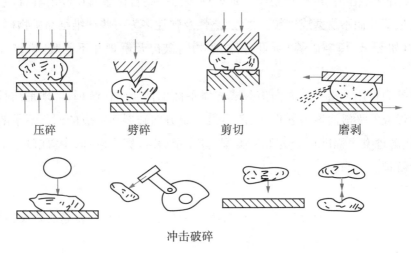

图 2-5　常用破碎机的破碎方式

固体废物的机械强度特别是废物的硬度,直接影响破碎方法的选择。对于脆硬性的废物,宜采用劈碎、冲击、压碎;对于柔韧性废物,宜利用其低温变脆的性能而有效地破碎,或是采用剪切、冲击、磨剥,而当废物体积较大不能直接将其供入破碎机时,需要先行将其切割成可以装入进料口的尺寸,再送入破碎机内;对于含有大量废纸的城市垃圾,近年来国外已采用半湿式和湿式破碎。

(四) 破碎产物的特性表示

破碎产物的特性通常采用粒度分布情况和破碎比来定量描述。

1. 粒径和粒度分布

表示颗粒尺寸的指标有三个:颗粒形状、粒径和粒度分布。

颗粒形状是指粉末颗粒的外观几何形状,常用颗粒的维数来描述。一维颗粒是针状或棒状的,其长度比其径向尺寸大很多。二维颗粒是片状的,其横向尺寸远大于厚度。多数粉末颗粒是三维的,此类型中最简单的是球形颗粒,实际颗粒并不是完美的球形,表面多呈不规则状。多孔性三维颗粒通常是不规则的,并且内部具有大量孔隙。

球形颗粒的粒径直接用直径表示,不规则颗粒粒径的代表值一般采用球体等效直径、有效直径、统计直径和筛径等。

球体等效直径是指与不规则颗粒具有相同体积的球体直径。

有效直径是指与颗粒密度相同,并在相同流体中具有相同沉降速度的球形颗粒的直径。

统计直径是指在某个固定方向平行测得的颗粒的长度尺寸。

筛径是指物料通过筛子的筛孔的孔径。

粒度分布的表示方法有累积曲线和频度曲线两种。

累积曲线是指比某粒径大或小的颗粒量占总颗粒量的质量分数对应于粒径的曲线。

频度曲线是指某一粒径范围内的颗粒量占总颗粒量的质量分数与粒径间隔的比,对应于各自粒径范围所做的曲线。

2. 破碎比与破碎段

在破碎过程当中,原废物粒度与破碎产物粒度的比值为破碎比(i)。破碎比表示废物被破碎的程度。破碎机的能量消耗和处理能力都与破碎比有关。

实际应用过程中,破碎比常采用废物破碎前的最大粒度与破碎后的最大粒度之比来计算,也称极限破碎比。破碎机给料口宽度常根据最大物料直径来选择。

$$极限破碎比\ i = \frac{废物破碎前最大粒度\ D_{\max}}{破碎产物最大粒度\ d_{\max}} \tag{2-12}$$

在科研和理论研究中,破碎比常采用废物破碎前的平均粒度与破碎后的平均粒度之比来计算,这一破碎比称为真实破碎比。

$$真实破碎比\ i = \frac{废物破碎前的平均粒度\ D_{cp}}{破碎产物的平均粒度\ d_{cp}} \tag{2-13}$$

一般破碎机的平均破碎比在 $3 \sim 30$。磨碎机破碎比可达 $40 \sim 400$。固体废物每经过一次破碎机或磨碎机称为一个破碎段。若要求的破碎比不大,一段破碎即可。有些固体废物的分选工艺要求入料的粒度很细,破碎比很大,可根据实际需要将几台破碎机或磨碎机依次串联起来组成破碎流程。对固体废物进行多次(段)破碎,总破碎比等于各段破碎比的乘积。

$$i = i_1 i_2 i_3 \cdots i_n \tag{2-14}$$

破碎段数主要取决于破碎废物的原始粒度和最终粒度。破碎段数越多,破碎流程就越复杂,工程投资相应增加。若条件允许,破碎段数应尽量减少。

(五)破碎工艺

根据固体废物的性质、颗粒大小、要求达到的破碎比和选用的破碎机类型,每段破碎流程可以有不同的组合方式,基本的工艺流程如图 2-6 所示。

(六)破碎设备

综合以下因素选择固体废物破碎设备:所需破碎能力;固体废物性质(如破碎特性、硬度、密度、形状、含水率等)和颗粒的大小;对破碎产品粒径大小、粒度组成、形状的要求;供料方式;安装操作现场情况;有效控制所需产品尺寸并且使功率消耗达到最小。

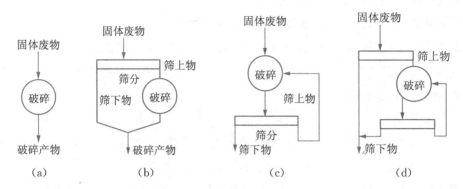

(a)单纯破碎工艺;(b)带预先筛分破碎工艺;(c)带检查筛分破碎工艺;(d)带预先筛分和检查筛分破碎工艺。

图 2-6 破碎基本工艺流程

常用破碎机有:颚式破碎机、锤式破碎机、冲击式破碎机、剪切式破碎机、辊式破碎机和粉磨机等。

1. 颚式破碎机

颚式破碎机属于挤压型破碎机械,广泛应用于冶金建材和化学工业部门,适于坚硬和中硬废物的破碎。根据可动颚板的运动特性分为简单摆动型(见图 2-7)、复杂摆动型(见图 2-8)和综合摆动型。复杂摆动型(复摆型)颚式破碎机破碎产品粒度较细,破碎比可达 2~8,简单摆动型(简摆型)破碎比只能达 3~6;规格相同时,复摆型破碎机比简摆型破碎机的生产率高20%~30%。

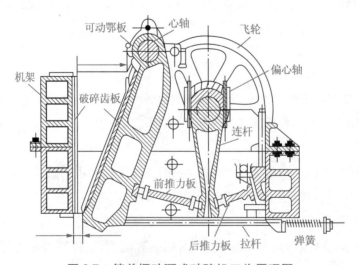

图 2-7 简单摆动颚式破碎机工作原理图

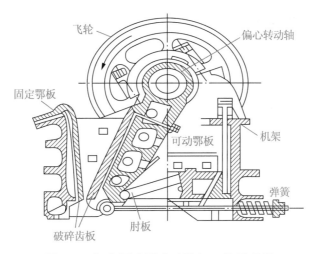

图 2-8 复杂摆动颚式破碎机工作原理图

2. 锤式破碎机

锤式破碎机按转子数目不同可分为单转子锤式破碎机和双转子锤式破碎机(见图 2-9)。单转子锤式破碎机根据转子的转动方向不同又可分为可逆式和不可逆式。

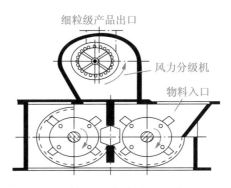

图 2-9 双转子锤式破碎机工作原理图

按破碎轴安装方式不同可分为卧轴锤式破碎机和立轴锤式破碎机,常见的是卧轴锤式破碎机,即水平轴式破碎机。破碎固体废物的锤式破碎机还有:Hammer Mills 式锤式破碎机、BJD 型锤式破碎机、Movorotor 型双转子锤式破碎机。

锤式破碎机主要用于破碎中等硬度且腐蚀性弱、体积较大的固体废物,还可用于破碎含水分及含油质的有机物、纤维结构物质、弹性和韧性较强的木块、石棉水泥废料,以及回收石棉纤维和金属切屑等。

3. 冲击式破碎机

冲击式破碎机(见图 2-10)大多是旋转式利用冲击作用进行破碎的设备,主要有Universa 型和 Hazemag 型。冲击式破碎机适用于破碎中等硬度、软质、脆性、韧性及纤维状等多种固体废物,如家具、电视机、杂器等生活废物。

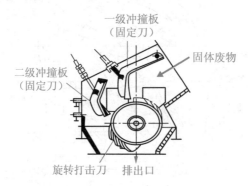

图 2-10　冲击式破碎机工作原理图

4. 剪切式破碎机

根据活动力的运动方式,剪切式破碎机可分为往复式与回转式(见图 2-11)。广泛使用的主要有 VomRll 型往复剪切式破碎机、Linelemann 型剪切式破碎机、旋转剪切式破碎机等。剪切式破碎机适用于处理松散状态的大型废物,剪切后的物料尺寸(即粒度)可达30 mm;也适用于切碎强度较小的可燃性废物。

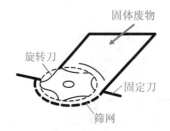

图 2-11　回转式剪切破碎机工作原理图

5. 辊式破碎机

根据辊子的特点,可将辊式破碎机分为光辊破碎机和齿辊破碎机。光辊破碎机可用于硬度较大的固体废物的中碎与细碎。齿辊破碎机可用于脆性或黏性较大的废物的破碎,也可用于堆肥物料的破碎。按齿辊数目的多少,可将齿辊破碎机分为单齿辊和双齿辊两种(见图 2-12)。

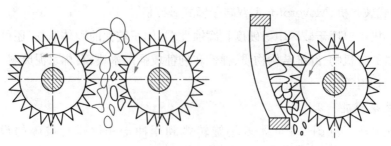

图 2-12　单齿辊和双齿辊破碎机工作原理图

6. 粉磨机

进行粉磨的目的是对废物进行最后段粉碎,使其中各种成分单体分离,为下一步分选创造条件。常用的粉磨机主要有球磨机和自磨机两种。球磨机(见图 2-13)由圆柱形筒体端盖、中空轴颈、轴承和传动大齿圈组成。自磨机又称无介质磨机,分干磨和湿磨两种。干式自磨机(见图 2-14)给料粒度一般为 300～400 mm,一次磨细到 0.1 mm 以下,破碎比可达3 000～4 000,比有介质磨机(如球磨机)大数十倍。

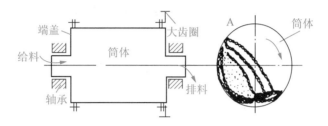

图 2-13 球磨机工作原理图

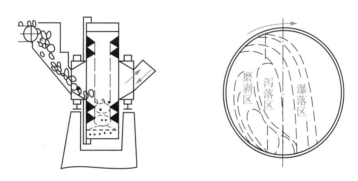

图 2-14 干式自磨机工作原理图

(七)其他破碎方法

1. 低温破碎

低温破碎(见图 2-15)是利用物料在低温变脆的性能对一些在常温下难以破碎的固体废物进行有效破碎的过程,也可利用不同废物脆化温度的差异在低温下进行选择性破碎,主要用于汽车轮胎的破碎。

2. 湿式破碎

湿式破碎(见图 2-16)是利用特制的破碎机将投入机内的含纸垃圾和大量水流一起剧烈搅拌和破碎成为浆液的过程。

湿式破碎具有以下优点:垃圾变成均质浆状物,可按流体处理法处理;不会滋生蚊蝇和恶臭,符合卫生条件;不会产生噪声、发热和爆炸的危险;脱水有机残渣,无论质量、粒度、水分等变化都小;在化学物质、纸和纸浆、矿物等处理中均可使用,可以回收纸纤维、玻璃铁和有色金属,剩余泥土等可做堆肥。

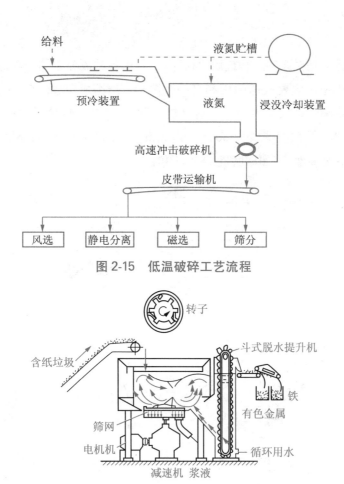

图 2-15 低温破碎工艺流程

图 2-16 湿式破碎机的构造原理图

3. 半湿式破碎

利用不同物质在一定均匀湿度下的强度、脆性(耐冲击性、耐压缩性、耐剪切力)不同而破碎成不同粒度的过程。该技术具有以下特点:在同一设备工序中同时实现破碎分选作业;能充分有效地回收垃圾中的有用物质;对进料适应性好,易破碎物及时排出,不会出现过破碎现象;动力消耗低,磨损小,易维修;当投入的垃圾在组成上有所变化及以后的处理系统另有要求时,可以改变滚筒长度、破碎板段数、筛网孔径等,以适应其变化。

例题 2-2 某建筑垃圾资源化利用时需将其破碎至平均粒径小于 1 mm。现选用颚式破碎机、辊式破碎机和球磨机三种破碎机进行连续破碎,试确定三种破碎机合适的破碎顺序。已知它们的平均破碎比均为 10,平均粒径为 50 cm 的建筑垃圾经历 3 个破碎段后,平均粒径是多少? 能否满足其资源化利用要求?

解:破碎顺序:颚式破碎机、辊式破碎机和球磨机。

平均粒径=50×10÷10÷10÷10=0.5 mm<1 mm,故满足其资源化利用要求。

三、固体废物的分选

固体废物的分选就是将固体废物中各种可回收利用废物或不利于后续处理工艺要求的废物组分采用适当技术分离出来的过程,包括人工分选和机械分选。固体废物分选是实现固体废物资源化、减量化的重要手段,通过分选将有用的成分选出来加以利用,将有害的成分分离出来;另一种是将不同粒度级别的废物加以分离,分选的基本原理是利用物料某些性质方面的差异,将其分离开。根据废物组成中各种物质的粒度、密度、磁性、电性、光电性、摩擦性及弹性的差异,将机械分选方法分为筛分、重力分选、光电分选、磁力分选、电力分选和摩擦与弹跳分选。

(一)人工分选

人工分选是在分类收集基础上,主要回收纸张、玻璃、塑料、橡胶等物品的过程。最基本的条件是:人工分选的废物不能有过大的质量、过大的含水量和对人体的危害性。人工分选的位置大多集中在转运站或处理中心的废物传送带两旁。经验表明:运送待分拣垃圾的皮带速度以小于 9 m/min 为宜。一名分拣工人大约在 1 h 内拣出 0.5 t 的物料。

人工分选识别能力强,可以区分用机械方法无法分开的固体废物,可对一些无须进一步加工即能回用的物品进行直接回收,同时还可消除所有可能使得后续处理系统发生事故的废物。虽然人工分选的工作劳动强度大、卫生条件差,但目前尚无法完全被机械代替。

(二)筛分

筛分是根据固体废物尺寸大小进行分选的一种方法,在城市生活垃圾和工业废物的处理上得到了广泛应用,包括湿式筛分和干式筛分两种操作类型。

筛分原理:筛分是利用筛子将物料中小于筛孔的细粒物料透过筛面,而大于筛孔的粗粒物料留在筛面上,完成粗、细粒物料分离的过程。该分离过程可看作由物料分层和细粒透筛两个阶段组成。物料分层是完成分离的条件,细粒透筛是分离的目的。

为了使粗细物料通过筛面而分离,必须使物料和筛面之间具有适当的相对运动,使筛面上的物料层处于松散状态,按颗粒大小分层,形成粗粒位于上层、细粒处于下层的规则排列,细粒到达筛面并透过筛孔。同时,物料和筛面的相对运动还可使堵在筛孔上的颗粒脱离筛孔,以利于细粒透过筛孔。粒度小于筛孔尺寸 3/4 的颗粒,容易通过粗粒形成的间隙到达筛面而透筛,称为"易筛粒";粒度大于筛孔尺寸 3/4 的颗粒,较难通过粗粒形成的间隙,而且粒度越接近筛孔尺寸就越难透筛,这种颗粒称为"难筛粒"。

1. 筛分用途

根据筛子的位置不同,将筛子分为四类,分别有着不同的用途。

(1)准备筛分:为了让某个操作过程的物料满足粒度要求,将固体废物按粒度分成几个级别,分别送往下一工序。

（2）预先筛分和检查筛分：通常与破碎工艺配合使用。预先筛分是在把物料送入破碎机之前，将小于破碎机出料口宽度的颗粒预先筛分出去，以提高破碎机的效率；检查筛分则是对已经破碎的物料进行筛分，将尚未达到要求粒度的物料返回破碎机的入口进行再破碎。

（3）选择筛分：废物经过某一个或某些筛分工序以后，将浓缩成有用成分的部分与基本上是无用成分的部分分开。筛孔必须调整到合适的大小。

（4）脱水或脱泥筛分：主要用于清洗或脱水操作。清洗是为了得到较为清洁的筛上物；脱水是为了去除废物中过多的含水量，以便进行下一步处理或处置，如焚烧或填埋。

2. 筛分效率

通常用筛分效率评定筛分设备的分离效率。筛分效率是指实际得到的筛下产品质量与入筛废物中所含小于筛孔尺寸的细粒物料质量之比，用百分数表示，如下：

$$E = \frac{m_1 \beta}{m \alpha} \times 100\% \tag{2-15}$$

其中：E 为筛分效率；m_1 为筛下产品质量；β 为筛下产品中小于筛孔尺寸的细粒的质量分数；m 为入筛固体废物质量；α 为入筛固体物料中小于筛孔的细粒的质量分数。

例题 2-3 已知某转筒筛在正常工作时筛分效率为 60%，1 000 g 某物料经充分筛分后得到筛下物 600 g，那么该转筒筛筛分 100 t 的物料正常工作会得到多少筛下物？

解：$m_1 = m \times \alpha \times E = 100 \times (600/1\,000) \times 60\% = 36(t)$

答：该转筒筛筛分 100 t 的物料正常工作得到筛下物 36 t。

筛分效率通常低于 85%～95%。筛分效率主要受筛分物料性质、筛分设备性能和筛分操作条件的影响。

固体废物的粒度和形状对筛分效率的影响很大。理论上，只要小于筛孔的颗粒都可以通过，但实际上，同样大小的球形和多面体颗粒远比片状或针状颗粒容易通过筛孔。纤维状的颗粒实际上基本不能通过筛孔。由于颗粒之间的相互阻碍和架桥作用，与筛孔大小相近的颗粒比更小的颗粒难通过筛孔。固体废物的含水率和含泥量对筛分效率也有一定的影响。当废物含水率较小（小于 10%）时，筛分效率随含水率增高而降低。当筛孔较大、废物含水率较高（大于 10%）时，反而造成颗粒活动性的提高，此时水分有促进细粒透筛作用，但此时已属于湿式筛分法，筛分效率较高。水分影响还与含泥量有关，当废物中含泥量高时，稍有水分就能引起细粒结团。

3. 筛面

常见的筛面有棒条筛面、钢板冲孔筛面及钢丝编织筛网等。棒条筛面有效面积小，筛分效率低;编织筛网则相反,有效面积大,筛分效率高;冲孔筛面介于两者之间。编织筛网的筛孔形状为正方形,与圆形筛孔相比,方形筛孔的边缘易发生阻塞。粒度较小、颗粒间凝聚力较大的固体废物适合用圆形冲孔筛面筛分。片状颗粒或针形颗粒分离时,使用有长方形筛孔的棒条筛面较好,此时,应使筛孔的长轴方向与筛板的运动方向垂直。

在筛分操作中应注意连续均匀给料,使废物沿整个筛面宽度铺成薄层,提高筛子的处理能力和筛分效率。及时清理和维修筛面也是保证筛分效率的重要条件。筛分设备振动程度不足时,物料不易松散分层,使透筛困难;振动过于剧烈时,物料来不及透筛,便又一次被卷入振动中,使废物很快移动至筛面末端被排出,也使筛分效率不高。因此,对于振动筛,应调节振动频率与振幅等;对滚筒筛而言,重要的是转速的调节,使振动程度维持在最适宜水平。

4. 筛分设备

筛分设备广泛用于许多工业部门,因为它种类繁多,至今尚无统一的分类标准。一般按筛箱的运动特征将筛分设备分为固定筛、滚筒筛(见图 2-17)、圆筒筛、摇动筛和振动筛五类。滚筒筛、圆筒筛和摇动筛逐渐被淘汰;固定筛与振动筛应用广泛。

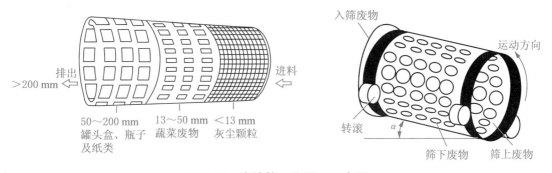

图 2-17 滚筒筛工作原理示意图

(1)固定筛。固定筛的工作部分(筛面)固定不动,物料沿倾斜的筛面靠自重向下滑动,颗粒尺寸小于筛孔的即得到透筛。其优点是不消耗动力,结构简单;缺点是筛分效率低,处理量也不大。

棒条筛就是一种固定筛。它一般由平行的钢棒(方钢、圆钢、钢轨)及横杆焊接在一起而成,钢棒间的宽度即为筛孔尺寸,筛面倾角应大于物料与筛面之间摩擦角,一般取 α 在 35°～45°,黏性物料 α 为 50°。

弧形筛也是一种固定筛。筛面沿纵向(物料运动方向)呈圆弧形,筛条横向排列,筛孔一般为 0.5～1 mm,一般用于脱水、脱泥和脱介前的预脱水等。

属于固定筛的还有条缝筛和旋流筛。条缝筛的筛面由倒梯形筛条组成,筛孔一般为 0.25～1 mm,一般用于振动筛前的预脱水。旋流筛主要用于选煤厂粗煤泥的预先脱水、脱泥、分级等回收作业及末煤的初步脱水和分级作业。

（2）振动筛。振动筛（见图 2-18）的筛箱借助于振动器的作用在一个平面内振动,以使筛面上的物料得到筛分。振动筛是目前许多工业部门最广泛应用的筛分机。目前,振动筛类型有圆振动筛、直线振动筛、共振筛、复合振动筛、概率筛等。其中,圆振动筛和直线振动筛应用最广。滚筒筛又叫圆筒筛,3°~5°安装,圆筒形筛网绕轴线转动,简单,效率低,约为60%。惯性振动筛由不平衡旋转产生离心惯性力,使筛箱振动筛分,效率高,约为90%,但电机使用寿命短,轴承易损坏。共振筛由弹性系统和传动装置发生共振筛分,效率高,处理能力大,但制造工艺复杂,橡胶弹簧易老化。

选择筛分设备时应考虑如下因素:颗粒大小形状,颗粒尺寸分布,整体密度,含水率,黏结或缠绕的可能;筛分器的构造材料,筛孔尺寸、形状,筛孔所占筛面比例,转筒筛的转速、长与直径,振动筛的振动频率、长与宽;筛分效率与总体效果要求;运行特征,如能耗、日常维护,运行难易,可靠性,噪声,非正常振动与堵塞的可能等。

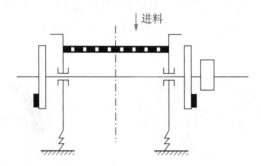

图 2-18　振动筛工作原理示意图

不同形状筛孔尺寸与筛下产品最大粒度的关系按下式计算:

$$d_{\max} = k \times a \tag{2-16}$$

其中:a 为筛孔尺寸(mm);k 为系数(与筛孔形状有关,可根据要求选择,圆形孔取 0.7,方形孔取 0.9,长方形取 1.2~1.7)。

筛分时,需要连续均匀给料,确保均匀的工作状态;控制给料量,过大易堆积难松散,过小处理能力降低;及时清理和维修筛面,确保正常的筛分效果。

（三）重力分选

重力分选是根据固体废物中不同物质颗粒间的密度差异,在运动介质中利用重力、介质动力和机械力的作用,使颗粒群产生松散分层和迁移分离,从而得到不同密度产品的分选过程。重力分选是在活动的或流动的介质中按颗粒的相对密度或粒度进行颗粒混合物的分选过程。重力分选的介质有空气、水、重液(密度比水大的液体)、重悬浮液等。

影响重力分选的因素主要是物料颗粒的尺寸、颗粒与介质的密度差以及介质的黏度。不同密度矿物分选的难易度可大致地按其等降比(e)判断。

$$e = \frac{\rho_2 - \rho}{\rho_1 - \rho} \tag{2-17}$$

其中：ρ_1 为轻矿物的密度（kg/m³）；ρ_2 为重矿物的密度（kg/m³）；ρ 为分选介质的密度（kg/m³）。

$e > 5$，属极易重力分选的物料，除极细（5～10 μm）细泥外，各粒度的物料都可用重力分选法分选。

$2.5 < e < 5$，属易选物料，按目前重力分选技术水平，有效分选粒度下限（采用一定的方法能够回收的固体废物的最小粒度）有可能达到 19 μm，但 19～37 μm 的分选效率也较低。

$1.75 < e < 2.5$，属较易分选物料，目前有效分选粒度下限可达 37 μm 左右，但 37～72 μm 的分选效率也较低。

$1.5 < e < 1.75$，属较难选物料，重力分选的有效分选粒度下限一般为 0.5 mm 左右。

$1.25 < e < 1.5$，属难选物料，重力分选法只能处理不小于数 mm 的粗粒物料，分选效率一般不高。

$e < 1.25$，属极难选的物料，不宜采用重力分选。

按介质不同，重力分选分为风力分选、跳汰分选、重介质分选、摇床分选和惯性分选等。各种重力分选过程具有共同工艺条件：固体废物中，颗粒间必须存在密度差异；分选过程都是在运动介质中进行的；在重力、介质动力及机械力综合作用下，使颗粒群松散并按密度分层；分好层的物料在运动介质流推动下互相迁移，彼此分离，获得不同密度的最终产品。

（四）重介质分选

重介质分选主要适用于几种固体的密度差别较小及难以用跳汰法等其他分离技术分选的场合。重介质具有密度高、黏度低、化学稳定性好、无毒、无腐蚀性、易回收等特点。通常将密度大于水的介质称为重介质，包括重液和重悬浮液两种流体。重介质密度介于大密度和小密度颗粒之间。对重介质的要求是密度高、化学稳定性好、无毒、无腐蚀性、易回收、易再生。常用的加重介质有硅铁：含硅 13%～18%，密度 6.8 g/cm³，耐氧化性，硬度大、磁性强，使用后可再生，性能优越；磁铁矿：含铁大于 60% 的铁矿粉配制成密度为 2.5 g/cm³ 的重介质，可以回收再生。

如颗粒密度大于重介质密度，颗粒下沉；反之，颗粒将悬浮，从而实现物料的分选。重介质分选精度很高，入选物料颗粒粒度范围也可以很宽，适合用于多种固体废物的分选。

实际分离前应筛去细粒部分，大密度物料颗粒粒度下限为 2～3 mm；小密度物料颗粒粒度下限为 3～6 mm。采用重悬浮液时，粒度下限可降至 0.5 mm。重介质分选不适合用于包含可溶性物质和成分复杂的城市垃圾的分选，主要应用于矿业废物分选过程。

（五）跳汰分选

跳汰分选是在垂直脉冲介质中颗粒群反复交替地膨胀收缩，按密度分选固体废物的一种方法。跳汰分选的一个脉冲循环中包括两个过程（见图 2-19）：床面先是浮起，然后被压紧。在浮起状态,轻颗粒加速较快,运动到床面物上面;在压紧状态,重颗粒比轻颗粒加速快,钻入床面物的下层中。脉冲作用是物料分层,物料分层后,密度大的重颗粒群集中于底层,小而重的颗粒会透筛成为筛下重产物,密度小的轻物料群进入上层,被水平向水流带到机外成为轻产物。

按推动水流运动方式,分为隔膜跳汰机和无活塞跳汰机。隔膜跳汰机(见图 2-20)利用偏心连杆机构带动橡胶隔膜做往复运动,借以推动水流在跳汰室内做脉冲运动;无活塞跳汰机采用压缩空气推动水流。跳汰分选主要用于混合金属的分离与回收。

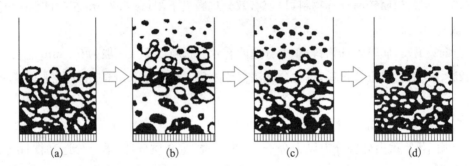

(a)   (b)   (c)   (d)

(a)分层前颗粒混杂堆积;(b)上升水流将床层抬起;(c)颗粒在水中沉降分层;(d)下降水流使床层紧密,重颗粒进入底层。

图 2-19 跳汰分选过程示意

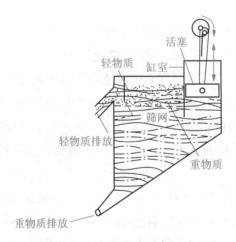

图 2-20 跳汰分选设备示意

(六) 风力分选

风力分选(见图 2-21、图 2-22)又称气流分选,是以空气为分选介质,将轻物料从较重物料中分离出来的一种方法。风选实质上包含两个分离过程:分离出具有低密度,空气阻力大的轻质部分和具有高密度、空气阻力小的重质部分;进一步将轻质颗粒从气流中分离出来。

后一分离步骤常由旋流器完成,与除尘原理相似。

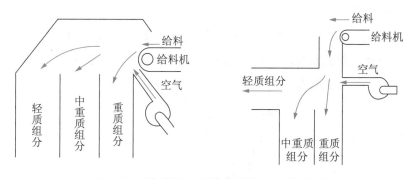

图 2-21 卧式风力分选机结构和工作原理

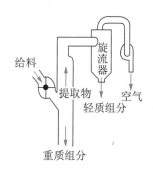

图 2-22 立式风力分选机结构和工作原理

(七)摇床分选

摇床分选是使固体废物颗粒群在倾斜床面的不对称往复运动和薄层斜面水流的综合作用下按密度差异在床面上呈扇形分布而进行分选的一种方法。摇床分选设备常用平面摇床。平面摇床主要由床面、床头和传动机构组成。

摇床分选过程中,颗粒群在重力水流冲力、床层摇动产生的惯性力和摩擦力等的综合作用下,按密度差异产生松散分层;并且不同密度与粒度的颗粒以不同的速度沿床面做纵向和横向运动。它们的合速度偏离方向各异,使不同密度颗粒在床面上呈扇形分布,达到分离的目的。

摇床分选的特点:床面的强烈摇动使松散分层和迁移分离得到加强,分选过程中迁移分层占主导,按密度分选更加完善;摇床分选属于斜面薄层水流分选,等降颗粒按移动速度不同而达到按密度分选的目的;不同性质颗粒的分选,主要取决于它们的合速度偏离摇动方向的角度。

(八)惯性分选

惯性分选是用高速传输带、旋流器或气流等在水平方向抛射粒子,利用由于密度、粒度不同而形成的惯性差异,以及粒子沿抛物线运动轨迹不同的性质,从而实现分离的方法。普通的惯性分选器有弹道分选器、旋风分离器、振动板以及倾斜的传输带、反弹分选器等。

（九）磁力分选

磁力分选（见图 2-23）有两种类型：一类是传统的磁选，它主要应用于供料中磁性杂质的提纯、净化以及磁性物料的精选；另一类是磁流体分选法，可应用于城市垃圾焚烧厂焚烧灰以及堆肥厂产品中铝、铁、铜、锌等金属的提取与回收。

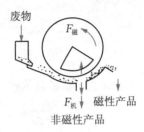

图 2-23　磁力分选机结构和工作原理

磁选是利用固体废物中各种物质的磁性差异在不均匀磁场中进行分选的一种处理方法。所有经过分选装置的颗粒，都受到磁场力、重力、流动阻力、摩擦力、静电力和惯性力等机械力的作用。若磁性颗粒受力满足 $F_磁 > \sum F_机$（其中：$F_磁$ 为作用于磁性颗粒的吸引力；$\sum F_机$ 为与磁性引力方向相反的各机械力的合力），则该颗粒就会沿磁场强度增加的方向移动直至被吸附在滚筒或带式收集器上，随着传输带运动而被排出。非磁性颗粒所受到的机械力占优势，对于粗粒，重力、摩擦力起主要作用；对于细粒，静电力和流体阻力则较明显，在这些作用下，细粒仍留在废物中被排出。这样，各组分就实现了分选，分选原理如图 2-23 所示。

（十）电力分选

电力分选（电选）（见图 2-24）是利用固体废物中各种组分在高压电场中导电性的差异而实现分选的一种方法。根据导电性物质分为导体、半导体和非导体三种。电选实际上是分离半导体和非导体固体废物的过程。

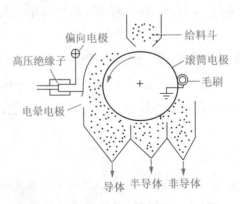

图 2-24　电力分选机结构和工作原理

按电场特征,电选机分为静电分选机和复合电场分选机。

静电分选机中废物的带电方式为直接传导带电。废物直接与传导电极接触,导电性好的废物将获得和电极极性相同的电荷而被排斥,导电性差的废物或非导体与带电滚筒接触被极化,在靠近滚筒一端产生相反的束缚电荷被滚筒吸引,从而实现不同电性的废物分离。

静电分选可用于各种塑料、橡胶、纤维纸、合成皮革和胶卷等物质的分选,使塑料类回收率达到99%以上,纸类基本可达100%。随含水率升高,回收率增大。

复合电场分选机电场为电晕-静电复合电场,这种复合电场目前被大多数电选机采用。电晕电场是不均匀电场,在电场中有两个电极:电晕电极(带负电)和滚筒电极(带正电)。当两电极间的电位差达到某一数值时,负极发出大量电子,并在电场中以很高的速度运动。当它们与空气中的分子碰撞时,便使空气中的分子电离。空气中的负离子飞向正极,形成体电荷。导电性不同的物质进入电场后,都获得负电荷,它们在电场中的表现行为不同。导电性好的物质将负电荷迅速传给正极而不受正极作用。导电性差的物质传递电荷速度很慢,而受到正极的吸引作用,完成电选分离过程。

(十一)摩擦与弹跳分选

摩擦与弹跳分选是根据固体废物中各组分的摩擦系数和碰撞系数的差异,在斜面上运动或与斜面碰撞弹跳时,产生不同的运动速度和弹跳轨迹而实现彼此分离的一种处理方法。

不同固体废物在斜面的运动方式随颗粒的性质或密度不同而不同。纤维状废物或片状废物几乎全靠滑动,球形颗粒有滑动、滚动和弹跳三种运动方式。当颗粒单体(不受干扰)在斜面上向下运动时,纤维体或片状体的滑动速度较小,它脱离斜面抛出的初速度较小;球形颗粒由于做滑动、滚动和弹跳相结合的运动,加速度较大,运动速度较快,它脱离斜面抛出的初速度也较大。因此,固体废物中的纤维状废物与颗粒废物、片状废物与颗粒废物,因形状不同,在斜面上运动或弹跳时产生不同的运动速度和运动轨迹,实现了彼此的分离。摩擦与弹跳分选设备有带式筛、斜板运输分选机和反弹滚筒分选机三种。

(十二)光电分选

光电分选是利用物质表面光反射特性的不同而分离物料的方法,可用于从城市垃圾中回收橡胶、塑料、金属、玻璃等物质。

固体废物经预先窄分级后进入料斗,由振动溜槽均匀地逐个落入高速沟槽进料皮带上,在皮带上拉开一定距离并排队前进,从皮带首端抛入光检箱受检。当颗粒通过光检测区时,受光源照射,背景板显示颗粒的颜色或色调,当欲选颗粒的颜色与背景颜色不同时,反射光经光电倍增管转换为电信号(此信号随反射光的强度变化),电子电路分析该信号后,产生控制信号驱动高频气阀,喷射出压缩空气,将电子电路分析出的异色颗粒(即欲选颗粒)吹离原来下落轨道,加以收集。颜色符合要求的颗粒则仍按原来的轨道自由下落加以收集,从而实现分离。

(十三) 浮选

浮选(见图 2-25、图 2-26)是在固体废物与水调制的料浆中,加入浮选药剂,并通过空气形成无数细小气泡,使欲选物质颗粒黏附在气泡上,随气泡上浮于料浆表面成为泡沫层,然后刮出回收;不浮的颗粒仍留在料浆内,通过适当处理后废弃。

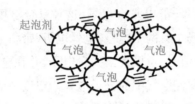

图 2-25　起泡剂在气泡表面的吸附原理

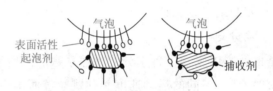

图 2-26　起泡剂与捕收剂的相互作用原理

在浮选过程中,固体废物各组分对气泡黏附的选择性,是由固体颗粒、水、气泡组成的三相界面间的物理化学特性所决定的,其中比较重要的是物质表面的湿润性。

1. 浮选药剂

固体废物中有些物质表面的疏水性较强,容易黏附在气泡上,而另一些物质表面亲水,不易黏附在气泡上。物质表面的亲水、疏水性能,可以通过浮选药剂的作用而加强。因此,在浮选工艺中正确选择和使用浮选药剂是调整物质可浮性的重要外因条件。

根据药剂在浮选过程中的作用,可将其分为捕收剂、起泡剂和调整剂。

(1)捕收剂:能选择性地吸附在欲选物质颗粒表面,使其疏水性增强,可浮性提高。分为极性(黄药、油酸)和非极性油类(煤油)两种。

(2)起泡剂:表面活性物质,主要作用在水—气界面上使其界面张力降低,促使空气在料浆中弥散,形成小气泡,增大分选界面,提高气泡与颗粒的黏附和上浮过程中的稳定性,以保证气泡上浮形成泡沫层。常用的有松油、松醇油、脂肪醇等。

(3)调整剂:起调整捕收剂与物质颗粒表面之间的作用,也可调整料浆的性质,提高浮选过程的选择性。其种类包括活化剂(金属阳离子、阴离子 HS^-、$HSiO_3^-$ 等)、抑制剂(淀粉、单宁等）、介质调整剂（酸、碱）、分散与混凝剂（水玻璃、磷酸盐）等。

2. 浮选工艺

浮选工艺过程主要包括调浆、调药、调泡三个程序。

（1）调浆即调节浮选前料浆浓度。浮选的料浆浓度必须符合浮选工艺的要求。浮选密度及粒度较大的废物颗粒，往往用较浓的料浆；浮选密度较小的废物颗粒，可用较稀的料浆。

（2）调整浮选药剂的过程为调药。调药包括提高药效、合理添加混合用药、料浆中药剂浓度调节与控制等。对一些水溶性小或不溶的药剂，提高药效可采用配成悬浮液或乳浊液、皂化、乳化等措施。药剂合理添加主要是为了保证料浆中药剂的最佳浓度，一般先加调整剂，再加捕收剂，最后加起泡剂。所加药剂的种类和数量，应根据欲选废物颗粒的性质通过实验确定。

（3）调节浮选气泡的过程为调泡。调节气泡直径介于 0.05～1.5 mm，通常平均约 0.9 mm 为宜。如果气泡过大，可通过降低起泡剂的加入量或加入少量的消泡剂进行调节。将有用物质浮入泡沫产物，无用或回收经济价值不大的物质仍留在料浆内的浮选法称为正浮选。将无用物质浮入泡沫产物中，将有用物质留在料浆中的浮选法称为反浮选。

废物中含有两种或两种以上的有用物质时，通常采用优先浮选或混合浮选方法。优先浮选是将电子废物中有用物质依次一种一种地浮出，成为单一物质产品的浮选方法。混合浮选是将电子废物中有用物质共同浮出为混合物，然后再把混合物中有用物质一种一种地分离的方法。

3. 浮选机

浮选机是实现浮选过程的重要设备。对浮选机的基本要求是：①良好的充气作用；②搅拌作用；③能形成比较平稳的泡沫区；④能连续工作及便于调节。

浮选机种类很多，按充气和搅拌方式的不同，目前生产中使用的浮选机主要有机械搅拌式浮选机、充气搅拌式浮选机、充气式浮选机和气体析出式浮选机四类。机械搅拌式浮选机根据搅拌器结构不同分为 XJK 型浮选机、维姆科（Wemco）大型浮选机、棒型浮选机等。其中，XJK 型浮选机是我国使用最广的浮选机。

机械搅拌式浮选机工作时，料浆由进浆管进入，给到盖板与叶轮中心处，由于叶轮的高速旋转，在盖板与叶轮中心处造成一定的负压，空气由进气管和套管吸入，与料浆混合后一起被叶轮甩出。在强烈的搅拌下，气流被分割成无数微细气泡。欲选物质颗粒与气泡碰撞黏附在气泡上而浮升至料浆表面形成泡沫层，经刮泡机刮出成为泡沫产品，再经消泡脱水后即可回收。

第三节　固体废物的稳定化/固化

一、固体废物的稳定化

药剂稳定化是利用化学药剂通过化学反应使有毒有害物质转变为低溶解性、低迁移性及低毒性物质的过程。稳定化技术与其他方法(如封闭与隔离)相比,具有处理后潜在威胁小的特点。利用稳定化技术可以有效地防止污染物的扩散与污染。

固体废物中的主要有毒有害物质是铬(Cr)、镉(Cd)、汞(Hg)、铅(Pb)、铜(Cu)、锌(Zn)等重金属,砷(As)、硫(S)、氟(F)等非金属,放射性元素和有机物(含氯的挥发性有机物、硫醇、酚类氰化物等)。目前采用的稳定化技术主要是重金属的化学稳定化技术和有机污染物的氧化解毒技术。

(一)重金属离子的稳定化

重金属离子的稳定化技术主要有化学方法(中和法、氧化还原法、化学沉淀法等)和物理化学方法(吸附法和离子交换法等)。

1. 中和法

在化工、冶金、电镀、表面处理等工业生产中经常产生含重金属的酸、碱性泥渣,它们对土壤、水体均会造成危害,必须进行中和处理,使其达到化学中性,以便于处理处置。固体废物的中和处理是根据废物的酸碱性质、含量及废物的量与性状等特性,选择适宜的中和剂,确定其投加量和投加方式,并设计处理工艺与设备。对于酸性泥渣,常用石灰石、石灰、氢氧化钠或碳酸钠等碱性物质作为中和剂。对于碱性泥渣,常用硫酸或盐酸作为中和剂。中和剂的选择除应考虑废物的酸碱性外,还要特别考虑药剂的来源与处理费用等因素。在多数情况下,在同一地区往往既有产生酸性泥渣的企业,又有产生碱性泥渣的企业,在设计处理工艺时应尽量使酸、碱性泥渣互为中和剂,以达到经济有效的中和处理效果。中和法的设备有罐式机械搅拌和池式人工搅拌两种,前者用于大规模的中和处理,后者用于少量泥渣的处理。

2. 氧化还原法

与废水处理中氧化还原法相似,通过氧化还原处理,能将固体废物中可以发生价态变化的某些有毒有害组分转化为无毒或低毒的化学性质稳定的组分,以便资源化利用或无害化处置。一些变价元素的高价态离子,如 Cr、Hg 等具有毒性,而其低价态 Cr、Hg 等则无毒或低毒。当废物中含有这些高价态离子时,在处置前必须用还原剂将它们还原为最有利于沉淀的低价态,以转变为无毒或低毒性,实现其稳定化。常用的还原剂有硫酸亚铁、硫代硫酸钠、亚硫酸氢钠、二氧化硫、煤炭、纸浆废液、锯木屑、谷壳等。

铬渣干法解毒是将铬渣与无烟煤按一定比例在 800～900 ℃温度下焙烧,使高毒性的六价铬还原成低毒的三价铬。

3. 化学沉淀法

在含有重金属污染物的废物中投加某些化学药剂,与污染物发生化学反应,形成难溶沉淀物的方法称为化学沉淀法。根据所用沉淀剂的种类不同,化学沉淀法主要有氢氧化物沉淀法、硫化物沉淀法、硅酸盐沉淀法、碳酸盐沉淀法、共沉淀法、无机及有机螯合物沉淀法等。

(1)氢氧化物沉淀法。氢氧化物沉淀法是在废物中投加碱性物质,如石灰、氢氧化钠、碳酸钠等强碱性物质,与废物中的重金属离子发生化学反应,使其生成氢氧化物沉淀,从而实现稳定化。金属氢氧化物的生成和存在状态与 pH 值直接相关。因此,采用氢氧化物沉淀法稳定化处理废物中的重金属离子时,调节好 pH 值是操作的重要条件,pH 值过低或过高都会使稳定化过程失败。只有将废物的 pH 值调至重金属离子具有最小溶解度的范围时才能实现其稳定化。

(2)硫化物沉淀法。大多数金属硫化物的溶解度比其氢氧化物的溶解度要小得多,因此,采用硫化物沉淀法可使重金属的稳定化效果更好。在固体废物重金属稳定化技术中常用的有无机硫化物沉淀和有机硫化物沉淀两种。

① 无机硫化物沉淀。除了氢氧化物沉淀法,无机硫化物沉淀是目前应用最广泛的一种重金属药剂稳定化方法。与前者相比,其优势在于大多数重金属硫化物在所有 pH 值下的溶解度都大大低于其氢氧化物。但是,为了防止 H_2S 的逸出和沉淀物的再溶解,仍需要将 pH 值保持在 8 以上。另外,由于易与硫离子反应的金属种类很多,硫化剂的添加量应根据所需达到的要求由实验确定,而且硫化剂应在固化基材的添加之前加入,这是因为基材中的钙(Ca)、铁(Fe)、镁(Mg)等会与重金属争夺硫离子。

② 有机硫化物沉淀:由于有机含硫化合物普遍具有较高的相对分子质量,因而与重金属形成的不可溶性沉淀具有相当好的工艺性能,易于沉降、脱水和过滤等操作,可以将废水或固体废物中的重金属浓度降至很低,并且适应的 pH 值范围也较大。这种稳定剂主要用于处理含汞废物和含重金属的粉尘(焚烧灰及飞灰等)。

(3)硅酸盐沉淀。溶液中的重金属离子与硅酸根之间的反应并不是按单一的比例形成硅酸盐,而是生成一种可以看作由水合金属离子与二氧化硅或硅胶不同比例结合而成的混合物。这种硅酸盐沉淀可以应用于较宽的 pH 值范围内(2～11),但该方法在实际处理中尚未得到广泛应用。

(4)碳酸盐沉淀。一些重金属,如钡(Ba)、镉、铅的碳酸盐的溶解度低于其氢氧化物,但碳酸盐沉淀法并没有得到广泛应用。因为当 pH 值低时,二氧化碳会逸出,即使最终的 pH

值很高,最终产物也只能是氢氧化物而不是碳酸盐沉淀。

(5) 共沉淀。在非铁二价重金属离子与 Fe 共存的溶液中,投加适量的碱调节 pH 值时,会发生如下反应:

$$x\mathrm{M}^{2+}+(3-x)\mathrm{Fe}^{2+}+6\mathrm{OH}^- \longrightarrow \mathrm{M}_x\mathrm{Fe}_{3-x}(\mathrm{OH})_6 \downarrow$$

反应生成暗绿色的混合氢氧化物,用空气氧化使之再分解,反应如下:

$$2\mathrm{M}_x\mathrm{Fe}_{3-x}(\mathrm{OH})_6+\mathrm{O}_2 \longrightarrow 2\mathrm{M}_x\mathrm{Fe}_{3-x}\mathrm{O}_4+6\mathrm{H}_2\mathrm{O}$$

反应生成黑色的尖晶石型化合物(铁氧体)$\mathrm{M}_x\mathrm{Fe}_{3-x}\mathrm{O}_4$。其中的三价铁离子和二价金属离子(包括二价铁离子)之比为 2∶1,故可试以铁氧体的形式投加到含有 Mn^{2+}、Zn^{2+}、Ni^{2+}、Mg^{2+}、Cu^{2+}、Cd^{2+} 的废物中。例如,对于含 Cd^{2+} 的废物,可投加硫酸亚铁和氢氧化钠,并用空气氧化,这时 Cd^{2+} 就和 Fe^{2+}、Fe^{3+} 发生共沉淀而包含于铁氧体中,因而可被永久磁铁吸住,这就克服了氢氧化物胶体粒子难以过滤的问题。把 Cd^{2+} 聚集于铁氧体中,使之有可能被永久磁铁吸住,这就是共沉淀法捕集废物中 Cd^{2+} 的原理。

实际上,要去除可参与形成铁氧体的重金属离子,Fe^{2+} 的浓度不必那么高。但是,要去除 Sn^{2+}、Pb^{2+} 等较难去除的金属离子,Fe^{2+} 的浓度必须足够高。Fe^{2+} 易被氧化为 $\mathrm{Fe}(\mathrm{OH})_3$。在此过程中,重金属离子可被捕捉于 $\mathrm{Fe}(\mathrm{OH})_3$ 沉淀的晶体内或被吸附于表面,因此,可得到比单纯的氢氧化物沉淀法更好的效果。研究结果表明,Fe^{2+} 与 Fe^{3+} 的比例在(1∶1)~(1∶2)时,共沉淀的效果最好。另外,除了氢氧化铁外,其他沉淀物如碳酸钙也可以产生共沉淀。

(6) 无机及有机螯合物沉淀。螯合物是指多齿配体以两个或两个以上配位原子同时和一个中心原子配位所形成的具有环状结构的配合物。如乙二胺与 Cu^{2+} 反应得到的产物即为螯合物。若废物中含有配合剂,如磷酸酯、柠檬酸盐、葡萄糖酸、氨基乙酸、乙二胺四乙酸(EDTA)及许多天然有机酸,它们将与重金属离子配位形成非常稳定的可溶性螯合物。由于这些螯合物不易发生化学反应,很难通过一般的方法去除。这个问题的解决办法有三种:①加入强氧化剂,在较高温度下破坏螯合物,使金属离子释放出来;②由于一些螯合物在高 pH 值条件下易被破坏,还可以用碱性的 $\mathrm{Na}_2\mathrm{S}$ 去除重金属;③使用含有高分子有机硫稳定剂,由于它们与重金属形成更稳定的螯合物,因而可以从配合物中夺取重金属并进行沉淀。

螯环的形成使螯合物比相应的非螯合配合物具有更高的稳定性,这种效应称为螯合效应,对 Pd^{2+}、Cd^{2+}、Ag^+、Ni^{2+} 和 Cu^{2+} 这 5 种重金属离子都有非常好的捕集效果,去除率均达到 98%。对 Co 和 Cr 的捕集效果较差,但去除率也在 85% 以上。稳定化处理效果优于无机硫沉淀剂 $\mathrm{Na}_2\mathrm{S}$ 的处理效果,得到的产物比用 $\mathrm{Na}_2\mathrm{S}$ 所得到的能在更宽的 pH 值范围内保持稳定,且从有效溶出量实验的结果来看,具有更高的长期稳定性。

4. 吸附法

处理重金属废物的常用吸附剂有:天然材料(黏土、沙、氧化铁、氧化镁、氧化铝、沸石、软锰矿、磁铁矿、硫铁矿、磁黄铁矿等)和人工材料(活性炭、锯末、飞灰、泥炭、粉煤灰、高炉渣、活性氧化铝、有机聚合物等)。研究发现,一种吸附剂往往只对某一种或某几种污染物具有优良的吸附性能,而对其他污染成分则效果不佳。例如,活性炭吸附有机物最有效,活性氧化铝对镍离子的吸附能力较强,而其他吸附剂对这种金属离子却没有吸附作用。

5. 离子交换法

最常见的离子交换剂是有机离子交换树脂、天然或人工合成的沸石、硅胶等。用有机树脂和其他人工合成材料去除水中的重金属离子通常是非常昂贵的,而且和吸附一样,这种方法一般只适用于给水和废水处理。另外,须注意,离子交换与吸附都是可逆的过程,如果逆反应发生的条件得到满足,污染物将会重新析出。

可以大规模应用的重金属稳定化的方法是比较有限的,但由于重金属在危险废物中存在的形态千差万别,具体到某一种废物,应根据所要达到的处理效果对处理方法和实施工艺进行有根据的选择并加强研究。

(二)有机污染物的氧化解毒

向含有有机污染物的废物中投加强氧化剂,可以将其矿化为 CO_2 和 H_2O 或转化为毒性较小的其他有机物,所产生的中间有机物可以用生物方法进一步处理,从而达到稳定化的目的。这类有机污染物主要为含氯有机物、硫醇、酚类以及氰化物等。常用的氧化剂有 O_3、H_2O_2、Cl_2、$NaClO_2$ 以及高铁酸盐等其他氧化剂。

臭氧氧化解毒是利用臭氧的强氧化性解毒。如 NaCN 的氧化:

$$NaCN + O_3 \longrightarrow NaCNO + O_2$$

利用过氧化氢氧化解毒时,通常加铁作为催化剂,发生芬顿(Fenton)反应生成了具有强氧化性的羟自由基:

$$Fe^{2+} + H_2O_2 \longrightarrow Fe^{3+} + (OH)^- + \cdot OH$$

有机污染物可以被过氧化氢完全矿化:

$$CH_2Cl_2 + 2H_2O_2 \longrightarrow CO_2 + 2H_2O + 2HCl$$

用氯的氧化作用对氰化物进行解毒是一种经典的方法。在 pH 值大于 10 的碱性条件下,氯与氰化物反应生成毒性较小的氰酸盐:

$$CN^- + ClO^- \longrightarrow CNO^- + Cl^-$$

氰酸盐在强碱条件下可以进一步反应,完全矿化而达到解毒的目的:

$$2NaCNO + 3Cl_2 + 4NaOH \longrightarrow N_2 + 2CO_2 + 6NaCl + 2H_2O$$

须注意,如果 pH 值较低,会产生有毒气体氯化氰:

$$CN^- + Cl_2 \longrightarrow CNCl\uparrow + Cl^-$$

氧化还原电位以电极电位为测定值,羟基自由基与其他强氧化剂电极电位如表2-1所示。

表 2-1　不同基团电极电位

氧化剂	反应式	标准电极电位/V
·HO	$\cdot OH + H^+ + e \rightleftharpoons H_2O$	2.80
O_3	$O_3 + 2H^+ + 2e \rightleftharpoons H_2O + O_2$	2.07
H_2O_2	$H_2O_2 + 2H^+ + 2e \rightleftharpoons 2H_2O$	1.77
MnO_4^-	$MnO_4^- + 8H^+ + 5e \rightleftharpoons 4H_2O + Mn^{2+}$	1.52
ClO_2	$ClO_2 + e \rightleftharpoons ClO_2^-$	1.50
Cl_2	$Cl_2 + 2e \rightleftharpoons 2Cl^-$	1.36

由表2-1可以看出,·OH的氧化还原电位远高于其他氧化剂,具有很高的氧化能力,故能使许多难生物降解及一般化学氧化法难以氧化的有机物有效分解。

二、固体废物的固化

固化过程是一种利用添加剂改变废物的工程特性(如渗透性、可压缩性和强度等)的过程。固化可以看作一种特定的稳定化过程,可以理解为稳定化的一个部分。

固化是指在危险废物中添加固化剂,使其转变为不可流动固体或形成紧密固体的过程。固化的产物是结构完整的整块密实固体,这种固体可以方便地按尺寸大小进行运输,而无须任何辅助容器。

固化有两种方式:一种是将有害废物通过化学转变或引入某种晶格中达到稳定化;另一种是将有害废物用惰性材料加以包容使之与环境隔离。

衡量物料固化处理效果的指标主要有浸出速率、抗压强度和体积变化因数(增容比)。

浸出速率 v_n 指固化体内的有害物质在水或溶液中的浸出速度,单位为 cm/d,其表达式如下:

$$v_n = \frac{m_n/m_0}{(A_e/V)t_n} \tag{2-18}$$

其中:m_n 为浸出时间内浸出的有害物质的量(mg);m_0 为样品中含有的有害物质的量(mg);A_e 为样品的表面积(cm^2);V 为样品的体积(cm^3);t 为浸出时间(d)。浸出速率越低,固化效果越好。

增容比 C_i 又叫体积变化因数,是指固化体体积与被固化有害废物体积的比值。增容比也是越低越好。表达式如下:

$$C_i = \frac{V_2}{V_1} \tag{2-19}$$

其中：V_2 为固化体体积(m^3)；V_1 为固化前有害废物的体积(m^3)；C_i 为增容比。

抗压强度：为能安全贮存，固化体必须具有起码的抗压强度，否则会出现破碎和散裂，从而增加暴露的表面积和污染环境的可能性。对于一般的危险废物，经固化处理后得到的固化体，如进行处置或装桶贮存，对其抗压强度的要求较低，控制在 0.1～0.5 MPa 便可；如用作建筑材料，则对其抗压强度要求较高，应大于 10 MPa。对于放射性废物，其固化产品的抗压强度，苏联要求大于 5 MPa，英国要求达到 20 MPa。

固化处理方法可分为四类：①包胶固化又称凝结固化，包括宏观包胶(即将有害废物包裹在包胶体内，使其与环境隔离)以及微囊包胶(即用包胶材料包覆废物的微粒，所用固化剂为水泥、沥青、石灰、塑料)；②自胶结固化，适用于含有大量能称为胶凝剂的废物，如排烟脱硫石膏；③玻璃固化，是指将污泥与玻璃原料一起烧制成玻璃；④水玻璃固化，是指利用水玻璃加酸后的硬化等性能将有害废物结合、包容及吸附而固化。

根据固化基材及固化过程，目前常用的固化处理方法主要包括水泥固化、石灰固化、沥青固化、塑性材料固化、有机聚合物固化、自胶结固化、熔融固化(玻璃固化)和陶瓷固化等。

(一) 水泥固化

水泥固化(见图 2-27)是以水泥为固化剂将有害废物进行固化的一种处理方法。水泥是一种无机胶凝材料，是以水化反应的形式凝固并逐步硬化的，包括两种作用：①凝胶包容(gel encapsulation)，即水泥与污泥中的水发生水化反应，生成的凝胶将污泥中的固态物质包容(污泥中的固态物称为水化物的骨料)；②离子沉淀(ionic precipitation)，即因水泥是一种碱性物质，污泥中的重金属离子与水泥中的 OH^- 反应生成难溶于水的沉淀(重金属离子以其稳定的化合物形式存在与水泥制品中)。水泥固化过程所发生的基本水化反应式如下：

$$3CaO \cdot SiO_2 + x\,H_2O \longrightarrow Ca \cdot SiO_2 \cdot y\,H_2O + 2Ca(OH)_2$$
$$2CaO \cdot SiO_2 + m\,H_2O \longrightarrow Ca \cdot SiO_2 \cdot n\,H_2O + Ca(OH)_2$$

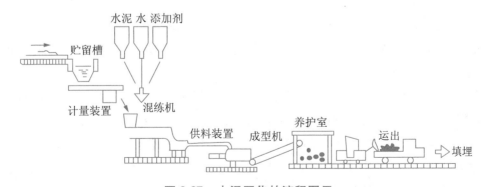

图 2-27　水泥固化的流程图示

水泥有如下四种类型：

① 硅酸盐水泥，即以石灰、黏土为主要原料的水泥，又叫波特兰水泥；

② 矿渣水泥，即加入了一定量的高炉水淬渣的水泥；

③ 粉煤灰水泥，即加入了一定量的粉煤灰的水泥；

④ 高铝水泥，即加入了一定量的高铝原料的水泥，如铝土。

用于固化处理的水泥主要有如下三种：

① 硅酸盐水泥，适用于腐蚀性不强的污泥（因硅酸盐水泥易于和污泥中的油类、有机酸、金属氧化物反应损害凝结硬化过程）；

② 矿渣水泥，具有抗硫酸盐和抗化学腐蚀性；

③ 粉煤灰水泥，抗硫酸盐。

水泥固化根据不同需要通常会加入一些添加剂，如改善固化条件的早强剂、提高固化体质量的减水剂等。添加剂的种类有如下四种：

① 吸附剂（活性氧化铝等），主要作用为吸附污泥中的有害组分；

② 缓凝剂（柠檬酸等），可以获得一定的操作时间；

③ 促凝剂（水玻璃等），目的是提高早期强度；

④ 减水剂（Na_2SO_4 等），降低水灰比，提高强度。

电镀干污泥的水泥固化，通常采用干污泥∶水泥∶水＝（1～2）∶20∶（6～10）的比例，固化后强度可达 10～20 MPa，浸出浓度 Hg＜0.000 2 mg/L，Cd＜0.02 mg/L，Pb＜0.002 mg/L，Cr^{6+}＜0.02 mg/L，As＜0.01 mg/L。高含水率污泥的固化，污泥含水率为 75％时，污泥∶水泥∶添加剂∶水＝60∶30∶10∶20，其中，添加剂是液态或粉末状的无机试剂，有时加砾石和砂子。

水泥固化法的优点是简单（工艺、设备及操作）有效，费用低。缺点是浸出率高（空隙率高所致）且增容比高（1.5～2），有时需要预处理（当含腐蚀性物质时），增加费用，还会发生碱性反应导致铵离子易溢出，不适合用于化学泥渣（胶状物、排料困难，但可采用加锯末解决）。

（二）沥青固化

沥青固化是指将污泥与沥青混合，通过加热、蒸发实现固化的方法。

沥青具有黏结性、化学稳定性、弹性、塑性，还具有对大多数酸、碱、盐的耐腐蚀性和一定的抗辐射性。

沥青固化法的应用范围包括中、低放射性蒸发残液，化学法处理废水的沉渣和焚烧灰分。

沥青固化基本方法包括高温熔化混合蒸发，暂时乳化法以及化学乳化法。

高温熔化混合蒸发法（见图 2-28）沥青固化增容比低，浓缩系数大，固化体致密度高，有害物质的浸出率低，一般比水泥固化体低 2～3 个数量级，硬化快速（冷却后即固化，水泥需养护，28 天后为最终强度）等优点，但沥青导热系数低，水分蒸发慢，处理时间长（需加温、搅拌),需要控制温度(加热过高会导致可燃),运输、贮存需要有防火措施。

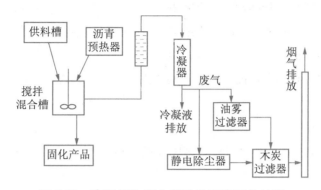

图 2-28 高温熔化混合蒸发法沥青固化流程

高温熔化混合蒸发法沥青固化适用于量小、浸出率要求较低的污泥,如放射性污泥、电镀污泥等。

暂时乳化法(见图 2-29)是指将污泥、沥青与表面活性剂混合成乳浆状。处理中等放射性污泥时,可采用 20% 活性成分(1/3 烷基磺酸钠和 2/3 的烷基苯磺酸钠)的阴离子表面活性剂,用量与干污泥之比约为 6∶1 000;处理高放射性污泥时,可采用 90% 活性成分(主要为椰子壳中的氨基丙酮)的阴离子表面活性剂,用量与干污泥之比约为 5∶100。先经过滤除去大部分水分,再升温干燥,进一步脱水。

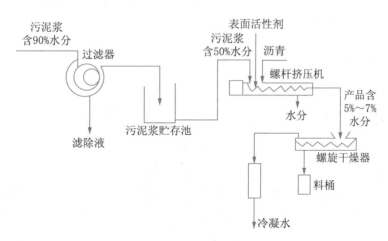

图 2-29 暂时乳化法沥青固化流程图示

对含水率为 90% 的污泥,先经过滤机过滤使含水率降至 50%,然后将污泥、沥青和表面活性剂按比例一起给入螺杆挤压机,螺杆挤压机分三个区域:在给料区,不加热,将三种物料混合;在挤压区加热至 90 ℃,并经挤压分离水分,在高温区加热至 105～110 ℃,将水分降至 5%～7%。经螺杆挤压机处理后,再给入螺旋干燥器以 140～150 ℃ 的温度进一步将水分降至 0.5% 以下。最终,固体和放射性盐分留在沥青内,冷却后被固化。

影响沥青固化体浸出率的因素有:沥青的种类,废物量、化学组成及混合状况,废物量与沥青的重量比(以 1:1～2:1 为宜),残余水分(残余水分越高,浸出率越高,应控制在 10% 以内,最好是 0.5% 以内)。

须注意,硝酸盐和亚硝酸盐能降低沥青的燃点,能与沥青发生化学反应的物质也能降低沥青的稳定性。

(三)塑料固化

塑料固化是指以塑料为固化剂与有害废物按一定的配比,加入适量的催化剂和填料进行搅拌混合,使其共聚合固化的方法。

作为固化剂的塑料有:①热塑性塑料,高温下呈熔融胶黏液体,如聚乙烯、聚氯乙烯等;②热固性塑料,常温或加热能固化的塑料,如脲醛树脂、不饱和聚酯等。

塑料固化主要应用于电镀污泥,因为电镀污泥含大量重金属、有机物和油类物质,不宜用水泥固化。基本配比如下:干污泥:塑料:填料=30:(20～35):(35～50)。

塑料固化产品具有重量轻、外观光亮、美观的特点,可作为轻型建筑材料。塑料固化法的优点有常温操作、增容比小、比重轻;缺点为耐老化差,需要加酸作为催化剂,故腐蚀设备,工作条件差。

(四)玻璃固化

玻璃固化(见图 2-30)是应用玻璃制造技术,将污泥与玻璃原料一起玻璃化,将污泥中的有害组分固定在玻璃体中的固化技术。

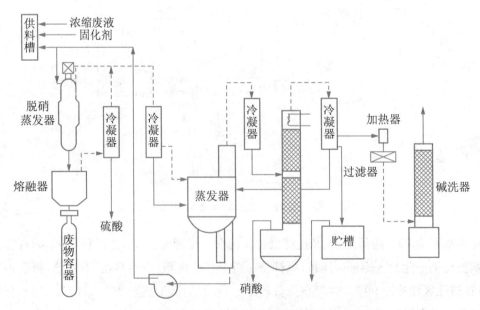

图 2-30 磷酸盐玻璃固化工艺流程图示

玻璃固化的工艺即为熔制玻璃的工艺,但须注意要满足下述条件:不含 Hg、As(熔点低,易挥发造成大气污染);当含 Cd、Zn、Ni 时,不应含有机物等还原性物质(有机物中的 C 会使其还原成金属雾气挥发);不含食盐类的氯化物,许多金属会被生成氯化物挥发。

玻璃固化主要用于以硫酸盐存在的钌(Ru)、铯(Cs)等高放射性废液。磷酸盐常作为玻璃添加剂使用,目的是降低钌、铯的挥发性。

玻璃固化法的优点为在水和酸、碱溶液中的浸出率均低,增容比小,固化过程粉尘少,化学稳定性好(导热性高,耐辐射)。缺点为工艺复杂、高温作业、费用高、挥发量大。

(五)其他固化法

1. 石灰固化

石灰固化是以石灰为固化剂,以粉煤灰和水泥窑灰为填料进行固化,仅适用于含硫酸盐和亚硫酸盐的废渣、污泥。固化体可作为路基材料或沙坑填充物。

2. 自胶结固化

自胶结固化是以污泥中的硫酸钙和亚硫酸钙在适宜温度下煅烧生成具有胶凝性能的半水硫酸钙($CaSO_4 \cdot 0.5H_2O$),经水化反应硬化成自胶结固化体的方法,主要适用于烟道脱硫的泥渣。其优点是以废治废;缺点是应用范围受限,仅限于烟道脱硫泥渣。

3. 水玻璃固化

水玻璃固化利用水玻璃的硬化、结合、包容及吸附性能。水玻璃为碱性物,加酸(各种酸)后发生中和缩合脱水反应,并将污泥中的有害物包容其中。

4. 其他固化

将电镀污泥和黏土以 1∶1 的比例混炼,再回转干燥器造粒,在烧结炉中烧制,可以生产人造砾石。将电镀污泥同膨胀页岩以 1∶9 混合造粒。在回转窑内 380～1 200 ℃可以烧制成人工河沙。将电镀污泥同白土以 1∶1 混合,常温下干燥 6 天,在 1 000 ℃温度下煅烧,固化体比重 2.1,抗压强度达 23×10^6 Pa(23 MPa,相当于 230 号水泥)。

目前所采用的各种固化处理往往只能适用于一种或几种类型的废物。已应用该技术处理的废物包括金属表面加工废物、电镀及铅冶炼酸性废物、尾矿、废水处理污泥、焚烧、炉灰、食品生产污泥等,并非所有的危险废物都适用于固化处理,并且某些废物对不同固化处理技术的适应性也有所差别(见表 2-2、表 2-3)。根据固化处理的对象可将固化处理分为无机废物固化法和有机废物包封法。

无机废物固化法和有机废物包封法的优缺点如表 2-4 所示。

表 2-2　废物对不同固化处理技术的适应性

废物成分		处 理 技 术			
		水泥固化	石灰等材料固化	热塑性微包容法	大型包容法
有机物	有机溶剂和油	影响凝固,有机气体挥发	影响凝固,有机气体挥发	加热时有机气体会溢出	先用固体基料吸附
	固态有机物(如塑料,树脂,沥青)	可适应,能提高固体化的耐久性	可适应,能提高固体化的耐久性	有可能作为凝结剂来使用	可适应,可作为包容材料使用
无机物	酸性废物	水泥可中和酸	可适应,能中和酸	应先进行中和处理	应先进行中和处理
	氧化剂	可适应	可适应	会引起基料的破坏甚至燃烧	会破坏包容材料
	硫酸盐	影响凝固,除非使用特殊材料,否则引起表面剥落	可适应	会发生脱水反应和水合反应而引起泄漏	可适应
	卤化物	很容易从水泥中浸出,妨碍凝固	妨碍凝固	会发生脱水反应和再水合反应	可适应
	重金属盐	可适应	可适应	可适应	可适应
	放射性废物	可适应	可适应	可适应	可适应

表 2-3　各种固化处理技术原理及优缺点

技术	原　　理	适用对象	主要优点	主要缺点
水泥固化法	水泥固化是以水泥为固化剂,将危险废物进行固化的一种处理方法。在用水泥稳定化时,废物被掺入水泥的机体中,水泥与废物中的水分或另外添加的水分发生水化反应后,生成坚硬的水泥固化体	重金属、氧化物、废酸	① 水泥搅拌,处理技术已相当成熟; ② 对废物中化学性质的变动具有相当的承受力; ③ 可通过控制水泥与废物的比例来弥补固化体的结构特点,改善其防水性; ④ 无须特殊的设备,处理成本低; ⑤ 废物可直接处理,无须前处理	① 废物如含特殊的盐类,会造成固化体破裂; ② 有机物的分解造成裂隙,增加渗透性,降低结构强度; ③ 大量水泥的使用,可增加固化体的体积和质量

续表

技术	原　理	适用对象	主要优点	主要缺点
石灰固化法	石灰固化是指以石灰和具有火山灰活性的物质(如粉煤灰、垃圾焚烧灰渣、水泥窑灰等)为固化基材对危险废物进行稳定化与固化的处理方法。在有水存在的条件下,这些基材物质发生反应,将污泥中的重金属成分吸附所产生的胶状微晶中。石灰与凝硬性物料结合会产生能在化学及物理上将废物包裹起来的黏结性物质。石灰固化利用一些很少有或者没有商业价值的废物,对废物处理者来说是非常有利的,因为两种废物可以同时得到处理	重金属、氧化物、废酸	① 所用物料来源方便,价格便宜; ② 操作不需要特殊设备及技术; ③ 产品通常便于装卸,渗透性有所降低	① 固化体的强度较低,需较长的养护时间; ② 有较大的体积膨胀,增加清运和处置的难度
沥青固化法	沥青固化是以沥青类材料作为固化剂,与危险废物在一定的温度、配料比、碱度和搅拌作用下发生皂化反应,使有害物质包容在沥青中并形成稳定固化体的过程。沥青属于憎水性物质,具有良好的黏结性和化学稳定性,而且对于大多数酸和碱有较高的耐腐蚀性。目前我国所使用的沥青大部分来自石油蒸馏的残渣,其化学成分包括沥青质、油分、游离碳、胶质、沥青酸和石蜡等。从固化的要求出发,较理想的沥青组分含有较高的沥青质和胶质以及较低的石蜡。完整的沥青固化体具有优良的防水性能	重金属、氧化物、焚烧灰、中低放射性蒸发残渣	① 固化体孔隙率和污染物浸出速率均大大降低; ② 固化体的增容比较小	① 需高温操作,安全性较差; ② 一次性投资费用与运行费用比水泥固化法高; ③ 有时需要对废物预先脱水或浓缩
塑性固化法	塑性材料固化是以塑料为固化剂,与危险废物按一定的比例配料,并加入适量催化剂和填料进行搅拌混合,使其共聚合固化,将危险废物包容形成具有一定强度和稳定性固化体的过程,根据所需要材料的性能不同可以分为热固性塑料固化和热塑性固化两种方法	部分非极性有机物、氧化物、废酸	① 固化体的渗透性较其他固化法低; ② 对水溶液有良好的阻隔性	① 需特殊设备和专业操作人员; ② 废物如含氧化剂或挥发性物质,加热时可能会着火或逸散,在操作前需要先对废物干燥、破碎
玻璃固化法	玻璃固化是以玻璃原料为固化剂,将其与危险废物在一定的配料比混合后,在1 000~1 500 ℃的高温下熔融,经退火后,形成稳定的玻璃固化体的过程	不挥发的高危害性废物,核能废料	① 固化体可长期稳定; ② 可利用废玻璃屑作为固化材料; ③ 对核能废料的处理已有相当成功的技术	① 不适合用于可燃或挥发性的废物; ② 高温需消耗大量能源; ③ 需要特殊设备及专业人员

续表

技术	原 理	适用对象	主要优点	主要缺点
自胶结固化法	自胶结固化是利用废物自身的胶结特性来达到固化目的的方法。废物中硫酸钙主要的存在形式是二水合物,即 $CaSO_4 \cdot 2H_2O$。当石膏 $CaSO_4 \cdot 2H_2O$ 加热到 107~170 ℃时,会脱水而逐渐生成具有自胶结作用的半水石膏或熟石膏 $CaSO_4 \cdot 0.5H_2O$。$CaSO_4 \cdot 0.5H_2O$ 遇水后,会重新恢复为二水合物,并迅速凝固硬化。根据这一原理,将含有大量水合硫酸钙的废物在控制的温度下煅烧,然后与某些添加剂和填料混合成为稀浆,浇筑成型,很快就会凝结硬化成自胶结固化体	含大量硫酸钙和亚硫酸钙的废物,如磷石膏、烟道气脱硫废渣等	① 烧结体的性质稳定,结构强度高; ② 烧结体不具有生物反应性以及着火性	① 应用面较狭窄; ② 需要特殊设备以及专业人员

表 2-4 无机废物固化法和有机废物包封法的优缺点

	无机废物固化法	有机废物包封法
优点	① 投资费用及日常运行费用低; ② 所需材料比较便宜而丰富; ③ 处理技术已比较成熟; ④ 材料的天然碱性有助于中和废水; ⑤ 材料可在一定的含水量范围内使用,不需要彻底的脱水过程; ⑥ 借助于有选择地改变处理剂的比例,处理后产物的物理性质可从软的黏土一直变化到整块石料; ⑦ 用石灰为基质的方法可在一个单一的过程中处理两种废物; ⑧ 用黏土为基质可用于处理某些有机废物	① 污染物迁移率一般要比无机固化法低; ② 与无机固化法相比,需要的固定程度低; ③ 处理后材料的密度较低,从而可以降低运输成本; ④ 有机材料可在废物与浸出液之间形成一层不透水的边界层; ⑤ 此法可包封较大范围的废物; ⑥ 对大型包封法而言,可直接应用现代化的设备喷涂树脂,无须其他能量开支
缺点	① 需要大量原料; ② 原料(特别是水泥)是高能耗产品; ③ 某些飞灰如含有有机物的废物在固化时会有一些困难; ④ 处理后产物的质量和体积都有较多增加; ⑤ 处理后产物容易被浸出,尤其容易被稀酸浸出,因此可能需要额外的密封材料; ⑥ 稳定化的机理尚未了解	① 所用的材料较昂贵; ② 用热塑性及热固性包封法时,干燥、熔化及聚合化过程中能源消耗大; ③ 某些有机聚合物是易燃的; ④ 除大型包封法外,各种方法均需要熟练的技术工人及昂贵的设备; ⑤ 材料是可降解的,易于被有机溶剂腐蚀; ⑥ 某些材料在聚合不完全时自身会造成污染

知识链接 2-1

固体废弃物和危险废物的区别、关联及处理方法

本章小结

　　本章介绍了固体废物处理、处置的概念及其区别与联系,简要概述了固体废物处理与处置发展历史,详细阐述了固体废物压实、破碎、分选预处理技术,稳定化和固化处理技术,以及相关设备,包括压实处理的概念、目的及压缩比、固体废物的密度等相关概念与计算,破碎处理的概念、目的及破碎段、破碎比等相关概念与计算,筛分效率的概念及其计算,各类机械破碎与非机械能破碎的方法原理,重金属的稳定化与固化技术以及有机污染物的氧化解毒技术,等等。本章学习目标是掌握固体废物处理工程中的基本理论和技术。

关键词

　　压实　破碎　分选　稳定化　固化

习　题

1. 填空

(1) _____表示固体废物的干密度。

(2) 空隙率是指固体废物的_____体积与_____体积之比。

(3) 压缩比是固体废物_____与_____的体积之比。

(4) 通常用_____评定筛分设备的分离效率。

(5) 重力分选是根据固体废物中不同物质颗粒间的_____,在运动介质中利用重力、介质动力和机械力的作用,使颗粒群产生_____和_____,从而得到不同密度产品的分选过程。

(6) 电选是利用固体废物中各种组分在高压电场中_____的差异而实现分选的一种方法。

(7) 浮选药剂有_____、_____、_____。

（8）药剂稳定化是利用化学药剂通过化学反应使有毒有害物质转变为_____、_____及_____物质的过程。

（9）评价固化效果的指标有_____、_____、_____。

2. 名词解释

低温破碎技术、湿式破碎技术。

3. 为什么要对固体废物进行破碎处理？

4. 什么是压实？压实的目的是什么？

5. 按照介质的不同，固体废物的重力分选可以分为哪几种？

6. 简述共沉淀法捕集 Cd^{2+} 的原理。

7. 简述浮选的基本原理。

8. 固化技术都有哪些？

9. 采用密度为 $4.4 \times 10^3 \ kg/m^3$ 的磁铁矿作为加重质配制密度为 $1.9 \times 10^3 \ kg/m^3$ 的重悬浮液，分别求加重质的质量、需水量及重悬浮液的浓度。

10. 简要介绍水泥固化法及其适用对象、优缺点。

11. 简要介绍沥青固化法及其适用对象、优缺点。

第三章 危险废物

学习目标

1. 了解危险废物现状、危害及处理处置的重要性，了解危险废物的资源化技术。

2. 掌握危险废物的概念、鉴定、成分测定方法，掌握危险废物的焚烧与安全填埋技术。

3. 熟悉我国对危险废物的管理规定，熟悉医疗垃圾组成特点与管理。

第一节 危险废物概述

一、定义

发达国家虽然对危险废物(hazardous waste)已经建立了各种法规和制度，但关于危险废物的定义各国有不同的提法，在国际上还没有形成统一的定义。

世界卫生组织(World Heath Organization，WHO)将危险废物定义为一种具有物理、化学或生物特性的废物，需要特殊的管理处置过程，以免引起健康危害或产生其他有害环境的作用。

美国《资源保护与回收法》对危险废物下了定义，即危险废物是一种固体废物或几种固体废物的组合，由于其数量、浓度，以及物理、化学性质和传染性，可能：①引起或严重导致死亡人数的增长，或导致不可逆转的疾病；②在处理、储存、运输、处置或管理不当时，会对人体健康或环境产生严重的危害或潜在性危害。

我国《固体废物污染环境防治法》将危险废物定义为：列入国家危险废物名录或者根据国家规定的危险废物鉴别标准和鉴别方法认定的具有危险特性的固体废物。危险废物是纳入《固体废物污染环境防治法》污染环境防治管理中最重要的一类固体废物。

二、危险废物的来源与特性

(一)危险废物的来源

危险废物的产生来源广泛而复杂,遍及各个生产行业和日常生活。一般来说,可以把危险废物的来源划分为生产活动和生活活动两大类,生产活动又可以根据产业划分。按危险废物产生的行业,可将其分成三类。

(1)生活危险废物:主要产生于人们的日常生活,如废荧光灯管、废含镉镍和含汞电池、废油漆及其包装、废药品等。

(2)工业危险废物:主要来自工业领域的各个生产环节、制造过程及其产品消费过程,主要集中在冶金、矿业、能源、石油、化工等行业。

(3)农业危险废物:主要产生于病虫害防治、除草、养殖场消毒、用药等过程,如杀虫剂、除草剂、消毒剂、兽药等。

(二)危险废物的现状

我国危险废物具有产生源数量多、分布广泛和种类相对集中的特点。如图 3-1 所示为 2001—2015 年我国工业危险废物产生量走势图。从生态环境部《中国环境统计公报》每年披露的危险废物产生量来看,我国的危险废物产量呈逐年增长趋势,2001—2015 年危险废物产生量从 952 万 t 增加到 4 420 万 t。须注意,2011 年之前,申报口径是一年产生危险废物 10 kg 以上的纳入统计,2011 年开始,则是一年产生危险废物达 1 kg 就要纳入统计。因此,环保口径变化使得危险废物量从 2010 年的 1 587 万 t 激增至 2011 年的 3 431 万 t。

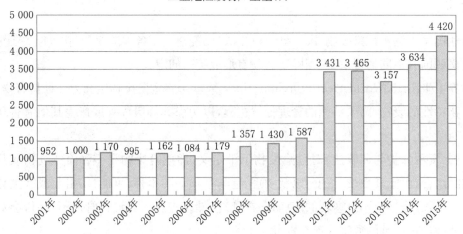

图 3-1 2001—2015 年我国工业危险废物产生量

(三)危险废物的鉴定及成分鉴定方法

根据各国的实践和有关文献,目前危险废物的鉴别方法包括名录/定义鉴别法、特性鉴别法和试验鉴别法三类。

1. 名录/定义鉴别法

名录/定义鉴别法是指国家或地区的固体废物环境管理行政机构把已知的危险废物汇总列表,作为危险废物名录,凡属于该名录中所列的废物均是危险废物。这种鉴别方法简单明了、直观易懂,目前世界上很多国家都不同程度地采用这种鉴别方法,如美国和中国等。我国《国家危险废物名录》是国家发展和改革委员会根据《固体废物污染环境防治法》,自2008年8月1日起施行的。2016年6月,新版《国家危险废物名录》发布,自2016年8月1日起施行。修订后的《国家危险废物名录》(2016版)将危险废物调整为46大类别479种。由于危险废物来源广泛、成分复杂,多数情况下有几种废物混杂在一起,仅依靠危险废物名录进行鉴别存在较大困难。

2. 特性鉴别法

特性鉴别法是指按废物是否具有腐蚀性(corrosivity,C)、毒性(toxicity,T)、易燃性(ignitability,I)、反应性(reactivity,R)和感染性(infectivity,In)等特性对其进行鉴别,从而判定该废物是否属于危险废物。危险废物的特性鉴别必须对废物的所有特性进行鉴别。换言之,如果对某种废物进行特性鉴别以判定其是否属于危险废物,就需要对该废物是否具有腐蚀性、毒性、易燃性、反应性、感染性等所有危险特性依次进行鉴别或判定。只有该废物不具备任何上述危险特性,才能确认该废物不属于危险废物;倘若该废物具有上述危险特性中的任意一种或几种,就可判定其为危险废物。这种方法需要判定的内容过多,比较费时费力。

3. 试验鉴别法

试验鉴别法是指通过一定的试验程序和方法来鉴别某种废物的组成,以判定其是否属于危险废物的过程。很多情况下,仅依靠名录/定义鉴别法和特性鉴别法不能完全判别某种废物是否属于危险废物,这时就需要通过试验分析来进行鉴别。例如,美国发展了毒物浸出程序(toxicity characteristic leaching procedure,TCLP)来鉴别浸出毒性,通过生物试验来鉴别急性毒性等。我国已先后颁布了多项危险废物鉴别标准和技术规范,用于指导危险废物的试验鉴别。为防治危险废物造成的环境污染,贯彻《环境保护法》和《固体废物污染环境防治法》,加强对危险废物的管理,保护环境,保障人体健康,1996年8月1日起制定实施《危险废物鉴别标准》(GB 5085—1996),于2020年1月1日起施行新修订的GB 5085.7—2019。按照《危险废物鉴别技术规范》(HJ 298—2019)进行采样和分析。

腐蚀性鉴别:当pH值≥12.5或者≤2.0时,则该废物是具有腐蚀性的危险废物。

急性毒性初筛:对小白鼠(或大白鼠)经口灌胃,经过48小时,死亡若超过半数,则该废物是具有急性毒性的危险废物。

浸出毒性:固态的危险废物遇水浸沥,其中有害的物质迁移转化,污染环境,浸出的有害物质的毒性称为浸出毒性,按照《固体废物浸出毒性测定方法》(GB/T 15555—1995),若浸出液中任何一种危害成分的浓度超过鉴别标准所列的浓度值,则该废物是具有浸出毒性的危险废物。

(四)危险废物的危害、危险特性和处理处置的重要性

2016年版《国家危险废物名录》把具有腐蚀性、毒性、易燃性、反应性或者感染性等一种或者几种危险特性的固体废物(包括液体废物)称为危险废物。危险废物的危害主要有以下三点:①破坏生态环境。随意排放、贮存的危险废物在雨水地下水的长期渗透、扩散作用下,会污染水体和土壤,降低地区的生态环境功能等级。②影响人类健康。危险废物会通过摄入、吸入、皮肤吸收、眼接触而引起毒害,或引起燃烧、爆炸等危险性事件,长期危害包括重复接触导致的长期中毒、致癌、致畸、致变等。③制约可持续发展:危险废物不处理或不规范处理处置所带来的大气、水源、土壤等的污染也将会成为经济活动的制约因素。

三、危险废物的管理

一个国家环境保护管理是否到位,不是体现在一般废物的管理情况,而是主要体现在危险废物的管理上。由于危险废物对人体健康危害大,世界各国大多对危险废物的管理都有特别的规定。我国《固体废物污染环境防治法》专门针对危险废物做出特别的规定,以严格规范危险废物的管理。

(1)危险废物地方政府集中处置制度。省、自治区、直辖市人民政府组织有关部门编制危险废物集中处置设施、场所的建设规划,科学评估危险废物处置需求,合理布局危险废物集中处置设施、场所,确保本行政区域的危险废物得到妥善处置。县级以上地方人民政府应当加强医疗废物集中处置能力建设。

(2)危险废物产生申报制度。产生危险废物的单位,应当按照国家有关规定制定危险废物管理计划;建立危险废物管理台账,如实记录有关信息,并通过国家危险废物信息管理系统向所在地生态环境主管部门申报危险废物的种类、产生量、流向、贮存、处置等有关资料。

(3)危险废物经营许可证制度。从事收集、贮存、利用、处置危险废物经营活动的单位,应当按照国家有关规定申请取得许可证。许可证的具体管理办法由国务院制定。禁止无许可证或者未按照许可证规定从事危险废物收集、贮存、利用、处置的经营活动。禁止将危险废物提供或者委托给无许可证的单位或者其他生产经营者从事收集、贮存、利用、处置活动。

(4)危险废物分类制度。国务院生态环境主管部门根据危险废物的危害特性和产生数量,科学评估其环境风险,实施分级分类管理,建立信息化监管体系,并通过信息化手段管理、共享危险废物转移数据和信息。收集、贮存危险废物,应当按照危险废物特性分类进行。禁止混合收集、贮存、运输、处置性质不相容而未经安全性处置的危险废物。贮存危险废物应当采取符合国家环境保护标准的防护措施。禁止将危险废物混入非危险废物中贮存。医疗卫生机构应当依法分类收集本单位产生的医疗废物,交由医疗废物集中处置单位处置。

(5)危险废物转移联单制度。转移危险废物的,应当按照国家有关规定填写、运行危险

废物电子或者纸质转移联单。

（6）危险废物应急预案制度。产生、收集、贮存、运输、利用、处置危险废物的单位,应当依法制定意外事故的防范措施和应急预案,并向所在地生态环境主管部门和其他负有固体废物污染环境防治监督管理职责的部门备案;生态环境主管部门和其他负有固体废物污染环境防治监督管理职责的部门应当进行检查。

（7）危险废物过境转移禁入制度。禁止经中华人民共和国过境转移危险废物。

（8）责任追究制度。违反《固体废物污染环境防治法》规定,有下列行为之一,尚不构成犯罪的,由公安机关对法定代表人、主要负责人、直接负责的主管人员和其他责任人员处 10 日以上 15 日以下的拘留,情节较轻的,处 5 日以上 10 日以下的拘留:将危险废物提供或者委托给无许可证的单位或者其他生产经营者堆放、利用、处置的;无许可证或者未按照许可证规定从事收集、贮存、利用、处置危险废物经营活动的;未经批准擅自转移危险废物的;未采取防范措施,造成危险废物扬散、流失、渗漏或者其他严重后果的。

违反《固体废物污染环境防治法》规定,危险废物产生者未按照规定处置其产生的危险废物被责令改正后拒不改正的,由生态环境主管部门组织代为处置,处置费用由危险废物产生者承担;拒不承担代为处置费用的,处代为处置费用一倍以上三倍以下的罚款。

无许可证从事收集、贮存、利用、处置危险废物经营活动的,由生态环境主管部门责令改正,处 100 万元以上 500 万元以下的罚款,并报经有批准权的人民政府批准,责令停业或者关闭;对法定代表人、主要负责人、直接负责的主管人员和其他责任人员,处 10 万元以上 100 万元以下的罚款。

未按照许可证规定从事收集、贮存、利用、处置危险废物经营活动的,由生态环境主管部门责令改正,限制生产、停产整治,处 50 万元以上 200 万元以下的罚款;对法定代表人、主要负责人、直接负责的主管人员和其他责任人员,处 5 万元以上 50 万元以下的罚款;情节严重的,报经有批准权的人民政府批准,责令停业或者关闭,还可以由发证机关吊销许可证。

违反《固体废物污染环境防治法》规定,经中华人民共和国过境转移危险废物的,由海关责令退运该危险废物,处 50 万元以上 500 万元以下的罚款。

 知识链接 3-1

危险废物贮存不得超过一年 专项整治三年行动开始了！

第二节　医疗废物

一、医疗废物概述

医疗废物是指医疗机构在医疗、预防、保健以及其他相关活动中产生的具有直接或间接感染性、毒性以及其他危害性的废物,具体包括感染性、病理性、损伤性、药物性、化学性废物,如使用过的棉球、纱布、胶布、废水、一次性医疗器具、术后的废弃品、过期的药品等。这些废物含有大量的细菌性病毒,而且有一定的空间污染、急性病毒传染和潜伏性传染的特征,如不加强管理、随意丢弃,任其混入生活垃圾、流散到人们生活环境中,就会污染大气、水源、土地以及动植物,造成疾病传播,严重危害人的身心健康。所有医疗垃圾与生活垃圾绝对不可以混放。

医疗废物的危害性引起了世界各国的高度重视。在相关法律法规建设方面,许多国家和地区对医疗废物的减量化、分类收集、储存、运输和处理处置各个方面、各个环节都有严格明确的规定。自 20 世纪 50 年代起,医疗废物的处理已引起世界各国的广泛重视。国内外学者对医疗废物处理技术的研究日益丰富,已经取得了一定的研究成果。研究主要集中于焚烧处理、高压蒸汽灭菌处理、化学处理、微波处理、热解处理等医疗废物处理技术,通过综合比较各种处理工艺的技术参数与优缺点,研究者发现,高温热解法优点更为突出,是目前国内外首推的医疗废物处理技术。我国非常重视医疗废物的处置,目前,河南省 18 个省辖市各建设有 1 个医疗废物集中处置中心,加上县级医疗废物集中处置中心,共有 27 个医疗废物集中处置中心,日处置医疗废物能力达 370.5 t,在 2020 年新冠肺炎疫情时期,全省最高日产医疗废物 161 t,使医疗废物能够得到及时、安全的处置,特别是疫情定点医疗机构产生的医疗废物能够做到"日产日清"。

20 世纪 90 年代中期,我国环卫部门开展了医疗废物的管理与处理工作,成立了专门机构并配备专职人员到医疗机构定时收集和集中处置医疗废物,逐步完善了医疗废物污染控制流程的管理制度,在整个处理医疗垃圾的过程中能够严格按照国家有关标准和技术规定执行。2003 年 6 月 16 日,我国颁布实施了《医疗废物管理条例》,为医疗废物的管理提供了法律依据。

《固体废物污染环境防治法》规定,医疗废物按照《国家危险废物名录》管理。县级以上地方人民政府应当加强医疗废物集中处置能力建设。县级以上人民政府卫生健康、生态环境等主管部门应当在各自职责范围内加强对医疗废物收集、贮存、运输、处置的监督管理,防止危害公众健康、污染环境。医疗卫生机构和医疗废物集中处置单位,应当采取有效措施,防止医疗废物流失、泄漏、渗漏、扩散。

二、医疗废物的分类

医疗废物成分复杂,根据《医疗废物分类目录》(卫医发〔2003〕287 号),我国把医疗废物分为五大类。

(一)感染性废物

感染性废物是指携带病原微生物,具有引发感染性疾病传播危险的医疗废物。

(1)被病人血液、体液、排泄物污染的物品。包括如下四种:

① 棉球、棉签、引流棉条、纱布及其他各种敷料;

② 使用后的一次性使用卫生用品、一次性使用医疗用品及一次性医疗器械;

③ 废弃的被服;

④ 其他被病人血液、体液、排泄物污染的物品。

(2)医疗机构收治的隔离传染病病人或者疑似传染病病人产生的生活垃圾。

(3)病原体的培养基、各种废弃的医学标本和菌种、毒种保存液。

(4)废弃的医学标本。

(5)废弃的血液、血清。

(6)使用后的一次性使用医疗用品及一次性医疗器械。

(二)病理性废物

病理性废物是指诊疗过程中产生的人体废弃物和医学实验动物尸体等。

(1)手术及其他诊疗过程中产生的废弃的人体组织、器官等。

(2)医学实验动物的组织、尸体。

(3)病理切片后废弃的人体组织、病理蜡块等。

(三)损伤性废物

损伤性废物是指能够刺伤或者割伤人体的废弃的医用锐器。

(1)医用针头、缝合针。

(2)各类医用锐器,包括:解剖刀、手术刀、备皮刀、手术锯等。

(3)载玻片、玻璃试管、玻璃安瓿等。

(四)药物性废物

药物性废物是指过期、淘汰、变质或者被污染的废弃的药品。

(1)废弃的一般性药品,如抗生素、非处方类药品等。

(2)废弃的细胞毒性药物和遗传毒性药物,有如下三种:

① 致癌性药物,如硫唑嘌呤、苯丁酸氮芥、萘氮芥、环孢霉素、环磷酰胺、美法仑(苯丙氨酸氮芥)、司莫司汀、三苯氧氨、硫替派等;

② 可疑致癌性药物,如顺铂、丝裂霉素、阿霉素、苯巴比妥等;

③ 免疫抑制剂。

(3) 废弃的疫苗、血液制品等。

(五)化学性废物

化学性废物是指具有毒性、腐蚀性、易燃易爆性的废弃的化学物品。

(1) 医学影像室、实验室废弃的化学试剂。

(2) 废弃的过氧乙酸、戊二醛等化学消毒剂。

(3) 废弃的汞血压计、汞温度计。

三、医疗垃圾的危害

由于医疗废物具有全空间污染、急性传染和潜伏性污染等特征,其所含有的微生物的危害性是普通生活废物的几十、几百甚至上千倍,如处理不当,会成为医院感染和社会环境公害源,甚至可成为疾病流行的源头。废物中的有机物不仅滋生蚊蝇,造成疾病的传播,并且在腐败分解时释放出的氨气(NH_3)、硫化氢(H_2S)等恶臭气体及多种其他有害物质,污染大气,危害人体健康;医疗废物同时也是造成医院内交叉感染和空气污染的主要原因,由医疗废物引起的交叉感染占社会交叉感染率的20%。

医疗垃圾携带的病原体、重金属和有机污染物经雨水和生物水解产生的渗滤液,可对地表水和地下水造成严重污染。医疗垃圾渗滤液中的污染物在降雨的淋溶冲刷作用下进入土壤,导致土壤污染物累积和污染。

医疗垃圾中还存在化学污染物及放射性污染物等有害物质,具有极大的危险性。若对直接暴露于医疗垃圾的从业人员的管理与培训不严格,可能还会造成更多的危害。

一些医疗垃圾会回流社会被再次使用,例如:病人使用过的输液器、塑料便盆等被卖给塑料加工厂生产生活日用品,并进入超市卖掉;药贩廉价收购百姓手中的过期药品,经过修改批号、重新包装后,再次出手牟利;将使用过的一次性医疗器具私下卖给个体商贩,加工包装后卖给一些个体诊所再次使用。因此,废弃一次性医疗用品已成了疾病传播的重要途径。

四、医疗垃圾处理技术

医疗废物的处理技术在我国还处于摸索阶段,优选方法仍不够成熟。相关的处理技术大致可分为三类:①高温处理法,如焚烧法、热解法和气化法;②替代型处理法,如化学消毒法、高温高压蒸汽灭菌法、干法热消毒法、微波消毒法和安全填埋法;③创新型技术,如等离子技术、放射技术。根据处理原理不同,一般可分为灭菌消毒法、高温焚烧法、热解处理法、等离子体法、电弧炉处理技术、辐照技术和液态合金处理法等。

（一）灭菌消毒法

灭菌消毒处理方法较多,可采取高温高压蒸汽灭菌法、化学消毒法、微波消毒法等。灭菌消毒法主要是通过高温、高压、化学试剂、一定频率或波长的微波等技术,破坏微生物及病毒的生存环境,降低医疗垃圾对人体健康及环境危害的程度。灭菌消毒法需针对不同的医疗垃圾选择不同的灭菌方法,其灭菌效果限制因素较多,由于医疗垃圾的种类繁多且差异性大,所以有可能无法达到最佳的灭菌效果,而且垃圾的体积和外观不会发生明显改变。一般条件下,该法可用于焚烧前的预处理,在某些情况下也可以作为最终填埋处置前的处理手段。

（二）高温焚烧法

据研究,医疗垃圾中占总重量 92% 的组分为可燃性成分,不可燃成分仅占 8%,在一定温度和充足的氧气条件下,医疗垃圾可以完全燃烧成灰烬。焚烧处理是一个深度氧化的化学过程,在高温火焰作用下,焚烧设备内的医疗垃圾经过烘干、引燃、焚烧三个阶段被转化成残渣和气体,病原微生物和有害物质在焚烧过程中也因高温而被有效破坏,还能有效实现减容和减重。焚烧法适用于各种传染性医疗垃圾,是医疗垃圾处理领域的主流技术。

（三）热解处理法

热解处理法是利用垃圾中有机物的热不稳定性,将医疗垃圾中有机成分在无氧或缺氧的条件下高温加热,用热能使化合物的化合键断裂,使大分子量的有机物转变为可燃性气体、液体燃料和焦炭。这种处理技术与焚烧法相比温度较低,无明火燃烧过程,重金属等大都保持在残渣之中,可回收大量的热能,较好地解决了医疗垃圾焚烧处理技术的最大难题。

（四）等离子体法

等离子体法是处理医疗垃圾的一项创新技术,它消毒杀菌的原理如下:用等离子体电弧炉产生的高温杀死医疗垃圾中的所有微生物,摧毁残留于细胞中的毒性药物和有毒的化学药剂,并将金属锐器及无机化学品熔融,使其被彻底销毁。

（五）电弧炉处理技术

电弧炉是以电弧加热的批次式反应炉,其燃烧温度约为 1 650～3 300 ℃,停留时间约 8～10 min。电弧炉的电极棒透过交变电流产生强大的磁性搅拌作用,废弃物与钢液能充分混拌,废物在极高温情况下被裂解氧化成 CO_2 和 H_2O,因而传染性病菌能在极短的时间内被完全破坏。医疗废物包括不可燃物(如针头、注射器、玻璃瓶)和可燃物这两大类,将其置于铁质容器后直接投入电弧炉中将其熔化,其中可燃性废物能迅速而有效地燃烧,玻璃等不可燃物形成残渣浮在钢水表面,而针头、器械等金属废物则与电弧炉中其他金属一起熔化成钢水。电弧炉技术最早在日本被用于处理医疗废物。

（六）辐照技术

辐照处理技术是利用电子束杀灭微生物和细菌的技术。电离辐射源（如 Co-60）激发出来的电子与处理对象分子结构中的电子发生相互作用，所积累的能量可以破坏有机化合物的化学键，从而将微生物加以裂解破坏。但是，辐照技术不能用来处理放射性物质，还需要加强对操作人员的防护。

（七）液态合金处理法

该技术将锡（Sn）、铋（Bi）等特殊的低熔点合金加热到 400 ℃左右，使合金成为液态，然后将医疗废物投入液态合金金属中，在杀死细菌和病毒的同时可以实现水分的蒸发，而挥发出来的气体被加热至 800 ℃，将其中挥发性有机物完全燃烧后排出烟气。

第三节 危险废物的焚烧技术

危险废物的处置技术有焚烧技术、固化技术、高温蒸汽灭菌技术、微波处理技术、等离子体焚烧技术、热解焚烧炉技术、湿空气氧化技术、高级生物技术、碱金属脱氯技术、离心分离技术、电解氧化技术等。本章着重介绍危险废物的焚烧技术以及安全填埋处置技术。

一、焚烧前的管理

（一）接收与分类

1. 接收

在接收危险废物进行处理之前，应仔细审阅废物产生者提供的危险废物的背景及特性鉴定资料，包括废物的质量及运输方式、物理/化学特性（如物态、密度、水分、总热值、灰分、气味、颜色、pH 值等）、化学成分及有害物质含量、接触或传送需要采取的保护措施等。

2. 分类

接收之后，应对废物的有害特性及直接影响焚烧操作的特性（如反应性、热值、相容性等）进行复核测试，并根据废物的形态、物性、相容性及热值将其进行分类，以避免无法相容或混合后会产生化学反应的废物储存在一起同时焚烧处理，并为制定焚烧计划提供依据。表 3-1 列出了部分不相容的废物，如果表中 A 类和 B 类中对应的废物相混合，则可能会发生化学反应，并导致严重后果。二者是不能同时焚烧的。

（二）临时储存

运抵焚烧厂的危险废物有时不能及时得到处理，因此，应有临时储存措施。危险废物的形态大致可分为气态、液态(浆态)和固态三类，对它们应分别采取不同的储存方式。

气态、液态(浆态)废物通常应分类储存于特殊设计的密封式储槽中。固态废物则可采取密封式储槽、水泥坑及堆积三种方式储存。除不含挥发性、易燃性、反应性或毒性组分的固态危险废物可以储存于带有顶棚的水泥坑外，其余废物均应储存在密闭的储槽内。除非在紧急情况下，不宜将危险废物直接堆积于露天场地，必须将废物连同盛装废物的容器存放在指定场所或区域。

表 3-1 部分不可相容的废物表

项　目	A 类	B 类
1. 混合后会发生激烈反应并产生热量的废物	乙炔污泥、碱性污泥 碱性洗涤液、碱性腐蚀液、强腐蚀性的碱性电解液 石灰污泥及其他具有腐蚀性的碱性溶液	酸性污泥 酸性金属液 酸性电解液 废酸或混合酸液
2. 混合后可能会剧烈燃烧或爆炸，并产生易燃氢气的废物	铝、铍、钙、钾、锂、镁、钠、锌粉及其他的反应性金属氢化物	1A 或 1B 类废物
3. 混合后可能会剧烈燃烧或爆炸，释放热量并产生易燃性或毒性气体的废物	醇类	高浓度 1A 或 1B 类废物
4. 混合后可能会剧烈燃烧、爆炸或发生激烈反应的废物	醇、醛、有机氯化物、硝基化合物、不饱和烃及其他反应性有机物	高浓度 1A 或 1B 类废物，2A 类废物
5. 混合后可能会产生有毒氰化氢气体或硫化氢气体的废物	废氰酸盐或硫化物	1B 类废物
6. 混合后可能会剧烈燃烧、爆炸或发生激烈反应的废物	氯酸盐、氯、亚氯酸盐、铬酸盐、过氯酸盐、硝酸盐、浓硝酸、高锰酸盐、过氰化物及其他的氢氧化物	醋酸或其他有机酸高浓度无机酸、2A 类废物 4A 类废物、其他易燃及可燃性废物

二、焚烧工艺系统

（一）焚烧要求

危险废物焚烧工艺系统与一般固体废物的焚烧没有本质上的差别，但危险废物焚烧厂从进料、设计、建造、试烧到正常运行管理都有一套更为严格的规范要求。概括起来包括八个方面：

（1）危险废物焚烧处置前必须要进行前处理或特殊处理以达到进炉的要求。

（2）焚烧炉的技术性能要达到《危险废物焚烧污染控制标准》(GB 18484—2001)规定的

指标(见表3-2)。

表 3-2 焚烧炉的技术性能指标

废物类型	项目				
	焚烧炉温度/℃	烟气停留时间/s	燃烧效率/%	焚毁去除率/%	焚烧残渣的热灼减率/%
危险废物	≥1 100	≥2.0	≥99.9	≥99.99	<5
多氯联苯	≥1 200	≥2.0	≥99.9	≥99.999 9	<5
医院临床废物	≥850	≥1.0	≥99.9	≥99.99	<5

(3)焚烧设施必须有前处理系统、尾气净化系统、报警系统和应急处理装置。

(4)危险废物焚烧产生的残渣和烟气处理过程中产生的飞灰都属危险废物,须按危险废物进行安全处置。

(5)焚烧炉排气筒应设置永久样孔,并安装用于采样和测量的设施,排气筒高度应符合相关要求。

(6)焚烧炉出口烟气中的氧气含量应为 6%～10%(干气)。

(7)焚烧炉运行过程中要始终保证系统处于负压状态,避免有害气体逸出。

(8)焚烧炉的设计、建设、试烧测试及投入正常运行运转都必须经环保机构审核同意,并要取得相关执照。

(二)焚烧工艺

用于处理危险废物的焚烧炉主要有旋转窑焚烧炉、液体喷射焚烧炉、流化床焚烧炉等。其中,旋转窑焚烧炉多用于处理淤泥、糊状物和桶状物质,流化床焚烧炉多用于处理淤泥和酸性物质,液体喷射焚烧炉用于处理易燃、可燃和一些有机液体废物。

旋转窑焚烧炉又叫回转窑焚烧炉,其最大的特点是对废物的适应性强,是我国危险废物处理厂最常采用的炉型。旋转窑是一个卧式圆柱体,采用防腐蚀、耐高温的耐火材料作为内部衬里,水平安放稍有倾斜,通过炉体转动达到均匀混合并沿倾斜角向出料端移动。它可同时处理固、液、气态危险废物;除重金属、水或无机化合物含量高的不可燃物外,各种不同物态(固体、液体、污泥等)及形状(颗粒、粉状、块状及桶状)的可燃性废物皆可送入旋转窑中焚烧。主焚烧装置采用旋转窑焚烧炉。炉体缓慢转动,危险废物由上部加入,在窑内干燥、燃烧和向前输送。旋转窑炉温度达 850～1 100 ℃,可以有效破坏有机废物毒性结构,并使无机物质成为熔融状态。未燃尽的高温烟气进入立式二燃室继续燃烧。二燃室炉温可达 1 100 ℃,甚至超过 1 200 ℃,最高可达 1 350 ℃,可以保证烟气在燃室内 1 100 ℃以上停留时间达到 2～3 s,从而彻底破坏废气中的有毒有害物质(如二噁英等)。焚烧产生的废气经过多道净化处理后排放,飞灰和炉渣经过固化处理后进行安全填埋处置。

（三）危险废物焚烧工程实例

2013 年,约 100 万人口的某县,产生的危险废物总量为 1.98 万 t/a,其中适合焚烧处理的危险废物量约为 1 万 t/a,约占处置总量的 51%。根据危险废物的产生量,该工程设计的焚烧系统处置能力为 1 250 kg/h,整套焚烧系统 24 h 连续运行,废物的低位热值为 3 500 kcal/kg。该危险废物焚烧工艺主要包括进料系统、焚烧系统、余热利用系统以及烟气净化与排放系统。该工程采用"回转窑＋二燃室＋余热锅炉＋选择性非催化还原(selective non-catalytic reduction,SNCR)脱硝＋烟气急冷＋干法脱酸＋布袋除尘器去除二噁英除尘＋湿法脱酸"的处理工艺。

固态、半固态危险废物通过进料机构送入旋转窑本体内进行高温焚烧,废物在 ≥850 ℃ 的环境下停留 30～120 min 在高温下进行焚烧。在这样的操作下,废物会被焚烧成为高温烟气和灰渣物质。这些物质可以通过窑尾将高温烟气和灰渣导入二次燃室中,并在二次燃室中对灰渣进行焚烧。完成二次焚烧后的灰渣采用水封刮板除渣机进行处理,在水冷后进入灰仓。

在旋转窑焚烧炉高温焚烧的烟气从窑尾进入二燃室,烟气在二燃室燃尽,二燃室的温度控制在 1 100～1 200 ℃。

高温烟气离开二燃室后,进入余热锅炉,一方面可回收热能用于工业生产,另一方面可降低烟气温度,保证后续设备的使用。

由于焚烧的危险废物的不确定性,为确保烟气达标排放,烟气净化工艺采用"SNCR 脱硝＋烟气急冷＋干法脱酸＋布袋除尘器去除二噁英除尘＋湿法脱酸"的烟气净化工艺和技术。

(1) 烟气 SNCR 脱硝。在膜式壁锅炉第一回程处增设脱氮反应系统。配备好的尿素溶液通过管路流入储罐,最后通过输送泵、喷枪,进入余热锅炉第一回程内与烟气中 NO_x 发生化学反应,达到脱氮目的。

(2) 烟气急冷。高温烟气经过余热锅炉,温度降至 550 ℃,经烟道从上方进入急冷塔,急冷塔上设置双流体喷头。

(3) 干法脱酸。烟气需要在急冷塔中进行处理,再将处理后的烟气导入烟气管道中。在此处理环节中,需要在烟气管道中添加消石灰粉与烟气中的酸性气体,让烟气与这些物质进行充分混合。通过这样的处理方式,可以对酸性气体进行有效处理。

(4) 布袋滤尘。布袋滤尘的主要目的是将已经反应完烟气中的飞灰及部分未反应的石灰进行过滤,烟气在进入布袋除尘器之后,与之形成反应的石灰以及飞灰会在其中吸附于滤袋的表面,然后将处理后的烟气导入下一步处理工序中。

(5) 烟气湿法脱酸。完成干法脱酸处理后的烟气,需要经过布袋滤尘处理后导入湿法脱酸塔。在湿法脱酸塔中将处理过的烟气进行多级洗涤,并以碱洗的方法来消除烟气中的酸性气体,从而可以更深度地进行脱酸处理。

(6) 烟气再加热系统。经过湿法脱酸后的烟气中含有大量的水汽,经过引风机后会在引风机中造成积水,并在经过烟囱后形成白烟,烟气抬升高度不够,不利于烟气的扩散。为了解决形成白烟的问题,采用烟气再热器将烟气加热到 120 ℃,加热后的烟气经 50 m 高的烟囱排放。

旋转窑焚烧系统作为危险废物处理的主要工艺,具有对物料适应性强、操作简单、控制方便、使用寿命长、维修工作量少、工作连续性好等优点。采用"旋转窑+二燃室"的焚烧工艺,焚烧残渣的热灼减率<5%,燃烧效率>99.9%,焚毁去除率>99.99%,危险废物能得到无害化、减容、减量处理。采用"SNCR 脱硝+烟气急冷+干法脱酸+布袋除尘器去除二噁英除尘+湿法脱酸"的烟气净化处理工艺,危险废物烟气中的二噁英、氮氧化物、硫化物等污染物排放浓度可满足危险废物焚烧污染控制标准。

第四节　危险废物的填埋技术

安全填埋被认为是危险废物的最终处置方法。适用于不能回收利用其组分和能量的危险废物,包括焚烧过程的残渣和飞灰等。根据《固体废物浸出毒性浸出方法》和《固体废物浸出毒性测定方法》,低于填埋场控制限值的固体废物可以直接入场填埋,超出限值的必须处理后符合稳定化限值才能进场填埋。禁止填埋医疗废物和与衬层不相容的废物。与生活垃圾和一般工业固体废物的填埋相比,危险废物的安全填埋需要更为严格的控制和管理措施。

一、危险废物填埋处置技术的分类

现代危险废物填埋场多为全封闭型填埋场。常用的危险废物填埋处置技术主要包括共处置、单组分处置、多组分处置和预处理后再处置四种。

(一) 共处置

共处置就是将难以处置的危险废物有意识地与生活垃圾或同类废物一起填埋,主要目的是利用生活垃圾或同类废物的特性,减弱所处置危险废物的组分所具有的污染性和潜在的危险性,从而达到环境可承受的程度。对准备进行共处置的难处置废物必须进行严格的评估,只有与生活垃圾相容的难处置废物,才能进行共处置,并要求在共处置实施过程中,对所有操作步骤进行严格管理,控制难处置废物的输入量,以确保安全。

许多难处置的危险废物在填埋场物理化学条件和生物环境中的详细行为迄今未能被了解清楚,更不用说与复杂混合物相关的详尽行为。为了防止污染物向周围环境突发性地释放,共处置填埋场必须排除可能导致不希望出现的反应的条件。例如,接纳了含大量金属成分的污泥后应避免填埋入螯合试剂或酸性物质。

许多国家已禁止在生活垃圾填埋场共同处置危险废物。我国城市垃圾卫生填埋场标准也规定,危险废物不能进入卫生填埋场。

（二）单组分处置

单组分处置是指采用填埋场处置物理、化学形态相同的危险废物。废物处置后可以不保持原有的物理形态。例如,生产无机化学品的工厂经常在单组分填埋场大量处置本厂的废物（如生产磷酸产生的废石膏等）。

（三）多组分处置

多组分处置是指在确保废物之间不发生反应,从而不会产生毒性更强的危险废物或造成更严重的污染时处置混合危险废物。多组分处置的类型包括三种。

（1）将被处置的混合危险废物转化成较为单一的无毒废物,一般用于化学性质相异而物理状态相似的危险废物的处置,如各种污泥等。

（2）将难以处置的危险废物混在惰性工业固体废物中处置,这种共处置不会发生反应。

（3）将所接受的各种危险废物在各自区域内进行填埋处置,这种共处置与单组分处置无差别,只是规模大小不同而已,这种操作应视作单组分处置。

（四）预处理后再处置

预处理后再处置就是对某些物理、化学性质不适合直接填埋处置的危险废物先进行预处理,使其达到入场要求后再进行填埋处置。目前的预处理方法有脱水、固化、稳定化技术等。

二、安全填埋场结构形式与特征

危险废物安全填埋场由若干个处置单元和构筑物组成。处置场有界限规定,主要包括废物预处理设施、废物填埋设施和渗滤液收集处理设施。它可将危险废物和渗滤液与环境隔离,将废物安全保存相当一段时间（数十年甚至上百年）。填埋场必须有足够大的可使用容积,以保证填埋场建成后具有 10 年或更长的使用期。

全封闭型危险废物安全填埋场剖面图如图 3-2 所示。安全填埋场必须设置满足要求的防渗层,防止造成二次污染;一般要求防渗层最底层应高于地下水位;要严格按照作业规程进行单元式作业,做好压实和覆盖;必须做好清、污水分流,减少渗滤液产生量,设置渗滤液给排水系统、监测系统和处理系统;对易产生气体的危险废物填埋场,应设置一定数量的排气孔、气体收集系统、净化系统和报警系统;对填埋场地下水、地表水、大气要定期监测;要进行严格的封场和管理,使处置的危险废物与环境隔绝。

根据场地的地形条件、水文地质条件以及填埋的特点,安全填埋场的结构可分为人造托盘式、天然洼地式、斜坡式三种。

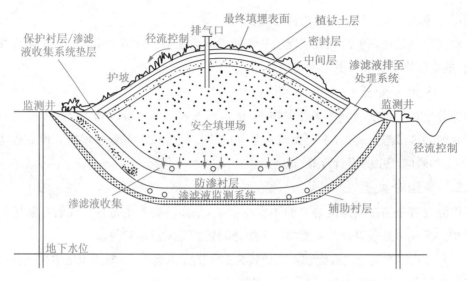

图 3-2　全封闭型危险废物安全填埋场剖面图

（1）人造托盘式。其特点是场地位于平原地区，表层土壤较厚，有天然黏土衬里或人造有机合成衬里，衬里垂直地嵌入天然存在的不透水层，形成托盘形的壳体结构，从而阻止废物同地下水的接触。为了增大场地的处置容量，此类填埋场一般都设置在地下。如果场地表层土壤较薄，也可设计成半地上式或地上式。

（2）天然洼地式。天然洼地式填埋场结构的特点是利用天然的峡谷构成盆地状容器的三个边。其优点是充分利用天然地形，挖掘工作量小，处置容量大。其缺点是场地的准备工作比较复杂，地表水和地下水的控制比较困难。主要预防措施是使地表水绕过填埋场并把地下水引走。采石场坑、露天矿坑、山谷、凹地或者其他类型的洼地都可以采用这种填埋结构。

（3）斜坡式。斜坡式安全土地填埋场结构与卫生土地填埋场中的斜坡法相似，其特点是依山建场，山坡为容器的一个边。地处丘陵地带的许多填埋场设计均可以采用这一结构。应根据当地特点，优先选择渗滤液可以根据天然坡度排出、填埋量足够大的填埋场类型。

三、安全填埋场的基本要求

现行的《危险废物填埋污染控制标准》（GB 18598—2019）明确规定了安全填埋场的基本要求，包括场址选择要求、填埋物入场要求、填埋场设计与施工的环境保护要求、填埋场运行管理要求、填埋场污染控制要求、封场要求、监测要求等。

四、安全填埋场的系统组成

危险废物安全填埋场主要包括接受与储存系统、分析与鉴别系统、预处理系统、防渗系统、渗滤液控制系统、监测系统、应急系统等。

《危险废物安全填埋处置工程建设技术要求》(环发〔2004〕75号)对这些系统的作用及要求进行了详细的阐述。

安全填埋场封场后须继续进行维护管理至封场后30年。封场后的管理工作主要是维护最终覆盖层的完整性和有效性、维护和监测检漏系统、进行渗滤液的收集与处理,以及继续监测地下水水质变化情况。

五、安全填埋场的工程设计和建设中应注意的问题

(1) 在地下水及其他工程地质条件允许的情况下,应尽量采用深挖和高填设计,增加使用年限。选择一个理想的危险废物填埋场通常非常困难,对选定的场址要尽量挖潜扩容,应尽可能地增加使用年限。以一个平地型的填埋场为例,如果填高限定10 m,下挖10 m的容量是不下挖的3~4倍(视边坡坡度而定)。如果下挖20 m,其容量将增大为5~6倍。随着下挖深度的增加,其挖方成本也相应增加,并且其增容效益也相应地减弱。

填埋的危险废物绝大多数为无机物质,不存在有机物质分解后的滑塌问题。因此,在保证安全的前提下,对高出地面的部分,可以适当增大填埋坡度和填埋高度。对于面积大于10 000 m² 的填埋场,其高出地面的高度一般不应低于10 m。实际设计中,应当根据具体的固化工艺和封场工艺确定封场的坡度,生活垃圾填埋场规定的封场坡度可以作为参考,但不应成为其上限。

(2) 慎重选择刚性填埋场结构。作为地质条件不能满足要求时的一种替代方案,刚性填埋场不宜作为一种常规的建设类型。由于受到水泥抗折强度等性质的影响,刚性填埋场的底板跨度有一定的限制,一般不宜超过50 m,这就造成刚性填埋场单位容积较小、单位造价较高、操作运行不便等问题。同时,由于没有黏土层的吸收和阻滞作用,一旦发生水泥体破裂,将不可避免地造成渗滤液泄漏污染的情况发生。当地下水位超过填埋场的底板时,则会造成填埋底部的上浮,在闲置时虽然可以采用水压的方法解决,但进入运行期后如何妥善地解决该问题尚无良好的解决办法。

(3) 填埋场应分区建设,每一期的服务年限宜控制在5~8年。由于高密度聚乙烯膜及土工布等材料在暴露于空气和日光的条件下会很快地老化,一般10年左右即丧失使用价值。危险废物填埋场在运行过程中,出于对减少渗滤液产生和保护固化体免于风化的考虑,通常也要求尽量地减少作业面积。如果填埋场的防渗系统等设施一次建设的面积过大,必然会造成部分区域的长期暴露,导致风化老化现象的发生,最终使其丧失防渗功能,同时还将造成渗滤液产生量过大,增加后续处理的成本。因此,填埋场应采用一次规划、分期建设的方案。在一期建设的同时,合理规划后期的建设规模和布局,预留防渗、地下水导排、渗滤液导排等系统的接口,统筹考虑各期的临时封场和最终封场设计,使得各期既相互关联、统筹共用,又独立运行、互不干扰。

（4）上层高密度聚乙烯膜的保护层应尽可能地采用黏土，避免单独采用土工布。必须对黏土衬层进行压实，压实系数≥0.94，压实后的厚度应≥0.5 m，且渗透系数≤1.0×10^{-7} cm/s。高密度聚乙烯膜，其渗透系数必须≤1.0×10^{-12} cm/s。上层高密度聚乙烯膜厚度应≥2.0 mm；下层高密度聚乙烯膜厚度应≥1.0 mm。

《危险废物安全填埋处置工程建设技术要求》中对防渗系统提出了原则性的要求，由下至上分别为基础层、地下水排水层、压实的黏土衬层、高密度聚乙烯膜、膜上保护层、渗滤液次级集排水层、高密度聚乙烯膜、膜上保护层、渗滤液初级集排水层、土工布、危险废物。该技术要求两个膜上保护层，但对材质并未提出明确要求。一些填埋场选用土工布作为保护层，这种设计并不可取。由于渗滤液初级集排水层多数采用卵石，粒径在30～50 mm，而规格为500～800 g土工布的厚度只有3～5 mm，因此，卵石透过土工布仍可对高密度聚乙烯膜产生突顶和挤压。填埋危险废物的密度一般为1.5 t/m³ 左右，如果填埋20 m高，单位面积的承重力将达到300 kN，远远超过土工布和高密度聚乙烯膜的顶破强力，一旦有尖锐物体出现，势必会造成高密度聚乙烯膜的破裂。因此，应当尽可能地选用黏土作为上层高密度聚乙烯膜保护层，并且厚度以不小于100 mm为宜，也可采用黏土和土工布复合的设计，尽量避免单独采用土工布。

（5）填埋气体导排系统的设计可适当简化。由于进入危险废物填埋场的物质中基本不含有机物质，产生的填埋气体量非常少，并且不会大量含有甲烷等易燃物质。因此，危险废物填埋场的气体导排系统的设计可以适当简化。

六、危险废物安全填埋场运行期应注意的问题

（1）尽量减少有机物质进入填埋场。

（2）填埋过程中无须使用压实机。危险废物填埋场内基本上为经固化处理后的废物或其他的固态废物，其密度一般达到1.5 t/m³ 甚至更高，采用压实机不仅起不到增加填埋密度的作用，反而有可能因其具有的破碎结构对危险废物的固化体产生损害，降低固化效果，同时有可能造成石棉等废物的破碎和飞扬。

（3）填埋过程中无须中间覆土。填埋危险废物本身基本不会产生渗滤液，只要做好防雨等工作，就可以有效地避免渗滤液的产生。固化的废物也不存在飞扬和因有机物分解造成的填埋体不稳定的问题，因此，覆土不仅没有必要，反而会占用填埋场大量的空间，降低填埋场的利用效率。

（4）防雨。进入危险废物填埋场的废物自身基本不产生渗滤液，渗滤液主要来源于降雨。因此，在日常运行中，应当注意防雨。应严格采用分区填埋的操作方式，区分污染区和非污染区；对作业面及时覆盖，区分污染雨水和非污染雨水。采用这些措施可显著地减少渗滤液的产生量。

（5）渗滤液的物化处理。渗滤液的成分多以雨水淋滤下来的无机成分为主，有机物的含

量较少,可以考虑采用物化处理的设备来处理渗滤液。

七、渗坑含重金属底泥的治理

(一)概述

近年来,随着中国工业的飞速发展,粗放型经济造成的环境污染问题日益突出,工业渗坑问题就是其中之一。在我国农村的很多地方,由于管理比较落后,存在着诸多由于附近工厂违法排放而形成的工业渗坑。相关研究表明,靠近工矿企业和人类活动区的湖泊底泥重金属污染较严重,并且渗坑排污的方式极易对浅层地下水造成污染,因此,工业渗坑对水环境、土壤环境都造成了巨大的威胁。这些工业渗坑中的废水多为含重金属的工业废水,不经过任何处理而排放储存在渗坑中,废水中的重金属污染物易在沉积物中积累,通过浸出作用重新释放到水体中,经由食物链影响整个水生态系统,对整片区域的水质安全、耕地安全造成极大的破坏。

目前,底泥修复技术主要分为原位修复技术和异位修复技术。原位修复是指无须将污染底泥移出水体,在原位进行底泥污染治理的技术。异位修复则是将污染底泥彻底移出,切断了污染源,修复效率高,但费用昂贵,存在次生污染,对原有底泥影响较大,从而限制了其适用范围。原位修复相比异位修复更加经济,且无治理、疏浚底泥而产生的次生污染,环境承载影响力要求较低。根据原理不同,可以将底泥重金属的修复措施分为物理修复、化学修复和生物修复。

原位化学修复是将化学药剂与污染河段的底泥掺杂混合,并在一系列的化学反应下将底泥中的重金属固定或转化成无毒、低毒价态的修复方法。目前运用最多的是固定化方法,通过化学药剂与底泥的充分混合发生化学反应,将重金属离子固定在底泥中,减少底泥的重金属释放量。化学固定法具有不产生二次污染、操作简单、技术经济的特点,不同固化剂对不同重金属固定效果不同,寻找高效且具有普适性的固化剂的需求颇为迫切,因而近几年国内外对于化学固化的研究主要关注固化剂的开发。

目前,主流的固化剂分为无机固化剂和有机固化剂。无机固化剂如氧化钙、沸石、石灰石、硅藻土、羟基磷灰石、海泡石;有机固化剂如硫代氨基甲酸盐(DTC)、EDTA 等。

(二)渗坑含重金属底泥治理工程实例

坑塘中的污染物主要来自周边金属加工企业偷排酸性含有重金属的废水。底泥中重金属锌、铬超标。底泥固化稳定化处理的工艺流程分为准备阶段、底泥疏浚及预处理阶段、固化稳定化处理阶段和回填阶段。

1. 准备阶段

此阶段主要包括材料与设备进场、固化稳定化专用设备基础建设与安装、污染底泥缓冲池建设、底泥暂存池建设、渗坑围堰建设等,保证实施过程中的安全、文明施工秩序。须进行固化稳定化设备的调试与试运行工作,根据场地实际特点有针对性地调节工艺运行参数,保证后续处理阶段顺利实施。

将渗坑进行分区,并建设围堰,保证两个分区间不漏水。

2. 底泥疏浚与预处理阶段

选定安全填埋区域,容纳经固化稳定化完成的底泥。

(1)首先将坑内的表层底泥(含水率较高)用泥浆泵输送至泥浆缓冲池,为防止泥浆泵堵塞,泥浆泵管道口应设置滤网,防止大颗粒的渣石或垃圾进入。底泥缓冲池起到两方面的作用,一方面可调节污泥量,满足固化稳定化设备稳定进料的需求,另一方面可促进污泥进一步沉降,排出缓冲池上方污染水,降低底泥含水率。缓冲池内的底泥含水率低于 90% 后,则可输送至固化稳定化设备处置。缓冲池上方设置格栅,进一步筛除大粒径渣块或垃圾。

(2)渗坑下层的底泥含水量较低(90%以下),可根据实际情况先利用挖掘机进行大面积清挖,再利用污泥绞吸设备对底层污泥进行精准清理,达到底泥去除目的,采用泥浆泵直接送至固化稳定化设备;为防止泥浆泵堵塞,泥浆泵管道口应设置滤网,防止大颗粒的渣石或垃圾进入。如底泥含水率很低无法采用泵送,可现场挖掘,直接转运至固化稳定化设备处。

3. 固化稳定化处理阶段

底泥经预处理后,应不含>50 mm 的渣石或垃圾,含水率应不高于 90%。由于底泥颗粒比较细,为保证底泥与固化稳定化药剂的充分混合,采用药剂混合专用设备——管路搅拌机,该设备的管内具有可高速旋转的搅拌叶片,可以将膨润土等非常难搅拌的混合材料在短时间进行高效率的搅拌,从而实现底泥与药剂(石灰石+生物炭)的充分混合、反应,保证修复效果。固化稳定化混合完成的底泥由传送带直接传送至安全填埋场进行填埋处置。

工程对底泥中的金属及其重金属实现了固化,固化前后渗坑中底泥的重金属浓度如表3-3 和表3-4 所示。从表中可以看出,经固化剂处理后的土壤重金属浸出浓度均显著降低。

表3-3　处理前渗坑底泥重金属含量

元素	单位	组　　别					平均值
		1	2	3	4	5	
As	mg/kg	313	329	30.9	22.1	177	174.4
Cd	mg/kg	181	180	6.21	2.45	34.2	80.772
Ni	mg/kg	13	12	23	25	19	18.4
Hg	mg/kg	0.25	0.25	0.31	0.25	0.35	0.282
Pb	mg/kg	474	490	37	21	222	248.8
Cr	mg/kg	71	71	50	50	53	59
Cu	mg/kg	60.3	65.1	17	17	35.7	39.02
Zn	mg/kg	26 500	26 600	8 070	4 930	36 100	20 440

元素	单位	组 别				平均值
		DN1-1.5	DN1-3.0	DN2-1.5	DN2-3.0	
As	mg/kg	0.129 2	0.020 4	0.046 8	0.086 8	0.070 8
Cd	mg/kg	0.01	0.01	0.01	0.01	0.01
Ni	mg/kg	0.532	0.024	0.094	0.024	0.168 5
Hg	mg/kg	0.002 2	0.000 2	0.001 4	0.000 2	0.001
Pb	mg/kg	0.012	0.012	0.012	0.012	0.012
Cr	mg/kg	0.076	0.018	0.082	0.028	0.051
Cu	mg/kg	1.93	0.018	1.02	0.148	0.779
Zn	mg/kg	0.448	0.44	0.356	0.036	0.32

表 3-4　处理后渗坑底泥重金属浸出量

八、其他危险废物处置技术

(一) 深井灌注

深井灌注是指将液态废物注入地下与饮用水和矿脉层隔开的可渗透性的岩层中。在一些情况下,它是处置某些有害废物的安全处置方法。

深井处置系统要求适宜的地层条件,并要求废物同建筑材料、岩层间的液体以及岩层本身具有相容性。在石灰岩或白云岩层处置,容纳废液的主要条件是岩层具有空穴型孔隙以及断裂层和裂缝。在砂石层处置,废液的容纳主要依靠存在于内部相连的间隙。

20 世纪 30 年代以来,在石油工业中即应用深井灌注来处理与石油生产有关的卤水。美国大约有 40 000 口这种注卤水井。20 世纪 50 年代以来,深井灌注已被用于工业排废。工业废物的深井处置已经有近 30 年的历史,是能为环境所接受的液体废物处置方法。

适合深井灌注处置的废物可分为有机和无机两大类。它们可以是液体、气体或固体,在进行深井灌注时,将这些气体和固体都溶解在液体里,形成真溶液、乳浊液或液固混合体,以流体的形式进行灌注。

(二) 海洋处置

海洋处置是利用海洋巨大的环境容量和自净能力,使危险废物消散在汪洋大海之中。海洋处置的方法有两种:海洋倾倒和海洋焚烧。海洋倾倒操作很简单,可以直接倾倒,也可以先将废物进行预处理后再沉入海底。海洋倾倒要求选择合适的深海海域,运输距离不是太远,又不会对人类生态环境造成影响。海洋焚烧能有效保护人类周围的大气环境,凡不能在陆地上焚烧的废物,采用海洋焚烧是一个较好的办法。

进行海洋处置是否会造成海洋污染,是否会破坏海洋生态,这是一个难以在短期内得出结论的问题。海洋是人类生存长期依赖的环境,因此,对于海洋处置我们必须注意三个方面的问题。

(1) 处置之前,应通过小型试验来研究可能对生态环境造成的影响。

(2) 对废物进行全面分析测试,参照有关国际公约和国内的管理规定,确定废物海洋处置的可能性和可行性。

(3) 可以用其他方法处置的废物,要通过经济比较来决定是否采用海洋处置,当然也必须进行社会效益和环境效益的分析。

已有越来越多的国家和地区关注海洋处置问题,共同的指导思想是,既不能放弃海洋这一巨大的环境容量空间,又不能让其受到污染而危害人类的生存。我国禁止进行危险废物的海洋处置。

第五节 危险废物资源化技术

一、油污的资源化利用技术

在石油工业生产过程中,会产生不同的油污。例如,在钻井施工、油气采收、油品储运、原油加工等诸多领域会产生各种落地油、储罐油泥、油污土壤、含油污水等。目前常见的油污主要有:润滑油、机械油污;油气开采中产生的油基泥浆岩屑、采油产出液、产出水;油气加工中,来自油田、炼厂、船舶或其他工业场所的落地油、废油污;油气储运中,来自油田、炼厂或其他工业原油存储池、重力分离罐底部沉积的油泥;储运中,储罐底部的油泥分离回收、储罐清洗产生的液体;含油污的工业污水、污泥;含油污的土壤。油污成分复杂,变化多样难以处理,现有的处置方法一般为掩埋、焚烧等,或依靠重力分离作用简单分离回收。

含油污泥的组成较为复杂,在混凝剂的作用下,构成水包油、油包水的极其稳定的体系。由于水合作用,一层或多层油水附于固体颗粒表面,造成颗粒相互再聚合的障碍,同时固体颗粒表面带有的同种电荷进一步排斥了颗粒的大范围聚合。因此,必须采取有效的方法实现含油污泥的系统脱稳,达到原油与固体颗粒分离、油滴聚合、原加入的化学药剂随固体杂质沉降的目的,实现油、水、渣三相的完全分离。

(一) 处理原则

为取得理想的处理效果,目前许多著名的油污处理研究机构及设备服务公司投入了大量的研究工作,认为在确定处理方法时,应遵循以下原则:处理工艺应以物理方法为主,原则上不加入化学处理剂,以防止对分离出的油品、水及环境造成二次污染;处理工艺及设备要能够对成分复杂的各种油污进行高效分离处理,分离后的原油可直接进入储罐、管道或返回炼厂,固体残余物可以分解处理,处理水应达标排放;设备运行要稳定,并适应不同的工作环境,设备可根据不同的油污类型组合出不同的处理方案,处理工艺及效果应符合国家标准要求;设备应便于运输。

(二)处理方法

为了提高油污处理过程中分离及回收的效果,国内外的机构或企业采用加入化学剂处理或生物处理等方法对油污进行处理,同时也有一些以重力分离原理如下基础的方法。现介绍一种在国外被成功推广使用的方法,原理如下:待处理的油污(混浆状液体、半固体或经预处理的固体等)进入处理装置后,较大的颗粒通过筛分等预处理手段被除去。预处理后的流体状油污被送入性能稳定的两相倾析器,通过 3 000 g 的超高重力进行分离,除去一定粒级的细颗粒,分离出的液体(油水混合物)进入三相分离器做进一步处理。三相离心分离器应用 5 000 g 的超高重力加速度对油水及极细的固体颗粒进行分离,分离后的油品可达到炼厂的回收标准从而取得最大的经济效益。处理后的固体可进行焚烧处理,或采用生物或其他方法进行彻底分解处理。处理后水的含油量可达到 10 mg/L 以下,可依当地规定标准进行排放。

二、三泥的资源化利用技术

三泥是炼油化工企业污水处理过程中产生的隔油池底泥、剩余活性污泥及浮选设施产生的浮渣的统称,三泥中含有大量的硫化物、矿物油及其他有害、有毒物质,属于危险废物。

三泥的原液含水率高、体积大、数量多,如果不经任何手段处理根本无法利用,必须首先对三泥进行机械脱水处理。三泥经转鼓真空过滤机、离心脱水机脱水后,含水率在 80%～85%,含油率在 7%～10%,干基的热值在 9～14 kJ/kg。干基三泥呈半固态,有一定的利用价值。把半固态的三泥作为砖瓦厂烧砖的辅助燃料,其焚烧原理与固定床焚烧炉相似,在燃烧过程中,有用的热值转化为热能加以利用,有害的物质经高温焚烧后达到无害化处理。

把三泥用作烧砖的辅助燃料的操作方法很简便:第一步,把半固态状的三泥装运到窑上,放在用煤围起来的坑内,利用窑上 25～45 ℃温度和煤的吸水性能,自然干化 1～2 d,使其含水率降到 70%以下;第二步,把三泥与煤拌和在一起投加到正在烧的窑孔中,让三泥和煤一起燃烧。这样可降低烧砖的煤耗,每万块砖煤耗降低 0.1～0.15 t,经济效益可观。

三、废旧电池的资源化利用技术

废旧电池种类繁多,对它们的处理方法也有很大差别。普遍采用的有单类别废电池的综合处理技术和混合废电池综合处理技术两大类。

废旧干电池的回收利用技术主要有湿法和火法两种冶金处理方法。

(一)湿法冶金技术

废旧干电池湿法冶金的基本原理是锌锰干电池中的锌、二氧化锰与酸作用生成可溶性盐而进入溶液,溶液经过净化后电解生产金属锌和二氧化锰或生产化工产品(如立德粉、氧化锌)以及化肥等。方法主要有焙烧浸出法和直接浸出法。

焙烧浸出法是将废旧干电池机械切割,分选出碳棒、铜帽、塑料,并使电池内部粉料和锌筒充分暴露(由于金属汞主要附着于糊糊纸和锌筒上,充分暴露有利于汞蒸气的蒸发),然后在 600 ℃的温度条件下,在真空焙烧炉中焙烧 6~10 h,使金属汞、氯化铵等挥发到气相,通过冷凝设备回收尾气,经过严格处理使含汞量降至最低,焙烧产物粉磨后经磁选筛分可以得到铁皮和纯度较高的锌粒,筛出物用酸浸出电池中的高价氧化锰在焙烧过程中被还原成低价氧化锰(易溶于酸),然后从浸出液中电解回收金属锌和电解二氧化锰,工艺流程如图 3-3 所示。

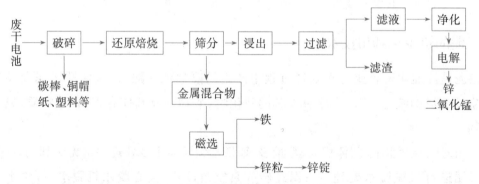

图 3-3　废干电池的焙烧浸出法工艺流程

直接浸出法是将废干电池破碎、筛分、洗涤后,直接用酸浸出干电池中的锌、锰等金属物质经过过滤,滤液净化后从中提取金属或生产化工产品。

(二)火法冶金技术

火法冶金处理废干电池是在高温下使废干电池中的金属及其化合物氧化、还原、分解、挥发和冷凝的过程。火法又分为常压和真空两种方法,常压冶金法所有作业均在大气中进行,而真空法则是在密闭的负压环境下进行。多数学者认为,火法冶金是处理废干电池的最佳方法,对汞的处理回收最有效。

传统的常压冶金方法主要有两种：一是在较低的温度下加热废干电池，先使汞挥发，然后在较高的温度下回收锌和其他重金属；二是将废干电池在高温下焙烧，使其中易挥发的金属及其氧化物挥发，残留物作为冶金中间产物或另行处理。

四、其他危险废物的资源化利用技术

（一）医疗废物的资源化利用

近来麻生水泥公司（福冈县）在北九州市投资 12 亿日元建设新的处理装置"ASO 医疗废物再生设施"，使废物全部得到利用。该装置先将废物破碎后用从美国引进的高频技术对废物杀菌，然后分类制造垃圾包装袋、垃圾固形燃料和水泥原料。作为医疗废物的再生装置，这在日本尚属首例。

（二）废催化剂的资源化利用

目前，全球石油炼制催化剂的年用量达 40 万 t 以上，其中裂化催化剂占 86％左右。在流化床催化裂化过程中经过反应已失去活性的催化剂多采用掩埋法进行处理，由于其中含有一些有害的重金属，如 Ni 含量达 0.8％，极易造成严重的环境污染。近年来，废催化剂的资源化利用研究得到了进一步的发展。

1. 废催化剂再生

废催化剂再生处理流程如下：熔烧→酸浸→水洗→活化→干燥。其中，熔烧是烧去催化剂表面上的积炭，恢复内孔；酸浸是除去 Ni、钒（V）的重要步骤；水洗是将黏附在催化剂上的重金属可溶盐冲洗下来；活化是恢复催化剂的活性；干燥是去除水分。催化剂再生后，Ni 含量可去除 73.8％，活性可恢复 95.7％，催化剂表面得到明显的改善。再生后催化剂的性能达到平衡催化剂的要求，可以返回系统代替 50％的新催化剂使用。

2. 废催化剂精制石蜡

含蜡馏分油经酮苯脱蜡脱油后所得粗蜡仍含有少量胶质、沥青质等极性物质，这些极性物质的存在会使石蜡发黄，安定性变差，储存后颜色变深，在生产商品蜡时需要进行脱色精制。目前，仍有一些炼油厂用活性白土作为吸附剂对蜡膏进行精制。经化验分析，发现废催化剂有大量微孔和较大的比表面积，这和白土的结构有相似之处，因此，废催化剂在吸附性能上和白土有相似之处。实验表明，当白土中浸入 45％以下的废催化剂时，所得精制石蜡样品与用纯白土精制出来的蜡样在光安定性、色度等多项指标上基本一致，收率在 97％以上。

3. 精制催化裂化柴油

大比例掺炼渣油条件下的催化裂化技术日益成熟，为炼油厂缩短加工流程、降低生产成本、提高经济效益创造了良好的条件。但催化裂化掺炼渣油后，催化裂化柴油由于酸性及氮化物含量的提高，稳定性变得极差，油品颜色变得很深，严重影响柴油的质量。柴油中的不稳定性大都是极性较高的物质,催化裂化活化剂是一种极性较高的有大量微孔和较大表面积的物质,对极性化合物的吸附力较强,可以用于吸附柴油中的不稳定组分。

本章小结

　　本章介绍了危险废物的概念、特点、分类、来源、现状及危害,简要叙述了危险废物的焚烧处理工艺与管理,概述了我国危险废物的管理法规以及油污、废电池等危险废物的资源化技术,详细阐述了危险废物安全填埋场的结构形式、防渗材料要求、废物入场要求、工程设计与建设、运行等,对危险废物的鉴定、最终处置技术进行了重点介绍。本章学习目标是掌握危险废物的基本概念与特性、危险废物的鉴定、危险废物的最终处置以及资源利用途径。

关键词

　　危险废物　医疗垃圾　危险废物的焚烧　安全填埋　危险废物的资源化

习　题

1. 填空

(1) 危险废物是指列入国家危险废物_____或者根据国家规定的危险废物鉴别_____和鉴别_____认定的具有危险特性的废物。

(2) 当 pH 值大于或等于_____,或者小于或等于_____时,则该废物是具有腐蚀性的危险废物。

(3) _____被认为是危险废物的最终处置方法。

(4) 我国 2016 年版《国家危险废物名录》有_____大类别共_____种。

(5) _____是指将液态废物注入地下与饮用水和矿脉层隔开的可渗透性的岩层中。

(6) 危险废物安全填埋场所采用的防渗材料高密度聚乙烯膜,其渗透系数必须≤_____cm/s。

2. 名词解释

危险废物。

3. 简述危险废物的特性。

4. 医疗废物种类有哪些?

5. 哪些危险废物可以填埋?

6. 简要写出合理的危险废物焚烧处理工艺。

7. 简述危险废物焚烧工艺的要求。

8. 某含等摩尔比的硝基苯、氯苯、苯磺酸的混合危险废物采用焚烧法处理,分别写出其完全燃烧化学方程式,并计算 3 mol 该固体废物需要标况下理论空气多少升?

第四章　电子垃圾

第一节　电子垃圾概述

一、电子垃圾的概念及特性

废弃电子产品俗称"电子垃圾"。一般认为，废弃电子产品主要包括各种使用后废弃的电脑、通信设备、电视机、电冰箱、洗衣机等电子电器产品。

电子垃圾具有危害性。电子垃圾种类繁多，成分复杂，含有多种有毒有害物质，如二噁英类、多种重金属及其化合物等。如果随意堆弃填埋、自由回收或采用不当的工艺技术和设备对其进行处理和处置，其中的有毒有害物质就会进入水、土壤和大气中，给人类的生存环境及人体健康造成潜在的、长期的危害。

电子垃圾具有有价性。电子废物中含有许多可以资源化利用的材料，如各种塑料可以直接回收利用，金属、贵重金属和稀有金属可以提纯利用，树脂纤维材料可以再生利用等。电子废物中蕴含的金属，尤其是贵金属，其品位是天然矿藏的几十倍甚至几百倍，回收成本一般低于开采自然矿床。有研究分析结果显示，1 t 随意收集的电子板卡中含有大约 272.4 kg 塑料、129.8 kg 铜、0.45 kg 黄金、40.9 kg 铁、29.5 kg 铅、20 kg 镍和 10 kg 锑，如果能回收利用，仅这 0.45 kg 黄金就价值 6 000 美元。平均每 100 g 手机机身中含有 14 g 铜、0.19 g 银、0.03 g 金和 0.01 g 钯，另外从手机锂电池中还能回收金属锂。因此，电子废物的回收利用具有明显的社会效益和经济效益。

电子垃圾已经成为世界上增长最快的垃圾。欧盟 2000 年发表的有关电子废物的报告指出,每 5 年电子垃圾便增加 16%～28%,比总废物量的增长速度快 3 倍。现在,美国的电子废物占全美垃圾量的 2%～5%,而只有不超过 10% 的电子废物被回收,这类垃圾每年正以 3%～5% 的速度增长。2005 年,美国约产生 6 300 万台废旧电脑。我国生产消费的电子废物问题也相当严重,2010 年,我国成为世界第二大电子垃圾生产国,每年生产超过 230 万 t 电子垃圾,仅次于美国的 300 万 t。

电子废物的来源包括现在的产生和之前的积累,这主要是当今科技的快速发展与应用普及和相应的处理技术管理体系不完善导致的。一方面,科技产品的普及和更新换代使得我国的电子产品产生量进入喷发期,我国巨大的电子消费市场也必然预示了随之而来的巨大的电子废物产生,我国的电子垃圾产量自 2003 年以来已高达 110 万 t,并以高于全球增长速度增长,每年约增长 5%～10%;另一方面,企业和民众的环境保护观念落后,技术管理不完备,导致回收处理率十分低下,而且处理手段落后,尽管完成了回收利用,但并没有有效地避免污染。除此之外,电子废物的另外一个显著特点是跨境转移的现象更为普遍,转移量更大,西方发达国家将这些废物运往拆解成本低的发展中国家,牺牲经济发展较落后国家的环境。据统计,全球的电子垃圾 80% 被运到亚洲,其中 90% 在中国处理与丢弃。这个特点在其他固废种类中是很少见的,也在一定程度上说明其资源蕴含量是很大的。

2020 年 1 月 6 日,中国家用电器协会发布公告,《家用电器安全使用年限》系列标准发布并实施。据中国家用电器协会测算,2018 年,我国主要家电产品社会保有量分别是电冰箱 4.4 亿台、洗衣机 4.3 亿台、空调 5.2 亿台、热水器 3.7 亿台、吸油烟机 2.5 亿台。仅 2020 年一年就将有 1.79 亿台家电产品达到安全使用年限,其中洗衣机 3 700 万台以上,空调 5 200 万台以上,电冰箱 5 800 万台以上,电热水器 1 800 万台以上,吸油烟机 1 400 万台以上。这些电子产品如果不加以合理的处理,而被任意丢弃、焚烧或者填埋,其中的有毒有害物质就会渗入土壤,进入地下水或气化挥发,从而造成土壤、水和大气的严重污染。

废弃电子产品种类繁多,所含材料成分复杂。一般根据废弃电子产品大小的分类较多,也有根据用途分类或按所用材料分类的方法。在特殊情况下,还可以按废弃电子产品对生态环境的危害来分类。表 4-1 对废弃电子产品进行了详细分类。我国制定的《废弃电器电子产品处理目录》中的废弃电子产品包括 14 种。

(1)电冰箱:冷藏冷冻箱(柜)、冷冻箱(柜)、冷藏箱(柜)及其他具有制冷系统,消耗能量以获取冷量的隔热箱体(容积≤800 L)。

(2)空气调节器:整体式空调器(窗式、穿墙式等)、分体式空调器(挂壁式、落地式等)、一拖多空调器等制冷量在 14 000 W 及以下(一拖多空调时,按室外机制冷量计算)的房间空气调节器具。

表 4-1　废弃电子产品的分类

分类方法和标准	类属	包含的主要产品	备　注
按生产领域	家庭	电视机、洗衣机、电冰箱、空调、家用音频视频设备、电话、微波炉、饮水机等	前三种所占比例最高
	办公室	电脑、打印机、传真机、复印机等	废弃电脑所占比例最高
	工业制造	集成电路生产过程中的废品、报废的电子仪表等自动控制设备、废电缆等	相当部分不直接进入城市电子垃圾处理系统
	其他	手机、网络硬件、笔记本电脑、电动玩具等	废弃手机增长速度最快
按对环境造成的危害及其无害化的难易程度	白色家电	电冰箱、洗衣机、空调等	所含材料比较简单，各种材料容易分解，再加工工艺比较简单，经济附加值比较高
	含有线路板、显像管的产品	电脑、手机、电视机、电子仪表等	所含材料对环境危害比较大，分离处理技术要求比较高
按体积和用途	大型电器	电冰箱、洗衣机、热水器等体积较大的白色家电	美国环保局的分类方法
	小型电器	电吹风、咖啡机、烤面包机等体积较小的家电	
	消费型电子产品	音频产品、视频产品、信息产品，如手机、电脑、电话、音响设备等	
按回收物资	电路板	电子设备的集成电路板	主要是电视机和电脑电路板
	金属部件	金属壳座、紧固件、支架等	以铁为主
	塑料	显示器壳座、音响设备外壳等	包括小型塑料部件(如按钮等)
	玻璃	阴极射线管(cathode ray tube, CRT)、荧光屏、荧光灯等	含有铅、汞等严格控制的有毒有害物质
	其他	电冰箱中的制冷剂、液晶显示器中的有机物	需要进行特殊处理

　　（3）吸油烟机：深型吸排油烟机、欧式塔型吸排油烟机、侧吸式吸排油烟机和其他安装在炉灶上部，用于收集、处理被污染空气的电动器具。

　　（4）洗衣机：波轮式洗衣机、滚筒式洗衣机、搅拌式洗衣机、脱水机及其他依靠机械作用洗涤衣物(含兼有干衣功能)的器具(干衣量≤10 kg)。

（5）电热水器：储水式电热水器、快热式电热水器和其他将电能转换为热能，并将热能传递给水，使水产生一定温度的器具（容量≤500 L）。

（6）燃气热水器：以燃气作为燃料，通过燃烧加热方式将热量传递到流经热交换器的冷水中以达到制备热水目的的一种燃气用具（热负荷≤70 kW）。

（7）打印机：激光打印机、喷墨打印机、针式打印机、热敏打印机和其他与计算机联机工作或利用云打印平台，将数字信息转换成文字和图像并以硬拷贝形式输出的设备，包括以打印功能为主，兼有其他功能设备（印刷幅面＜A2，印刷速度≤80 张/分钟）。

（8）复印机：静电复印机、喷墨复印机和其他用各种不同成像过程产生原稿复印品的设备，包括以复印功能为主，兼有其他功能的设备（印刷幅面＜A2，印刷速度≤80 张/分钟）。

（9）传真机：利用扫描和光电变换技术，把文字、图表、相片等静止图像变换成电信号发送出去，接收时以记录形式获取复制稿的通信终端设备，包括以传真功能为主，兼有其他功能的设备。

（10）电视机：阴极射线管（黑白、彩色）电视机、等离子电视机、液晶电视机、OLED 电视机、背投电视机、移动电视接收终端及其他含有电视调谐器（高频头）的用于接收信号并还原出图像及伴音的终端设备。

（11）监视器：阴极射线管（黑白、彩色）监视器、液晶监视器等由显示器件为核心组成的图像输出设备（不含高频头）。

（12）微型计算机：台式微型计算机（含一体机）和便携式微型计算机（含平板电脑、掌上电脑）等信息事务处理实体。

（13）移动通信手持机：GSM 手持机、CDMA 手持机、SCDMA 手持机、3G 手持机、4G 手持机、小灵通等手持式的，通过蜂窝网络的电磁波发送或接收两地讲话或其他声音、图像、数据的设备。

（14）电话单机：PSTN 普通电话机、网络电话机（IP 电话机）、特种电话机和其他通信中实现声能与电能相互转换的用户设备。

二、电子垃圾的危害

（一）污染环境

电子垃圾是毒物的集大成者。通常，制造一台个人电脑需要耗用 700 多种化学原料，而这些原料一半以上对人体有害。例如，一台 15 英寸（即 38.1 cm）的 CRT 电脑显示器就含有镉、汞、六价铬、聚氯乙烯塑料和溴化阻燃剂等有害物质。

电视机、电冰箱、手机等电子产品也都含有铅、铬、汞等重金属。如机壳塑料和电路板上含有溴化阻燃剂，显示器、显像管和印制电路板里含有以硅酸盐形式存在的铅元素，电路板上的焊料为铅锡合金，半导体、贴片电阻、电池和电路板中含有镉，而铁质机箱、磁盘驱动器中含有铬,开关、磁盘驱动器和传感器中含有汞,电池中含有镍、锂、镉和其他金属,电线和包装套含有聚氯乙烯等。其中有不少有害物质,一旦进入环境将对水源、土壤产生难以估计的危害,如不妥善处理,或者仅仅作为一般的电子垃圾直接埋在土壤中,其所含的铅等重金属就会渗透污染土壤和水质,经植物、动物及人的食物链循环,最终造成中毒事件;进行焚烧处理,则会释放出二噁英等大量有害气体,最终形成酸雨。另外,激光打印机和复印机中的碳粉也是导致从事打印和复印工作人员肺癌发病率升高的元凶。

(二)信息泄漏

根据美国电子产品市场信息公司的统计,2002年,世界上有1.5亿个硬盘被淘汰或转手。这些硬盘中,有的还存在着大量未经删除的个人信息,这些信息包括电子邮件地址、银行账户、个人或者公司的文件等;有些硬盘上的信息即使被删除,也能够轻易地用反删除命令进行恢复,即使对硬盘进行格式化,也不能确保硬盘的数据被完全清除。因此,一旦信息被泄漏,损失难以估计。

(三)浪费资源

在各种电子垃圾中,电路板的回收不仅在数量上占有巨大的份额,而且其蕴含的经济价值也是巨大的。电路板中的贵金属含量远远高于天然矿石的工业品位。例如,可以从手机锂电池中回收锂,可以从电脑的中央处理器、散热器、硬盘驱动器等回收铜、银、黄金、铝等贵重金属,就是电脑外壳、键盘、鼠标中也含有铜和塑料,重新加工后可制作水管和笔座,甚至连电源线也可成为家具或者平底锅的材料。其他电子垃圾中也蕴含着巨大的经济价值,如空调、冰箱,其外壳、制冷系统有着成分比较单一的铁、铝、铜、塑料等,其自动控制系统是电路板,所含成分和个人电脑中的线路板几乎相同,所以其价值也相差无几。其他诸如取暖器具、清洁器具、厨房器具、整容器具、熨烫器具等电子器具中同样含有大量的铁、塑料等。因此,回收利用这些电子垃圾不仅可以减少其对环境的威胁,而且可以充分利用资源。

三、电子垃圾的收集运输

电子垃圾收运是垃圾处理系统中一个重要的环节,其费用占整个垃圾处理系统的60%～80%。电子垃圾收运的原则如下:在满足环境卫生要求的同时,收运费用最低,并考虑后续处理阶段,使垃圾处理系统的总费用最低。因此,科学合理地制定收运计划是非常关键的。

随着城市居民电子水平的提高、社会经济的发展、电子节奏的加快,对电子垃圾收集方式的要求也越来越高,既要求收集设施与环境协调,又要求收集方式方便、清洁、高效。对电子垃圾的短途运输要求做到封闭化、无污水渗漏运输、低噪声作业,外形清洁、美观,提高车辆的装载量,以实现满载、清洁、无污染的垃圾收集运输。

电子垃圾的产生量具有一定的可变性和随机出现的特点。电子垃圾收集方式与生活垃圾类似,主要分为混合收集和分类收集两种类型。

混合收集是指未经任何处理的原生电子废物混杂在一起的收集方式,应用广泛,历史悠久。它的优点是比较简单易行,运行费用低,但这种收集方式将全部电子垃圾混合在一起收集运输,增大了电子垃圾资源化、无害化的难度。

分类收集是指按城市电子垃圾的种类进行分类的收集方式。这种方式可以提高回收物资的纯度和数量,减少需要处理的工作量,有利于电子垃圾的资源化和减量化,并能够较大幅度地降低运输及处理费用。

第二节 电子垃圾的处理

以环境保护为目的的发达国家电子废物处理有三种方式:①再利用,包括直接的二手使用或在原设备上稍做改动后再使用,但再利用的废旧电脑占比很小,约为 3%;②填埋或焚烧,是电子垃圾处理最重要的一种方式,美国 EPA 称,1997 年超过 320 万 t 的电子废物在美国被填埋;③向发展中国家出口,多数发达国家以援助等名义向发展中国家出口淘汰的电子产品。

电子垃圾的资源化利用技术主要按回收物资分类,其中:电路板可使用机械处理技术、热处理技术、化学处理技术提取其中的金属;金属部件可使用化学处理技术、热处理技术回收;塑料可使用机械处理技术回收;玻璃可使用化学处理技术、热处理技术回收。

一、电子垃圾的机械处理

虽然电子废物潜在价值非常高,但由于含有大量有毒、有害物质,要想实现电子废物的无害化和资源化,需要先进的技术和设备。实现电子废物各组分的分类富集首先要进行机械处理,机械处理包括拆解分离和破碎分选。

(一)拆解分离

电子废物若采取不合适的拆解方法,有毒有害物质就会释放出来造成环境污染,对人类健康造成危害。因此,采用科学的拆解方法和拆解工艺是非常必要的。按回收的物质种类进行分类,可以将这些电子废物分为电路板、金属件、塑料、玻璃和其他需要特殊处理的物质,如表 4-2 所示。

在拆解过程中应该遵循将电子废物拆解成可以进行各个物质回收状态的原则。拆解过程中,还要把能提前拆分的物质尽可能提前拆分,这是因为,从混合物料中分离纯物质的成本随着混合物料种类的增加而增加。手工拆解是最为灵活有效的拆解办法,借助辅助工具对电子废物进行拆解可确保材料组成得到尽可能的分离,进而简化后续有关材料的分离富

表 4-2　四种典型家电的材料构成比　　　　　　　　　　　　　　单位：%

材料	铁、铁合金	铜、铜合金	铝、铝合金	其他合金	塑料	玻璃	气体	电路板	其他
电视机	9.70	1.50	0.30	1.40	16.10	62.40	0.00	8.10	0.50
电冰箱	49.00	3.40	1.10	1.10	43.30	0.00	1.10	0.30	0.70
洗衣机	55.70	2.90	1.40	0.50	34.70	0.00	0.00	1.50	3.30
空调器	45.90	18.50	8.60	1.50	17.50	0.00	2.00	3.10	2.90

集处理过程,提高分离效率。对拆解件进行分拣分类,使有价元器件直接回用,并对有毒有害部件进行专门处理,其余部分分类收集并送至相关工序做回收处理。

　　根据不同电子废物的结构特点和材料组成,在对其进行拆解时必须结合其组分特点给予相应的处理。针对空调、冰箱、冰柜等含有有毒有害氟利昂制冷剂的废旧家电产品,首先要吸取制冷剂,然后再进行拆解分离处理;洗衣机的拆解相对比较简单,没有特殊物质需要处理,其处理过程属于一般机电设备的拆解。对于含硒鼓和墨盒的设备,包括打印机、复印机、传真机等,因墨盒、硒鼓具有危害性,在处理过程中应予以特别重视。电脑显示器分为显像管与液晶显示器两大类,其材料特性不同,对应的拆解工艺也有所不同。对于显像管类显示器和电视机,要分离出阴极射线显像管后再进行分类处理;对于液晶显示器,其中用于密封连接的液晶物质被认为是可致癌或促进致癌的物质,需要拆解后进行无害化处理。

　　一般来说,电子废物经过人工拆解后,基本上可以得到五大类材料组分,如表 4-3 所示,其中电路板、显示器等的回收处理是电子废物资源化的技术关键。

表 4-3　废弃电子产品拆解组分及处理方式

拆解组分分类	来　　源	处理方法
大块金属件	电脑、冰箱、洗衣机、复印机等外壳	压实、包装送专业冶炼厂或切割成产品
塑料件	电视机、打印机、洗衣机、冰箱、空调等	热塑性塑料可熔融造粒再生,热固性塑料经粉碎后可制成再生材料
电机、压缩机	电子产品	维修回用或送冶炼厂
电路板、电线等	各类电子电器产品	破碎分选提炼
显示器	电脑、电视	拆解、分离

（二）破碎分选

　　对于电子废物的金属与塑料的连接体来说,如果不能在拆解分离工序中分离或者分离效率不高,那么物理破碎和分选是实现其资源化的理想途径。各种材料尽可能充分地单体解离是高效率分选的前提,但提高破碎比会造成破碎设备过高的能源消耗。

　　电子废物的破碎技术必须根据电子废物本身的特点来决定。例如,对于热塑性外壳来说,普通的冲击式破碎机即可将其中的塑料和金属解离;而对于废弃电路板来说,由于其特殊的结构和组成,热固性树脂材料韧性大、不易解离,需要采用低温破碎等特殊的破碎工艺。

对废弃电路板来说,破碎颗粒的粒径是非常关键的。废弃电路板的形状为扁平形,由玻璃纤维、树脂和金属等多种成分组成。由于金属具有较高强度,玻璃纤维具有脆性,树脂具有韧性,三者层压黏结,破碎解离的难度相对较大。废弃电路板具有较强的抗剪切性能,要想将废弃电路板充分破碎,达到理想的破碎效果,需要采用剪切和冲击联合的破碎方式,即"粗碎+细碎"模式。

机械破碎分选是分离废弃电路板中的金属与非金属普遍采用的技术。它将废弃电路板破碎成细小颗粒,然后根据其材料物理性质的差异对不同成分进行分离,主要包括破碎、分选等处理工艺。破碎的目的是使废弃电路板中的金属尽可能地单体解离,以便于提高分选效率。破碎的方法很多,主要有冲击破碎、剪切破碎、挤压破碎、摩擦破碎,此外还有低温破碎和湿式破碎等。常用的破碎设备主要有锤碎机、锤磨机、切碎机和旋转破碎机等。分选是指依据废弃电路板中材料的磁性、电性和密度等物理性质的差异实现不同组分的分离。

德国卡迈特回收有限公司(Kamet Recycling GmbHNEC Corporation)采用的处理工艺是通过破碎、重选、磁选、涡流分离的方法获得铁、铝、贵金属和有机物等组分。日本电气股份有限公司(NEC Corporation)采用两段式破碎法分离回收电路板,分别使用剪切破碎机和特制的具有剪断和冲击作用的磨碎机,将废电路板粉碎成小于 1 mm 的粉末。再经过两级分选得到铜含量约 82%(重量)的铜粉,其中超过 94% 的铜得到了回收。

瑞典有研究者(Zhang et al.)用实验室离心破碎机将废弃电路板破碎,使样品均质化,破碎后样品可通过涡流分离器前部的 8 个收集容器得出物质分布。结果发现,2 mm 以下的颗粒中金属几乎全部释放分离;铁磁体除 16 mm 以上与塑料插紧的部分外,其他颗粒的分离度也很高;7 mm 以上的铝也有较好的分离。

李佳等人对废弃电路板的机械回收处理进行了研究。回收工艺主要包括两级破碎、静电分选、金属回收和非金属材料的再利用。首先采用剪切式旋转破碎机和冲击式旋转磨碎机相结合进行一级破碎和二级破碎,达到金属和非金属充分解离的程度,然后对已破碎的废弃电路板进行金属颗粒与非金属颗粒的静电分选。

现有的机械破碎分选法着重回收废弃电路板金属,没有全面考虑其中有机树脂、玻璃纤维等材料的无害化资源化处理。此外,由于废弃电路板韧性强、硬度高,细碎过程能量消耗很大,而且过粉碎很严重。破碎时部分机械能转化为热能,导致有机树脂燃烧产生有毒有害气体,而且过粉碎减小了玻璃纤维的粒度,加上某些金属与非金属包裹粘连,限制了非金属的利用。细粉碎已成为废弃电路板资源化的瓶颈。德国戴姆勒-奔驰研发中心(Daimler-Benz Ulm Research Centre)提出的液氮冷冻破碎虽然解决了这一问题,但冷冻使流程变得复杂,大大增加了投资与运行的成本。

二、电子垃圾的化学处理

电子废物的化学处理也称湿法处理,将破碎后的电子废物颗粒投入酸性或碱性的液体中,浸出液再经过萃取、沉淀、置换、离子交换、过滤以及蒸馏等一系列的过程最终得到高品位的金属。但在化学处理的过程中要使用强酸和剧毒的氟化物等,会产生大量的废液并排放有毒气体,对环境产生的危害较大。

三、电子垃圾的火法处理

火法处理是将电子废物焚烧、熔炼、烧结、熔融等,去除塑料和其他有机成分富集金属的方法。火法处理也会对环境造成严重的危害。从资源回收、生态环境保护等方面来看,这些方法都难以推广。我国广东贵屿镇等采取的就是这种对环境危害较大的处理方法,给当地的环境以及可持续发展带来了严重的影响。

电子废物是一种潜在危害大的污染物,同时也是宝贵的二次资源。应当采用高效的方法实现电子废物的回收利用,同时也应注重避免造成二次污染。机械处理技术能实现电子废物资源的清洁无害化分离回收,是当今也应是将来最有潜力的方法之一。从资源回收、生态环境保护等方面来看,化学处理及火法处理都难以推广。当前我国的电子废物回收处理技术还处在起步阶段,需要政策扶持,更需要有适合我国国情的技术的开发和推广。

第三节　我国电子垃圾的管理

一、管理法规

为了规范废弃电器电子产品的回收处理活动,促进资源综合利用和循环经济发展,保护环境,保障人体健康,根据我国《清洁生产促进法》和《固体废物污染环境防治法》的有关规定,2008年8月20日国务院通过了《废弃电器电子产品回收处理管理条例》,并于2011年1月1日起施行。该条例规范了我国电子产品生产经营、电子废物收集运输及拆解、提取原材料的活动,为避免废弃电器电子产品严重污染环境、损害人体健康提供了法律依据。2009年,相应的《废弃电器电子产品处理目录(第一批)》出台,包括电视机、电冰箱、洗衣机、房间空调器及微型计算机5类产品。2016年3月1日,新版《废弃电器电子产品处理目录(2014

年版)》开始实施。新目录新增了传真机、复印机等9类电子废物。2019年3月2日,国务院对《废弃电器电子产品回收处理管理条例》进行了修订(以下简称《条例》)。

二、《条例》主要内容

我国废弃电器电子产品实行多渠道回收和集中处理制度。《条例》设定了废弃电器电子产品处理资格许可制度,规定由取得电器电子产品处理资格的企业对废弃电器电子产品进行拆解、提取原材料和按照环保要求进行最终处置,即集中处理制度。处理企业资格由设区的市级人民政府生态环境主管部门审批。

废弃电器电子产品集中处理场应当具有完善的污染物集中处理设施,确保符合国家或者地方制定的污染物排放标准和固体废物污染环境防治技术标准,并应当遵守《条例》有关规定。处理废弃电器电子产品须符合国家关于资源综合利用、环境保护、劳动安全、人体健康、技术和工艺要求等的规定。废弃电器电子产品集中处理场应当符合国家和当地工业区设置规划,与当地土地利用规划和城乡规划相协调,并应当加快实现产业升级。

国家建立废弃电器电子产品处理基金,用于废弃电器电子产品回收处理费用的补贴。电器电子产品生产者、进口电器电子产品的收货人或者其代理人应当按照规定履行缴纳义务。建立废弃电器电子产品处理专项基金制度,是依据有关法律规定,立足我国国情,并借鉴国外"生产者责任制"的做法而提出的。

《条例》规定,生产者、进口电器电子产品的收货人或者其代理人生产、进口的电器电子产品应当符合国家有关电器电子产品污染控制的规定,采用有利于资源综合利用和无害化处理的设计方案,使用无毒无害或者低毒低害以及便于回收利用的材料。电器电子产品上或者产品说明书中应当按照规定提供有关有毒有害物质含量、回收处理提示性说明等信息。

电器电子产品销售者、维修机构、售后服务机构应当在其营业场所显著位置标注废弃电器电子产品回收处理提示性信息。

废弃电器电子产品回收经营者应当采取多种方式为电器电子产品使用者提供方便、快捷的回收服务。废弃电器电子产品回收经营者对回收的废弃电器电子产品进行处理,应当依照《条例》规定取得处理资格;未取得处理资格的,应当将回收的废弃电器电子产品交有资格的处理企业处理。回收的电器电子产品经过修复后销售的,必须符合保障人体健康和人身、财产安全等国家技术规范的强制性要求,并在显著位置标识为旧货。

处理企业的责任:①从事废弃电器电子产品处理活动,应当取得废弃电器电子产品处理资格;②处理废弃电器电子产品,应当符合国家有关资源综合利用、环境保护、劳动安全和保障人体健康的要求,禁止采用国家明令淘汰的技术和工艺处理废弃电器电子产品;③处理企业应当建立废弃电器电子产品处理的日常环境监测制度;④处理企业应当建立废弃电器电子产品的数据信息管理系统,按照规定向所在地的生态环境主管部门报送基本数据和有关情况,基本数据的保存期限不得少于3年。

申请废弃电器电子产品处理资格,应当具备下列条件:①具备完善的废弃电器电子产品处理设施;②具有对不能完全处理的废弃电器电子产品的妥善利用或者处置方案;③具有与所处理的废弃电器电子产品相适应的分拣、包装以及其他设备;④具有相关安全、质量和环境保护的专业技术人员。

三、电子垃圾禁止进口目录

含着铅带着汞的电子废物,就像一颗颗随时可能爆炸的炸弹,一旦处理不当,将令土壤变质、水中带毒。不过,其中含有的大量铁与铜,却让不少非法收废者对进口这些电子垃圾乐此不疲。为保护我国的生态环境,第五批明确列入《禁止进口货物目录》的电子垃圾包括:空调,电冰箱,计算机类设备,显示器,打印机、其他计算机输入输出部件及自动数据处理设备的其他部件,微波炉,电饭锅,有线电话机,传真机及电传打字机,录像机、放像机及激光视盘机,移动通信设备,摄像机、摄录一体机及数字相机,电视机,印刷电路,热电子管、冷阴极管或光阴极管等,集成电路及微电子组件,复印机,医疗器械,射线应用设备。

 知识链接 4-1

洋垃圾又来了? 海关"金睛火眼"统统退回,从哪里来到哪里去

本章小结

本章介绍了电子垃圾的概念、特点、分类、来源、现状、危害及其收运,简要叙述了电子垃圾的预处理工艺,概述了我国《废弃电器电子产品回收处理管理条例》的主要内容及电子垃圾进口的管理,详细阐述了电子垃圾的化学组成、机械处理等处理技术。本章学习目标是掌握电子垃圾的基本概念与组成特点、管理法规以及资源化技术。

 关键词

电子垃圾 电子垃圾的机械处理 电子垃圾的火法处理

习 题

1. 填空

(1) 电子垃圾破碎的目的主要是使_____与_____解离，以便提高物料的分选效率。废弃电路板由_____、_____和_____等多种成分组成，三者层压黏结，破碎解离的难度相对较大，需要采用_____和_____联合的破碎方式，即"粗碎＋细碎"模式，破碎的颗粒粒径需要在____mm 及以下，再通过电选等工艺进行塑料和金属的分离。

(2) 我国《废弃电器电子产品处理目录（2014 年版）》包括电视机、电冰箱、洗衣机、房间空调器及微型计算机等_____类产品。

2. 什么是电子垃圾?

3. 电子垃圾会导致怎样的环境危害?

4. 电子垃圾破碎后一般采用什么技术回收其中的金属铁和铝?

5.《废弃电器电子产品回收处理管理条例》规定,申请废弃电器电子产品处理资格,应当具备哪些条件?

第五章 矿业固体废物

学习目标

1. 了解矿业固体废物的产生、概念、特点及污染危害;了解放射性矿业固体废物的特点、危害及处理与处置。
2. 掌握溶剂浸出、微生物浸出以及焙烧等矿业固体废物的处理利用技术。
3. 熟悉金属矿渣、煤矸石的组成特点及资源化途径。

第一节 矿业固体废物概述

新中国成立以来,我国经过半个多世纪对矿产资源的大规模开发,已成为居世界前列的矿业大国。但由于我国矿产资源的特点和较低的综合利用技术水平,我国矿业固体废物排放量巨大。截至 2007 年,我国矿山固体废物堆存量达 355.51 亿 t,其中尾矿 80 多亿 t,矿山剥离废石 200 亿 t,煤矸石 51.51 亿 t,洗矸和煤泥 24 亿 t。《中国矿产资源节约与综合利用报告(2015)》显示,我国尾矿和废石累积堆存量已接近 600 亿 t,其中:尾矿堆存 146 亿 t,83% 为铁矿、铜矿、金矿开采形成的尾矿;废石堆存 438 亿 t,75% 为煤矸石和铁铜开采产生的废石。根据《中国环境统计年鉴(2016)》,矿业固体废弃物排放量为 14 亿 t,占我国工业固体废物总排放量的 45%,如果加上煤矸石,则矿业固体废物排放量占工业排放量的 80% 以上。矿业固体废物的大量堆存不仅造成了严重的矿产资源浪费和国家企业的经济负担,而且占用大量的土地,对矿山生态环境和人类生存环境带来极大的危害。

一、矿业固体废物的产生

矿业固体废物,简称矿业废物,是指矿山开采过程中产生的剥离物和废石(包括煤矸石),以及洗选过程中排弃的尾矿。矿石开采过程中,须剥离围岩,排出废石,采得的矿石亦须经洗选,提高品位,排出尾矿。

矿山废石是指在矿山开采过程中产生的无工业价值的矿体围岩和夹石。各种金属和非金属矿石均与围岩共同构成。对于坑采矿来说,矿山废石就是坑道掘进和采场爆破开采时所分离出又不能作为矿石利用的岩石;对于露天矿来说,矿山废石就是剥离下来的矿床表面的围岩或夹石。通常,坑采矿(井下矿)每开采 1 t 矿石会产生废石 2～3 t,露天矿每开采 1 t 矿石要剥离废石 6～8 t。在有色金属矿山中,一个大中型坑采矿山,基建工程中一般要产生废石 $2 \times 10^5 \sim 5 \times 10^5$ m³,生产期间也会产生 $6 \times 10^4 \sim 15 \times 10^4$ m³ 废石。一个露天矿山的基建剥离废石量,少则几十万 m³,多则上千万 m³。有色金属矿山每采出 1 t 矿石平均约产生 1.25 t 废石,废石年产生量高达 1.06 亿 t,新中国成立以来,累计量高达 21.5 亿 t。

煤矸石约占煤炭产量的 10%～25%,是我国排放量最大的矿业固体废物。开采 1 t 煤,一般要排出 200 kg 左右煤矸石。据统计,截至 2004 年年底,全国有矸石山 1 500 多座,占地约 22 万 hm²。目前,我国煤矸石的存积量已达 41 亿 t,随着煤炭的产量逐年增加,煤矸石排放量也不断增长,我国排矸量以每年 4 亿～5 亿 t 的速度增长。大量矸石堆积,造成了严重的环境损坏,具有引发安全事故的巨大隐患,成为影响煤炭工业可持续发展的一大难题。

尾矿,亦称尾砂,是指选矿厂在特定经济技术条件下,将矿石磨细、选取"有用组分"后排放的废物,也就是矿石经选出精矿后剩余的固体废料。尾矿一般是由选矿厂排放的尾矿矿浆经自然脱水后形成的固体矿业废料,其中含有一定数量的有用金属和矿物,可视为一种"复合"的硅酸盐、碳酸盐等矿物材料,并具有粒度细、数量大、成本低、可利用性大的特点。通常,尾矿作为固体废料排入河沟或抛置于矿山附近筑有堤坝的尾矿库中,因此,尾矿是矿业开发,特别是金属矿业开发造成环境污染的重要来源;同时,因受选矿技术水平、生产设备的制约,尾矿也是矿业开发造成资源损失的常见途径。尾矿具有二次资源与环境污染双重特性。通常,每处理 1 t 矿石可产生尾砂 0.5～0.95 t。有色金属矿山每采出 1 t 矿石平均产出约 0.92 t 尾砂,尾砂年产生量达 7 780 万 t,累计量约 11 亿 t,利用率仅为 6%,占地约 8 000 hm²。

随着工业生产的发展,总体趋势是富矿日益减少,金属、非金属的生产越来越多地使用贫矿,如 20 世纪初,开采的铜矿一般含铜率为 3%,后来开采的铜矿一般含铜率为 1% 左右,这就导致矿业废物数量迅速增加,全世界每年约排放矿业废物 300 多亿 t。可以预见的是,随着矿石开采量的上升和品位的下降,每年矿业固体废物的排放量还将不断增加。

二、矿业固体废物的分类

矿业废渣可按照原矿的矿床学、选矿工艺及主要矿物成分进行分类。

(一)按照原矿的矿床学分类

根据矿体赋存的主岩及围岩类型,并考虑矿业固体废物的矿物组成情况,可将其分为基性岩浆岩、自变质花岗岩、金伯利岩、玄武-安山岩等 28 个基本类型。

（二）按照选矿工艺分类

按照选矿工艺流程,尾矿可分为手选尾矿、重选尾矿、磁选尾矿、浮选尾矿、化学选矿尾矿、电选及光电选尾矿。

（三）按照主要矿物成分分类

按照尾矿中主要组成矿物的组合搭配情况,可将尾矿分为如下 8 种岩石化学类型:镁铁硅酸盐型尾矿,钙铝硅酸盐型尾矿,长英岩型尾矿,碱性硅酸盐型尾矿,高铝硅酸盐型尾矿,高钙硅酸型尾矿,硅质岩型尾矿,碳酸盐型尾矿。

三、矿业固体废物的危害

矿山固体废物的大量堆存,不仅造成了严重的矿产资源浪费和国家企业的经济负担,而且也对矿山生态环境和人类生存环境带来极大的危害。

（一）占用和破坏土地

矿业固体废物的大量堆存,占用了大量的土地资源,据统计每堆积 1 万 t 废物要占用 0.067 hm^2 土地。我国矿山破坏土地的总面积中:约 59% 是由于采矿形成的采空区而遭到破坏;20% 被露天废石堆占据;13% 被尾矿占据;5% 被地下采出的废石堆所占用;3% 处于塌陷危险区。2010 年,我国共有大中型矿山 9 000 多座,小型矿山 26 万座,因采矿侵占,占地面积已接近 4 万 km^2,由此而废弃的土地面积达 330 km^2/a。

（二）引发重大环境问题,危害人体健康

大量的工业固体废物堆放,一方面打破了矿区原始的生态平衡,另一方面又加剧了对环境的污染。矿山废物长期露天堆放,会与空气发生氧化、分解以及溶解等作用,使其中的有毒有害物质(如溶于水的化合物或重金属离子铅、汞、砷、镉等)通过地表水或地下水严重污染周围水体及土壤,危害人体健康。在干旱或大风天气下形成的扬尘,以及某些成分(如氰化物、有机物)的自然风化或煤矸石的自燃产生的 CO、SO$_2$ 等有害气体,也会污染大气环境。

原冶金部曾对 9 个重点选矿厂调查,选矿厂附近 15 条河流受到污染,粉尘使周围土地沙化,造成 235.5 hm^2 农田绝产,268.7 hm^2 农田减产。曾被称为新中国钢铁工业粮仓的鞍山,几十年的铁矿开发带来明显的负面效应,其中最为典型的是在鞍山周边形成了超过 30 km^2 的排土场和尾矿库。这个全国最大的排土场和尾矿库内几乎寸草不生,就像一个人工造就的巨大戈壁、沙漠,同时,它也成为鞍山最大粉尘污染源。

（三）堆放给企业带来沉重的经济负担

一个年产 200 万 t 铁精矿的选矿厂,建一座尾矿库需占地 800～1 000 亩(即 0.53～0.67 km^2),也只能维持 10～15 年生产之用。土地资源越来越紧张,征地费用也越来越高,导致尾矿库的基建投资占整个采选企业费用的比例越来越大,且尾矿库的维护和维修也要消耗大量的资金。

（四）引发重大工程与地质灾害

矿业固体废物的大量堆存破坏地貌、植被和自然景观，导致水土流失、生态环境发生变化，同时潜伏着泥石流、山体崩塌、滑坡、垮坝等地质灾害发生的危险性。多年来，矿山固体废物堆存诱发了多起次生地质灾害，如排土场滑坡、泥石流、尾矿库溃坝等重大工程与地质灾害，给社会带来了极大的损失。

1964 年，英国威尔士北部的巴尔克尾砂坝被洪水冲垮，尾砂流失后毁坏了大片肥沃的草原，其覆盖厚度达 0.5 m，使土壤受到严重污染，牧草大片死亡。1970 年 9 月，赞比亚穆富利拉铜矿尾砂坝的尾砂涌入矿坑内，导致 89 名井下工人死亡，彼得森矿区全部被淹没。

1986 年，中国湖南东坡铅锌矿的尾砂坝体因暴雨而坍塌，造成了数十人伤亡，直接经济损失达数百万元。2000 年，广西南丹县大厂镇鸿图选矿厂尾砂坝溃坝，殃及附近住宅区，造成 84 人伤亡，其中死亡 28 人，几十人失踪。2008 年 8 月 1 日，位于山西太原市娄烦县的太原钢铁集团尖山铁矿排土场发生滑坡，将寺沟村部分房屋、村民掩埋，最终造成死亡及失踪 45 人，受伤 1 人。2008 年，山西襄汾"9·8"尾矿库溃坝事故造成 277 人遇难。

2001—2007 年，金属、非金属露天矿山边坡滑坡坍塌事故共发生 1 951 起，占全国生产事故总数的 15%，居第三位，死亡 3 065 人，占全国生产事故死亡人数的 18.75%，居于首位；死亡 3 人以上边坡滑坡坍塌事故 228 起，占全国生产事故起数的 38.3%，居于首位，死亡 994 人，占全国生产事故死亡人数的 33%，居于首位。

（五）造成了资源的严重浪费

我国矿产资源利用率很低，其总回收率比发达国家低 20%，铁锰黑色金属矿山采选平均回收率仅为 65%，国有有色金属矿山采选综合回收率只有 60%～70%。以铁矿为例，我国资源共生、伴生组分很丰富，有 30 余种，但目前能回收的仅有 20 余种。因此，大量有价金属元素及可利用的非金属矿物遗留在固体废物中，每年矿产资源开发损失总值达数千亿元。特别是老尾矿，由于受当时条件的限制，损失到尾矿中的有用组分会更多一些。

2009 年，我国铁矿尾矿排放量约 6.3 亿 t，以全铁 11% 计算，如果仅回收铁含量为 61% 的铁精矿，产率以 2%～3% 计，全国每年就可以从新产生的尾矿中回收 1 260～1 680 万 t 的铁精矿，相当于投资建设 4～6 个大型采选联合企业。

白云鄂博矿累计探明的稀土工业储量为 4 350 万 t。自 1958 年开发以来，随铁矿采出的稀土资源至今已达 1 250 万 t 左右，其中约 200 万 t 在采选、冶炼及堆存等过程中损失掉，损失率在 15% 左右，实际利用的仅有 120 万 t 左右，利用率不足 10%，其余 900 多万 t 都被排入了尾矿坝内。包头主东矿年开采铁矿石 1 000 万 t 中含稀土 50 万 t，其中利用 10%，浪费 10%，其余 80% 进入尾矿坝。

第二节　矿业固体废物的处置与资源化

矿业固体废物的处置是指采用安全、可靠的方法堆存金属矿山固体废物。主要包括矿山固体废物合理的堆排工艺、堆场(库)的灾害预警与灾害控制、引发环境污染的防治等。

矿山固体废物资源化是指采用合理、有效的工艺对矿山固体废物进行加工利用或直接利用,主要包括:作为二次资源,对含有的有价元素进行综合回收,将其作为一种复合的矿物材料,用于制取建筑材料、土壤改良剂、微量元素材料;作为地下充填开采方法中采空区的充填料等。对金属矿山的尾矿(废渣)及废石的资源化处理,首先要遵循"减量化、资源化、无害化"原则,主要考虑的是就地消化,尽可能地合理利用,化害为利,同时采取防护措施,减少它们对环境的污染。废石和尾矿是多组分的矿物,开展综合利用可以减少堆置用地,能够提供宝贵资源,而且是最有效的控制污染措施。

 知识链接 5-1

转变矿业固体废物污染治理总体思路——彻底治理尾矿库危局

一、矿业废物的处理处置方法

(一)稳定化处理方法

为防止废石和尾矿受水冲刷和被风吹扬而扩散污染,可采用四种稳定化处理方法。

1. 物理法

向细粒尾矿喷水,覆盖石灰和泥土,用树皮、稻草覆盖顶部。这种方法对铜尾矿最为有效。也可以在上风向栽植防风林,并用石灰石粉和硅酸钠混合物覆盖。

2. 植物法

在废石或尾矿堆场上栽种永久性植物,可起到良好的稳定和保护作用。试验证明,铅锌矿场、钙质尾矿场适合种植牛毛草,铅锌矿的酸性尾矿场适合种植苇草。英国还发现矿山地区自然生长一种禾草,有抵抗高金属含量和耐低养分的能力,能起到良好的稳定和保护作用。

3. 化学法

利用可与尾矿化合的化学反应剂(水泥、石灰、硅酸钠等),在尾矿表面形成固结硬壳。此法成本较高,有的尾矿常同砂层交错,化学反应剂难以选择。化学法可以同植物法结合起来处理尾矿。在尾矿场播下植物种子后,施加少量化学药品防止尾矿场散砂飞扬,保持水分,以利于植物生长。美国的科罗拉多、密歇根、密苏里、内华达等州已有效地采用了这种方法。

4. 土地复原法

在开采后被破坏的土地上,回填废石、尾矿,沉降稳定后,加以平整,覆盖土壤,栽种植物,或建造房屋。中国一些地区的粉煤灰贮灰场、铁和铝矿废石场等已完成土地复原,种植植物,发展生产。

(二)最终处置方法

矿业固体废物的最终处置方法主要有充填堆置、建立生态区、复垦造田。

1. 充填堆置

充填采空区是将矿山固体废物回填采空区,这是一种既经济又安全的处置方法,既解决了固体废物的地面堆存和污染问题,又节省了固体废物的处理成本,是减少矿山固体废物处置场建设最直接、最有效的途径,已被我国许多矿山采用。较为典型的例子是用煤矸石填充采空区。把尾矿砂与水泥混合作为井下填充物也是一种好方法。对于强度要求较高的采空区,采用废石棒磨制砂充填采空区技术,矿山环保取得明显成效。

堆置是将固体废物直接堆放到预先划定并做好准备的场地上。选择场地应遵循如下原则:①保护地下水质,防止地下水因受废石堆排放的浸滤水的影响而变质;②保护地表水,防止地表水因废石堆风化淋蚀而增加泥沙负荷和溶解固体负荷;③防止风蚀;④保证人类安全,防止洪水或地震造成灾害。因此,选择场地必须对地形、水文地质情况、地震情况、水文情况、大气情况等进行综合考虑。

尾矿堆置要求更特殊,尾矿坝基础材料要有足够的强度,还应具有良好的不透水性。目前尾矿坝堆置有两种较好的方法:尾矿半干堆垛和粗细残渣的共处置。把固体废物堆放在堆放场后,可向固体废物堆表层覆盖石块、泥土,种植植物或对其表层进行化学处理,以使固体废物堆稳定,减少二次污染。

2. 复垦造田

现在较为先进的复垦技术是开采与复垦紧密结合,如图5-1所示。例如,德国弗兰格尼亚石膏矿床开采过程中就采用大型轮胎式装岩机处理黏土质覆盖物,其运距较短,并能将剥离物及母土就近回填。复垦后的土地可用于农、林、牧、渔及修建公共设施等。

3. 建立生态区

加拿大铁矿公司(Iron Ore Company of Canada,IOC)的一个位于拉布拉多市铁矿厂,

图 5-1　复垦造田工艺流程示意图

联合当地政府、各投资方、环保组织和一些高校等积极制定尾矿管理方案,最终确立了"尾矿生态化"计划。计划主体工程是沿尾矿排放点在瓦布什(Wabush)湖内修筑一道堤坝,以拦截尾矿,然后在尾矿排放区域建造一些陆地和人工湿地,种植植物,优化周围环境,提供野生动物栖息地,恢复生态系统。

国内有关学者和企业提出了建立矿区工业旅游及生态旅游的新思路,并取得了实质性进展,如招远市大秦家镇金矿的尾矿库(已将原来的一条小山沟基本填平,占地面积约17.3 km²,尾矿排放量为140多万 t)建成漫溢型黄金尾矿库生态景观园示范区,即集休闲、娱乐、健身于一体的市级开放式生态公园。该示范区建成后,绿地面积达到总面积的80%,消除了尾矿库的粉尘污染,改善了周围的环境空气质量,有效防止了水土流失,为市民提供了一处良好的休闲娱乐场所,生态、社会效益显著。

二、金属资源化回收技术

(一)溶剂浸出

所谓溶剂浸出,是用适当的溶剂与废物中有关的组分有选择性地溶解的物理化学过程。

浸出主要用于处理成分复杂、粒度微细且有价成分含量低的矿业、电子废物,以及化工和冶金过程的废物。其目的是使物料中有用或有害成分能选择性地最大限度地从固相转入液相。因此,溶剂的选择成为浸出工艺的关键环节,选择溶剂一般要注意以下四点:①对目的组分选择性好;②浸出率高,速率快;③成本低、容易制取,便于回收和循环使用;④对设备腐蚀性小。

浸出的后续作业是浸出溶液的净化,工业上常用的净化方法有:化学沉淀法、置换法、有机溶剂萃取法和离子交换法等。

1. 动力学过程

浸出反应的进行在很大程度上取决于动力学过程。浸出过程大多取决于两个阶段:溶剂向反应区的迁移和界面上的化学反应。浸出过程大致可分成四个阶段。

(1) 外扩散,即溶剂分子向颗粒表面和孔隙扩散。浸出的物料颗粒一般较细,或经前处理之后变得疏松多孔。加上溶剂的浸润作用,外扩散显得不那么明显。一般来说,外扩散可使溶剂扩散到表面或孔隙内部反应带。

(2) 化学反应,即溶剂达到反应带之后与颗粒中的某些组分发生反应生成可溶性化合物。

（3）解吸，即可溶性化合物在颗粒表面解吸，其中包括颗粒内部孔隙的可溶性化合物的解吸。

（4）反扩散（为区别于外扩散，称之为反扩散），即可溶性化合物在颗粒表面解吸之后，向液相扩散，由于搅拌等外界因素以及表面上可溶性化合物浓度降低，颗粒的内外形成浓度差，产生一种使孔隙内部可溶性化合物向表面扩散的力。

由于上述四个过程，物料中目的组分不断进入液相，最后进行固液分离，即可使目的组分全部或大部分转入液相，再从液相中回收利用。

2. 浸出过程的化学反应机理

浸出物料中的某一种或几种组分是一个极为复杂的溶解过程，在简化情况下，根据物料（溶液）和溶剂的互相作用特性，溶解过程可分为物理溶解过程和化学溶解过程。

物理溶解过程是指溶质在溶剂作用下仅发生晶格的破坏，而离子或原子之间化学键的破坏是一种可逆过程，溶质可以从溶液中结晶出来。溶解过程消耗的能量等于晶格能。

化学溶解过程是指溶剂与物料的有关组分之间发生化学反应生成可溶性的化合物进入溶液相的过程。这种化学作用主要是交换反应、氧化还原反应、络合反应等，是一种不可逆过程。

3. 典型浸出反应

浸出过程是提取和分离目的组分的过程。浸出过程所用的药剂称为浸出剂，浸出后含目的组分的溶液称为浸出液，残渣称为浸出渣。依浸出药剂种类的不同，浸出可分为酸浸、碱浸、中性浸出等方法。

（1）中性溶剂浸出。中性浸出剂是水和盐，如氯化钠、高价铁盐、氯化铜、氰化钠和次氯酸钠等溶液。当硫化铜矿经硫酸化焙烧后，其可溶性的 $CuSO_4$ 即可用水浸出。其浸出反应如下：

$$CuSO_4(固) + H_2O \longrightarrow Cu^{2+} + SO_4^{2-} + H_2O$$

含金废渣的 NaCN 溶液浸出：

$$2Au + 4NaCN + H_2O + \frac{1}{2}O_2 \longrightarrow 2NaAu(CN)_2 + 2NaOH$$

（2）酸性溶剂浸出。凡废物中的成分可溶解进入酸溶液的都可以采用此方法。酸浸包括简单酸浸、氧化酸浸和还原酸浸。常用酸浸剂有稀硫酸、浓硫酸、盐酸、硝酸、王水、亚硫酸等。

① 简单酸浸。适用于浸出某些易被酸分解的简单金属氧化物、金属含氧盐及少数的金属硫化物中的有价金属。其反应式如下：

$$MeS + 2H^+ \longrightarrow Me^{2+} + H_2S\uparrow$$

② 氧化酸浸。多数金属硫化物在酸性溶液中相当稳定,不易溶解。但在有氧化剂存在时,几乎所有的金属硫化物在酸液或碱液中均能被氧化分解而浸出,其氧化分解反应式如下:

$$MeS + H^+ + 氧化剂 \longrightarrow Me^{2+} + S^0 \text{ 或 } SO_4^{2-}$$

常压氧化酸浸常用的氧化剂有 Fe^{3+}、Cl_2、H_2O_2 等。通过控制酸用量和氧化剂用量来控制浸出时的 pH 值和电位,使金属硫化物中的金属组分呈离子形式转入浸液,使硫化物中的硫元素转化为单质硫或硫酸根。

③ 还原酸浸。有色金属冶炼过程产出的镍渣、锰渣、钴渣等可进行还原酸浸浸出:

$$2Ni(OH)_3 + SO_2 + 2H^+ \longrightarrow 2Ni^{2+} + SO_4^{2-} + 4H_2O$$

$$MnO_2 + 2Fe^{2+} + 4H^+ \longrightarrow Mn^{2+} + 2Fe^{3+} + 2H_2O$$

$$2Co(OH)_3 + SO_2 + 2H^+ \longrightarrow 2Co^{2+} + SO_4^{2-} + 4H_2O$$

(3) 碱性溶剂浸出。碱性溶剂浸出(碱浸)过程选择性高,可获得较纯净的浸出液,且设备防腐问题较易解决。常用的碱浸药剂包括碳酸铵和氨水、碳酸钠、苛性钠、硫化钠等,相应的浸出方法包括氨浸、碳酸钠溶液浸出、苛性钠溶液浸出和硫化钠溶液浸出等。如用碳酸钠浸出经焙烧过的钨矿:

$$CaWO_4 + Na_2CO_3 + SiO_2 \longrightarrow Na_2WO_4 + CaSiO_3 + CO_2$$

铜、镍、钴等固体废物可用氨浸:

$$CuO + 2NH_4OH + (NH_4)_2CO_3 \longrightarrow Cu(NH_3)_4CO_3 + 3H_2O$$

在碱性溶液浸出中,氨浸是在对含 Cu、Ni、Co 元素废物的浸出中应用较多的方法。Cu、Ni、Co 能与氨生成稳定的络合物,而其他金属或不生成络合物,或只生成不稳定的络合物。因此,氨浸对 Cu、Ni、Co 具有较高的选择性,对设备的腐蚀性小。

4. 影响浸出过程的主要因素

浸出操作要保证有较高的浸出率。浸出率是目的溶质进入溶液的质量分数。浸出过程的主要影响因素有物料粒度及其特性、浸出压力、搅拌速度和溶剂浓度等,在渗滤浸出中还有物料层的孔隙率等。

(1) 物料粒度及其特性。一般来说,粒度细、比表面积大、结构疏松组成简单、裂隙和孔隙发达、亲水性强的物料浸出率高。例如,含铜废物在酸浸时,粒度由 150 mm 磨细到 0.2 mm,完全浸出时间由 4～6 年减少到 4～6 h,浸出速率提高近万倍。浸出粒度不宜过细,渗滤池浸出粒度以 0.5～1.0 cm 为宜,搅拌浸出粒度<0.74 mm 占 30%～90% 即可,过细则粉磨费用太高,浸出后固液分离困难,浸出率提高也不显著。

（2）浸出温度。颗粒热能的提高可以破坏或削弱原物质中的化学键，所以大部分浸出化学反应和扩散速率随温度升高而加快，同时，浸出料浆的流体力学性质如粒度、流态等，也有利于浸出的变化。温度升高，化学反应速率会大于扩散速率，常使反应从动力区转入扩散区。但是，温度升高的程度受到浸出溶剂沸点和技术经济条件的限制。

（3）浸出压力。浸出速率随着压力增加而加快。

（二）微生物浸出

微生物浸出是指利用微生物新陈代谢过程或代谢产物将废物中目的元素转变为易溶状态并得以分离的过程。早在 1887 年就有报道指出：有些细菌能够把硫单质氧化成硫酸：

$$S+\frac{3}{2}O_2+H_2O \xrightarrow{\text{细菌}} H_2SO_4$$

1922 年，有人成功地利用细菌氧化浸出 ZnS 矿。

1947 年，美国的柯尔默（Colmer）等人发现矿井酸性水中有一种细菌，能把水里的 Fe^{2+} 氧化成 Fe^{3+}，还有一种细菌能把 S 或还原性硫化物氧化为硫酸获得能源，从空气中摄取 CO_2、O_2 以及水中其他元素（如 N、P 等）来合成细胞组织。到 1951 年，人们才研究出这些细菌为硫杆菌属的一个新种，并命名为氧化铁硫杆菌。

1954 年，美国、苏联、英国、刚果等国家发现，氧化铁硫杆菌在酸性溶液中对硫化矿的氧化速率比溶于水中进行一般化学氧化的速率要高 10～20 倍。1958 年，美国肯科特（Kenecott）铜矿公司获得了利用微生物浸出回收各种硫化矿中有价金属的专利。1965 年，美国用此法生产 Cu 达 130 kt，1970 年达 200 kt。

微生物浸出的工业利用已有四五十年的历史，目前，国外每年利用微生物浸出从贫矿、尾矿废渣中回收的 Cu 达 400 kt。除能浸出 Cu 外，还能浸出 U、Zn、Mn、As、Ni、Co、Mo 等金属。我国目前也有一些矿山利用微生物浸出回收 Cu、U 等金属。

1. 浸矿细菌

自柯尔默等人指出能浸出硫化矿中有价金属的硫杆菌属的一个新种以来，人们又进行了大量的研究，现在一般认为浸矿细菌主要有：氧化硫杆菌、氧化铁硫杆菌、氧化亚铁硫杆菌。

它们都属于自养菌，经扫描电镜观察外形为短杆状和球状，它们能生长在普通细菌难以生存的较强的酸性介质里，通过对 S、Fe、N 等的氧化获得能量，从 CO_2 中获得碳、从铵盐中获得氮来构成自身细胞。最适宜的生长温度为 25～35 ℃，在 pH 值 2.5～4 的范围能生长良好。在含硫的矿泉水、硫化矿床的坑道水、下水道以及某些沼泽地里都有这类细菌生长。只要取回这些水中的这些细菌加以驯化、培养，即可接种于所要浸出的废渣中进行微生物浸出。

2. 浸出机理

目前，微生物浸出机理有两种学说，即化学反应说和细菌直接作用说。

(1) 化学反应说。这种学说认为,废料中所含金属硫化物如 FeS_2,先被水中的氧氧化成 $FeSO_4$,细菌的作用仅在于把 $FeSO_4$ 氧化成化学溶剂 $Fe_2(SO_4)_3$,把浸出金属硫化物生成的 S 氧化为化学溶剂 H_2SO_4,化学式如下:

$$2FeS_2 + 7O_2 + 2H_2O \xrightarrow{\text{氧化硫杆菌}} 2FeSO_4 + 2H_2SO_4$$

$$2S + 3O_2 + 2H_2O \xrightarrow{\text{氧化硫杆菌}} 2H_2SO_4$$

$$4FeSO_4 + 2H_2SO_4 + O_2 \xrightarrow{\text{氧化铁(铁硫)杆菌}} 2Fe_2(SO_4)_3 + 2H_2O$$

换言之,化学反应说认为细菌的作用仅在于生产优良浸出剂 H_2SO_4 和 $Fe_2(SO_4)_3$,而金属的溶解浸出则是纯化学反应过程。

化学反应浸出过程为 $Fe_2(SO_4)_3$ 转化为 $FeSO_4$,$FeSO_4$ 再通过细菌转化成 $Fe_2(SO_4)_3$,而生成的 S 通过细菌转化生成 H_2SO_4,这些反应循环发生,浸出作业就不断进行。这样就把废渣尾矿中的金属硫化物转化成可溶解的硫酸盐进入水中。

(2) 直接作用假说。这种学说认为,附着于矿物表面的细菌能通过酶活性直接催化矿物而使矿物氧化分解,并从中直接得到能源和其他矿物营养元素满足自身生长需要。据研究,细菌能直接利用铜的硫化物($CuFeS_2$、CuS)中低价铁和硫的还原能力,导致矿物结晶晶格结构破坏,从而易于氧化溶解,其可能的反应如下:

$$CuFeS_2 + 4O_2 \xrightarrow{\text{细菌}} CuSO_4 + FeSO_4$$

$$Cu_2S + H_2SO_4 + \frac{5}{2}O_2 \xrightarrow{\text{细菌}} 2CuSO_4 + H_2O$$

3. 微生物浸出工艺

微生物浸出通常采用就地浸出、堆浸和槽浸。主要包括浸出、金属回收和细菌再生三个过程。

废渣堆积可选择不渗透的山谷,利用自然坡度收集浸出液,也可选在微倾斜的平地,开出沟槽并铺上防渗材料,利用沟槽来收集浸出液。每堆数十万至数百万 t,用推土机推平即成浸出场。

(1) 布液方法。可以用喷洒法、灌溉法和垂直管法进行布液,这应考虑当地气候条件、堆高和表面积、操作周期、浸出物料组成和浸出要求等因素。

① 喷洒法:通常用多孔塑料管将浸出液均匀地淋洒于堆表面,这样做的优点是浸出液分布均匀;缺点是蒸发损失大,干旱地区可达 60%。

② 灌溉法:用推土机或挖沟机在堆表面上挖掘沟、槽、渠或浅塘,然后用灌溉法或浅塘法将浸出液分布于堆表面。

③ 垂直管法：浸出液通过多孔塑料流入堆内深处，在间距管交点 30 m 处用钢绳冲击钻打直径 15 cm 的钻孔，并在堆高 2/3 的深度上加套管。钻孔间距有 30 m×30 m 至 15 m×7.5 m 不等，浸出液由高位槽注入。沿管网线挖有沟槽，浸出液沿沟槽流入垂直管内。此法的优点是有利于浸出液和空气在堆内均匀分布。

（2）操作控制应注意两点。

① 浸出液在堆内均匀分布。因卡车卸料置堆时，大块沿斜坡后落下来，并随推土机平整过程形成自然分级，使得堆内出现粗细物料层交替，浸出液总是沿阻力小的路径流过，容易从周边而不是从堆底流出。必须在置堆时注意使物料分布均匀才能克服这个问题。

② 当 pH 值大于 3 时，铁盐等许多化合物会产生沉淀，形成不透水层，妨碍浸出液在堆内流动，管道也容易堵塞，使浸出效果不好。所以，要把 pH 值控制在 2 以下，要经常取样测定其中金属含量和溶液的 pH 值，随时加以调整。

4. 金属回收

经过一定时间的循环浸出后，废料中的铜含量降低，浸出液中铜含量增高，一般可达 1 g/L，即可采用常规的铁屑置换法或萃取电解法回收铜。同时要注意废料中的其他金属，如镍、钴等在浸出液中有一定浓度时也要加以综合回收。

5. 菌液再生

一般有两种方法进行菌液再生：一种方法是将贫液和回收金属之后的废液调节 pH 值后直接送矿堆，让它在渗滤过程中自行氧化再生；另一种方法是将废液放在专门的菌液再生池中培养，除了调 pH 值外，还要加入营养液，鼓空气以及控制 Fe^{3+} 的含量，培养好后再送去用作浸出液。

（三）焙烧

把物料（如矿石）加热而不使熔化，以改变其化学组成或物理性质的热处理过程叫焙烧，焙烧后的产品称为焙砂。可以有氧化、热解、还原、卤化等反应，通常用于无机化工和冶金工业。焙烧过程有加添加剂和不加添加剂两种类型。不加添加剂的焙烧也称煅烧，按用途可分为：①分解矿石（分解焙烧），如石灰石化学加工制成氧化钙，同时制得二氧化碳气体；②活化矿石，目的在于改变矿石结构，使其易于分解，如将高岭土焙烧脱水，使其结构疏松多孔，易于进一步加工生产氧化铝；③脱除杂质，如脱硫、脱除有机物和吸附水等；④晶型转化，如焙烧二氧化钛使其改变晶型，改善其使用性质。例如，碳酸钙的焙烧如下：

$$CaCO_3 \xrightarrow{\triangle} CaO+CO_2\uparrow$$

加添加剂的焙烧，其添加剂可以是气体或固体，固体添加剂兼有助熔剂的作用，使物料熔点降低，以加快反应速度。影响固体物料焙烧的转化率与反应速度的主要因素是焙烧温度、固体物料的粒度、固体颗粒外表面性质、物料配比以及气相中各反应组分的分压等。按添加剂的不同主要有六种类型。

1. 氧化焙烧

氧化焙烧是指固体原料在氧气中的焙烧,使目的组分转变成氧化物,同时除去易挥发的砷、锑、硒、碲等杂质。氧化焙烧主要用于脱硫,适用于对硫化物的氧化。例如,硫铁矿的氧化焙烧如下:

$$7FeS_2 + 6O_2 \xrightarrow{\triangle} Fe_7S_8 + 6SO_2 \uparrow$$

延长焙烧时间,磁黄铁矿可变为磁铁矿:

$$3Fe_7S_8 + 38O_2 \xrightarrow{\triangle} 7Fe_3O_4 + 24SO_2 \uparrow$$

2. 还原焙烧

还原焙烧是指在矿石或盐类中添加还原剂进行的高温处理,常用的还原剂是碳。在制取高纯度产品时,可用 H_2、CO 或 CH_4 作为焙烧还原剂。例如,贫氧化镍矿在加热下用水煤气还原,可使其中的 Fe_2O_3 大部分还原为 Fe_3O_4,少量还原为 FeO 和金属 Fe,Ni、Co 的氧化物则还原为金属 Ni 和 Co。因为该过程中的 Fe_2O_3 具有弱磁性,Fe_3O_4 具有强磁性,利用这种差别可以进行磁选,故此过程又称磁化焙烧。Fe_2O_3 的还原焙烧如下:

$$3Fe_2O_3 + C \xrightarrow{\triangle} 2Fe_3O_4 + CO \uparrow$$

$$4Fe_3O_4 + O_2 \xrightarrow{\triangle} 6\gamma\text{-}Fe_2O_3$$

3. 氯化焙烧

氯化焙烧是指在矿物或盐类中添加氯化剂进行高温处理,使物料中某些组分转变为气态或凝聚态的氧化物,从而同其他组分分离的过程。氯化剂可用氯气或氯化物(如 NaCl、$CaCl_2$ 等)。例如,金红石在流化床中加氯气进行氯化焙烧,生成 $TiCl_4$,经进一步加工可得 TiO_2。又如,在铝土矿化学加工中,加炭(高质煤)粉成型后氯化焙烧可制得 $AlCl_3$。用 NaCl 处理高钛渣:

$$2NaCl + SiO_2 + H_2O \xrightarrow{\triangle} Na_2SiO_3 + 2HCl$$

$$TiO_2 + 4HCl \longrightarrow TiCl_4 + 2H_2O$$

若在加氯化剂的同时加入炭粒,使矿物中难选的有价值金属矿物经氯化焙烧后,生成的挥发性氯化物在炭粒上还原为金属,并附着在炭粒上,随后用浮选的方法富集,制成精矿,其品位和回收率均可以提高,称为离析焙烧。如铜的回收:

$$2NaCl + SiO_2 + H_2O \xrightarrow{\triangle} Na_2SiO_3 + 2HCl$$

$$2CuO + 2HCl \longrightarrow \frac{2}{3}Cu_3Cl_3 + H_2O + \frac{1}{2}O_2$$

$$C + H_2O \longrightarrow CO + H_2$$

$$Cu_3Cl_3 + \frac{3}{2}H_2 + C \longrightarrow CuC + 3HCl$$

4. 硫酸化焙烧

硫酸化焙烧是以 SO_2 为反应剂的焙烧,通常用于硫化物矿的焙烧,使金属硫化物氧化为易溶于水的硫酸盐,如闪锌矿经硫酸化焙烧制得硫酸锌,硫化铜经硫酸化焙烧制得硫酸铜等。硫酸化焙烧化学反应过程如下:

$$MeS + 2O_2 \longrightarrow MeSO_4$$

5. 碱性焙烧

碱性焙烧是以纯碱、烧碱或石灰石等碱性物质为反应剂,对固体原料进行高温处理的一种碱解过程。例如,软锰矿与苛性钾焙烧制取锰酸钾,铬铁矿与苛性钾焙烧制取铬酸钾:

$$2MnO_2 + 4KOH + O_2 \longrightarrow 2K_2MnO_4 + 2H_2O$$

$$4FeO \cdot Cr_2O_3 + 20KOH + 7O_2 \longrightarrow 8K_2CrO_4 + 4KFeO_2 + 10H_2O$$

6. 钠化焙烧

钠化焙烧是在废物原料中加入 Na_2SO_4、$NaCl$、Na_2CO_3 等添加剂(钠化剂)进行焙烧,使有价金属与添加剂反应生成可溶性钠盐,再用水浸出焙砂,使有价金属转入溶液而与其他组分分离的过程。例如,湿法提钒过程中,细磨钒渣,经磁选除铁后,加钠化剂在回转窑中焙烧,渣中的三价钒氧化成五价钒。

$$尾矿加盐焙烧: V_2O_5 + Na_2CO_3 \overset{\triangle}{\longrightarrow} Na_2O \cdot V_2O_5 + CO_2$$

$$之后用水浸出: 2Na_3 \cdot VO_4 + H_2O \longrightarrow Na_4V_2O_7 + 2NaOH$$

焦钒酸钠再用 NH_4Cl 沉淀析出无色结晶的偏钒酸铵:

$$Na_4V_2O_7 + 4NH_4Cl \longrightarrow 2NH_4VO_3 \downarrow + 2NH_3 + H_2O + 4NaCl$$

偏钒酸铵再焙烧回收 V_2O_5:

$$2NH_4VO_3 \longrightarrow 2NH_3 + V_2O_5 + H_2O$$

三、尾矿的资源化

(一) 从尾矿中回收有用金属和矿物

进行有价值金属的提取,是矿山固体废物资源化的重要途径。我国有色金属种类繁多,其中锡、汞、铅、锌等有色金属的产量处于世界前列。长期以来,我国的有色金属矿山已经积累了大量的尾砂,但尾砂的处理与利用率很低。统计资料表明,我国利用尾砂量为 9.3×10^6 t,利用率仅为 5.62%;处置 4.227×10^7 t,处置率为 25.58%。尾砂中常含有少量的金属组分,有色金属矿山尾砂是个巨大的资源宝库。据估算,河南省的金矿尾砂中,每年残留黄金 2.3 t 以上,相当于一个小型金矿。

一些老矿山因原有选矿技术较落后,尾矿中仍含有一定数量的有用成分和有用矿物,其再选效果很好。随着有色金属矿山保有储量的不断减少以及选矿技术的不断提高,采用一些新型的提取方法对尾砂进行深度开发利用具有重要的经济效益。

1. 铁矿再选

我国铁矿资源储量丰富,但我国铁矿石具有品位低、铁矿物嵌布粒度细、矿物组成复杂等特点,导致其难以分选,在矿山开采和矿石加工过程中产生了大量的尾矿,生产 1 t 铁精矿平均排除 2.5 t 尾矿。铁尾矿再选已引起钢铁企业的重视,并已采用重选、磁选、浮选、酸浸、絮凝等工艺从铁尾矿中再回收铁,有的还补充回收金、铜等有色金属.经济效益更高。

攀枝花铁矿每年从铁尾矿中回收钒、钛、钴、钪等多种有色和稀有金属,从尾矿中综合回收产品的价值占矿石总价值的 60% 以上。马钢集团姑山矿业公司采用分级—细粒浓缩—高梯度粗选—浓缩—磨矿—高梯度精选工艺对粗选尾矿细粒级铁矿物进行回收,产出铁品位约 54% 的精矿,依据该工艺完成了选厂技术改造,每年可多回收铁精矿 3.5 万 t,有效降低了尾矿品位,提高了资源利用率。梅山矿业有限公司在对梅山铁矿选矿厂综合尾矿、强磁选尾矿、降磷尾矿工艺矿物学特性综合分析的基础上,分别开展了再选研究:铁品位 18.49% 的综合尾矿经 1 粗 1 扫弱磁选可获得铁品位 56.5% 的精矿,按此工艺每年可选出铁精矿 18 750 t,减少尾矿排放量 1.5%;采用强磁再选—分步浮选技术处理铁品位 23.46% 的强磁选尾矿,最终获得了铁品位 42.75% 的精矿。云南大红山尾矿铁品位 14.52%,主要以赤铁矿形式富集在约 0.01 mm 粒级。该尾矿经强磁预选—悬振锥面选矿机精选工艺处理,获得的精矿铁品位为 54.02%,回收率为 34.68%。

尾矿再选生产实践及试验表明,不同地区铁尾矿的性质差异较大,铁尾矿再选工艺也不尽相同。对于铁矿物以磁铁矿为主的尾矿,应采用细磨—弱磁选原则流程加以分选;对于以磁铁矿、赤(褐)铁矿为主要铁矿物的尾矿,强磁(或重选)预选—磨矿—磁选—反浮选工艺可以实现铁矿物的有效回收。

2. 有色金属尾矿再选

有色金属矿山尾矿主要含有目的金属、伴生有价金属、伴生非金属矿物等,黄铁矿也是其常见组分之一。对尾矿实行再选,从金属尾矿中选出金属精矿或非金属矿物,回收其中的有价元素和伴生元素。

(1) 铜尾矿再选。目前,国内主要矿山的铜矿石品位日益降低,据统计,每产出 1 t 铜就会产生 400 t 废石和尾矿。从大量的铜尾矿中回收铜及其他有用矿物,具有重要的经济价值和环境意义。根据尾矿成分,从铜尾矿中,可以选出铜、金、银、铁、硫、萤石、硅灰石、重晶石等多种有用成分。

江西德兴铜矿通过尾矿再选,年回收硫精矿 1 000 t、铜 9.2 t、金 33.4 kg,产值有 1 300多万元。陕西双王金矿从尾矿中回收硫精矿产值达 3.4 亿元,又从尾矿回收钠长石精矿,其产值超过金的产值。铜陵公司铜官山铜矿是有色金属行业中最早开发尾矿再选的矿山。该矿响水冲尾矿库共堆存尾矿 860 万 t,经钻孔勘察,探明可供回采的再选尾矿数量为 620 万 t,尾矿平均含硫 5.82%,含铁 28.73%,采用先选硫后选铁的工艺流程,1975—1988 年共处理尾矿459 万 t,产硫精矿 61.1 万 t,铁精矿 83.5 万 t,实现利润总额 2 500 万元。

(2)铅锌尾矿再选。我国铅锌多金属矿产资源丰富,矿石常伴生有铜、银、金、钨、硫及铁等有价元素,历史上受限于选矿工艺水平,导致铅锌尾矿中仍然含有多种有价金属和有用矿物,对其再选对于提高铅锌多金属矿综合回收水平、充分利用矿产资源具有重要意义。

辽宁八家子铅锌尾矿银含量达 69.94 g/t 以上,含铜 0.027%,将其再磨至 270 目占91.6% 的粒度后解离银,经添加一系列选矿药剂,浮选出含银精矿,品位达 1 193.85 g/t,回收率 63.73%。江铜集团公司对其铅锌尾矿中的硫、铁资源综合回收,采用浮选—弱磁选—浮选联合回收工艺,通过活化、强化捕收等手段应对难选磁黄铁矿,成功地获得了高品位的优质硫精矿及达到工业品位的合格硫铁精矿。

(3)锡尾矿再选。云南云龙锡矿采用重选—磁选、重选—浮选—磁选两种选矿工艺从锡尾矿回收锡;栗木锡矿也成功应用先重选后浮选流程,从老尾矿中回收锡,使锡的回收率达到 63.11%。

(4)钼尾矿再选。金堆城钼业公司与鞍钢矿业研究所合作,采用磁选—再磨—细筛选矿工艺,成功地回收了钼硫尾矿中的磁铁矿。河北栾川某钼矿在酸性介质中采用优先浮选工艺处理浮选尾矿,得到选出产率分别为 33%、45% 的石英精矿、长石精矿,再分别采用磁选除铁后作为陶瓷和玻璃原料。

(5)钨尾矿再选。钨经常与许多金属矿和非金属矿共生,选钨尾矿再选,可以回收某些金属矿或非金属矿。漂塘钨矿重选尾矿经磨矿后浮选获得含 47.83%MoO_3 的钼精矿,回收率 83%。湘东钨矿尾矿含铜 0.18%,磨矿后浮选获得含 14%~15% 的铜精矿。荡平钨矿白钨矿尾矿含萤石 17.5%,经浮选产出回收率 64.93%、CaF_2 含量达 95% 以上的萤石精矿。

(6)金尾矿再选。由于金的特殊作用,从金尾矿中再选金受到较多重视。根据相关资料,我国每生产 1 t 黄金,大约要消耗 2 t 的金储量,回收率只有 50% 左右,也就是说,还有约一半的金储量留在尾矿、尾渣中。

从金尾矿中回收,山东省七宝山金矿为金铜硫共生矿,工艺采用一段磨矿、优先浮选流程,一次获得金铜精矿产品。三门峡市安底金矿对混汞—浮选尾矿进行小型堆浸试验,共堆浸 1 640 t 尾矿,尾矿含金品位 4~5 g/t,堆浸后的最终尾渣含金品位 0.7 g/t,浸出率

80.56％。

（二）生产建筑材料

矿产尾矿在提取有用元素后，仍留下大量无提取价值的复合的矿物原料。它们主要有非金属矿物石英、长石、石榴石、角闪石、辉石以及由其蚀变而成的黏土、云母类铝硅酸盐矿物和方解石、白云石等钙镁碳酸盐矿物组成。化学成分有硅、铝、钙、镁的氧化物和少量钾、钠、铁、硫的氧化物，与传统的建材、陶瓷原料性质非常接近，可用作建筑材料的原料。

1. 尾砂

为方便尾砂的开发利用，可将尾砂分为四类。

（1）以石英为主的高硅型尾砂。尾砂的矿物成分主要为石英，SiO_2 含量大于 80％，这类尾砂可以直接用作建筑材料，如用作混凝土的掺和料、生产硅酸盐水泥和硅酸盐制品等。当 SiO_2 含量超过 90％时，还可直接生产玻璃。

（2）以长石、石英为主的富硅型尾砂。其矿物成分主要为长石和石英，SiO_2 含量为 60％～80％，Na_2O 和 K_2O 的含量可达 4％～9％。这类尾砂可作为生产玻璃的配料，也可用于生产其他普通玻璃制品。

（3）以方解石为主的富钙型尾砂。其矿物成分以方解石或石灰石（微晶方解石）为主，CaO 的含量可达 30％，这类尾砂可用来生产普通硅酸盐水泥。

（4）成分复杂型尾砂。上述类型以外的尾矿可归为此类，矿物成分复杂，化学成分种类多，含量特征不突出。当其中金属氧化物含量高时，可用于生产陶粒制品。

2. 应用途径

用尾砂生产建筑材料的主要应用途径有七种。

（1）生产建筑用砂。用尾砂配制的砂浆其抗折、抗压强度均高于普通黄沙，其易和性、保水性和普通黄沙接近。马钢集团姑山矿业公司利用尾矿年生产建筑用砂 20 万～30 万 t。

（2）生产加气混凝土。加气混凝土是一种内部均匀、分布着大量微小气泡的轻质混凝土，目前广泛应用于建筑行业，主要原材料是各种富硅材料，石灰、石膏、水泥等碱性激发剂及铝粉等发气剂。尾矿作为含硅量较高的工业废渣，特别是铁矿尾矿，其 SiO_2 含量有的高达 70％，适宜作为加气混凝土的主要原材料之一。采用铁矿尾矿代替砂子，并以铝粉为发气剂，按一定的配比和工艺条件，经高压养护后制成的轻质多孔混凝土，称为铁尾矿加气混凝土。

利用矿山含硅尾矿生产加气混凝土在我国已有成功的先例，如山东的乳山金矿、焦家金矿、三山岛金矿等多家黄金矿山已经成功利用黄金尾矿生产加气混凝土砌块，也有矿山正在利用选铜等尾矿生产加气混凝土。山东金洲矿业集团有限公司尾矿总储量达 313 万 t，每年排放尾矿 27 万 t。该公司经多方考察论证后，投资 3 000 多万元建设尾矿综合利用项目。该项目先采用堆浸技术回收提取尾矿中的金、银，回收后的尾矿再用于制造加气混凝土砌块和蒸压砖,年利用尾矿量达到15万t,年增加效益1300万元。

(3)生产尾矿免烧砖、尾矿多孔砖。尾矿免烧砖、多孔砖属于胶结型尾矿建材,是指在常温或不高于100℃的条件下,通过胶结材料将尾矿颗粒结合成整体,而制成的有规则外形和满足使用条件的建筑材料或制品。在这类材料中,尾矿主要起骨料作用,一般不参与材料形成的化学反应,但其本身的形态、颗粒分布、表面状态、机械强度、化学稳定等性质,却对材料的技术性能有重要的影响。

以济南钢铁集团总公司郭店铁矿尾矿为例,原料为水泥6%~12%、改性尾矿10%~15%、原尾矿30%~75%,其余为粗骨料(砂石),还可以加入钢渣粉,进行尾矿免烧砖生产。

湖南旺华萤石矿业有限公司利用尾矿加入河沙、青石和少量水泥后,搅拌和匀,压砸成型,生产出的免烧砖不仅隔热、隔音,光泽好,外形美观,而且硬度和强度比普通红砖还要强,经国家建筑材料工业墙体屋面材料质量监督检验测试中心检验,完全符合国家标准。目前,该公司可年产免烧砖6000万块,节约原煤1.2万t,节约耕地100亩(即0.067 km²),新增产值500万元以上,消耗尾矿6万t。

(4)尾矿水工模袋混凝土。尾矿水工模袋混凝土用于水下护岸,和普通抛石相比,因为采用粉料和颗粒料运输到现场搅拌完成施工,由粉体变成人造石,无须开山破石,所以可施工性更强,并节省了宝贵的资源。

尾矿水工模袋混凝土在江河湖海护岸和人工围堤造田工程中均可以得到较好地使用,具有吃渣量大、保护环境好的优势。该产品具有较强的可施工性能、机械强度和水下稳定性,并且成本低廉,可广泛用于江、河、湖、海护岸固堤材料的加工、施工等领域。

(5)生产微玻岩。微玻岩即微晶玻璃(花岗岩),是近似Ca-Al₂O₃-SiO₂系统的玻璃经微晶化工艺处理的含硅灰石微晶或近似MgO-Al₂O₃-SiO₂系统的玻璃经热处理的含镁橄榄石微晶的新型高级建筑材料,在国内被誉为21世纪建筑材料。在日本、西欧、美国和东南亚等地已用于大型建筑,效果优异。利用选矿尾砂生产微玻岩是尾砂资源开发利用的重要途径,目前国内已有厂家正式投产,取得了较好的经济效益和社会效益。

微玻岩的生产工艺过程随产品种类不同而有所区别,但各工艺流程可以归纳为两大类。

①成型玻璃晶化法。这种方法是利用含晶核剂的成型玻璃进行微晶化处理而获得微玻岩的,其工艺流程如下:配合物制备→熔融玻璃→成型→加工→结晶化处理→后加工。

其生产工艺的关键是要掌握好损坏温度、核化时间、晶化温度和晶化时间,以及核化和晶化过程的升温速率。

②碎碴烧结法。这种生产工艺与成型玻璃晶化法略有差异,即熔融玻璃后不成型而先进行水淬处理,然后将玻璃碎碴烧结得到微玻岩,这种工艺也称为水淬法。水淬法一般不加入晶核剂,而是利用玻璃碎碴的表面、顶角、杂质等不均匀处作为结晶中心而诱导析晶。其工

艺流程如下:熔融玻璃→水淬→研磨过筛→装料→烧结→后加工。这种工艺比较简单,粗残余玻璃多,一般含有较多的气孔。

(6)水泥。山东省昌乐县特种水泥厂和山东沂南磊金股份有限公司分别利用铜尾矿和金尾矿生产出了满足工业要求的道路或其他类型的水泥。某矿用尾砂做配料烧制普通硅酸盐水泥,水泥标号可达500,部分用于井下采空区回填时做胶结水泥。

(7)其他建筑材料。尾矿还可以用作混凝土骨料、奠基石、铁路道砟等。

(三)用尾砂回填矿山采空区

尾矿还可用作矿井的充填料。采用充填法采矿的矿山每采 1 t 矿石,需要回填 0.25～0.4 m^3 或更多的填充材料。将尾矿用旋流器进行分级,粗级别部分可直接送入井下充填采空区,或分级后掺入水泥或其他胶凝材料混合后充入井下。尾砂粒度细而均匀,用作矿山地下采矿厂的充填料具有输送方便、无须加工、易于胶结等优点。尾砂回填后可以大大减少占地。此外,利用尾矿作为充填材料,其充填费用仅为碎石水力充填费用的 1/4～1/10。不仅解决了尾矿排放问题,减轻了企业负担,还取得了良好的经济和社会效益。有的矿山由于地形原因,不可能设置尾矿库,将尾矿填入采空区就更有意义了。

在尾矿的综合利用方面,凡口铅锌矿利用尾矿充填采空区值得借鉴,其与长沙矿山研究院共同开发的高浓度全尾砂胶结充填工艺,使尾矿利用率高达95%。

(四)在尾砂堆积场上覆土造田

尾砂占地面积大,而目前又因多种原因暂时不能综合开发利用,于是覆土造田是较好的方法之一,既可以保护尾砂资源,又可以治荒还田,减少因占地带来的损失,尾砂还可做矿物肥料或土壤改良剂。

国外许多国家对尾矿库的复垦工作十分重视,如德国、俄罗斯、美国、加拿大、澳大利亚等国家的矿山土地复垦率都已达80%。20 世纪 90 年代,在美国矿山局的支持下,明尼苏达州东部的梅萨比铁矿山脉就开始进行复垦试验,研究有机添加物对尾矿上植被恢复的影响,复垦土的植物生长率大大提高,可以种植雀麦草、紫花苜蓿、草木樨及各种牧草,而且三年之后就能够进行自我调节,不再需要以往的营养调整措施。

我国水口山铅锌矿对 20 万 m^2 的老尾矿库进行了复土、绿化并试种 5 000 余株树苗,长势良好。攀枝花矿选矿厂的尾矿库,坝体坡面上曾人工覆盖山皮土,以种草为主,并辅之以浅根藤本植物,经过试种,取得了预期效果。

(五)用尾砂做微肥

尾砂中含有某些植物所需的微量元素时,将尾砂直接加工即可当作微肥使用,或用作土壤改良剂。例如,尾砂中的钾、磷、锰、锌、钼等组分常常可能是植物的微量营养组分。根据尾砂的主要成分特征,还可直接用于特定的环境改良土壤。

（六）尾砂资源化利用的注意事项

（1）尾砂中的有价组分一定要进行充分回收，经再选后余下的有价金属含量应该是当前选矿技术无法回收的允许限值。

（2）尾砂用作建筑材料、日用产品以及与人类环境有关的各种产品时，不得含有放射性元素或放射性含量应低于环境标准。

（3）必须根据尾砂的成分和特征来解决尾砂的用途，不可根据需要来利用尾砂，应尽量减少不必要的投入和浪费。

（4）利用尾砂，必须首先对其中的选矿药剂和油类物质进行适当的处理，防止它们对新产品质量造成影响。

第三节　煤矸石的综合利用

煤矸石（coalgangue）是煤炭伴生的废石，是矿业固体废物的一种。目前，煤矿的排矸量占煤炭开采量的 $10\%\sim25\%$，已成为我国累计堆积量和占用场地最多的矿业废物，全国堆存的煤矸石数量已达 40 多亿 t，且仍在逐年增长。煤矸石的综合利用已成为一个重要课题。

一、煤矸石概述

（一）煤矸石的来源

在煤系的矿层中，往往夹杂着各种造岩矿物，它们与煤一起蕴藏在沉积岩中。在采煤或煤炭洗选过程中，将这些造岩矿物从煤炭中分离出来，即为煤矸石。

煤矸石的主要来源有：①露天剥离以及井筒和巷道掘进过程中开凿排出的矸石，占 45%；②在采煤和煤巷掘进过程中，由于煤层中夹有矸石或削下部分煤层底板，使运到地面上的煤炭中含有矸石，占 35%；③煤炭洗选过程中排出的矸石，占 20%。

（二）煤矸石的成分

1. 矿物组成

地质作用中各种化学组分所形成的自然单质和化合物叫作矿物。矿物具有相对固定的化学成分。存在于煤矸石中的矿物主要是由成矿母岩演变而来的。

按成因类型可将其分为两类。一类是原生矿物，它们是各种岩石（主要是岩浆岩）受到程度不同的物理风化而未经化学风化的碎屑物，其原有的化学组成和结晶构造都没有改变。

最主要的原生矿物有硅酸盐类、氧化物类、硫化物类和磷酸盐类矿物四类。另一类是次生矿物，它们大多数是由原生矿物经风化后重新形成的新矿物，其化学组成和构造都有所改变而有别于原生矿物。次生矿物是矸石中最重要、最有活力、影响最大的部分。许多重要的物理性质(如可塑性、膨胀收缩性)、化学性质(吸收性)和力学性质(湿强度、干度)等都取决于次生矿物。

次生矿物按构造和性质可分为三类：简单盐类、三氧化物类和次生铝硅盐类(黏土矿物)。

2. 化学成分

煤矸石的化学成分是评价矸石特性、决定其利用途径、指导生产的重要指标。通常所指的化学成分是矸石煅烧以后灰渣的成分。化学成分的种类和含量随岩石成分的不同而变化。

煤矸石中主要的化学成分为 SiO_2、Al_2O_3、Fe_2O_3、CaO、MgO、TiO_2、P_2O_5、K_2O 和 Na_2O 等。这些主要的化学成分含量如表 5-1 所示。

表 5-1　煤矸石的主要化学成分含量

成分	SiO_2	Al_2O_3	Fe_2O_3	CaO	MgO	TiO_2	P_2O_5	K_2O	Na_2O
含量/%	50～60	16～36	2.28～14.63	0.42～2.32	0.44～0.41	0.90～4	0.004～0.24	1.45～3.9	0.008～0.03

3. 元素组成

煤矸石的主要成分是无机矿物质，其元素组成为氧、硅、铝、铁、钙、镁、钾、钠、钛、钒、钴、镍、硫、磷等。前 8 种元素占矸石总质量的 98% 以上。碳、氢、氮、硫与氧常形成矸石中的有机质。我国煤矸石中的含硫量大部分比较低，小于 1%，但也有少部分矸石硫含量相当高，且以黄铁矿形式存在，因而是宝贵的硫黄资源。

另外，有些矿区的煤矸石，其钛、钒、镓等稀有元素含量较高，具有提取的价值。

(三)煤矸石的工艺性质

煤矸石的工艺性质对其综合利用具有重要的指导作用。

1. 煤矸石的热值

煤矸石的热值主要是由煤矸石中所含有的有机质燃烧产生的。在煤矸石中，有机质主要赋存于炭质泥岩和泥岩中。散布的煤块或煤末含有的有机质最高，其次是炭质泥岩，再次是泥岩，最后是粉砂岩与砂质泥岩中有时也含有极少量的有机质，其他岩石(如砂岩和石灰岩)中则基本不含有机质。煤矸石中的有机质是由各种复杂的高分子有机化合物所组成的混合物。它们主要由碳、氢、氧、氮和硫元素组成，碳是有机质的主要成分，也是煤矸石燃烧过程中产生热量的重要元素，每 kg 纯碳完全燃烧时能放出 34 080 kJ 的热量。对我国特大型的平顶山矿区的煤矸石进行全面系统的取样、测试与统计分析，结果表明，未自燃的混合矸的热值小于洗选矸的热值，泥岩的热值小于炭质泥岩的热值。

我国煤矸石的含碳量差别很大，在 15% 及以下，其热值变化范围在 0～7 500 kJ/kg，主要存在于炭质泥岩及散布煤中。从煤矸石的类型看,利用煤矸石的热值主要是利用洗选矸石的热值;从岩石类型看,则主要是利用炭质泥岩及散布煤的热值。根据我国综合利用的情况看,技术成熟、耗矸量较大的利用途径如表 5-2 所示,包括直接燃烧供热或发电、生产建筑材料、工程填筑等。

表 5-2 按煤矸石的热值划分合理利用途径

热值/(kJ/kg)	合理利用途径	说 明
0~2 100	回填、造地、筑路、制骨料	制骨料以砂岩类未燃煤矸石为宜
2 100~4 200	烧内燃砖	要求 CaO 含量低于 5%
4 200~6 300	烧石灰	渣可用作骨料和水泥混合料
6 300~8 400	烧混合材料、骨料,代黏土节煤烧水泥熟料	用于大型沸腾炉发电
>8 400	烧混合材、制骨料、代煤、烧水泥	用于大型沸腾炉发电

2. 煤矸石的熔融性

煤矸石的熔融性,是指矸石在某种气氛下加热,随着温度的升高而产生软化、熔化现象。加热熔融的过程,是矸石中矿物晶体变化、相互作用和形成新相的过程。矸石在熔化过程中有 3 个特征温度:开始变形温度 T_1,软化温度 T_2 及流动温度 T_3(称熔化温度)。一般以矸石的软化温度 T_2 作为衡量其熔融性的主要指标。

测定煤矸石熔融性的方法有熔点法(角锥法、高温热显微镜法)和熔融曲线法。通常采用角锥法作为标准方法。此法操作方便,不需要复杂的设备,效率高,具有一定的准确性。方法要点如下:将矸石粉与糊精混合,塑成一定大小的三角锥体,放在特殊的灰熔点测定炉中以一定的升温速度加热,观察并记录灰锥变形情况,确定其熔点。当灰锥体受热至尖端稍为熔化开始弯曲或棱角变圆时,该温度即为开始变形温度 T_1;继续加热,锥体弯曲至锥尖触及托板,锥体变成球或高度不大于底长的半球形时,此时已达到了软化温度 T_2;最后,当灰锥熔化或展开成高度不大于 1.5 mm 的薄层时,即达到流动温度 T_3。

矸石熔融的难易程度,主要取决于矸石中矿物组成的种类和含量。我国煤矸石的熔融温度大都较高,T_2 多大于 1 250 ℃,最高可超过 1 500 ℃。黄铁矿和 CaO 含量较高的矸石,T_2 温度通常低于 1 250 ℃,但最低也在 1 000 ℃以上。

矸石中 Al_2O_3 和 Fe_2O_3 的含量直接影响其熔融温度,前者与其熔融温度成正比,而后者成反比。根据经验判断,矸石中 Al_2O_3 含量高于 40%时,其熔融温度 T_2 一般都超过 1 500 ℃,Al_2O_3 含量高于 30%时,熔融温度 T_2 也多在 1 300 ℃以上。Fe_2O_3 和 CaO、MgO、K_2O、Na_2O 等碱性氧化物都起着降低矸石熔融温度的作用。SiO_2 含量为 45%~60%时,矸石的熔融温度随 SiO_2 含量的增加而降低,SiO_2 含量大于 60%时,熔融温度无变化规律。

3. 矸石的可塑性

煤矸石的可塑性是指把磨细的矸石粉与适当比例的水混合均匀制成泥团,当该泥团受到高于某一数值的剪切应力的作用后,泥团可以塑成各种各样形状,除去应力后,泥团能永远保持其形状。

矸石可塑泥团和矸石泥浆的区别在于固/液之间比例不同,由此引起矸石泥团颗粒之间、颗粒与介质之间作用力的变化。据分析,泥团颗粒之间存在两种力。

(1) 吸力。主要有范德华力、局部边-面静电引力和毛细管力。吸力作用范围约离表面 $2 \times 10^{-3} \mu m$。毛细管力是塑性泥团中颗粒之间的主要吸力,在塑性泥团含水时,颗粒表面形成一层水膜,在水的表面张力作用下紧紧吸引。

(2) 斥力。斥力是指带电颗粒表面的离子间引起的静电斥力。在水介质中,这种力的作用范围约距颗粒表面 $2 \times 10^{-2} \mu m$。

由于矸石泥团颗粒间存在这两种力,当含水量高时,形成的水膜较厚,颗粒相距较远,颗粒间以斥力为主,即呈流动状态的泥浆;若含水量过低,不能保持颗粒间水膜的连续性,水膜中断了,则毛细管力下降,颗粒间靠范德华力而聚集在一起,很小的外力就可以使泥团断裂,则泥团无塑性。

毛细管力(P)的数值与介质表面张力(σ)成正比,而与毛细管半径(r)成反比,计算式如下:

$$P = \frac{2\sigma}{r} \cos\theta \qquad (5\text{-}1)$$

其中:θ 为润湿角($°$)。

矸石颗粒愈细,比表面积愈大,颗粒间形成的毛细管半径愈小,毛细管力愈大,塑性也愈大。

矸石矿物组成不同,颗粒间相互作用力也不相同。高岭石的层与层之间靠氢键结合,比层间为范德华力的蒙脱石结合得更牢固,故高岭石遇水不膨胀。但是,蒙脱石的比表面积约为 $100 \text{ m}^2/\text{g}$,而高岭石比表面积为 $10 \sim 20 \text{ m}^2/\text{g}$,由于比表面积相差悬殊,故毛细管力相差甚大。一般来说,可塑性的大小顺序是:蒙脱石>高岭石>水云母。

可塑性的高低用塑性指数表示。矸石泥团呈可塑状态时,含水率的变化范围代表着矸石泥团的可塑程度,其值等于液性限度(简称液限)与塑性限度(简称塑限)之差。这里所讲的液限,即为矸石泥团呈可塑状态的上限含水率(相对于干基),当矸石泥团中含水率超过液限,则泥团呈流动状态。所谓塑限,是指矸石泥团呈可塑状态时的下限含水率(相对于干基),当矸石泥团中含水率低于塑限时,矸石泥团成为半固体状态。

4. 煤矸石的硬度

煤矸石的硬度,是直接影响破碎、粉磨工艺和设备的选择,影响成型设备的设计和制备工艺的重要指标。

硬度的表示法有多种,常用的有莫氏硬度等级和普氏硬度系数(f)两种,岩石的硬度一般采用普氏硬度系数表示,因为岩石绝大多数都由多种矿物组成,往往显示一定的方向性;矿物硬度通常用莫氏硬度等级表示。由于莫氏法简单易行,便于野外测试,故大多数人愿意采用莫氏等级来表示原料的硬度。

(四)煤矸石的自燃

煤矸石山自燃是煤矿中一个普遍存在的问题。矸石山自燃后,对周围环境和矿区的污染已是一个不容忽视的环境问题。但是,自燃过的煤矸石一般具有活性,有利于煤矸石的综合利用。

1. 自燃原因分析

关于煤矸石山自燃的原因,国内外都进行了不少的研究,归纳起来,主要有黄铁矿氧化学说和煤氧复合自燃学说。

(1)黄铁矿氧化学说。这是长期以来解释煤矸石山自燃起因的主要理论。它认为,煤与矸石中的黄铁矿在低温下发生氧化,产生热量并不断积聚,使矸石内部温度升高,在其一局部达到一定温度后,引起矸石中的煤和可燃物质燃烧。

煤矸石中黄铁矿的氧化,一般可概括为三个步骤。

① 在供氧充足的条件下,产生二氧化硫气体:

$$4FeS_2 + 11O_2 \longrightarrow 2Fe_2O_3 + 8SO_2 \uparrow + 3\ 412\ kJ$$

② 如供氧不足,则释放出硫黄:

$$4FeS_2 + 3O_2 \longrightarrow 2Fe_2O_3 + 8S \downarrow + 917\ kJ$$

③ 如有水分参与反应,还会产生硫酸,从而加剧黄铁矿的氧化作用:

$$2FeS_2 + 7O_2 + 2H_2O \longrightarrow 2FeSO_4 + 2H_2SO_4$$

$$2SO_2 + O_2 \longrightarrow 2SO_3 + 189.2\ kJ$$

$$SO_3 + H_2O \longrightarrow H_2SO_4 + 79.5\ kJ$$

以上反应都是放热反应。放热反应产生的热量积聚在煤矸石内部,不易扩散。随时间的推移,热量不断积累,促使煤矸石内部温度不断升高,最终使可燃物如煤、炭质页岩、废坑木等燃烧发火,此即黄铁矿氧化生热学说。

(2)煤氧复合自燃学说。煤矸石中通常夹带着10%~25%的炭质可燃物,在低温的情况下,矸石中的煤(尤其是镜煤和丝炭)会发生缓慢的氧化反应,同时放出热量,当热量积累到一定温度时,便引起可燃物燃烧。其化学反应如下:

$$C + O_2 \longrightarrow CO_2 + 4.09 \times 10^5\ kJ$$

$$2C+O_2 \longrightarrow 2CO+2.4\times10^5 \text{ kJ}$$

以上两个反应都是放热反应。所放出的热量积聚达到一定温度时,即引起矸石山自燃。此即煤氧复合自燃学说。

事实上,煤矸石山的自燃是一个极其复杂的物理化学的变化过程,它从常温状态转变到燃烧状态,其氧化过程不仅受到煤矸石物理化学性质的制约,同时也与煤矸石的岩相组成、水分含量、煤矸石的比表面积、孔隙率以及矸石山所处的自然环境有关。

从以上分析可知,煤矸石山发生自燃必须具有以下条件:含有能够在低温氧化的物质或可燃物,有氧气和水存在,有使热量积聚的环境。

矸石山中能够低温氧化的物质或可燃物,主要指黄铁矿和煤,其他包括遗弃在矸石中的炭质页岩、腐烂木头、破布、油脂等。至于氧气和水,以及热量积聚的环境,则与矸石山的堆积结构有关。矸石山在自然堆放过程中,无论是平地起堆,还是顺坡堆放,均会发生粒度偏析,使矸石山内部形成空气通道,使矸石山产生"烟囱效应"。

空气通道的形成,保证了矸石山中煤或黄铁矿低温氧化所需要的氧气。低温氧化反应产生的热量,一部分由于"烟囱效应"随空气带出,而另一部分则积聚在矸石山中。由于矸石山下部的矸石粒度较中部及上部的大,故而空气通道也较大,通过的空气较中上部多,空气带出的热量也多,所以,矸石山下部不易积累热量;矸石山上部粒度小,空气通道也小,通过的空气就较中下部少,因此,也不易积聚热量;而矸石山的中腰部,粒度适中,最易积聚热量,所以,中腰部温度最高。当某一局部温度达到煤等可燃物的燃点时便引起自燃,中腰部通风较好,又不易散失热量,因而火势会越烧越旺,向四周蔓延。

2. 煤矸石山自燃的特征

煤矸石山的自燃具有两个特征:一是从矸石山内部先燃烧;二是属于不完全燃烧。

(1) 从矸石山内部先燃烧。煤矸石山的自燃取决于供氧条件,供氧是沿着矸石之间的空隙和孔通向内部补给的。矸石山的中部有利于氧化反应生成热的积聚,所以燃烧首先在这里开始。自燃后,燃烧地带具有燃烧中心的特性。已经自燃的矸石山,燃烧位置距矸石山表面的深度约2.5 m;平面堆积的矸石山,燃烧只发生在有裂隙的地带。

观察到冒烟处,往往并不能说明燃烧区就在其下部,而可能在斜坡下部,离矸石山表面1~2 m深的地方。这是因为空气从斜坡的下部进入,并沿着斜坡的表层向上流动,热对流使进入的空气量增加而加剧燃烧,从而形成裂隙或空洞。

(2) 不完全燃烧。煤矸石在堆积时,颗粒的形状和大小是不规则的,从而在煤矸石之间形成空隙和孔道。在自燃之前,这些空隙和孔道为黄铁矿和炭质可燃物的氧化提供空气;在自燃之后,它们又为可燃物质燃烧补给空气。煤矸石的燃烧从煤矸石山的中部开始,因此,通过空隙和孔道输送空气的速度比较缓慢;另外,空隙和孔道所占容积较小,煤矸石内可燃物质就不能与氧充分化合,也就是不能充分燃烧。所以,从整体上说,煤矸石燃烧是在供氧量不足的情况下进行的,其燃烧性质属于不完全燃烧。

不完全燃烧的结果除产生和释放 SO_2 和 CO_2 外,还产生和释放大量的 CO、H_2S 和碳氢化合物,从而造成严重的大气污染。根据现场实测,CO 的排放量远远超过国家规定的排放标准。不完全燃烧使得煤矸石山燃烧速度缓慢,燃烧时间很长。一座大型煤矸石山,往往要燃烧十多年,甚至几十年的时间,因此,即使不再继续堆放煤矸石,煤矸石山还能继续燃烧许多年。当煤矸石中可燃物质和黄铁矿基本燃烧完后,仅残余少量的碳和黄铁矿硫。

(五)煤矸石的活性

煤矸石中的多数矿物晶格质点常以离子键或共价键结合。矸石磨细或煅烧后,严整的晶面受到破坏,在颗粒尖角、棱边处,键力不饱和程度的点数增加,从而提高了矸石的活性。矸石经过自燃或在一定温度煅烧后,原来的结晶相大部分分解为无定形物质,结晶相居次要地位,因此,煅烧后的矸石具有较高的活性。通常所说的煤矸石的活性,实际上是指煤矸石的强度活性,即煤矸石自燃或煅烧后作为某种胶凝材料的一个组分时该胶凝材料所具有的强度。

1. 煤矸石强度活性的评定

我国制定的国家标准《用于水泥中的火山灰质混合材料》(GB/T 2847—2005)采用了国际标准化组织推荐的 ISO 法,用火山灰活性试验及水泥胶砂 28 d 抗压强度试验的结果来评定火山灰材料的活性。由于目前我国还没有评定煤矸石活性的国家及部门标准,在评定煤矸石的活性时通常参照 GB/T 2847—2005 标准,按照该标准推定掺煤矸石试样的抗压强度,与纯水泥试样的抗压强废对比。

2. 煤矸石活性的产生

未自燃的煤矸石一般不具有活性或活性很低。煤矸石受热后,矿物相发生变化形成火山灰类的物质而具有活性,因此,煤矸石经受煅烧或自燃是其获得活性的根本途径。下面简述煤矸石的主要组成矿物受热后矿物相发生变化而具有活性的基本情况。

(1)高岭石的变化。高岭石随温度的变化会产生不同的相变。高岭石在 700 ℃时脱除结晶水,晶格被破坏,形成了无定形的偏高岭石,具有火山灰活性。在 925 ℃时,偏高岭石开始重结晶,产生硅尖晶石。此后,随着温度的上升,相继出现似莫来石、莫来石的晶体,并在发生重结晶作用的同时游离出方石英。重结晶的产物都是非活性物质。当温度上升到 1 200 ℃以上,莫来石的生成量显著增加,莫来石的大量生成降低了煤矸石的活性。当温度达到 1 400 ℃时,高岭石基本全部转化为莫来石。

(2)伊利石(水云母)的变化。自然界存在着受热液蚀变或风化作用影响的"白云母→绢云母→水白云母→伊利石→蒙脱石(酸性环境为高岭石)"转变系列,其中的伊利石是成分多变的复杂的过渡矿物,通常,伊利石又叫水云母。它在 0～200 ℃脱失层间吸附水;在 600～800 ℃失去结晶水,晶体逐渐被分解、破坏,出现具有活性的无定形物质;在 900～1 000 ℃时,晶体分解完毕,此时活性最高;当温度达到 1 000～1 200 ℃ 时,又开始重结晶,因伊利石的成分差异而产生不同数量的莫来石及少量的方英石等。由于发生了向晶质转变,活性逐渐降低。与高岭石相比,伊利石脱失结晶水的温度要高得多。

(3) 石英的变化。在升温和降温过程中,石英结晶态呈可逆反应,即 β 石英和 α 石英在 573 ℃ 可以发生可逆反应,α 石英和 α 鳞石英在 870 ℃ 发生可逆反应,α 鳞石英和 α 方石英在 1 470 ℃ 发生可逆反应。

实际上煤矸石的成分比较复杂,在升温过程中,石英的变化可能出现的情况如下:①生成无定形的 SiO_2,提高煤矸石的活性;②生成非活性的石英变体;③与煤矸石中的铝组分结合生成莫来石,降低煤矸石的活性。试验表明,在煅烧或自燃过程中,石英的含量随温度的升高而逐渐减少。

(4) 黄铁矿的变化。黄铁矿 FeS_2 随煤矸石一起燃烧时,晶体相应发生变化,生成 $\alpha\text{-}Fe_2O_3$。化学反应式如下:

$$4FeS_2 + 11O_2 \xrightarrow{600\,℃} 2Fe_2O_3 + 8SO_2$$

赤铁矿不具有活性,因此,经过该反应不增加煤矸石的活性。

(5) 莫来石的生成。煤矸石在被煅烧或自燃过程中,一般于 1 100 ℃(个别为 900 ℃)开始生成莫来石,到 1 200 ℃ 以上生成量显著增加,在 1 300～1 400 ℃ 生成量最大。莫来石的大量生成降低了煤矸石的活性。莫来石的生成温度、生成量随煤矸石的成分、煅烧温度和冷却速度的差异而有所变化。经高温煅烧,高岭石、伊利石、石英与其他铝组分结合,都产生莫来石,因此,莫来石是煤矸石煅烧或自燃后生成的最主要的新矿物。

如上所述,作为煤矸石主要矿物组分的黏土类矿物(高岭石和伊利石)受热分解,产生无定形物与玻璃质是煤矸石强度活性的主要来源,温度是控制煤矸石活性产生的最主要因素。当煤矸石因被煅烧或自燃而受热到某一温度,晶体就会被破坏,变成非晶质而具有活性,同时,重结晶成新矿物的过程往往也就开始。随着新的结晶相应增多,非晶质相应减少,活性又开始逐渐下降。因此,存在一个使煤矸石中的黏土类矿物尽可能多地分解成无定形物与玻璃质,而新的结晶物的产生又最少,煤矸石得到最大活性的最佳煅烧温度。大量试验表明,使煤矸石获得最大活性的两个最佳煅烧温度区间是:①600～950 ℃,称为中温活性区;②1 200～1 700 ℃,称为高温活性区。通常主要利用中温活性区。此外,煤矸石的活性还受矿物组分与矸石粒径等因素的影响,实际煅烧温度往往比理论值略高一些。对于以高岭石为主的煤矸石,最佳煅烧温度为 600～950 ℃,以伊利石为主的煤矸石最佳煅烧温度为 800～1 050 ℃。在煅烧煤矸石时,人们可以控制煅烧温度在最佳煅烧温度区。但煤矸石发生自燃时的温度往往并不恰恰处在最佳煅烧温度区,致使自燃煤矸石的活性常达不到其最高强度活性。

3. 养护条件对煤矸石活性的影响

实际上,试(制)品的养护条件对煤矸石活性的发展具有较大的影响。上述评定煤矸石的活性是在标准养护条件下进行的。通常,试(制)品的养护条件有 3 种:自然养护、蒸汽养护和蒸压养护。在自然养护条件下,石灰-煤矸石制品的水化产物主要为水化硅酸钙(calcium silicate hydrate,CSH)、水化石榴子石(C_3ASH_x)和氢氧化钙($Ca(OH)_2$),其中氢氧化钙还占有一定的比例。在蒸汽、蒸压养护条件下,石灰-煤矸石制品的水化产物主要为水化硅酸钙和水榴子石;此外,尚有少量 $Ca(OH)_2$ 存在。如掺入少量的石膏,开始便能迅速形成 E 盐(三硫型水化硫铝酸钙,通常称钙矾石),随着石膏的逐渐减少,E 盐逐渐转变为 M 盐(单硫型水化硫铝酸钙)。在蒸汽、蒸压养护条件下,石灰、煤矸石制品的水化产物主要为水化硅酸钙、水榴子石和托勃莫来石($C_5S_6H_5$),而没有 $Ca(OH)_2$ 存在。掺入少量石膏也是为了提高煤矸石硅酸盐制品的强度,使其抗炭化、抗收缩性能得到改善。一般而言,在制品配比一定的条件下,自然养护获得的强度最小,蒸压养护获得的强度最大。煤矸石的煅烧温度与制品的养护条件对煤矸石硅酸盐制品的强度有较大影响,二者处于最佳匹配状态时,制品强度达到最大。

(六)煤矸石的危害和治理

1. 影响土地资源的利用

煤矸石的大量堆放一方面占用大量土地面积,另一方面还影响比堆放面积更大的土地资源,使得周围土地变得贫瘠而不能被利用。

2. 空气污染

长期堆放的煤矸石由于空气氧化而很容易自燃并排放大量 SO_2、H_2S、CO、NO_x 和 CO_2 等气体;由于风化作用,表面风化成粉尘,在风的作用下这些粉尘悬浮,造成大气污染。

3. 水和土壤污染

煤矸石受到降雨的喷淋或长期处于浸渍状态,会使其中有害成分,尤其是一些有毒重金属如铅、镉、汞、砷、铬等溶解进入水体或渗入土壤,严重影响水体环境和土壤环境,且通过食物链危害人体健康。

4. 滑坡与泥石流

煤矸石山堆积过高,坡度过大,就容易形成滑坡。当降雨等作用使煤矸石山的含水量达到饱和状态,就有可能形成泥石流,造成附近土地被淹。

二、煤矸石的综合利用

煤矸石虽然对环境造成危害,但是如果加以适当的处理和利用,却是一种有用的资源。含碳量较高的煤矸石,可回收煤炭或直接用作化铁、烧锅炉和烧石灰等工业生产的燃料;含碳量较低的煤矸石,可用作生产水泥、烧结砖、轻质骨料、微孔吸声砖、煤矸石棉和工程塑料等建筑材料;含碳量极少的煤矸石、自燃后的煤矸石经过破碎、筛分后,可以配制胶凝材料。一些煤矸石还可用来生产化学肥料及多种化工产品,如结晶三氧化铝、固体聚合铝、水玻璃以及化学肥料氨水和硫酸铵等。

(一)代替燃料

煤矸石中含有一定数量的固定炭和挥发分,一般烧失量在 10%~30%,发热量可达 4.19~12.6 MJ/kg,所以煤矸石可用来代替燃料。近十几年来,煤矸石被用于代替燃料的比例相当大,一些矿山的矸石甚至消失。目前,采用煤矸石做燃料的工业生产主要包括五个方面。

1. 烧沸腾锅炉

使用沸腾锅炉燃烧,是近年来发展的新燃烧技术之一。沸腾锅炉的工作原理是将破碎到一定程度的煤末用风吹起在炉膛的一定高度上呈沸腾状燃烧。煤在沸腾炉中的燃烧既不是在炉排上进行的,也不是像煤粉炉那样悬浮在空间燃烧,而是在沸腾炉料床上进行。沸腾炉的突出优点是对煤种适应性广,可燃烧烟煤、无烟煤、褐煤和煤矸石。沸腾炉料层的平均温度一般在 850~1 050 ℃,料层较厚,相当于一个大蓄热池,其中燃料仅占 5%左右,新加入的煤粒进入料层后和几十倍的灼热颗粒混合,能很快燃烧,故可用煤矸石代替。生产实践表明,利用含灰分达 70%、发热量仅 7.5 MJ/kg 的煤矸石,沸腾锅炉运行正常。煤矸石应用于沸腾锅炉,为煤矸石的利用找到了一条新途径,可大大地节约燃料和降低成本。但由于沸腾锅炉要求将煤矸石破碎至 8 mm 以下,所以燃料的破碎量大,煤灰渣量也大,使沸腾层埋管磨损严重,耗电量增大。

2. 化铁

铸造生产中一般都采用焦炭化铁。但实验证明,用焦炭和煤矸石的混合物作为燃料化铁,也取得了较好的效果。用发热量为 7.54~11.30 MJ/kg 的煤矸石可代替 1/3 左右的焦炭。例如,用直径 800 mm 的冲天炉化铁时,底炭为 300~350 kg,每批料为石灰石 80~85 kg、生铁 800 kg、焦炭 75 kg。又如,在底炭中加入 400 kg 煤矸石,每批料中加入 120 kg 煤矸石,则底炭加焦炭 200~250 kg,每批料加焦炭 50 kg 即可。煤矸石的粒度要求 80~200 mm,铸铁的化学成分和铸件质量都符合要求。由于煤矸石灰分较高,化铁时要求做到勤通风眼、勤出渣、勤出铁水。

3. 烧石灰

烧石灰一般都利用煤炭作为燃料,每生产 1 t 石灰需燃煤 370 kg 左右。烧石灰时要求煤炭破碎至 25~40 mm,使得生产成本升高。用煤矸石烧石灰时,除特别大块的要破碎外,100 mm 以下的均无须破碎,生产 1 t 石灰需煤矸石 600~700 kg。虽然从消耗上来讲稍高一些,但使用煤矸石代替煤炭,使炉窑的生产操作正常稳定,生产能力有所提高,石灰质量较好,生产成本也有了显著降低。

4. 回收煤炭

煤矸石中混有一定数量的煤炭,可以利用现有的选煤技术加以回收。在用煤矸石生产水泥、砖瓦和轻骨料等建筑材料进行综合利用时,必须预先洗选煤矸石中的煤炭,从而保证煤矸石建筑材料的产品质量以及生产操作的稳定性。从经济角度上来说,回收煤炭的煤矸石含煤炭量一般应大于 20%。国内外一般采用水力旋流器分选和重介质分选两种洗选工艺从煤矸石回收煤炭。

(1) 水力旋流器分选工艺。以美国雷考煤炭公司为例,该工艺主要设备包括 5 台直径508 mm 伦科尔型水力旋流器、定压水箱、脱水筛和离心脱水机等。伦科尔型水力旋流器是一种新型高效率的旋流器。其优点之一是旋流方向与普通旋流器采用的顺时针方向不同,而是逆时针方向旋转,煤粒由旋流器中心向上选出,煤矸石从底流排出。这种旋流器易于调整,可在几分钟内调到最佳工况。另一优点是该种旋流器无须永久性基础,便于移动,可以根据煤矸石山和铁道的位置把全套设备用低架拖车搬运到适当地点,这比固定厂址的分选设备机动灵活、易操作。

(2) 重介质分选工艺。以英国苏格兰矿区加肖尔选煤厂为例,该厂采用重介质分选法从煤矸石中回收煤,日处理煤矸石 2 000 t。该工艺设有两个分选系统,分别处理粒度为 9.5 mm以上的大块煤矸石和 9.5 mm 以下的细粒煤矸石。大块煤矸石用两台斜轮重介质分选机分选,选出精煤、中煤和废矸石 3 种产品。精煤经脱水后筛分成 4 种粒径的颗粒供应市场。小块煤矸石用一台沃赛尔型重介质旋流器洗选,选出的煤与斜轮分选机选出的中煤混合,作为末煤销售。这种沃赛尔型重介质旋流器洗选效率达 98.5%,可以处理非常细的末煤和煤矸石,处理能力为 90 t/h。

5. 利用煤矸石发电

利用煤矸石发电是 20 世纪 60 年代初开发流化床(沸腾床)燃烧技术以来的新成果。1975 年,在四川永荣矿务局建立了中国第一座流化床煤矸石发电厂,燃烧选煤厂的洗矸和劣质煤,流化床锅炉蒸吨为 35 t/h,1983 年通过技术鉴定。

江西萍乡矿务局高坑矿在此基础上建立了煤矸石发电厂,采用 3 台蒸吨为 35 t/h 的流化床锅炉,装机容量为 1.8×10^4 kW。经过长期并网运行,蒸汽参数确定,燃烧情况正常,锅炉效率在 71% 以上,发电成本低,获得良好的经济效益和环境效益。

(二) 用煤矸石生产化工产品

煤矸石作为化工原料,主要用于无机盐类化工产品。

1. 制备无水三氯化铝

工业上生产无水三氯化铝多用金属铝为原料直接氯化生产,或者以铝矾土为原料加入焦炭或煤焦油在高温下通氯气来制备。以煤矸石为原料,在一定的工艺条件下制备无水三氯化铝,是煤矸石综合利用的途径之一。

（1）基本原理。利用煤矸石中的氧化铝与氯气在一定条件下反应来制备无水三氧化铝。具体反应如下：

$$Al_2O_3 + 3C + 3Cl_2 \longrightarrow 2AlCl_3 + 3CO$$

如体系中没有碳的存在，即便氧化铝与氯气在很高的温度下，这种氧化反应也是难以进行的。只有在还原剂碳存在下的情况，高温时该反应才能向生成三氯化铝的方向移动。

（2）制备工艺流程。用煤矸石生产无水三氯化铝，大体分 4 步进行：

① 成型过程。将煤矸石破碎至 80 目，与一定浓度黏合剂（如纸浆废液）按一定配比进行混捏、成型为小球形状，然后干燥。

② 干馏过程。将干燥后的小球于 700 ℃下进行干馏 2 h 左右，作用是赶尽其中的水分、挥发分，并产生一定的气孔率，以扩大反应的接触面。

③ 氧化过程。将干馏后的小球送至炉内，通入氯气，在 850～950 ℃条件下进行氧化，氯气将生成的 $AlCl_3$ 蒸气带出氧化炉，在氧化炉尾部的接收器中可得到精品 $AlCl_3$，尾气中因含有少量氯气，故用碱液处理后排空。

④ 提纯过程。粗品 $AlCl_3$ 中，主要杂质为 $FeCl_3$，根据它们升华温度的差异，可用升华的办法将它们彼此分开。$FeCl_3$ 熔点为 282 ℃，升华温度为 260 ℃；$AlCl_3$ 熔点为 180 ℃，升华温度为 150 ℃。另外也可用加铝粉的方法，使 $FeCl_3$ 还原为 $FeCl_2$（熔点为 672 ℃）或铁。这样，产品中就不会夹杂 $FeCl_3$，可使产品的纯度提高很多。

在反应体系中，尽管反应物中有 SiO_2 存在，氧化时也不会有 $SiCl_4$ 生成，因为 $SiCl_4$ 的生成要在 1 025～1 150 ℃的条件下方可进行。

2. 制备氢氧化铝、氧化铝

世界上绝大多数氢氧化铝、氧化铝均采用铝土矿碱法生产，要求有较高的铝硅比。以煤系硬质高岭岩为主要成分的煤矸石，在我国煤系地层中储量巨大，近 100 亿 t。煤矸石中，高岭石含量为 90％～95％，主要成分为 Al_2O_3 和 SiO_2，其中 Al_2O_3 含量为 34％～39％。有些地区，如内蒙古、山东、河北、山西等，煤矸石 Al_2O_3 含量高达 40％。因此，煤矸石可作为我国一种潜在的提铝、提硅资源。

用煤矸石生产氧化铝一般采用酸析法，即利用硫酸和硫酸铵等的混合溶液溶出矿物，并利用铵明矾极易除杂质的特点除去 Fe、Mg、K、Na 等杂质；加入氨水，进行盐析反应生成 $Al(OH)_3$ 沉淀物，经过滤、去离子洗涤，烘干后得 $Al(OH)_3$ 产品。继续将制备的 $Al(OH)_3$ 产物在活化焙烧炉中进行活化焙烧，温度为 350 ℃、焙烧时间为 1～2 h，脱水后即得 Al_2O_3 产品。

Al_2O_3 是一种不溶于水的白色粉末，是电解炼铝的基本原料，具有耐高温、耐腐蚀和耐磨损等优点。

此外,用煤矸石还可生产纳米级 α-Al_2O_3,超细 α-Al_2O_3 是生产电子工业上集成电路片、透明陶瓷灯管、荧光粉、录音录像磁带、激光材料和高性能结构陶瓷的重要化工原料。

3. 煤矸石制取水玻璃及白炭黑

水玻璃又名泡花碱,是一种可溶性硅酸盐,由一种内含不同比例的碱金属和 SiO_2 的系统组成。

(1)基本原理。煤矸石的主要成分是 Al_2O_3 和 SiO_2,如果将其破碎、焙烧、酸溶(HCl)过滤,那么滤液中的 $AlCl_3$ 经过浓缩、结晶、热解、聚合、固化、干燥等过程,就可制成聚合氯化铝。滤渣中的 SiO_2 与 NaOH 反应,就可制得水玻璃,其反应方程式如下:

$$2NaOH + nSiO_2 \longrightarrow Na_2O + nSiO_2 + H_2O$$

(2)生产工艺流程。

① 生产聚合氯化铝的尾渣主要成分是 SiO_2(占 80%~90%),还有少量 Al_2O_3(占 5%~10%)。这些 SiO_2 活性很大,易与碱反应生成水玻璃,烧碱按一定比例配成料浆输入反应罐中,在 120~150 ℃下反应 2~8 h。反应完毕后放入储存罐中沉降。

② 将储罐中反应完的料浆进行过滤,除去不溶物,然后浓缩得到所需浓度的水玻璃。

(3)生产工艺条件。SiO_2 溶出率与反应压力和反应时间有关,随反应压力与反应时间的增加而提高。据有关资料介绍,利用石英砂生产水玻璃,要达到 70% 的溶出率,反应时间需要 7 h 左右。由此可见,利用煤矸石酸溶渣生产水玻璃,还可降低能耗。最适工艺条件如下:压力 0.7 MPa,酸溶渣与固体 NaOH 之比为 3∶1,反应时间 3 h。

(4)产品质量。以煤矸石为原料制取的水玻璃质量完全符合国标 GB/T 4209—2008 的要求。

(5)制取白炭黑。白炭黑是一种用途广泛的化工产品,主要用于各种浅色橡胶,如印刷滚筒、汽车轮胎、自行车胎、胶管和鞋底等的补强剂,涂料的增稠、触变和抗沉剂,造纸、印刷油墨的吸附剂,化妆品及牙膏的填料等。如果将水玻璃与稀盐酸进一步作用,可制得白炭黑。

(三)用煤矸石生产水泥

煤矸石是一种天然黏土质原料,SiO_2、Al_2O_3 及 Fe_2O_3 的总含量一般在 80% 以上,它可以代替黏土配料生产普通硅酸盐水泥、特种水泥和无熟料水泥等。

1. 生产普通硅酸盐水泥

生产煤矸石普通硅酸盐水泥的主要原料是石灰石、煤矸石、铁粉,将它们混合磨成生粉,再与无烟煤混拌均匀加水制成生料球,在 1 400~1 450 ℃的温度下得到以硅酸三钙为主要成分的熟料,然后将烧成的熟料与石膏一起磨细制成普通硅酸盐水泥。

利用煤矸石生产普通硅酸盐水泥熟料的参考配比为石灰 69%~82%,煤矸石 13%~15%、铁粉 3%~5%、煤 13% 左右、水 16%~18%。配料时,主要应根据煤矸石中 Al_2O_3 含量的高低以及石灰质等原料的质量品位来选择合理的配料方案。为便于使用,一般将煤矸石按 Al_2O_3 含量多少分为低铝(约 20%)、中铝(约 30%)和高铝(约 40%)3 类。用于生产普通硅酸盐水泥的煤矸石含 Al_2O_3 量一般为 7%~10%,属低铝煤矸石,其生产同黏土,但应注意对煤矸石进行预均化处理。所谓预均化,是指对煤矸石在采掘、运输、储存过程中,采取适当的措施进行处理,使其成分波动在一定范围内,以满足生产工艺的要求。较适用的措施有尽量定点供应、采用平铺竖取方法和采用多库储存进行机械倒库均化措施。用煤矸石生产的普通硅酸盐水泥熟料,硅酸三钙含量在 50% 以上,硅酸二钙含量在 10% 以上,铝酸三钙含量在 5% 以上,铁铝酸钙含量在 20% 以上。钙使水泥凝结硬化快,各项性能指标均符合国家有关标准。

2. 生产特种水泥

利用煤矸石含 Al_2O_3 高的特点,应用中、高铝煤矸石代替黏土和部分矾土,可以为水泥熟料提供足够的 Al_2O_3,制造出具有不同凝结时间、快硬、早强的特种水泥以及普通水泥的早强掺和料和膨胀剂。生产煤矸石速凝早强水泥的主要原料是石灰石、煤矸石、褐煤、白煤、萤石和石膏,煤矸石速凝早强水泥原料配比为石灰石 67%、煤矸石 16.7%、褐煤 5.4%、白煤 5.4%、萤石 2.0%、石膏 3.5%。其熟料化学成分的控制范围为 CaO 62%~64%、SiO_2 18%~21%、Al_2O_3 6.5%~8%、Fe_2O_3 1.5%~2.5%、SO_3 2%~4%、CaF_2 1.5%~2.5%、MgO<4.5%。这种速凝早强特种水泥 28 d 抗压强度可达 49~69 MPa,并具有微膨胀特性和良好的抗渗性能,在土建工程上应用能够缩短施工周期,提高水泥制品生产效率,尤其可以有效地用于地下铁道、隧道、井巷工程,用作墙面喷复材料及用于抢修工程等。

3. 生产无熟料水泥

煤矸石无熟料水泥是以自燃煤矸石经过 800 ℃ 煅烧的煤矸石为主要原料,与石灰、石膏共同混合磨细制成的,亦可加入少量的硅酸盐水泥熟料或高炉水渣。煤矸石无熟料水泥的原料参考配比为煤矸石 60%~80%、生石灰 15%~25%、石膏 3%~8%;若加入高炉水渣,各种原料的参考配比为煤矸石 30%~34%、高炉水渣 25%~35%、生石灰 20%~30%、无水石膏 10%~13%。这种水泥无须生料磨细和熟料煅烧,而是直接将活性材料和激发剂按比例配合,混合磨细。生石灰是煤矸石无熟料水泥中的碱性激发剂,生石灰中有效氧化钙与煤矸石中的活性氧化硅、氧化铝在湿热条件下进行反应生成水化硅酸钙和水化铝酸钙,使水泥强度增加;石膏是无熟料水泥中的硫酸盐激发剂,它与煤矸石中的活性氧化铝反应生成硫铝酸钙,同时调节水泥的凝结时间,以利于水泥的硬化。煤矸石无熟料水泥的抗压强度为 30~40 MPa,这种水泥的水化热较低,适宜做各种建筑砌块、大型板材及其预制构件的胶凝材料。

(四)用煤矸石制砖

长期以来,黏土砖是我国主要的墙体材料。全国每年毁田造砖 200 多万 m^2,这种现象如不迅速加以控制,后果难以设想。煤矸石是一种较为理想的烧制黏土砖的新原料。用煤矸石代替黏土烧制砖瓦,不仅节能、省土、不占农业耕地,而且还减少了煤矸石堆放所需占用的土地。

用煤矸石烧制砖瓦,我国已有比较成熟的技术。目前,全国有矸石砖厂数百处,生产能力达年产 20 亿块。然而煤矸石毕竟不是黏土,它有自身的特点,而且,矸石的化学成分及矿物组成随地域、矿井变化很大,矸石砖的烧制过程亦有其特点,所以,为了更好地利用煤矸石制砖,必须做可行性研究。

1. 砖的分类

砌墙砖可分为烧结砖和非烧结砖两大类,可分为烧结普通砖、非烧结砖、烧结多孔砖与烧结空心砖、内燃砖与超内燃砖等几种。

(1) 烧结普通砖。烧结普通砖是以黏土、页岩、煤矸石、粉煤灰为主要原料,经过制备、成型干燥和焙烧而成的。

(2) 非烧结砖。非烧结砖包括:经常压蒸汽养护硬化而成的蒸养砖(蒸养粉煤灰砖、蒸养矿渣砖、蒸养煤渣砖);经高压蒸汽养护硬化而成的蒸压砖(蒸压灰砂砖、蒸压粉煤灰砖、蒸压矿渣砖);以石灰为胶凝材料、加入骨料,成型后经二氧化碳处理硬化而成的炭化砖。由于非烧结砖不用黏土,利用工业废渣,生产工艺简单,砖的技术性能可超过烧结普通砖,所以近年来在全国各地发展迅速。

(3) 烧结多孔砖与烧结空心砖。烧结多孔砖是以黏土、页岩、煤矸石为主要原料,经焙烧而成的具有竖向孔的砖,主要用于承重部位。烧结多孔砖的外形为直角六面体。烧结空心砖是以黏土、页岩、煤矸石为主要原料,经焙烧而成的主要用于非承重部位的空心砖。烧结空心砖的外形为直角六面体,在与砂浆的接合面上应设有增加结合力的深 1 mm 以上的凹线槽。

(4) 内燃砖和超内燃砖将破碎煤矸石和黏土混合在一起为原料,也可以全部用低热值煤矸石作为原料,并配以适当的石灰,按黏土砖或蒸汽养护砖的生产工艺加工。在熔烧过程中,煤矸石产生的全部热量将砖烧熟,制得的砖称为内燃砖。一般每块砖只需要热 1 390~5 020 kJ。若每块砖坯所含的热量除把砖本身烧熟外还有富余热量,制得的砖为超内燃砖。对于超内燃砖,可以在焙烧窑上设置余热锅炉。

2. 烧结煤矸石

(1) 对烧砖煤矸石的技术要求。由于煤矸石的成分和性质各不相同,并不是所有的煤矸石都能制砖。实践证明,泥质页岩和炭质页岩的矸石质地软,易于破碎成型,是矸石砖较为理想的原料。砂岩一般不宜制砖。含碳酸盐高的矸石,在高温焙烧时,由于碳酸盐分解释放出 CO_2 气体,能使砖坯崩解、开裂、变形,一般不宜制砖,即使烧制成品,经受潮吸水后,制品也会产生开裂、崩解现象。黄铁矿含量较高的矸石,燃烧时产生 SO_2 气体,造成体积膨胀,使制品破裂,烧成后遇水析出黄水,影响外观。所以,用于制砖的煤矸石,应根据指标要求进行选择。

① 化学成分。各地煤矸石的化学成分差别较大。但作为烧结砖瓦的原料时,对它的化学成分要求与黏土原料一样。表 5.3 所列是制砖用煤矸石的化学成分。

② 矿物组成。烧结砖对矸石的矿物组成要求不太严,允许波动范围较大。

③ 颗粒组成。所谓颗粒组成,是指矸石经破碎后各种大小质点数量的比例,它对于矸石系列的物理机械性能有影响。粗颗粒过多,可塑性较差,且影响外观和砖的质量;细颗粒多时,可塑性较好,干燥速率较慢。一般情况下,颗粒应控制在 3 mm 以下,小于 0.5 mm 的含量不低于 50%。

④ 塑性指数。矸石粉和水混合时,可形成泥团。这种泥团在外力作用下,能变成任何形状而不开裂,当外力作用停止时,能保持已改变了的形状不变。矸石的这种性质称为可塑性。

表 5-3 制砖用煤矸石的主要成分

化学成分	SiO_2	Al_2O_3	Fe_2O_3	CaO	MgO	SO_3	烧失量
含量	55%～70%	10%～20%	2%～8%	0%～5%	0%～3%	0%～1%	1%～5%

矸石的矿物成分、颗粒大小、拌和水的用量等均会影响可塑性。一般来说,颗粒越细,表面积越大,分散度越高,则可塑性越高。

用于烧制砖瓦的矸石,其塑性指数一般控制在 7～17。塑性过低则成型困难,过高则容易变形,干燥焙烧要求严格。

(2) 煤矸石的加工处理。

① 剔除矸石中杂质。有些煤矸石混杂大量煤块,致使其发热量偏高,塑性系数偏低。通常,筛除煤块的方法有两种:一是在煤矸石堆场附近以人工过筛;二是在破碎机前设置一台溜筛或振动筛。

煤矸石中一般均含有道钉之类的铁质夹杂物,这些杂物极易损坏破碎等设备。故煤矸石原料在进入破碎等设备前,须先经磁选除铁处理。磁选设备通常采用悬挂式磁选分离器(电磁铁)或胶带磁选辊筒(电磁胶带轮)。

② 降低矸石原料含硫量。矸石中的硫一般以化合状态存在,最常见的是硫铁矿。由于硫化物的存在,在生产过程中不但会腐蚀风机等金属设备,而且还会污染大气,对操作人员健康有害。在它的作用下,砖体内会生成一定的可溶性硫酸盐($FeSO_4$ 和 K_2SO_4),这些硫酸盐遇水后被带到砖的表面,引起泛霜,影响外观,甚至会导致砖体产生鳞片剥落,影响其耐久性,故要求用于制砖的矸石原料含硫量不大于 1%。

如果矸石含硫量过高,可掺入含硫量低的矸石、矸石熟料、粉煤灰、页岩、黏土等,使混合后的含硫量不超过允许值。

③ 可塑性的调整。在烧结砖的生产中,常常采用风化和冻结、困存和陈化等方法来提高

煤矸石等原料的可塑性。

风化和冻结：为了破坏煤矸石的天然结构，可使其经受大气作用——风化和冻结。在风吹雨淋、日晒、雪化、吸水、干燥、冷热、胀缩反复作用下，煤矸石的天然结构发生崩解（主要是体积变化），成为细小的颗粒。同时，原料在风化过程中发生许多化学和物理变化，有机物质发生腐烂、可溶盐类被浸析、硫化物被氧化等，改变了原来的成分，改善了原料对工艺的技术性能。

困存和陈化：困存是指经破碎后的物料未经均化处理在料库中储存；陈化是指已经均匀化处理的物料在封闭的空间中在压力作用下储存。困存和陈化可使泥料能够均匀地被水润湿，使泥料疏解，即矸石中所有塑性组成都得以膨胀，使化学、生物学以及物质的化学作用过程得以进行，有助于提高塑性。

（3）烧制工艺。煤矸石制砖的工艺过程和制黏土砖基本相同，主要包括原料制备、成型、干燥和焙烧等工艺过程。多数煤矸石制砖采用的是塑性面型工艺。

（4）砖坯的干燥与焙烧。刚成型的砖坯都含有一定量的水分，强度一般都不高，必须除去大部分水分，使之具有一定的强度后才能入窑焙烧。砖坯除去水分的过程叫作干燥。

焙烧是矸石制砖的最后工序，也是决定制品质量的关键环节。

中国现今烧砖多用隧道窑，其优点是拆卸方便，易于实现机械化。隧道窑是一个长的隧道，两侧有固定的窑路，上面有窑顶，沿着窑内轨道移动的窑车构成窑底，窑车上装有被烧的制品。在隧道窑中部设有固体的焙烧带，焙烧制品从窑的一端进入，从另一端卸出，热烟气与窑车相对移动，由窑车的出口端进入冷空气，冷却烧制成了的制品。

（五）用煤矸石生产轻骨料

轻骨料是为了减少混凝土的比重而选用的一类多孔骨料，轻骨料应比一般卵石、碎石的密度小得多，有些轻骨料甚至可以浮在水上。烧制轻骨料的煤矸石最好是炭质页岩和选煤厂排出的洗矸，矸石中碳含量不能过高，以低于13％为宜。煤矸石经破碎成块或粉磨后成球状颗粒，用烧结机或回转窑焙烧，使矸石球膨胀，冷却后即成轻骨料。

除烧制法外，有些地方直接将经过自燃的煤矸石破碎，筛分生产煤矸石轻骨料，这种方法生产工艺简单，产品成本低，阜新等地区已生产多年。

（六）制备沸石分子筛及其他应用

以煤矸石中的煤系高岭石为原料，采用低温水热合成法可生产 A 型沸石。通过调整铝硅比可进一步合成 X 型沸石、Y 型沸石。

除了上述高附加值产品外，利用煤矸石还可以开发莫来石陶瓷和制备赛隆（sialon），赛隆材料在工业生产中是做切削金属的刀具，其优良的耐热冲击性、耐高温性和良好的电绝缘性等使赛隆材料适合做焊接工具，其耐磨性又适合制作车辆底盘上的定位销等。

对逐渐风化的煤矸石山，可进行复垦、绿化，对表面已风化成土的煤矸石山，可直接种树或开垦为农田；另外可利用煤矸石充填沟谷、塌陷区等低洼的建筑工程用地，或用于填筑铁路、公路路基等,或用于回填煤矿采空区及废旧矿井。

第四节　放射性污染与放射性矿山废石的治理

一、概述

具有相同的质子数和不同中子数的原子核构成的元素,统称为同位素,如氢的同位素 H^1、H^2、H^3 和铀的同位素 U^{234}、U^{235}、U^{238}。不稳定的同位素原子核会发生衰变,衰变时放射出肉眼看不见的射线,这种能自发地放出射线的性质叫作放射性。射线包括 α、β 和 γ 三种,带正电荷的氦原子核粒子流是 α 射线,高速运动的电子流是 β 射线,波长极短的电磁波是 γ 射线。由镭(Ra)衰变产生的放射性惰性气体氡(Rn)被人吸入体内后,氡发生衰变的 α 粒子可对人的呼吸系统造成辐射损伤,引发肺癌。建筑材料是室内氡最主要的来源,如花岗岩、砖砂、水泥及石膏等,特别是含放射性元素的天然石材,最容易释出氡。

半衰期是指某种放射性同位素的质量在衰变过程中减少到原有质量一半所需的时间(此时,其放射性强度也减弱一半)。H^3 的半衰期为 12.46 亿 a,U^{238} 的半衰期为 45 亿 a,而钋 Po^{212} 的半衰期只有 3×10^{-7} s。半衰期是放射性同位素的一个特性常数,它基本上不随外界条件的变化和元素所处化学价态的不同而改变。对于质量相同的不同同位素来说,半衰期越短,则放射性越强,反之则放射性越弱。

用放射性强度表示单位时间内放射性同位素衰变的多少。1 居里(Ci)表示放射性同位素每秒发生 3.7×10^{10} 次衰变。1 贝可(Bq)表示每秒发生 1 次衰变。单位质量的生物物质或固体物质中所含某种核素的活度称为放射性比活度(A)。

吸收剂量(D)表征受照射物质吸收的射线能量。1 拉德(rad)表示电离辐射给予 1 kg 物质 10^{-2} J 的能量。器官的当量剂量(H_T)用来衡量各种辐射所产生的生物效应。

环境中的放射性污染源主要来自核武器试验、核设施事故、放射性废物泄出及放射性矿渣等。

在铀矿开采过程中,无论是露天开采还是地下开采,都要剥采出废石,不断排至地表形成废石堆。铀矿山的废石产生量,露天开采时为矿石量的 5～8 倍,地下开采时为矿石量的 0.7～1.5 倍。在排出的废石中,铀含量一般在 30～300 mg/kg,镭的比活度为 370～7 400 Bq/kg,同时还含有钍、镉、钼、铅、锌、铬、硒、锗、汞、铜、镍、铱等核素和有害元素。废石中的镭不断地释放出氡气,其氡气体对环境造成了污染。此外,由于风化、剥蚀、淋浸及渗滤等作用,放射性核素及其他有害元素迁移和扩散,造成对环境的影响和污染。

在铀矿开采过程中,大部分铀矿山也建立了配套的水冶厂,也有尾矿库。

尾矿量大致与原矿石数量相等,其化学成分与原矿石相差不大,由于铀已被提取,尾矿中残留的铀一般不超过原矿石含量的10%,一般铀含量为80~100 mg/kg,镭的比活度为8 500~55 000 Bq/kg,约占矿石中镭的95%以上。尾矿中保留了原矿石总放射性的70%~80%。

在尾矿中,粒度小于0.074 mm的尾矿泥约占总量的2/3,尾矿泥中含铀量比尾矿粗砂高3~6倍,含镭量比尾矿粗砂高5~20倍,所以尾矿泥是值得重视的污染源。

尾矿库体积大,且含有镭等放射性物质,它所含微细砂粒容易受风雨冲刷流失,更加扩大了污染范围。有关资料表明,在尾矿库堆积的附近,由于镭的再溶解,土壤、水源受到了明显的污染,同时由于尾矿库内不断释放出氡气,局部地区空气中的放射性水平升高。例如,加拿大安大略省的埃利奥特湖地区是世界上铀矿生产最集中的地区之一,矿石日产量高达33 500 t,共有11个水冶厂同时生产,周围许多洼地被用作尾矿库,使附近大小湖泊都被尾矿水污染,更为严重的是埃利奥特湖水所含溶解镭逐年增加,超过标准2~3倍。

铀矿山的废石堆和尾矿库虽然放射性水平较低,但其排放量大、分布广,是对环境辐射潜在危害最大的污染源之一。它对一定范围内的土壤、水体、生物乃至人体都造成了不同程度的污染和危害。

为了防治放射性污染,保护环境,保障人体健康,促进核能、核技术的开发与和平利用,规范放射性污染防治的管理,我国于2003年10月1日颁布施行《中华人民共和国放射性污染防治法》。

二、废石堆、尾矿库的治理方法

铀矿山的废石堆和尾矿库是铀矿开采和铀水冶过程中产生的,主要的治理方法有六种。

(一)物理法

物理法亦称覆盖法,是指在废石堆和尾矿库的表面经过整理后,用泥土、碎石、砂子,粗粒物料,或其他材料进行覆盖的方法。

我国以及其他国家治理废石堆及尾矿库所采用的覆盖材料,主要是黏性的黄土或泥土。在我国当前的技术经济条件下,覆盖黄土和泥土极为广泛。一些铀矿山对废石堆治理的情况表明:在废石堆表面覆盖厚度为0.3~0.5 m的黄土,氡析出率降低了75%~90%,γ辐射剂量降低了60%~88%;尾矿库表面覆盖厚度为0.5 m的黄土,氡析出率降低了75%~85%,γ辐射剂量降低了65%~80%。这说明覆盖黄土的效果是明显的,它不但稳固了废石和尾矿的表土层,而且还为复垦创造了有利条件。我国大多数铀矿山在废石堆上覆土后植草、植树,长势都很好,有的已成林;在尾矿库表面覆土后植草、植树,也获得了较好的效果。

特别是在我国南方的尾矿表面覆土植芦苇,自然生长十分茂盛,当年就可以成片成荫,效果更为显著。

(二) 化学法

所谓化学法,就是将化学药剂喷洒在废石堆、尾矿库的表面上,使药剂与废石、尾矿表面起化合作用,形成一层固结硬壳,使氡析出率、γ 辐射剂量和铀矿粉尘等得到有效的控制,而且还能起到抗风、防水和空气侵蚀的作用。

化学药剂有水泥、石灰、硅酸盐、硫酸盐、弹性聚合物及树脂添加剂等。在具体选择化学药剂时,应根据废石和尾矿的实际情况,选择反应速度快,固结壳形成后能经得起恶劣气象条件考验,而且覆盖率高、来源充足、价格便宜以及不会造成二次污染的化学药剂。然而,须指出,有的尾矿表面的细粉尾矿分布不均匀,尾矿常常与砂层交错存在。因此,有必要把尾矿分成粗粒、细粒、矿泥及混合料,然后分级进行试验,以确定各种反应剂对不同尾矿表面的固结效果,为选择化学反应药剂提供依据。

例如,用水泥固结废石堆表面的试验结果表明,它在降低氡析出率和 γ 辐射剂量方面比覆盖黄土的效果更好,特别是对废石堆底部的固结效果更为突出,如在其中添加一些防水剂,对淋洗水的控制尤为显著,还有效地控制了水土流失。

美国试制了一种石油树脂合成乳化液,将其稀释到 9∶1 以后,喷洒在废石堆和尾矿库表面,使其表面呈现黑色,这不仅能固结废石和尾矿表面,防止环境污染,还能改变土壤,促进植物生长。同时,黑色表面层吸热量大,使其温度升高,还可加速种子发芽和生长,延长植物的生长期。美国科罗拉多等州的一些矿山应用了上述石油树脂合成乳化液,喷洒在废石堆和尾矿库表面,取得了较好的效果。

(三) 植被法

植被法是指对废石堆和尾矿库表面进行简易修整后,栽种各种植物的方法。这种方法不但可以固结废石堆和尾矿库表面,防止粉尘飞扬和水土流失,对降低氡气析出率及 γ 辐射剂量也能起到一定的作用。此法在国内外的矿山得到了较广泛的应用。例如,加拿大的穆斯山矿和德国的卡尔贝希特矿均在尾矿库表面进行了覆土造田,种植各种树木、豆类植物等,都获得了较好的效果。我国不少非铀矿山在废石堆和尾矿库表面直接种植各种农作物,获得了较好效果,有的矿山还根据废石和尾矿表面条件,经简易修整后覆土,种植高粱、土豆、玉米、红薯,甚至种植水稻;还有的栽种各种易生长的杨树、樟树、油松、刺槐等,获得了成功。它们都有效地控制了污染,而且获得了较好的经济效益和环境效益。我国在铀矿山的废石堆和尾矿库的治理中,也广泛应用了植被法。

(四) 深埋法

深埋法是指将铀矿山的废石或尾矿深埋在山谷、壕沟、洼地、湖泊、废弃露天坑以及废弃矿井里的方法。此法能较好地消除废石或尾矿对自然环境的污染,而且基本上能恢复地表原形,在有条件的情况下,应优先考虑。

在利用山谷、壕沟、洼地、湖泊、废弃露天矿坑时,首先要进行疏干,随后将废石或尾矿分层回填,分层压实,其回填高度应比地面标高低2~3 m,最后要进行全面的整平,覆盖厚度为0.5~1 m的隔水层并夯实,其隔水层对上要起到隔水作用,对下要起到封闭回填废石或尾矿的作用。隔水层材料一般采用黏性黄土、三合土、水泥胶结或其他材料。基本稳定后,再覆盖一定厚度的泥土和有肥力的泥土或田土,使其表面适应周围的地形,根据设计要求种植农作物或覆盖植被等。

必须指出:在回填过程中,应尽量将有铀含量的废石、坚硬岩石及大岩块回填在底部,将细粉岩、易风化的岩石、基本无铀含量的废石回填在上部;在选用本法时,绝对不能使废石或尾矿与地下水直接接触;还要考虑地区的降雨量和蒸发量,并确保废石或尾矿掩埋的边缘与地下水的平面距离至少在1 km以上。如果选用的洼地、湖泊、废弃露天矿坑与地下水有联系,在疏干后一定要在其底部全部加设不透水的人工衬底层,同时也要使废石或尾矿掩埋边缘与地下水的平面距离至少在100 m以上,以保证地下水长期不受污染。

加拿大的比弗洛奇铀矿退役后,其对废石堆和尾矿库的治理采用了多方案治理法,充分地利用了地形特点(如洼地、湖泊、废弃矿井等),获得了较好的效果。他们为尾矿的治理设计了一整套充填系统,将尾矿稀释后用泥浆泵排到废弃矿井里,同时还用高压水枪将尾矿泥送到中心点,经冻结后用常规设备运到湖泊里进行深埋。对废石堆,一部分留在原地,进行整形后使其适应周围地形,再覆盖黄土、植被,获得较好的效果;另一部分则充填到废弃的露天矿坑里,然后再覆盖黄土、植被等,亦获得成功。

（五）水覆盖法

水覆盖法是指将废石或尾矿回填到较深的洼地、湖泊、废弃露天矿坑里,然后再用水进行覆盖的方法。覆盖水的深度至少要常年保持在2 m以上。

在废石和尾矿的回填过程中,采用分层回填、逐层压实,回填深度根据覆盖水能常年保持在2 m以上为限,整平、压实,基本稳定后,在其上覆盖一层不透水层,不透水层材料一般为黏性黄土(厚度为0.5~1 m)、三合土(厚度为0.4~0.8 m)、水泥胶结层(厚度为0.2~0.4 m),或其他隔水性能好的材料。不透水层基本达到强度后,用水进行覆盖。

须指出,被回填的废石或尾矿不得与地下水直接接触,否则一定要在底部加设人工隔水层,严防废石或尾矿污染地下水。另外,在废石或尾矿表面所覆盖的不透水层,一定要封闭牢固、持久、隔水性能好,确保覆盖水不受废石或尾矿的污染。

（六）综合法

综合法就是上述几种方法的综合应用。一般来说,可以先用物理法或化学法固结废石和尾矿表面,然后再覆盖植被、种植农作物或植树造林等。

综合法可以使几种方法的优点得到充分的发挥,起到更大的作用,它既可使废石堆和尾矿库的放射性物质得到有效控制,防止水土流失,对废石堆和尾矿库表面进行覆土改造,为植物的生长创造有利条件,又可保持水分,有利于植物生长,如覆土植被、回填覆土后水覆盖等。

三、废石和尾矿的综合利用

铀矿开采和水冶过程所产生的废石和尾矿中含有少量的铀和镭,同时还含有钍、镉、钼、锌、铬、硒、锗、汞、铜、镍、铱等元素。铀和镭核素不断释放出氡而污染环境。因此,在废石和尾矿中回收铀和镭是非常必要的。它不但有经济意义,更重要的是有降低污染、保护环境的意义。另外,与铀矿伴生的元素中有的已达到工业开采价值,但未被回收利用,便随废石或尾矿排弃了。这既造成了资源的浪费,又对环境造成了污染。因此,开展对废石和尾矿的综合利用是非常必要的。

(一)积极开展堆浸回收铀

堆浸法提取铀在技术上已日趋成熟,而且得到了较广泛的应用,铀金属的浸出率在不断地提高,工艺也不断地得到完善,经济效益也较好。研究者对低品位矿石,甚至铀含量较低的废石也进行过堆浸试验。尽管废石和尾矿中含铀低,但它对环境的污染和危害仍很大。堆浸法一般分为酸法堆浸和碱法堆浸,酸法堆浸应用较为广泛。

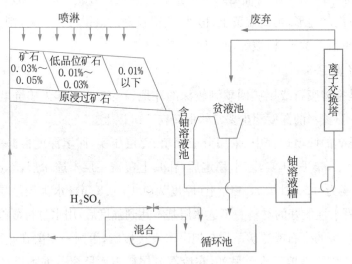

图 5-2　低品位矿石堆浸流程

对铀矿山的废石进行放射性分选,先选出基本无铀含量的废石,再将分选出来的低品位矿石按品位进行分级。堆浸地一般选择较低洼的地形,并向某一方向有一定的坡度,在底部铺设薄膜(聚氯乙烯,PVC),按低品位矿石的分级进行堆放。图 5-2 反映了这一工艺流程及设备布置状况。

矿堆的浸出将以浸出矿石的方式进行,浸出的溶液将泵入贫液池,将 pH 值调到要求值后,再将浸出液用泵打到矿堆上喷洒,为了使每 L 浸出液里的铀达到要求浓度,通过矿堆的液流应该是滴状的,流量一般每 1 m² 为 37～40 L/d。如果堆浸新矿石,开始的两天要用 2 倍的流量进行,以便有足够的酸流入矿石以中和耗酸物质,不使 pH 值上升超过 2。

(二)铀的微生物浸出

利用微生物的生物化学作用,有选择性地将矿石中有价值的金属溶解下来,再从溶液中提取金属,这种方法称为微生物浸出。它工艺简单,并能应用于低品位矿石。对低品位矿石,传统的水冶法不能奏效,因此,微生物浸出法就显示出它的优越性。

在微生物浸出法的细菌中,有代表性的是氧化铁硫杆菌和氧化硫杆菌。它们都将氧作为最终电子接受体,能将 Fe^{2+} 或 S、S^{2-} 等氧化,并能自养合成菌体,它们均属于在酸性条件下才能生成的嗜酸细菌。由于细菌的生长,生成大量的硫酸和三价铁,这些生成物可用于浸出金属。微生物浸出金属的机理一般分直接作用和间接作用。我们知道,在纯化学反应条件下,H_2SO_4 和 $Fe_2(SO_4)_3$ 的生成很缓慢,而细菌可使其反应速度大大加快。其间接作用就是通过细菌作用生成的 H_2SO_4 和 $Fe_2(SO_4)_3$ 的纯化学反应来浸出矿石中的金属。其直接作用是细菌直接作用于矿石,使金属浸出。

用微生物浸出法从铀矿石中浸出铀金属是通过间接机理进行的。铀以四价或六价状态的混合物存在,而六价铀具有可溶性,三价铁能将四价铀氧化成可溶的六价铀,而在氧化亚铁硫杆菌作用下,氧化反应较快。氧化亚铁硫杆菌对高铀浓度很敏感,但通过选择性多次培养,氧化亚铁硫杆菌能适应较高浓度的铀金属离子。在没有外部 Fe^{3+}/Fe^{2+} 电子对作为化学电子载体参与时,氧化亚铁硫杆菌能直接氧化低价铀的化合物(四价铀的硫酸盐和二氧化铀)。堆浸中,大多数矿石中存在的磁黄铁矿和黄铁矿产生丰富的亚铁离子。浸出反应过程如下:

$$2S+3O_2+2H_2O \longrightarrow 2H_2SO_4$$

$$2FeS_2+2H_2O+7O_2 \longrightarrow 2FeSO_4+2H_2SO_4$$

$$4FeSO_4+2H_2SO_4+O_2 \longrightarrow 2Fe_2(SO_4)_3+2H_2O$$

$$UO_2+Fe_2(SO_4)_3 \longrightarrow UO_2SO_4+2FeSO_4$$

$$3U_3O_8+9H_2SO_4+\frac{3}{2}O_2 \longrightarrow 9UO_2SO_4+9H_2O$$

上述反应持续发生,浸出作业不断进行,浸出液常规离子交换后再沉淀制取重铀酸铵产品(见图 5-3)。

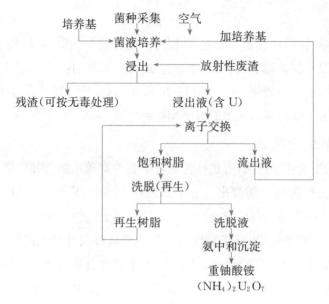

图 5-3　微生物浸出放射性废渣处理工艺

四、无害化技术

随着国民经济的发展、科学技术的进步,国家对矿产资源的需求量不断地增加,采矿工业也随之得到发展。生产核原料的铀矿山和水冶厂也得到了发展。如美国、加拿大等国家,对铀尾矿进行了大量无害化技术的研究工作。我国在这方面的研究工作也已经起步并取得了一些成果。例如:原地浸铀技术和井下堆浸技术,避免产生的废石和尾矿作为充填料充填采空区;改革工艺技术,在铀矿石水冶提铀的同时进行无害化处理,使排放的尾矿中各种核素和有害元素残留最少,甚至达到无害水平,对废石和尾矿采用深埋和水覆盖的方法进行治理;改革废水、废液等供排系统,提高生产用水的循环利用,对废水、废液进行净化处理后再排放,使"三废"排放最少、危害最低。

(一) 对铀尾矿的无害化处理

无害化处理采用的浸出剂有 3 种:无机盐,如 NaCl、KCl、$CaCl_2$;络合及还原-络合剂,如柠檬酸盐、酒石酸盐、氮川三乙酸(NTA)、乙二胺四乙酸(EDTA)等,其中以 EDTA 为最好。方法简述如下。

(1) 无机盐浸出。无机盐液中,氯化钾和氯化钠为浸出剂,但氯化钾比氯化钠更有效。用氯化钾液对镭的浸出速度较快,在接触溶液后 $10 \sim 20$ min 内大部分镭都能浸出。由于酸浸尾矿含有较多的硫酸盐,故尾矿需进行多段浸出。

(2) 络合剂浸出。在有机络合剂中 EDTA 最好。有机络合剂在游离硫酸根的条件下,也能与镭生成水溶性络合物,可以直接从尾矿中除去硫酸盐。在 EDTA 法中,大多是将尾矿与稀的 EDTA 水溶液在 pH 值＝10 及室温条件下进行接触。浸出液中溶解的镭用阴离子交换剂,在 pH 值＝6～7 进行离子交换或通过硫酸钡镭共沉淀法(pH 值＝4)分离出来。EDTA 通过沉淀(pH 值＝1.8)回收。

（3）还原-络合剂浸出。像 EDTA 这样的有机络合剂不能去除吸附在金属氢氧化物和黄钾铁矾上的镭,这是因为吸附物不溶于碱性 EDTA 溶液。如果将这些金属还原为低价态,其氢氢化物在 pH 值很高的条件下也能溶于 EDTA。在碱性条件下,无定形二氧化硅也强烈吸附镭和其他阳离子。在从酸浸尾矿浸出镭之前加还原剂和无机盐于络合剂中能大大增进镭的溶解。

（二）在水冶过程中直接进行无害化处理

在铀矿水冶过程中,在得到最高铀浸出率的同时,也能提高镭、钍及其他天然放射性元素的浸出率,使铀尾矿的放射性核素含量及放射性降到一定水平以下,从而得到"干净"的铀尾矿。这些研究工作是目前铀工艺研究的重点,其目的在于使经济效益、社会效益和环境效益相结合,从而解决铀尾矿对环境的长期污染。

无害化处理所采用的浸出剂主要有盐酸、硝酸及氯化法等。

方法简述如下。

（1）盐酸法。对含有钍的硫化铀矿石,用 1.5～2.0 mol/L 盐酸在 50％固体的矿浆中进行两段浸出,约 98％的铀和 95％的镭被溶解,再加氧化剂(氯气或氯酸钠)以保持适合铀溶解的高电动势。

（2）硝酸法。硝酸能从砂岩型铀矿石中浸出约 95％～99％的铀、镭、钍。

（3）氯化法。将铀矿石磨细后在无空气条件下与氯气进行高温反应。铀矿石中大部分金属以氯化物形式挥发,而氯化镭则留在烧渣中,在各气态金属氯化物中加入氧使其转变为固体氧化物而被分离。若矿石中含有砷,在该阶段砷将成氧化砷挥发,将排出的气体冷却即可除砷。铀从碱性碳酸盐浸出的碱性氧化物中进行萃取。烧渣用稀盐酸浸出以除去镭和残留的铀,然后通过硫酸钡镭沉淀从溶液中分离出镭。

五、放射性废物安全处置

放射性废物处置的任务是在废物可能对人类造成不可接受的危险的时间段内,将废物中的放射性核素限制在处置场范围内,防止放射性核素以不可接受的浓度或数量向环境释放而影响人类的健康与安全。放射性废物处置是放射性废物的最终安全归宿。低、中水平放射性固体废物处置技术主要有近地表处置、洞穴处置(近地表处置的一种特殊形式)及深地质处置。近地表处置是指将放射性废物放置在地表面以下几十米深的设施中,并设置工程屏障,近地表处置是应用最早、最广泛的低、中水平放射性废物的处置技术。洞穴式处置方式对人类活动和自然干扰影响小、安全性好,但是,水文地质情况复杂,往往多地下水与洞室,不宜直接处置废物,需要经过整治和安全分析与环境影响评价之后才能使用。地质处置安全性高,但处置成本非常高,通常用于处置高水平放射性废物。近地表处置方式相比于洞穴式处置和地质处置易于选址、易于建造、操作简便、投资较低。

我国西北处置场、北龙处置场都是近地表处置场。国外近地表处置场的典型代表是法国的芒什处置场和奥布处置场,日本的六所村处置场等。

我国《低、中水平放射性固体废物近地表处置安全规定》(GB9132—2018)规定了低、中水平放射性固体废物近地表处置的总体要求,并对近地表处置场的选址、设计、建造、运行、关闭、监护,以及环境监督、安全全过程系统分析和质量保证做出了规定。

高放射性废物(high-level waste,HLW)一般指乏燃料在后处理过程中产生的高放射性废液及其固化体,其中含有99%以上的裂变产物和超铀元素。未经过处理而在冷却后直接贮存的乏燃料有时也被视作高放射性废物。高放射性废物的比活度高,释热量强,且含有半衰期长、生物毒性大的多种核素。深地质处置是指把高放射性废物埋藏在深部地质体中建造的洞穴,将放射性废物永久隔离的处置方法,包括深部钻孔处置和深部矿山式处置,前者处置深度达数 km,后者一般为 300~1 500 m。处置库围岩包括花岗岩类、黏土岩、凝灰岩和岩盐等,被处置的废物为高放射性废物玻璃固化体、乏燃料和 α 废物等。对放射性废物进行深地质处置是一项复杂的系统工程。深地质处置被认为是安全处置高放射性废物最现实可行的方法。

本章小结

　　本章介绍了矿业废物的概念、特点、来源、现状及危害,简要叙述了矿业废物的相关管理法律法规,详细阐述了矿业废物中金属的溶剂浸出、微生物浸出与焙烧提取技术,阐述了煤矸石的组成特点及其资源化利用途径,阐述了放射性废物的相关概念、管理要求、无害化及其安全处置方式。本章学习目标是掌握矿业废物中金属、炭等资源的回收技术与放射性废物的相关概念、处理处置及其管理。

关键词

　　矿业固体废物　溶剂浸出　微生物浸出　焙烧　煤矸石　放射性废物

习 题

1. 填空

    (1) 浸矿微生物均为_____属,都属于_____菌,能在较高温度和较强酸性环境中生长。

    (2) 化学反应说认为细菌的作用在于生产优良浸出剂_____和_____,金属的溶解则是纯的化学反应过程。

    (3) 溶剂浸出动力学过程可以分为_____、_____、_____和_____四个阶段。

    (4) 煤矸石在熔化过程中有三个特征温度,开始_____、_____及_____,一般以矸石的_____作为衡量其熔融性的主要指标。

    (5) _____被认为是安全处置高放射性废物最现实可行的方法。

2. 简述矿业废物的概念。

3. 简述矿业废物的稳定化处理方法。

4. 简述煤矸石的来源及物质成分分类。

5. 煤矸石做燃料可用于哪些方面?

6. 用煤矸石可以生产哪些化工产品? 试说明其生产工艺原理。

7. 简述尾矿的资源化途径。

8. 简述废石堆、尾矿库的处理方法。

9. 举例简述氯化、离析焙烧。

10. 举例简述钠化焙烧。

11. 简述微生物浸出原理。

第六章　工业固体废物

▤ **学习目标**

1. 了解工业固体废物的产生、概念、特点、现状及污染危害。
2. 掌握冶金、电力、化工等典型工业废物的处理及资源化技术。
3. 熟悉工业固体废物处理工艺及其相关设备。

第一节　工业固体废物概述

一、工业固体废物的产生及特点

工业固体废物是指工业生产、加工过程中产生的各种废渣、粉尘、碎屑、污泥及其他废物，主要包括冶金、化学、电力、机械等工业生产部门的固体废物。工业固体废物是纳入《固体废物污染环境防治法》污染环境防治管理的一类固体废物，其中明确工业固体废物是指在工业生产活动中产生的固体废物。

工业固体废物的分类方法有很多，按照危害程度大小可分为一般工业废物、工业有害固体废物（即危险废物）和放射性工业废物，本章主要介绍的是一般工业废物。按照产生行业可分为冶金工业固体废物、石油工业固体废物、化学工业固体废物、电子工业废物、机械制造工业废物、印刷工业废物、造纸工业废物等。

工业固体废物的产生特性主要有五点。

（一）基数大、增长迅速

我国高度重视工业体系的建设，经过 70 年的发展，我国已经拥有 41 个工业大类、207个工业中类、666 个工业小类，是全世界唯一拥有联合国产业分类中所列全部工业门类的国家。随着我国工业化进程的不断加快，工业固体废物的产生量增速也很迅猛。2001 年，全国工业固体废物产生量为 8.88 亿 t，到 2011 年已增至 32.28 亿 t，年平均增长率约为

11.6％,10 年间工业固体废物的产生量增长了近 4 倍。尽管工业固体废物的综合利用量和最终处置量逐年增加,贮存量逐年减少,但我国工业固体废物历年的累积存量压力仍然巨大。我国统计年鉴(2001—2011 年)的数据显示,2011 年工业固体废物的产生量 322 772.34 万 t,处置量 70 465.34 万 t,综合利用量 195 214.62 万 t,贮存量 60 376.74 万 t。资料显示,到 2012 年,中国工业固体废物堆存量达 100 亿 t,并且以每年产生 10 亿 t 的速度在继续堆积,其中含有大量在一定时期内尚未综合利用或处置的工业固体废物,对土壤、空气、地下水等都造成了严重的污染。

（二）种类多,行业特征显著

根据数据统计,70％的工业固体废物仅出现在相对集中的 5 个行业中,分别是电力、热力的生产和供应业,黑色金属冶炼及压延加工业,黑色金属矿采选业,有色金属矿采选业,煤炭开采和洗选业。

从工业固体废物的组成看,各行业产生的工业固体废物种类也非常集中并相对稳定,尾矿和采煤、燃煤产生的工业固体废物最多,占总量的 78％左右。其中,煤矸石、粉煤灰和炉渣等约占产生量的 50％,这与我国的矿物资源开采量大,能源以煤(约 70％)为主有密切关系。据资料统计,2011 年我国工业固体废物中,产生量最大的工业固体废物是采掘尾矿(27.45％)、煤矸石(15.77％)、粉煤灰(14.44％)、钢渣(1.80％),约占当年工业固体废物产生量的 60％。

（三）性质稳定

工业固体废物只要产生废物的生产工艺和生产原料不发生变化,其成分、性状等性质都不会随时间而发生大的变化,也不会随地点变化而发生变化;同时,废物的成分等性质也具有较高的均匀性。工业固体废物的这一特征为其利用带来一定的便利,特别是产生量大的工业固体废物,如粉煤灰、锅炉煤渣、高炉渣、钢渣等工业固体废物。

（四）产生量、成分及性质与工业结构和生产工艺、原料等因素有关

工业固体废物产生量的区域分布特点基本上与全国工业行业的地域分布相关,产生量较多的地区也是我国工业分布相对发达的地区;反之,工业相对薄弱的地区其工业固体废物的产生量也随之减少。某一地区的工业固体废物种类又与这一地区的工业结构有着密切的关系。如山西省是我国重点产煤区,其产生的工业固体废物中煤矸石、尾矿、粉煤灰、高炉渣和锅炉煤渣占 86％;云南是我国重要的矿藏基地,其产生的工业固体废物中尾矿占 41％。

二、工业固体废物的污染及特性

工业废物消极堆存不仅占用大量土地,造成人力物力的浪费,而且许多工业废渣含有易溶于水的物质,通过淋溶污染土壤和水体。粉状的工业废物随风飞扬,污染大气,有的还散

发臭气和毒气。有的废物甚至淤塞河道,污染水系,影响生物生长,危害人体健康。另外,工业废物来源于工业生产过程,成分复杂,是一种被废弃的宝贵资源。

工业固体废物通过各种途径污染着水体、大气、土壤和生物环境,进而危害人体健康。

(一)对水体的污染

工业固体废物在产生、储存、堆积、处理、处置过程中都可能释放大量污染物质进入环境而污染水体。堆积的工业固体废物经过雨水的浸渍和废物本身的分解,产生的渗滤液和有害物质将造成地表水或地下水的污染,直接影响水生动植物的生存环境,造成水质下降、水域面积减少等直接的恶劣影响,危害人体的健康。

我国沿河流、湖泊、海岸建立了许多企业,每年向附近水域倾倒大量的灰渣,造成河床淤塞、水面减小、水体污染,甚至导致水利工程设施的效益减小,使其排洪和灌溉能力降低。仅燃煤电厂每年向长江、黄河等水系倾倒的灰渣就在 500 万 t 以上。

(二)对大气的污染

工业固体废物对大气的污染主要表现在三个方面:固体废物中的冶金渣、粉煤灰、干泥和垃圾中的尘粒随风进入大气,直接影响大气能见度和人的身体健康,成为粉尘污染的主要来源;工业固体废物中的有机物受日晒、风吹和雨淋的作用会分解产生恶臭毒气,从而造成大气污染;同时,废物在焚烧时所产生的毒气和恶臭也直接影响大气质量。

(三)对土壤的污染

工业固体废物经过太阳光照射及雨水淋洗,有害成分向土壤渗透,将改变土壤的性质和土壤结构,并对土壤中的微生物活动产生影响,导致土地质量下降,严重者草木不生,破坏生态平衡。

20 世纪 60 年代,英国威尔士北部某铅锌尾矿由于雨水冲刷,废渣大面积覆盖地面,使土壤中含锌量超过限值 100 多倍,严重危害了草场和牲畜,使草原不能放牧。

(四)对生态环境和人体健康的影响

工业固体废物对生态环境的影响是综合作用的结果,有直接的破坏,也有通过固体废物导致土壤、水体以及大气污染而产生的生态影响。工业固体废物在堆存、倾倒、处理、处置和利用过程中,一些有害成分会通过水体、食物链等多种途径为人类吸收,从而危害人体健康。

工业固体废物的污染特点具体表现在三个方面。

(1)工业固体废物污染具有长期性、呆滞性。工业固体废物不易流动,难以扩散,挥发性差,因而很难为外界自净或同化,长期堆积必然给周围环境带来持续污染和破坏,并在外部条件作用下,极易带来重复性污染和二次污染。因此,工业固体废物对周围环境的污染和破坏是长期的。

(2)工业固体废物污染具有间接性。固体废物通常很少直接对环境进行污染,大多数情况下是通过物理、化学、生物及其他途径,转化为其他污染形式而对环境进行污染和破坏。

(3)工业固体废物的污染具有隐蔽性。其隐蔽性是由间接性的特点直接导致的。因为固体废物对环境的污染和破坏总是在一个不定条件下产生,并且通常以其他污染形式来表现的,所以它对环境造成的影响通常人们难以察觉。

此外,相较于城市生活垃圾,造成污染危害的工业固体废物成分通常较简单。工业固体废物处理处置通常是分类处理处置的,所以工业固体废物通常在特定地区表现出来特定类别的工业固体废物的污染危害。这与通常混合收集、混合处理处置的城市生活垃圾造成的污染危害有所不同。

同时,工业固体废物区别于城市生活垃圾及农业固体废物等,具有一些鲜明的特点,如工业固体废物通常污染危害更加严重。由于工业固体废物来源于工业生产,其成分中有毒有害的组分浓度相比城市生活垃圾通常更高,污染物更集中。

综上所述,工业固体废物一旦对环境造成污染危害,其危害程度通常较严重,污染治理困难,生态恢复成本高昂,因此必须加以严格控制。

 知识链接 6-1

工业企业污水排放和固体废物典型违法行为及规范化管理要求

第二节 冶金工业固体废物

冶金工业生产过程中产生的各种固体废物叫冶金废渣。根据固体废物的行业来源,冶金废渣又可分为钢铁工业固体废物、有色金属冶炼废物、铝工业固体废物、稀有金属冶金固体废物,主要包括高炉矿渣、钢渣、各种有色金属渣、铁合金渣、赤泥、各种粉尘、污泥等。

一、高炉渣的综合利用

高炉渣是冶炼生铁时从高炉中排放出来的一种废渣,当炉温达到 1 400～1 600 ℃时,炉料熔融,矿石中的脉石、焦炭中的灰分、助熔剂和其他不能进入生铁中的杂质形成以硅酸盐和铝酸盐为主浮在铁水上面的熔渣。

高炉渣作为炼铁过程的副产物,每炼出 1 t 生铁大约产生 250～300 kg 高炉渣,在钢铁工业产生的固体废物中占了很大比例。数量巨大的高炉渣如不能很好地利用,不但会堆积占用大量土地,而且会严重污染环境。根据《中国资源综合利用年度报告(2014)》显示,2013 年我国钢铁行业冶炼废渣约为 4.16 亿 t,其中高炉渣 2.41 亿 t,高炉渣综合利用率为 82%。积极寻求高炉渣的利用途径,变废为宝,是实现钢铁生产循环经济的重要途径之一。

(一)高炉渣的组成与处理工艺

高炉渣的主要成分为 CaO(38%～49%)、MgO(1%～13%)、SiO_2(42%～62%)、Al_2O_3(6%～17%)、MnO(0.1%～1%)和 Fe_2O_3(0.15%～2%)等氧化物,还常常含有一些硫化物,如 CaS、MnS 和 FeS 等,有时还含有 TiO_2、P_2O_5 等杂质氧化物。

通常,高炉渣化学成分中主要碱性氧化物之和与酸性氧化物之和的比值,称为高炉渣的碱性率或碱度,用 M_O 表示,$M_O=(\omega CaO+\omega MgO)/(\omega SiO_2+\omega P_2O_5)$。按碱性大小,高炉渣分为:①碱性矿渣,$M_O>1$;②中性矿渣,$M_O=1$;③酸性矿渣,$M_O<1$。

1589 年,德国开始利用高炉渣。20 世纪中期以后,高炉渣综合利用迅速发展。高温炉渣的性能取决于高温炉渣的处理方法,不同的处理工艺得到的高炉渣性能也不同,应用方式也将不同。主要的处理工艺包括水淬、膨珠、重矿渣碎石、干式粒化等。目前,按冷却方式的不同高炉渣有 3 种基本类型:高炉熔渣在大量冷却水作用下形成的海绵状浮石类物质的水(淬)渣,高炉熔渣经慢冷作用形成的类石料重矿渣,以及高炉熔渣经半急冷作用并通过成珠设备击碎、抛甩到空气中,再受空气冷却形成的膨珠(即膨胀矿渣珠)。水渣粒度小,重矿渣粒度大,膨胀矿渣粒度中等。

1. 水淬工艺

高炉渣水淬工艺就是在红热的炉渣上直接喷水处理,使其迅速冷却和破裂,从而使炉渣岩相改变而得到炉渣。按水渣的脱水方式,水淬法主要有 4 种。

(1)拉萨法(RASA)。拉萨法是水冲渣法,其工艺流程如下:高炉渣由渣沟流入冲制箱,与压力水相遇进行水淬。水淬后的渣浆在粗粒分离槽内浓缩、浓缩后的渣浆由渣浆泵送至脱水槽,脱水后水渣外运。脱水槽出水流到沉淀池,沉淀池出水循环使用。分离槽水面漂浮的微粒渣经由溢流口流入中间槽,然后由中间槽泵流到沉淀池,再由排泥泵回到脱水槽。

该法炉渣处理量大,炉渣粒化充分,成品渣含水量低、质量好,但该法有工艺复杂、设备较多、电耗高及维修费用大等缺点,新建大型高炉已不再采用。

(2)因巴法(INBA)。因巴法的工艺流程(见图 6-1)如下:高炉熔渣由熔渣沟流入冲制箱,被冲制箱的压力水冲成水渣进入水渣沟,然后流入水渣方管、分配器、缓冲槽落入滚筒过滤器,随着滚筒过滤器的旋转,水渣被带到滚筒过滤器的上部,脱水后的水渣落到筒内皮带机上运出,然后由外部皮带机运至水渣槽。

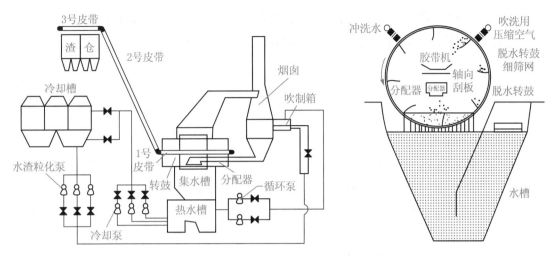

图 6-1 因巴法的工艺流程(左)和脱水转鼓(右)

因巴法有热因巴、冷因巴和环保型因巴之分。三种因巴法的炉渣粒化、脱水的方法均相同,都是使用水淬粒化,采用转鼓脱水器脱水,不同之处主要在于水系统。热因巴只有粒化水系统,粒化水直接循环;冷因巴粒化水系统设有冷却塔,粒化水冷却后再循环;环保型因巴水系统分粒化水和冷凝水两个系统,冷凝水系统主要来吸收蒸汽、二氧化硫、硫化氢。与冷、热因巴比较,环保型因巴最大的优点是硫的排放量很低,它把硫大部分转移到循环水系统中。

(3)图拉法(TYNA)。图拉法是高炉熔渣先被机械破碎,然后进行水淬的工艺过程,图拉法的特别之处是在渣沟下增加了粒化轮。高炉熔渣经渣沟流嘴落至高速旋转的粒化轮上,被机械破碎、粒化,粒化后的炉渣颗粒在空中被水冷却、水淬;渣水混合物落入脱水转鼓的下部,继续进行水淬冷却。采用圆筒形转鼓脱水器对水渣进行脱水,产生的气体通过烟囱排出。该法最显著特点是彻底解决了传统水淬渣易爆炸的问题。熔渣处理在封闭状态下进行,环境好;循环水量少,动力能耗低;成品渣质量好。

(4)底滤法(OCP)。底滤法的工艺过程如下:高炉熔渣在冲制箱内由多孔喷头喷出的高压水进行水淬,水淬渣流经粒化槽,然后进入沉渣池,沉渣池中的水渣由抓斗吊抓出堆放于渣场继续脱水。沉渣池内的水及悬浮物通过分配渠流入过滤池,过滤池内设有砾石过滤层,过滤后的水经集水管由泵加压后送入冷却塔冷却,循环使用,水量损失由新水补充。

其优点是机械设备少,施工、操作、维修方便,循环水质好,水渣质量好,冲渣系统可实现100%循环使用,没有外排污水,有利于环保。其缺点是占地面积大,系统投资也较大。

2. 膨胀矿渣和膨珠工艺

(1)膨胀矿渣是用适量冷却水急冷高炉熔渣而形成的一种多孔轻质矿渣。其生产方法主要有喷射法、喷雾器堑沟法、滚筒法等。

喷射法是指在熔渣倒向坑内的同时,坑边有水管喷出强烈的水平水流进入熔渣,使熔渣急冷增加黏度,形成多孔状的膨胀矿渣。喷出的冷却剂一般是水或水和空气的混合物,压力一般为 0.6~0.7 MPa。

喷雾器堑沟法类似喷射法,喷雾器设于沟的上边缘,放渣时,自喷雾器向渣流喷入压力为 0.5~0.6 MPa 的水流,水流充分击碎渣流,使熔渣受冷增加黏度,渣中的气体及部分水蒸气固定下来,形成多孔的膨胀矿渣。

滚筒法是我国常用的一种方法。此法工艺设备简单,主要由接渣槽、溜槽、喷水管和滚筒组成。溜槽下面设有喷嘴,当热熔渣流过溜槽时,受到从喷嘴喷出的 0.6 MPa 压力的水流冲击,水与熔渣混合一起流至滚筒上并立即被滚筒甩出,落入坑内,熔渣在冷却过程中放出气体,产生膨胀。

(2) 膨珠,即膨胀矿渣珠,生产工艺过程如下:热熔矿渣进入溜槽后经喷水急冷,又经高速旋转的滚筒击碎、抛甩并继续冷却,在这一过程中熔渣自行膨胀,并冷却成珠。膨珠外观呈球形或椭圆形,灰白色,膨珠表面有釉化玻璃质光泽,珠内有微孔,孔径大的有 350~400 μm,小的有 80~100 μm。岩相玻璃体为主,质地坚硬。这种工艺的优点是不用燃料,直接利用热态的熔融状高炉渣中的热量与内部气体,塑造成体积密度为 400~1 400 kg/m^3 的膨珠。膨珠是一种很好的建筑用轻骨料,也可代替水渣成为水泥混合材料。

3. 重矿渣碎石工艺

重矿渣碎石是指高炉矿渣在指定的渣坑或渣场自然冷却或者淋水冷却而形成致密的矿渣,经挖掘、破碎、磁选和筛分加工成的一种石质碎石材料。这种工艺主要有热泼法和渣场堆存开采法。

(1) 热泼法是将热渣倒入热泼坑,然后往上面浇水,使渣速冷。热泼的过程是在热泼场上泼一层热渣、洒一层水,水量的多少取决于所需矿渣碎石的密实度,多采用薄层多层热泼法。热泼后炉渣岩相发生变化,其强度可达到中等天然石料水平,破碎后可用作普通混凝土骨料和各种热层料。

(2) 渣场堆存开采法是用渣罐车将热熔矿渣运至堆渣场,沿路堤分层倾倒,矿渣呈层状分布,形成渣山后,挖掘开采历年堆积的陈渣。开采出来的矿渣用翻斗汽车运到处理车间进行破碎、磁选,分出粒径不同级别的矿渣碎石产品,供工程施工用。

4. 干式粒化工艺

水渣工艺不但浪费大量的新水资源,而且降低能源的使用效率,同时还带来了环境污染。干式粒化工艺是在不消耗新水的情况下,利用高炉渣与传热介质直接或间接接触进行高炉渣粒化和显热回收的工艺。它有效回收了高炉渣的显热,节约了大量新水,而且得到的渣粒非晶相含量超过 95%,能够作为制造水泥的优质原料。

采用全新的干法粒化系统,解决目前水淬渣存在的问题已成为高炉渣处理技术的一种发展趋势。到目前为止进行过工业试验的干式粒化方法有 3 种:滚筒法、风淬法和离心粒化法。

(二)高炉渣的资源化利用

1. 高炉渣生产水泥

高炉水淬渣具有潜在的水硬胶凝性能,在水泥熟料、石灰、石膏等激发剂的作用下就可显示出这种性能,是优质的水泥原料。将其用于水泥混合材料,可以节约水泥热料,是国内外普遍采用的技术。我国 75% 的水泥中掺有高炉水淬渣。在水泥生产中,高炉渣已成为改进性能、扩大品种、调节标导、增加产量和保证水混安定性的重要原材料。目前其主要用于生产 6 种水泥。

(1)生产矿渣硅酸盐水泥。矿渣硅酸盐水泥简称矿渣水泥,是我国产量最大的水泥品种。它是用硅酸盐水泥熟料和粒化高炉渣加 3%～5% 的石膏混合、磨细或分别磨细后再加以混合均匀制成的水硬性胶凝材料。高炉渣掺入量视所生产的水泥标号而定,加入量一般为 20%～70%。与普通硅酸盐水泥相比,矿渣水泥的主要优点如下:具有较强的抗溶出性及抗硫酸盐侵蚀的性能;水化热较低,可用于浇筑大体积混凝土工程;耐热性好;初期凝结速度慢,可有效地控制裂纹,提高水泥的强度。

(2)生产普通硅酸盐水泥。普通硅酸盐水泥是由硅酸盐水泥熟料、少量高炉水渣和 3%～5% 的石膏共同磨制而成的一种水硬凝胶材料,其中粒化矿渣的加入量不超过 15%。

(3)生产石膏矿渣水泥。石膏矿渣水泥是由 80% 左右的高炉渣、15% 左右的石膏和少量硅酸盐水泥熟料或石灰,混合磨细后得到的水硬性胶凝材料。此种水泥也称为硫酸盐水泥,有较好的抗硫酸盐侵蚀性,但周期强度低,易风化起沙。石膏矿渣水泥成本较低,具有较好的抗硫酸盐侵蚀和抗渗透性能,一般适用于水工建筑混凝土和各种预制砌块。

(4)生产石灰矿渣水泥。石灰矿渣水泥是将干燥的粒化高炉矿渣、生石灰或消石灰以及 5% 以下的天然石膏,按适当的比例配合磨细而成的一种水硬性胶凝材料。石灰的掺加量一般为 10%～30%,它的作用是激发矿渣中的活性成分,生成水化铝酸钙和水化硅酸钙。石灰掺入量太少,矿渣中的活性成分难以充分激发;掺入量太多,则会使水泥凝结不正常、强度下降和安定性不良。石灰的掺入量往往随原料中氧化铝含量的高低而增减,氧化铝含量高或氧化钙含量低时应多掺石灰,通常在 12%～20% 范围内配制。

石灰矿渣水泥可用于蒸汽养护的各种混凝土预制品,水中、地下、路面等的无筋混凝土和工业与民用建筑砂浆。

(5)钢渣矿渣水泥。凡以平炉或转炉钢渣为主要组分,加入一定量粒化高炉矿渣和适量石膏,磨细制成的水硬性胶凝材料称为钢渣矿渣水泥。钢渣的最少掺入量以重量计不少于 35%,必要时可掺入重量不超过 20% 的硅酸盐水泥熟料。

(6)其他。将水渣单独磨粉至一定细度,制成矿渣微粉,可使其活性更充分发挥,用于生产优质高性能水泥。国外从 20 世纪 60 年代开始,就将矿渣单独磨细至表面积 400 m³/kg 以上用作水泥混合料,掺入比高达 70% 而不降低水泥强度。矿渣微粉可用于各种建筑工程。

2. 高炉渣生产矿渣混凝土

重矿渣和水淬渣都可用作混凝土的骨料,前者外观为碎石状,破碎后可用作混凝土粗骨料,后者为砂粒状,可用作混凝土细骨料。

矿渣混凝土以高炉渣为原料,加入激发剂(水泥熟料、石灰、石膏等),加水碾磨后与骨料拌和而成。其配合比如表 6-1 所示。

表 6-1　矿渣混凝土配合比

项　　目	不同标号混凝土配合比			
	C15	C20	C30	C40
水泥/%	—	—	≤15	20
石灰/%	5~10	5~10	≤5	≤5
石膏/%	1~3	1~3	0~3	0~3
水/%	17~20	16~18	1~3	1~3
水灰比/%	0.5~0.6	0.45~0.55	0.35~0.45	0.35~0.40
浆∶矿渣(质量比)	(1∶1)~(1∶1.2)	(1∶0.75)~(1∶1)	(1∶0.75)~(1∶1)	(1∶0.5)~(1∶1)

矿渣混凝土的各种物理性能,如抗拉强度、弹性模量、抗疲劳性能和钢筋的黏结力等均与普通混凝土相似,其优点如下:具有良好的抗水渗透性能,可制成性能良好的防水混凝土;耐热性好,可用于工作温度在 600 ℃ 以下的热工工程,能制成强度达 50 MPa 的混凝土。

3. 高炉渣生产矿渣砖

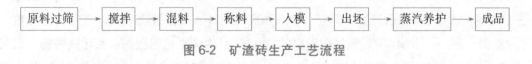

图 6-2　矿渣砖生产工艺流程

矿渣砖是向水渣中加入适量水泥等胶凝材料,经过搅拌、轮碾、成型、蒸汽养护等工序而制成的。矿渣砖一般配比为水渣质量分数 85%~90%,磨细生石灰 10%~15%。矿渣砖所用水渣粒度一般不超过 8 mm,入窑蒸汽温度 80~100 ℃,养护时间 12 h,出窑后即可使用。矿渣砖生产工艺流程如图 6-2 所示。矿渣砖的抗压强度一般可达 10 MPa,适用于上下水(即给排水)或水中建筑,不适用于高于 250 ℃ 的环境。

4. 矿渣碎石用作基建材料

未经水淬的矿渣碎石的物理性能与天然岩石相近,其稳定性、坚固性、耐磨性及韧性等均满足基建工程的要求。矿渣碎石在我国可以代替天然石料,用于公路、机场、地基工程、铁路道道砟、混凝土骨料和沥青路面等。

（1）配制矿渣碎石混凝土。矿渣碎石混凝土是指用矿渣碎石作为骨料配制的混凝土，它不仅具有与普通碎石混凝土相似的物理力学性能，而且还具有较好的保温、隔热、耐热、抗渗和耐久性能，现已广泛应用于 500 号以下的混凝土、钢筋混凝土及预应力混凝土工程中。

（2）用于地基工程。矿渣碎石的极限抗压强度一般都超过了 50 MPa，完全满足地基处理的要求，一般可用高炉渣作为软弱地基的处理材料。

（3）修筑道路。矿渣碎石具有较为缓慢的水硬性，对光线的漫射性能好，摩擦系数大，适宜用作各种道路的基层和面层。用矿渣铺筑的道路在路面强度、材料耐久性及耐磨性等方面都有很好的效果。因矿渣的摩擦系数大，用其铺筑的矿渣沥青路面具有良好的防滑效果。

（4）用作铁路道砟。高炉渣具有良好的坚固性、抗冲击性、抗冻性，且具有一定的减振和吸收噪声的功能，承受循环载荷的能力较强。目前，各大钢铁公司几乎都使用高炉渣作为专用铁路的道砟。例如，鞍山钢铁公司从 1953 年开始就在专用铁路线上大量使用矿渣道砟，现已将其广泛用于木轨枕、预应力钢筋混凝土轨枕和钢轨枕等各种线路，在使用过程中也没有发现任何弊病。在国家一级铁路干线上的试用也已初见成效。

5. 膨胀矿渣和膨胀矿渣珠做轻骨料

膨胀矿渣主要用作混凝土轻骨料，也用作防火隔热材料，用膨胀矿渣制成的轻质混凝土，不仅可以用于建筑物的围护结构，而且可以用于承重结构。

膨珠可作为骨料用于轻混凝土制品及结构，如砌块、楼板、预制墙板等。膨珠内孔隙封闭，吸水少，混凝土干燥时产生收缩就很小，这是天然浮石等轻骨料所不及的。用膨珠作为粗细骨料＋水泥＋粉煤灰制成的混凝土轻度好、容重轻、保温性能好、弹性好、成本低，可用作内墙板、楼板等，广泛用于建筑业。膨珠也可用作公路路基材料、耐火隔热材料等。

6. 高炉渣生产矿渣棉

矿渣棉是以高炉渣为主要原料（约 80％～90％），加入白云石、萤石等成分，与焦炭燃料一起加热熔化后，采用喷吹或离心等方法制成的一种白色棉状矿物纤维。它具有质轻、保温、隔音、隔热、防震等性能。矿渣棉可用作保温材料，加工成保温板、保温毡、保温筒、保温带等；也可用作隔热材料，如制造矿渣棉隔热板，用矿渣棉制造的耐火板或耐火纤维在 700 ℃下使用不变质；也可作吸音材料等。

生产矿渣棉的方法有喷吹法和离心法两种。原料在熔炉中熔化后流出，即用水蒸气或压缩空气喷吹成矿渣棉的方法叫作喷吹法。原料在熔炉中熔化后落在回转的圆盘上，用离心力制成矿渣棉的方法叫作离心法。

矿渣棉的主要原料是高炉矿渣，喷吹法生产矿渣棉的工艺流程如图 6-3 所示。

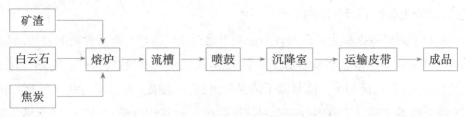

图 6-3　喷吹法生产矿渣棉的工艺流程

7. 生产微晶玻璃

微晶玻璃的原料极为丰富,除采用岩石外,还可采用高炉矿渣。矿渣微晶玻璃的主要原料是高炉矿渣 62%～78%、硅石 38%～22% 或其他非冶金渣等。

矿渣微晶玻璃板是用硅砂、方解石、长石与矿渣等天然矿物原料加入核化剂与着色剂等化工原料,经过熔制、成型、切割与抛光后形成的一种高档装饰或工业用板材,也被称为微晶大理石、结晶化玻璃、硅晶石板或玻璃陶瓷。该产品能人工调制,可呈现宝石的色彩、玉石的灵气、大理石的柔润,而且在耐磨性、清洁维护性、安全性(放射性与光污染)、耐风压性、耐热震性、不燃性等方面均优于天然石材的理化性能。该产品性能卓越、成本低廉、加工容易、附加值高,具有很高的实用价值和商业价值。

8. 用作硅肥及土壤改良剂

水淬矿渣中大部分硅酸盐是植物容易吸收的可溶性硅酸盐,因此是一种很重要的钙硅肥料。水淬矿渣可以用作改良土壤的矿物肥料、农药的载体、被污染(有机物、重金属等)土壤的生态修复材料,也可用在土壤的 pH 调节剂、微生物载体等方面。

9. 从含钛高炉渣回收钛

我国大约有一半 TiO_2 资源以钙钛矿形式储存于高炉渣中。由于含铁高炉渣中钛组分分散、细小,采用传统的选矿方法很难将 TiO_2 分离出来,有学者提出选择性富集、选择性长大、选择性分离的新技术,该技术能够解决高炉渣钛组分分散、细小的难题,可大量处理高炉渣,具有一定经济效益,但选出的钙钛矿中 TiO_2 品位只有 35%～40%。目前要解决的问题主要有两个:①在改性过程中进一步优化钙钛矿长大的工艺参数,同时改变钙钛矿和其他矿物的伴生状况,为下一步的选矿试验提供更好的条件;②找到合适的捕收剂、起泡剂和调整剂,尽量提高选出的钙钛矿的品位和钛元素的回收率。

10. 高炉渣的其他用途

水淬渣是一种多孔质硅酸盐材料,对水中杂质有较好的吸附性能,可用作污水处理剂。研究表明,用废酸处理得到的矿渣混凝剂具有化学吸附、物理吸附的双重作用。

二、钢渣的综合利用

钢渣是炼钢过程中排出的废渣,在冶金工业废物中仅次于高炉渣。钢渣的产量一般为粗钢产量的 15%～20%。中国的钢渣产量随着钢铁工业的快速发展而迅速增加。2016 年，我国粗钢产量 8.08 亿 t，钢渣排量 1.05 亿 t。2015 年，全国钢渣累积堆存近 11 亿 t，占用农田或土地 13.8 万亩（即 92 km²）。国家"十一五"发展规划中指出，钢渣的综合利用率应达到 86%，基本实现"零排放"。然而，中国综合利用的现状与该规划相差甚远，并且远低于发达国家。根据《中国资源综合利用年度报告（2014）》，2013 年，我国钢铁行业冶炼废渣约为 4.16 亿 t，其中钢渣 1.01 亿 t，钢渣综合利用率仅为 30%。如果钢铁企业产生的钢渣不能及时处理，则会导致大量钢渣堆积占用土地、污染环境、资源浪费。因此，钢渣的处理和资源利用对于钢铁企业创造经济和环境效益是十分必要和迫切的。

（一）钢渣的分类与组成

钢渣是炼钢过程中排出的废渣。炼钢过程是在高温下把炉料融化成两个互不溶解的液相，将钢水和其他杂质分离，这里所说的杂质即为钢渣。它主要由铁水与废钢中所含元素氧化后生成的氧化物，金属炉料带入的杂质，加入的造渣剂（如石灰石、萤石、硅石等）以及氧化剂、脱硫产物和被侵蚀的炉衬材料等组成。

根据炼钢所用炉型的不同，钢渣分为平炉钢渣、转炉钢渣和电炉钢渣；按不同生产阶段，平炉钢渣又分为初期渣和末期渣（包括精炼渣与出钢渣），电炉钢渣分为氧化渣和还原渣；按钢渣性质，又可分为碱性渣和酸性渣等。

1. 钢渣的组成

钢渣的组成和产量随原料、炼钢方法、生产阶段、钢种以及炉次等的不同而变化。一般来说，钢渣的化学成分主要是铁、钙、硅、镁、铝、锰、磷等元素的氧化物，其中铁、钙、硅的氧化物占绝大部分。钢渣的主要矿物组成为橄榄石（CRS）、硅酸二钙（$2CaO \cdot SiO_2$）、硅酸三钙（$3CaO \cdot SiO_2$）、铁酸二钙（$2CaO \cdot Fe_2O_3$）及游离氧化钙（f-CaO）等。

2. 钢渣的性质

钢渣是一种由多种矿物组成的固熔体，其各种理化性质随化学成分的变化而变化，特别是取决于钢渣的碱度。钢渣的碱度 $R = CaO/(SiO_2 + P_2O_5)$，根据碱度的高低，通常将钢渣分为：低碱度渣（$R = 1.3 \sim 1.8$）、中碱度渣（$R = 1.6 \sim 2.5$）和高碱度渣（$R > 2.5$）。冷却后的钢渣颜色随着碱度的变化而变化，一般低碱度钢渣呈黑色，质量较轻，气孔较多；高碱度钢渣呈黑灰色、灰褐色、灰白色，密实坚硬。钢渣外观像结块的水泥熟料，质地坚硬，密度比较高，通常在 $3.2 \times 10^3 \sim 3.7 \times 10^3$ kg/m³。钢渣的普遍抗压强度为 166～307 MPa，冲击强度为 15 次，较难破碎。

钢渣含铁量较高，质地坚硬密实，孔隙较少，较耐磨，粉磨电耗高。钢渣的易磨性与其矿物结构和组成有关。以标准砂的耐磨系数作为 1，则钢渣的耐磨系数为 1.43，高炉渣的耐磨系数为 1.04，因此，钢渣宜作为路面材料，用于生产水泥则电耗较高。

钢渣中的 $3CaO \cdot SiO_2$、$2CaO \cdot SiO_2$ 等作为活性矿物，具有水硬胶凝性。当钢渣的碱度大于1.8时，含有60%～80%的3CaO·SiO₂和2CaO·SiO₂，而且随着碱度的增加，3CaO·SiO₂的含量也增加；碱度大于2.5时，钢渣的主要成分是3CaO·SiO₂。因此，高碱度的钢渣可作为水泥生产原料和制造建材制品。

由于游离氧化钙(f-CaO)、游离氧化镁(f-MgO)存在于钢渣中，游离氧化钙会消解成为Ca(OH)₂，游离氧化镁会转变为Mg(OH)₂，这些都会导致钢渣的体积膨胀。所以，钢渣在常温的情况下一般都是不稳定的，只有当f-CaO、f-MgO含量很少，或者全部消解完全的时候钢渣才会变得稳定。

（二）钢渣的处理工艺

钢渣的形成温度在1 500～1 700 ℃，呈液体状态。若对钢渣进行综合利用，首先要对钢渣进行处理。由于国内各钢厂钢渣种类不同，我国钢渣处理技术呈现出多元化的特点，包括冷弃法、热泼法、水淬法、粒化法等方法。

1. 冷弃法

冷弃法是指将钢渣从炼钢炉倒入渣罐后，直接运至渣山堆场，然后打水加速钢渣淬化。此方法渣场占地面积大，处理后的钢渣块度大，而且渣钢粘的渣比较多，尾渣综合利用不太方便。

2. 热泼法

热泼法是指将炼钢炉的热熔钢渣倒入渣罐后，用车辆运到钢渣热泼车间，利用吊车将熔渣分层倒在渣床或渣坑内，喷淋适当的水，使高温熔渣急冷破碎并加速冷却，然后用装载机、电铲等设备进行挖掘装车，运至弃渣场。需要加工利用的则运至钢渣处理车间进行破碎、筛分、磁选等处理工艺。

3. 浅盘法

浅盘法是指将流动性好的液态渣倒入浅盘中，静置几分钟后，第一次喷水冷却，间隔几分钟后再次喷水冷却，如此重复4次，使钢渣表面温度冷却到500 ℃左右，钢渣在浅盘中凝固并破裂，然后倾翻到排渣车上，运往二次冷却站。再进行喷水冷却，待温度降到200 ℃左右时将钢渣倒入水池中，30 min后钢渣温度接近室温。渣子粒度一般为5～100 mm，最后用抓斗抓出装车，运至钢渣处理车间，进行磁选、破碎、筛分、精加工。

4. 水淬法

水淬法是指将液态钢渣装入底部带孔的渣罐后，送至水淬池。打开渣孔，流出的钢渣与从多孔喷出的高压水束相遇，钢渣被水束击碎，与水一起落入渣池并冷却，然后用抓斗抓出，运往渣场脱水、利用。

5. 风淬法

风淬法是指渣罐接取熔渣后，运到风淬装置处，倾翻渣罐，熔渣经过中间罐流出，被一种特殊喷嘴喷出的空气吹散，破碎成微粒，在罩式锅炉内回收高温空气和微粒渣中所散发的热量并捕集渣粒。经过风淬而成微粒的转炉渣,可用作建筑材料,由锅炉产生的中温蒸汽可用于干燥氧化铁皮。

6. 热焖罐法

热焖罐法即热焖法,是指把转炉出来的钢渣倒在渣坑中,待钢渣温度冷却到 600 ℃ 左右时装入焖罐中,通过控制向焖罐中喷洒的水量和喷水时间使钢渣在焖罐内高温淬化、冷却。罐内水和钢渣产生复杂的温差冲击效应、物理化学反应,使钢渣淬裂。

7. 滚筒法

滚筒法是指将液态钢渣直接倒入运转的滚筒中,滚筒中有钢球,通过控制水量,钢渣在滚筒中热化、物化、研磨、冷却,然后用板式输送机从滚筒排到渣场。

8. 钢渣粒化法

钢渣粒化法是指将液态钢渣倒入渣槽,均匀流入粒化器,被高速旋转的粒化轮破碎,沿切线方向抛出,同时受高压水射流冷却和水淬,落入水箱,通过皮带机送至渣场。

(三)钢渣的资源化利用

1. 用作冶金原料

(1)回收钢渣中的铁。钢渣中平均含铁量约为 25%,其中金属铁约占 10%,通过破碎磁选筛分工艺可以回收其中的铁。将钢渣破碎到 100~300 mm,可从中回收 6.4% 的金属铁;破碎到 80~100 mm,可回收 7.6% 的金属铁;破碎到 25~70 mm,回收的金属铁量达 15%。美国 1970—1972 年从钢渣中回收近 350 万 t 废钢,日本磁力选矿公司每年处理 200 万 t 钢渣,从中回收 18 万 t 含铁 95% 以上的粒铁。中国鞍钢采用无介质自磨及磁选的方法回收钢渣中的废钢量达 8.0%,武钢回收废钢中的金属铁达 8.5%。

钢渣中还含有稀有元素铌、钒等,可以用化学浸出法进行回收,发挥二次资源的利用价值。

(2)用作冶炼熔剂。钢渣用作冶炼熔剂,包括用作烧结熔剂及高炉熔剂。转炉钢渣一般含有 40%~50% 的 CaO,1 t 钢渣相当于 0.7~0.75 t 石灰石。可用钢渣代替石灰石作为烧结矿物熔剂,炼铁、炼钢溶剂和化铁炉熔剂。把钢渣加工到粒度小于 8 mm 的钢渣粉,便可替代部分石灰石直接作为烧结矿熔剂。钢渣由于软化温度低、物相均匀,能促进烧结过程中烧结矿液相形成,有利于烧结造球和提高烧结速度;另外,烧结矿气孔大小分布均匀,应力容易分解,气孔周围的黏结相不易破碎。而且水淬钢渣较松散,料层的透气性好,有助于制球团矿,且烧结速率加快。钢渣作为烧结熔剂,有利于提高烧结矿产量,降低燃料消耗,再利用钢渣中的钙、镁、锰、铁等元素,降低烧结矿的生产成本。

将加工分选出的 10~40 mm 粒径的钢渣返回高炉作为熔剂,不仅可回收钢渣中的铁,而且可以把 CaO、MgO 等作为助熔剂,从而节省大量高炉炼铁熔剂(石灰石、白云石、萤石)的消耗。由于钢渣中氧化锰含量较高,改善了高炉矿渣的流动性和稳定性,能提高料柱的透气性,改善炉况,提高利用系数,降低成本。含磷低的钢渣可用作高炉、化铁炉熔剂,也可返回到转炉中加以利用。在转炉炼钢的过程中加入 25 kg 左右的高碱度钢渣,铁水中配加适量的白云石、石灰石等造渣材料进行冶炼,可以促进钢渣冶炼中初渣的形成,减少对炉内耐火材料的侵蚀,提高炉龄。国内马鞍山钢铁股份有限公司等钢铁厂,将转炉钢渣当作熔剂,重返高炉中进行二次利用,取得了较好的经济效益。

2. 用作建筑材料

(1) 生产钢渣水泥。钢渣中含有与硅酸盐水泥熟料成分相似的硅酸三钙、硅酸二钙等活性矿物,这些活性物质具有水硬胶凝性,可以作为生产无熟料及少熟料的原料,也可以作为水泥掺合料。

钢渣水泥是以钢渣为主要成分,加入一定的掺合料(矿渣、沸石、粉煤灰等)和适量石膏,经磨细而制成的水硬性胶凝材料。制成的各种水泥具有各龄期强度高、耐腐蚀、微膨胀、耐磨性能好、水化热低等特点,是理想的道路水泥和大坝水泥,并且还具有生产简便、投资少、设备少、节省能源和成本低等优点。

(2) 生产钢渣微粉混凝土掺合料。钢渣生产水泥易磨性问题可以通过钢渣生产微粉消除,钢渣研磨到比表面积大于 400 m^2/kg 时,钢渣中的金属铁会大量减少,通过研磨机使物料晶体结构发生重组,钢渣颗粒表面能提高钢渣的活性,发挥水硬胶凝材料的特性。国家已经制定了钢渣微粉标准(GB/T 20491—2017)和钢渣水泥标准(GB/T 13590—2006),《大宗工业固体废物综合利用"十二五"规划》中提出,要将生产钢渣微粉和钢、矿渣复合微粉作为钢渣处理与利用的核心内容。

(3) 用作筑路及回填材料。钢渣碎石具有密度大、抗压强度高、稳定性好、表面粗糙、自然级配好、与沥青结合牢固等特点,在铁路和公路路基、工程回填、修筑堤坝、填海造地等工程中得到广泛使用。由于钢渣具有一定活性,能板结成大块,特别适合用于沼泽、海滩筑路造地。钢渣作为公路碎石,用材量大并具有良好的渗水与排水性能,用于沥青混凝土路面,耐磨防滑。欧美各国钢渣约有 60% 用于道路工程建设。

作为 2008 年奥运会三大主要比赛场馆之一的北京国家体育馆在工程施工过程中就大量使用了钢渣作为回填材料。国家体育馆地下室埋深约 8 m,抗浮水位 −1 m,需要在工程结构内部增加大量配重以抵抗地下水的浮力。该工程在建设过程中尝试采用钢渣代替传统材料进行回填,回填的钢渣全部来源于首钢炼钢过程中废弃多年的炼钢剩余渣。经过加工处理后的钢渣按照试验配比与少量水泥及其他辅料配制,其密度、含水率、放射性等各项技术指标均符合国家规范要求。

钢渣具有体积膨胀的特点,故必须陈化后才能使用,一般要洒水堆放半年,且粉化率不得超过 5%。钢渣用作筑路及回填材料时,要有合理级配,最大块径不能超过 300 mm;最好与适量粉煤灰、炉渣或黏土混合使用,同时严禁将钢渣碎石用作混凝土骨料。

（4）生产建材制品。具有活性的钢渣与粉煤灰或炉渣按一定比例混合、磨细、成型、养护，即可生产不同规格的砖、瓦、砌块等建筑材料，其生产的钢渣砖与黏土制成的红砖的强度和质量差不多。

宝山钢铁股份有限公司采用滚筒钢渣为原料，掺和黄沙、水泥、石屑、碎石等基础材料，通过布料、压制成型等相关工艺技术，再经过一定养护周期，制成了钢渣透水砖。钢渣透水砖具有透水性强、抗压性好、强度高等特点，是美化路面、防止积水的理想建材，同时还具有良好的透气性能，可通过蒸发水分吸收热量，对缓解城市热岛效应作用十分明显。

3. 用于农业生产

钢渣中含有较高的硅、钙及各种微量元素，有些还含有磷，可根据不同元素的含量做不同的应用，提供农作物所需的营养元素。由于钢渣在冶炼过程中经高温煅烧，其溶解度已大大改变，所含主要成分易溶量达全量的 $1/3 \sim 1/2$，有的甚至更高，容易被植物吸收。发达国家一般有 10% 的冶金渣用于农业，如日本已将钢渣、矿渣的硅酸质确定为普通肥料。中国钢渣在农业改良土壤方面的应用始于 20 世纪 50 年代末，目前用钢渣生产的磷肥品种有钢渣磷肥和钙镁磷肥。武汉钢铁股份有限公司曾在湖北 9 个县大面积直接施用钢渣粉，结果表明，钢渣可使每亩（约 666.7 m^2）水稻增产 $20 \sim 72$ kg，每亩棉花增产籽棉 $23 \sim 45$ kg。根据宝钢新闻中心报道，宝钢发展公司研制出的新型"绿色高效肥料"钢渣包裹型缓释肥已成功应用于安徽黄山、浙江余姚两地约 10 hm^2 的竹林种植中。对比发现：施加了钢渣包裹型缓释肥的竹林长势茂盛，竹笋密度增加，竹干粗壮挺拔，明显优于周边竹林，竹林预计增产 20% 左右。

（1）用作钢渣磷肥。含 P_2O_5 超过 4% 的钢渣，可直接用作低磷肥料，相当于等量磷的效果。钢液磷肥不仅适用于酸性土壤，在缺磷的碱性土壤也可增产。实践表明，施加钢渣磷肥后，一般可增产 5%～10%。

（2）用作硅肥。硅是水稻生产需求量较大的元素，含 SiO_2 超过 15% 的钢渣，磨细至 60 目以下，即可作为硅肥用于水稻田，一般每 1 hm^2 使用 1 500 kg，可增产水稻 10% 左右。

（3）用作土壤改良剂。钢渣中含有较高的 CaO 和 MgO，具有很好的改良酸性土壤和补充钙镁营养元素的作用。用钢渣改良沿海咸酸田，具有很好的效果。钙、镁含最高的钢渣，磨细后，使钢渣粒度小于 4 mm，并含有一定数量小于 100 μm 的极细颗粒，是农业上理想的土壤改良剂。钢渣中的 CaO 能在很长的时期内缓慢中和改良土壤，对有些农作物特别有利。钢渣可作为酸性土壤改良剂，钢渣中的磷和其他微量元素对有些农作物也特别有利。

4. 用于废水处理

钢渣破碎成粉末后，其比表面积大，晶格缺陷严重，自由能高，是一种性能优异的吸附剂，可处理重金属离子废水和含磷废水，达到"以废治废"的效果。利用钢渣的吸附过滤能力，可以去除废水中杂质颗粒、部分重金属及有机物。国外 20 世纪 90 年代就开始研究钢渣作为吸附剂对废水中重金属的吸附性能，美国、日本都有采用钢渣处理废水的应用。

三、铁合金渣的综合利用

铁合金是铁与一种或几种元素组成的中间合金,是钢铁冶炼的重要辅料。铁合金渣是冶炼铁合金过程中排出的废渣。铁合金生产的快速发展和产量的提升,带来了铁合金渣的大量产生。《中国资源综合利用年度报告(2014)》显示,2013 年,我国钢铁行业铁合金渣产生量约为 1 390 万 t。铁合金渣的堆存不仅占用土地,而且还对周围环境造成污染,危害人体健康,同时也流失了大量的可利用能源。铁合金渣的综合治理和回收利用对铁合金生产、环境保护、回收矿物资源具有重要意义。

在铁合金生产过程中,炉料加热熔融后经还原反应,其中的氧化物杂质与铁合金分离后形成炉渣。因生产品种、原料品位和氧化物回收率不同,生产 1 t 合格产品所产生的渣量也不相同。据统计,生产 1 t 锰铁合金将产生 2.0~2.5 t 锰铁渣;生产 1 t 硅锰合金将产生 1.2~1.3 t 硅锰渣;生产 1 t 高碳铬铁合金大约产生 1.1~1.2 t 废渣;生产 1 t 硅铁合金,会产生 50~60 kg 硅铁合金渣。渣的成分因产品品种和工艺不同而异。

因铁合金渣含有铬、锰、钼、镍、钛等价值较高的金属,故应优先考虑从中回收有价金属,对于目前尚不能回收金属的铁合金渣,可用作建筑材料和农业肥料。

(一)回收金属

多数铁合金炉渣中含有一定的金属元素等可利用成分,可以根据其理化性质进行有效回收利用。铁合金炉渣多采用磁选或者重选的方法直接进行合金回收。

钼铁渣中含钼 0.3%~0.8%,用磁选法处理钼铁渣,可以得到含 4%~6% 的钼精矿。

用风力分选法分离能自动粉化炉渣中的金属。风力分选能把原渣分离成渣块(>5 mm)、细粒渣(<5 mm)和渣粉(<1 mm),而渣中所含的金属都集聚在渣块中。精炼铬铁渣中含有 5% 左右的金属,可用分选法回收其中的金属。

用精炼铬铁渣冲洗硅铬合金,可使渣中铬含量从 4.7% 下降到 0.48%,硅铬合金中铬含量增加 1%~3%,磷含量下降 30%~50%。

电炉金属锰渣和中低碳锰铁炉渣含锰较高,可用于冶炼硅锰合金。如将粉化后的中锰渣作为锰矿烧结原料,还可在中锰渣中加入稳定剂防止炉渣粉化,然后回炉使用。

硅铁渣中含有价元素硅、碳化硅和锰,是冶炼硅锰合金的主要元素,可作为冶炼硅锰合金的炉料。

钨铁渣中含有 15%~20% 的锰,可回收到硅锰电炉继续使用。

(二)用于冶金生产

铁合金渣返炉用于铁合金生产,可以大幅提高合金元素回收率,如锰铁渣、硅锰渣和金属锰渣等通常作为原料用于冶炼硅锰合金、低磷锰铁以及复合合金等,不同的配比可以得到成分不同的铁合金。这在日本研究开发较早,成功利用锰渣生产碳酸化复合锰矿球团,用于冶炼硅锰合金。

铁合金炉渣还可用于炼钢和铸造生铁。硅锰渣、硅钙渣等铁合金炉渣中含有大量的 CaO 和 MgO 等有利于脱硫的成分,可以将其作为炼钢脱硫剂使用。金属锰渣用于炼钢,如在熔炼碳素钢和低合金钢时,在还原期加入金属锰渣,可以使钢有效脱硫,不用锰铁就能生产出合格的钢。硅铁渣可用于炼钢脱氧,可降低硅铁的消耗,同时达到提高钢质量和节能的良好效果。

(三)用作水泥掺合料和矿渣砖

铁合金废渣中有多种氧化物,大多数铁合金废渣中的氧化物主要是 CaO、SiO_2、Al_2O_3 或 FeO。这些废渣经水淬后,可用于水泥生产。用于生产水泥混合材是铁合金炉渣在建筑材料行业资源化的重要途径之一。

我国绝大多数的高碳锰铁渣和锰硅合金渣采用水淬冷却处理成粒状矿渣。水淬后的锰铁渣和锰硅渣大部分当作水泥混合材使用。我国某铁合金厂把水淬硅锰渣送到水泥厂作为掺合料使用,当熟料为 600 号时,水渣掺入量为 30%~50%,仍可获得 500 号矿渣水泥。

合金炉渣还可用于生产建筑用砖,如硅铁渣、铬铁等。我国某厂生产的矿渣砖采用如下配料:铁合金水淬渣 100%、石膏 2%、石灰 7%。配料经过轮碾、混合、成型、养护即可投入使用。

(四)生产铸石制品

铁合金的炉渣铸石特点为耐火度高、耐磨性和耐腐蚀性优良,而且机械强度优良。利用铁合金渣生产铸石,首先开始于硅锰合金渣。硅锰合金渣在 1 250 ℃时具有良好的成型填充性,炉渣经过再还原后,余下的 MnO 可以改善熔体的工艺性能,使其具有较高的结晶化性能,增加炉渣铸石的化学稳定性和热稳定性。用熔融硅锰渣生产耐酸硅锰渣铸石的工艺如图 6-4 所示。

图 6-4 熔融硅锰渣生产耐酸硅锰渣铸石的工艺流程

铝渣也是良好的生产铸石的原料。铝渣的特点是含钙低、含硅高,根据硅酸盐熔岩结晶作用规律,CaO 和 MgO(尤其是 MgO)具有促进结晶的作用,Al_2O_3 则有抑制结晶作用,因此,铝渣是难以结晶的炉渣,倾向于形成玻璃体。铝渣铸石具有良好的抗腐蚀性能和力学性能,但是铝渣难结晶,易形成玻璃体,在进行热处理时要控制好时间和温度。

用熔融硅锰渣、硼铁渣和钼铁渣等也可生产铸石制品。用硼铁渣生产硼铁渣铸石砖的工艺如图 6-5 所示。

图 6-5　硼铁渣生产硼铁渣铸石砖的工艺流程

（五）生产耐火材料

金属铬冶炼渣可作为高级耐火混凝土骨料，目前已在国内推广使用。用铬渣骨料和低钙铝酸盐水泥配制的耐火混凝土耐火度高达 1 800 ℃，荷重软化点为 1 650 ℃，高温下仍有很高的抗压强度，在 1 000 ℃时仍为 14.7 MPa。特别适用于形状复杂的高温承载部分。

除金属铬之外，钛铁、铬铁也都采用铝热法冶炼，相应产生的炉渣中氧化铝都很高，都可作为耐火混凝土骨料。

（六）回收化工原料或作农肥

磷铁合金生产中产生的磷泥渣可回收工业磷酸，并利用磷酸渣制造磷肥。其原理是磷泥渣含磷 5%～50%，与氧化合生成 P_2O_5 等磷氧化物。P_2O_5 通过吸收塔被水吸收生产磷酸，余下的残渣内含有 0.5%～1% 的磷和 1%～2% 的磷酸，再加入石灰，在加热条件下，充分搅拌，生成重过磷酸钙，即为磷肥。

铁合金炉渣中含有锰、硅、钙、镁和铜等微量元素，可以作为农田的补充营养元素，提高土壤生物活性，有利于农作物生长，增加产量。精炼铬铁渣可用于改良酸性土壤，做钙肥。含锰、钼的铁合金渣也可用作肥料。试验证明，在水稻田中施用硅锰渣，不仅有促熟增产的作用，还可减轻稻瘟病，也有利于防止倒伏。

（七）用于制备微晶玻璃

铁合金废渣中，主要化学组成为 CaO、SiO_2、Al_2O_3、MgO 等，适用于制造微晶玻璃，并且这类微晶玻璃的主晶相中含有钙黄长石、硅灰石等，具有较好的耐磨性和较高的强度，可以代替天然石材用作建筑装饰材料。

（八）用于制备矿渣棉

矿渣棉具有密度轻、导热系数较低、耐腐蚀、价廉和施工方便等特点，是一种新型的隔热保温材料。铁合金炉渣排出时有大量余热未被有效利用，白白浪费。因此，利用铁合金炉渣与其余热相结合做成矿渣棉的综合利用方式对资源的循环综合利用有重要的意义。

铁合金炉渣制备矿棉主要有冲天炉工艺和热渣直接生产工艺两种，传统冲天炉工艺能耗高。苏联在 20 世纪 60 年代就开展了液态镍铁渣生产矿棉的研究和工业实践。中国利用热渣生产矿棉制品的研究则起步较晚，2012 年，中国从日本引进了用高炉熔融炉渣作为原料的矿渣棉生产设备，同年，国内首个采用变频电磁感应炉，利用热态熔融镍铁渣生产矿棉的生产工艺研制成功。

四、有色冶金固体废物的综合利用

有色冶金固体废物是指在有色冶金过程中所排放的暂时没有利用价值的被丢弃的固体废物。

长期以来,有色冶金固体废物多采用露天堆置的处理方法,既占用大量土地,又因受大气侵蚀和雨水淋浸后土壤、水系造成污染。有些有色冶金渣还含有铅、砷、镉、汞等有害物质,危害人类的健康。目前,有色冶金固体废物的主要利用途径是回收有价金属和制作建筑材料。

(一)回收有价金属

在有色冶金过程中,产生的冶金渣中有价金属含量高的,其综合利用途径为直接返回流程或适当处理后,经重新配料返回流程,以提高金属的循环利用率;当其中某一种或某几种有价金属含量富集到一定程度时,则分别处理回收其中的有价金属,使之再资源化。

从有色冶金渣中回收有价金属的种类繁多,流程复杂,几乎应用了所有冶金方法。例如,株洲硬质合金厂用酸分解法从钼渣中回收有机金属。

1. 酸分解

用盐酸将钼渣中难熔钼酸盐分解,使钼呈钼酸沉淀;再用硝酸将钼渣中 MoS_2 氧化分解呈钼酸沉淀。Fe、Ca、Pb 等杂质生成氯化物进入溶液,硫以硫酸的形式进入溶液。

2. 氨浸

酸分解后,滤饼中的钼酸可被氨水溶解,生成钼酸铵进入溶液,与不溶的固体杂质分离。

(二)在其他方面的应用

有色金属固体废物中有价金属含量低,以目前技术水平提取极不经济时,还可用作其他行业的原料,使之再资源化。目前已利用的有赤泥、铜渣、铅渣、镍渣、锌渣等。

1. 赤泥的利用

铝厂生产氧化铝后产生的废渣称为赤泥。生产 1 t 氧化铝约产生 0.6～1.5 t 赤泥。赤泥的综合利用率普遍偏低,且随着氧化铝的生产不断在增加,不仅占用大量的土地,对环境也造成污染。因此,开发赤泥的综合利用,实现资源的循环利用,减少耕地占用,在社会、经济及环境保护等方面都具有重要意义。

(1)赤泥的种类及性质。根据氧化铝生产方法及原料产地的不同,赤泥的成分也不同,相应的物理、化学性能也有差别。目前,我国生产氧化铝的主要方法有拜耳法、烧结法和混联法三种。

① 拜尔法赤泥。拜耳法冶炼氧化铝采用强碱 NaOH 溶出高铝、高铁、一水软铝石型和三水铝石型铝土矿。用铝矾土通过溶解、分离、结晶、焙烧等工序得到氧化铝,溶解后分离出的浆状废渣是拜耳法赤泥。

② 烧结法赤泥。原料铝矾土中配一定量的碳酸钠,在回转窑内高温煅烧制成以铝酸钠为主要矿物的中间产品——铝酸钠熟料,经溶解、结晶、焙烧等工序制取氧化铝,溶解后分离出的浆状废渣是烧结法赤泥。

③ 混联法赤泥。混联法使用拜耳法排出的赤泥作为原料,采用烧结法制取氧化铝,最后排出的赤泥为混联法赤泥,是两种制取方法的结合。

赤泥的成分受铝土矿的化学成分、氧化铝的生产工艺所影响。赤泥中主要成分为 Al_2O_3、Fe_2O_3、SiO_2、CaO、Na_2O 和 TiO_2,约占赤泥成分的 85%。赤泥对环境的危害因素主要是其含 Na_2O 的附液;附液含碱 2~3 g/L,pH 值可达 13~14,所以赤泥为强碱性废渣。赤泥中有相当数量的稀土元素和放射性元素,如钪、镓、钇、铀等。赤泥粒径为 80~250 μm,具有复杂的架孔结构,比表面积大,含水率高,难团聚。

(2) 赤泥的资源化利用。目前赤泥的利用主要有三个方面:一是作为建筑材料的生产原料;二是提取赤泥中有价金属元素;三是应用于环境保护。

① 生产水泥。用赤泥可生产多种型号的水泥,各种处理工艺已经相对成熟。对赤泥进行脱碱或改性处理后,能够满足水泥生产的原料要求,或利用赤泥高碱性的特性,生产对碱含量要求低的水泥,已经开发了普通硅酸盐水泥、改性水泥、矿渣赤泥水泥、少熟料的胶凝材料以及硫铝酸盐水泥等,均符合水泥的性能要求。

如山东铝厂以烧结赤泥为原料,采用湿法工艺生产普通硅酸盐水泥。将氧化铝生产中排出的赤泥浆经过滤浓缩脱水后,与石灰石、砂岩、铁粉等共同磨制成熟料,调整到符合技术指标后,除去大部分水分,进入回转窑煅烧为熟料,加石膏、矿渣等混合材料碾磨到一定细度即制得水泥产品。生产的水泥品种有 425 号、525 号普通硅酸盐水泥、75 ℃ 油井水泥,其产品质量均符合国家质量标准,且具有早强、抗硫酸盐、水化热低、抗冻及耐磨等性能。

山东铝厂 1988 年以前就已形成了年产 110 万 t 的大型水泥厂生产能力。在生产普通硅酸盐泥时,赤泥的配量为 25%~35%;同时还能生产抗硫酸水泥,主要用于盐化工业防腐蚀设施和水下工程,尤其适应沿岸堤坝工程,这种水泥赤泥配入量可达 60%;此外,还能生产油井水泥,用于油井工程。这些都大幅度降低了生产水泥所需大砂岩和石灰石的耗用量。

② 生产建筑材料。利用赤泥为主要原料可以生产多种砖,如免蒸烧砖、粉煤灰砖、黑色颗粒料装饰砖和陶瓷釉面砖。以赤泥、粉煤灰、煤矸石为原料制成的烧结砖,实现了制砖不用土、烧砖不用煤,节约了煤炭资源和土地资源,符合优等品的指标要求;以烧结法赤泥、粉煤灰、矿山排放废石硝或建筑用砂为主要原料,在石灰、石膏等胶结作用配合下,生产出的赤泥粉煤灰免烧砖,性能达到 MU15 级优等品。

利用含钙质成分较高的赤泥取代一部分水泥和石灰,生产加气混凝土砌块,其容重、抗压强度均符合国家标准。赤泥加气混凝土的生产工艺与其他加气混凝土基本相同,但赤泥无须再次煅烧和烘干,因此,节约了能源,降低了生产成本。赤泥加气混凝土是加气混凝土的新品种,已成为综合利用赤泥的新途径。

赤泥的物理性质与黏土类似,有"亚黏土"之称,可部分代替黏土生产琉璃瓦。赤泥中含有的 Fe_2O_3 不但不会影响红色琉璃瓦的性能,还能促进琉璃瓦釉料的显色效果。

③ 环境保护。在污染治理上,赤泥可用于含砷废水处理、含氟废物处理及吸附废气中的 SO_2 等。赤泥的化学成分相对稳定,粒度小,具有胶结的孔架状结构;主要由凝聚体、集粒体、团聚体三级结构组成,形成了凝聚体空隙、集粒体空隙、团聚体空隙,使得赤泥的比表面积高达 $40\sim70\ m^2/g$,在水介质中具有较好的稳定性,是一种很有前途的低成本吸附剂。试验表明,赤泥能够吸附阴离子、重金属和有毒非金属离子,吸附染料,制备聚硅酸铝铁絮凝剂等,一定程度上可去除废水中的 Ni^{2+}、Cu^{2+}、Zn^{2+}、Pb^{2+} 以及 As、F、P、N 等。

赤泥是碱性固体废渣,同时含有 CaO 和 Na_2O,烟气中的 SO_2 溶解在水中形成酸性溶液,与碱性赤泥浆发生中和反应及氧化还原反应,将烟气中 SO_2 中的硫转入硫酸盐中,最终达到赤泥脱硫固硫的作用。

以赤泥和其他一些废渣(如粉煤灰、煤矸石)为原料,通过成孔剂等助剂调剂可以生产出气孔率高,又有一定强度的污水处理多孔陶瓷滤球。

④ 在塑料工业中,赤泥还可以作为填充剂,生产塑料制品。赤泥有与多种塑料共混改性的性能,可作为一种良好的塑料改性填充剂。赤泥微粉是一种优良的复合矿物质填充剂,用于塑料工业可取代常用的重钙、轻钙、滑石粉及部分添加剂,所得塑料产品的质量符合材料技术规范,并具有优异的耐候性和抗老化性。

此外,赤泥还可以生产硅钙肥,制造炼钢用保护渣,作为沥青填料、混凝土轻骨料等。

2. 铜渣的利用

铜渣是炼铜过程中产生的渣,属有色金属渣的一种。铜渣中含有 Cu、Fe、Zn、Cd、Ag 等金属。铜渣资源化的途径主要是从铜渣中提取金属,以及应用于水泥及建筑行业。

(1) 铜熔炼鼓风炉渣和反射炉渣水淬后为黑色致密的颗粒,可替代铁粉配制水泥生料。

(2) 用铜渣生产渣棉,细而柔软,含珠少,熔点低,可节省能源。

(3) 水淬鼓风炉渣用作铁路道砟,与砂混合铺筑混砂道床,稳定性好,渗水快,不腐蚀枕木。

(4) 铜渣或铜-镍渣可用于生产铸石。

(5) 用铜渣生产耐磨制品,有致密而细的结晶结构,在磨损部位仅含很少量细气孔,虽然铜渣的酸溶性高达 50%,但因酸不能渗入,故其耐腐蚀性良好,其成分和性能均与玄武岩铸石相近。

3. 铅渣的利用

熔融的鼓风炉渣,回收铅、锌后的水淬渣,可作为生产建筑材料的原料使用。铅水淬渣的物理机械性能接近甚至优于河砂,可代替河砂作为骨料生产灰渣瓦。铅渣可代替铁粒作为烧水泥的原料，能降低熟料的熔融温度，使熟料易烧、煤耗降低、强度提高等，铅渣用量占配料的5%左右。铅渣磁选分离出其中的磁性铁后，剩余渣可用来生产铸石。

4. 镍渣的利用

镍渣是镍高温冶炼过程中产生的固体废物，其中含有镍、铜、铁、金、银等多种金属，具有回收利用的价值。镍渣经提取有价金属后，可作为生产建筑材料的原料使用。

（1）水淬镍渣可以制砖、水泥混合材料等建筑材料。

（2）用磨细镍渣与水玻璃混合，可制造高强度、防水、抗硫酸盐的胶凝材料，它既可在常温下硬化，也可以在压蒸下硬化，还可以用来配制耐火混凝土等。

5. 锌渣的利用

表 6-2　锌渣配料与铁粉配料的水泥熟料性能对比

配料类型	安定性	细度/%	初凝		终凝		抗折		抗压	
			h	min	h	min	3 d	28 d	3 d	28 d
锌渣配料	合格	4.2	1	47	3	36	7.4	9.0	49.4	67.3
铁粉配料	合格	4.2	2	52	3	51	6.5	8.1	39.8	59.4

锌渣是锌厂提炼锌时产生的废渣，其化学组成和性质与铁粉相似，用锌渣替代铁粉作为原材料应用于水泥生产中，不仅可以降低熟料的烧成热耗和水泥成本，而且还可以提高水泥强度，改善水泥的安定性及抗侵蚀性等。

锌渣配料与铁粉配料生产的水泥熟料的性能对比如表 6-2 所示。由该表可以看出：用锌渣配料生产的熟料强度较高，尤其是后期强度增长幅度较大；锌渣配料的水凝结时间均有改善，其中初凝时间提前约 1 h。锌渣配料的生料易烧性得到改善，烧成的 f-CaO 量减少。

第三节　化学工业固体废物

化学工业固体废物是指化学工业生产过程中产生的固体、半固体或浆状废物，包括化工生产过程中进行化合、分解、合成等化学反应时产生的不合格产品（包括中间产品）、副产物、失效催化剂、废添加剂、未反应的原料及原料中夹带的杂质等直接从反应装置设备排出的或在产品精制、分离、洗涤时由相应装置排出的工艺废物，同时还包括净化装置排出的粉尘、化学品容器和工业垃圾等。

化学工业固体废物主要有四个特点。

（1）产生量大。一般每生产1 t化工产品便会产生1～3 t固体废物，有的产品甚至产生6～12 t固体废物。全国化工企业每年产生约 3.72×10^7 t固体废物，约占全国工业固体废物产生量的6.16%。

（2）种类多。《资源综合利用目录》（2003年修订）介绍的化学工业废渣包括硫铁矿渣、硫铁矿煅烧液、硫酸渣、硫石膏、磷石膏、磷矿煅烧渣、含氰废渣、电石渣、磷肥渣、硫黄渣、碱渣、含钡废渣、铬渣、盐泥、总溶剂渣、黄磷渣、柠檬酸渣、制糖废渣、脱硫石膏、氟石膏、废石膏模等。

（3）危险废物种类多，有毒物质含量高，对人体健康和环境危害大。化学工业废渣中相当一部分具有急毒性、反应性及腐蚀性等特点，尤其是危险废物中有毒物质含量高，对人体和环境会造成较大危害。

（4）再生资源化潜力大。化学工业废渣中有相当一部分是反应的原料和反应副产品，而且部分废物中还含有金、银、铂等贵重金属。通过专门的回收加工工艺，可将有价值的物质从废物中回收。我国现有的化学工业废渣利用途径主要是从废渣中提取纯碱、烧碱、硫酸、磷酸、硫黄、复合硫酸铁、铬铁等，并利用废渣生产水泥、砖等建材产品及肥料等。

一、铬渣的综合利用

铬渣即铬浸出渣，是冶金和化工企业在金属铬和铬盐生产过程中，由浸滤工序滤出的不溶于水的固体废物，其中含有大量水溶性和酸溶性的六价铬以及毒性相对较小的三价铬。化学成分大致为 Cr_2O_3 2.5%～4%、CaO 29%～36%、MgO 20%～33%、Al_2O_3 5%～8%、Fe_2O_3 7%～11%、水溶性 Cr^{6+} 0.28%～1.34%、酸溶性 Cr^{6+} 0.9%～1.49%。铬渣一般呈松散、无规则的固体粉末状、颗粒或小块状，总体呈灰色或黑色并夹杂黄色或黄褐色。含铬粉尘会随风扬散，污染周围大气与农田；铬渣受雨水淋洗，含铬污水会溢流下渗，对地下水、河流和海域等造成不同程度的污染，危害各种生物，导致动物死亡、农业减产和人体的种种疾病发生，如血铬、尿铬及各种癌症等。所以，铬渣若不经过有效方法解毒治理而长期堆放会严重污染环境，危害人体健康。

铬渣的毒性主要来自铬渣中存在的水溶性的六价铬，所以目前关于铬渣的解毒方法主要针对六价铬。主要的解毒方法有物理、生物和化学解毒法。物理解毒法是通过浸取剂将铬渣中残留的六价铬强化浸出，然而这种方法并没有改变铬渣中铬的价态且不能完全浸出其中的六价铬，所以仍然存在浸出的风险。最近几年，生物解毒法受到了越来越多的关注，其基本原理是通过驯化、筛选、诱变等技术得到能够还原六价铬的微生物，将这种微生物加入铬渣，经过一段时间的解毒可达到无害化的目的。一般来说，生物解毒法对操作环境的要求较高，且解毒时间较长。化学解毒法是根据六价铬具有强氧化性，通过还原反应将其还原成低毒性的三价铬，这种由价态的转化实现铬渣解毒是目前最为主流的解毒方法。主要的还原法包括酸性还原法、碱性还原法、高温碳还原法和烧结还原法等。目前应用较多的是高温碳还原法，即将铬渣与无烟煤按一定比例在 800～900 ℃温度下焙烧，六价铬还原成三价铬。

铬渣经过无害化处理可以综合利用。铬渣即使不经无害化处理，也可以直接作为工业材料的代用品，加工成产品。对铬渣进行资源化综合利用，使其作为工业材料的代用品，既消除六价铬的危害，又使其作为二次资源得到充分利用，保护了生态环境，实现了可持续发展。

(一)做玻璃着色剂

在高温熔融状态下，铬渣中的六价铬离子与玻璃原料中的酸性氧化物、二氧化硅作用，转化为三价铬离子而分散在玻璃体中，使玻璃呈现墨绿色、绿色、浅绿色等。用铬渣代替铬矿及铬系列原料做玻璃着色剂，主要优点包括三个方面：①六价铬解毒彻底，且稳定性好，资源化程度高；②铬渣中的氧化镁、氧化钙等组分可代替玻璃配料中的白云石和石灰石原料，可降低玻璃制品生产的原材料消耗和成本；③铬渣是经高温氧化燃烧的活性物质，内含一定量的焰剂，能降低玻璃料的熔融温度，缩短熔化时间，节约能源。相关研究表明，铬渣做玻璃着色剂的加入量一般以 3％左右为宜。

铬渣在烧制玻璃时作为玻璃的着色剂，所含六价铬在高温熔融态 1 400 ℃下被微量的 CO 彻底还原，从而将玻璃染色，另外废渣中含有 MgO、CaO、Al_2O_3、SiO_2 等，与生产玻璃的主要原料的成分相似，可以作为生产玻璃的原料，也可用于制造微晶玻璃。生产玻璃过程中废渣解毒彻底，无二次污染，且玻璃稳定性好，用废渣制造微晶玻璃处理量大，资源化利用程度高，是值得进一步研究和推广的技术。

(二)生产钙镁磷肥

铬渣可用来生产钙镁磷肥，质量达到钙镁磷肥三级标准要求，生产工艺如图 6-6 所示。将铬渣与磷矿石、白云石、蛇纹石、焦炭等按一定比例混合，经高温熔融、水淬、干燥、粉碎得到钙镁磷肥。经高温熔融还原，铬渣中的六价铬还原成三价铬，以 Cr_2O_3 形式进入磷肥半成品玻璃体中固定下来，其余六价铬被还原成金属铬元素进入副产品磷铁中，从而达到解毒的目的。

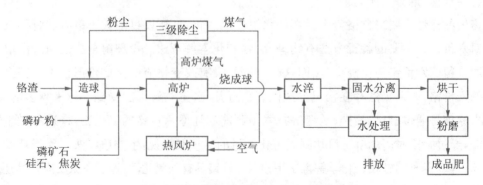

图 6-6　铬渣制钙镁磷肥工艺流程图

（三）用于炼铁

铬渣中含有 50%～60% 的氧化钙和氧化镁，还含有 10%～20% 的氧化铁，这些都是炼铁所需的成分。将铬渣和其他原料混合进入烧结机烧结。烧结矿经破碎、筛分，合格后进入高炉冶炼成生铁和水渣。铬渣的还原主要利用烧结过程中的 C、CO 在高温下的强还原性，将六价铬还原；烧结矿中的 CaO、MgO、FeO 等又与 Cr_2O_3 发生反应。因此，烧结矿中铬主要以铬尖晶石、铬铁矿等形式存在。在高炉冶炼过程中，三价铬进一步被还原成金属铬。同时，铬渣中的铁和部分金属进入生铁，其他组分进入高炉渣，可供水泥厂使用。高炉冶炼过程中，六价铬还原解毒彻底，用渣量大，炼 1 t 生铁约耗用铬渣 600 kg。同时用铬渣炼铁，还原后的金属进入生铁，使铁中的铬含量增加，其机械性能、硬度、耐磨性、耐腐蚀性等均有所提高。

（四）制砖

将铬渣同黏土、煤混合烧制红砖和青砖，技术简单，投资、生产费用低，用渣量大。原料中大量黏土在高温下呈酸性，在砖坯中的煤及气化后的 CO 的作用下，有利于六价铬的还原，特别是制青砖的立窑工序，可将红褐色的 Fe_2O_3 还原为青灰色的 Fe_3O_4，解毒效果更优。由于砖价低廉，而用铬渣制砖成本较高，产品销售存在一定困难。

（五）制水泥

铬渣中含有水泥熟料中的 CaO、SiO_2、Al_2O_3、Fe_2O_3，可用于生产水泥。铬渣制水泥有三种方式：一是铬渣干法解毒后，同水泥熟料、石膏磨混制得水泥；二是铬渣作为水泥原料之一烧制水泥熟料，铬渣用量约为水泥熟料的 5%；三是铬渣做水泥矿化剂，用量约为水泥熟料的 2%。三种方式的铬渣用量主要取决于原料中石灰石的含镁量。掺加铬渣的水泥生料在煅烧过程，由于铬渣中存在低熔点物质，可使水泥烧成温度降低约 50 ℃，减小生产过程的能耗，同时窑内的 CO 可将铬渣中的 Cr^{6+} 还原为 Cr^{3+}，实现了 Cr^{6+} 的解毒作用。

（六）其他用途

将铬渣与粉煤灰或焦炭、黏土按一定比例混合，在还原气氛下高温熔融，还原冷制成铬渣骨料，可用于路面材、地面改良材、混凝土骨料等。可将铬渣和石英砂、黏土、钡渣、水泥按比例制矿棉制品。另外，铬渣还可用于制铸石钙铁粉等。

二、工业废石膏的综合利用

工业废石膏是以硫酸钙为主要成分的一种工业固体废物，主要包括磷酸、磷肥工业中产生的废磷石膏、烟气脱硫过程中产生的二水石膏，以及其他无机化学部门用硫酸浸蚀各类钙盐所产生的废石膏。废石膏呈粉状，主要成分是硫酸钙，含量一般在 80% 以上，其他成分为硅、铝、铁、镁、钠、钾、磷、硫、钛、锰、铈、碳、氟等元素的氧化物。

废石膏因来源不同而有不同的品种,如用磷矿石和硫酸制造磷酸产生的废渣为磷石膏,用萤石和硫酸制取氢氟酸时生成的石膏为氟石膏,用海水制取食盐过程中产生的石膏为盐石膏,用钛铁矿石制取二氧化钛过程中和用废硫酸进行中和反应所生成的石膏为钛石膏,苏打工业和人造丝工业中用氯化钙和硫酸钠反应生成的石膏为苏打石膏,硼石膏是硼酸生产过程中产生的一种废渣等。我国的工业废石膏以磷石膏为主,每生产 1 t 磷酸会产生 5 t 废磷石膏。

大量废石膏如不加以利用,任意堆放,不但占用大片土地,而且会污染土壤和水系。例如:氟石膏含氟量达 3.07%,其中 2.05% 是水溶性的,若处理不当,则会危害农业生产和人体健康并威胁牲畜生长繁殖;磷石膏中的磷进入水体,将造成水体富营养化。

(一)在水泥工业中的应用

1. 工业废石膏水泥缓蚀剂

一般情况下,水泥生产采用天然石膏作为缓蚀剂。在日本,75% 水泥缓蚀剂都以磷石膏为原料,经过长时间的实践应用,已经形成了较为规范的体系。我国水泥工业生产中常使用天然石膏作为水泥缓凝剂,虽然也已有一些水泥工业利用磷石膏、氟石膏的实例,但总体来说,相对日本,我国工业废石膏的利用率很低。磷石膏中含有 P_2O_5 及有机杂质等,不能直接代替天然石膏,一般需经预处理才能用作水泥缓凝剂。可溶性 P_2O_5 的质量分数要在 0.3% 以内,才能够使水泥品质达到最佳。与使用天然石膏比较,掺用磷石膏时水泥强度可提高 10%,综合成本降低 10%~20%。运用磷石膏取代天然石膏,作为主要调凝剂,能够加快水泥凝结速度,提高水泥强度,且符合国家环保要求,兼顾经济、生态等效益。

2. 工业废石膏作水泥矿化剂

水泥生料中掺入含硫、氟、磷等成分的矿物,可促进生料中 $CaCO_3$ 分解,使熟料形成过程中液相提前出现,降低烧成温度和液相黏度,促进液相结晶,有利于固相及液相反应,生成有利于熟料矿物形成的过渡相,并生成一些新的熟料矿物,这就是少量元素在熟料煅烧过程中矿化作用的结果。石膏是一种有效的助熔剂和矿化剂,它使液相出现温度降低 100 ℃ 以上,并可降低液相黏度和表面张力。氟石膏中氟化物的矿化作用,归因于它们影响了碳酸钙的菱面体结构的稳定性以及碳酸盐的 CO_3^{2-} 基团的稳定性。氟在熟料中的含量不宜高于 0.6%,否则易引起力学强度降低。磷石膏中的磷对熟料整个煅烧过程中的反应均有强烈的加速作用,它使固相中石灰的结合变得容易,在液相存在下具有有利于熟料矿物快速结晶的条件。对于含磷较低(P_2O_5 0.5%~1.0%)的熟料来说,其水硬性略有增加;之后,随 P_2O_5 含量的进一步提高,其水硬性明显下降。水泥厂利用磷石膏作为矿化剂效果很好,不仅可提高窑的生产效率,而且可生产出优质水泥熟料,熟料中 A 矿(含有少量 MgO、Al_2O_3、F_2O_3 等的硅酸三钙固溶体)结晶得非常好。

3. 磷石膏制硫酸联产水泥

将磷酸装置排出的二水石膏转化为无水石膏,再将无水石膏经过高温煅烧,使之分解为

SO_2 和 CaO。SO_2 被氧化为 SO_3 而制成硫酸，CaO 配以其他熟料制成水泥。

（二）在建筑材料中的应用

1. 工业废石膏用于生产石膏板材和石膏砌块

用磷石膏生产建筑石膏是目前磷石膏应用中较为成熟的方法。将磷石膏净化处理，除去其中磷酸盐、氟化物、有机物和可溶性盐，然后经干燥、煅烧脱去游离水和结晶水，再经陈化即可制成半水石膏（即建筑石膏）。以它为原料可生产纤维石膏板、纸面石膏板、石膏砌块或空心条板、粉刷石膏等，其中以纸面石膏板的市场需求最大。例如，铜陵化学工业集团1995 年与澳大利亚博罗公司合资建设了中国首套 40 万 t/a 精制磷石膏装置，净化后的磷石膏供给博罗公司上海纸面石膏板厂生产粉刷石膏和纸面石膏板。另外，中国学者也在尝试以磷石膏为原料生产加压磷石膏板、砌块、砖等，取得了不少前期研究成果。

将氟石膏与粉煤灰按照一定比例混合，并加入适宜激发剂，可制出单位面积质量小、可加工性好且具有防火隔热、调湿调温性能的氟石膏空心砌块，抗压强度不低于 7 MPa，断裂载荷 3 500 N，可用于建材行业。以氟石膏、砂及外加剂等为基材，在一定的煅烧温度和粒径控制下可研制出符合《干粉砂浆生产与应用技术规程》中抹面砂浆 M10 性能要求的氟石膏干粉抹面砂浆。采用氟石膏为原料，掺加激发剂，辅以适量外加剂或添加 1.5% 的玉米秸秆作为增强剂，可生产出断裂荷载、含水率、耐火度、导热系数等主要指标均达到甚至超过国家标准优等品标准的纸面硬石膏板。此外，利用无机盐作为激发剂，还可利用氟石膏生产彩砖。

2. 磷石膏用于生产石膏胶凝材料

磷石膏用于生产石膏胶凝材料主要有 α 型和 β 型半水石膏。二者都是二水石膏在一定的条件下脱去 1.5 个结晶水而成。半水石膏是一种不稳定的化合物，与水调和时，在常温下能生成一种迅速硬化的石膏浆料，可用于制墙粉、建筑石膏板等，其中 α 型高强石膏还可用于工业模具、陶瓷模具等。

由磷石膏制取半水石膏的工艺流程大体上分两类。一类是利用高压釜法将二水石膏转换成 α 型半水石膏，即磷石膏废渣→浮选除杂→水热转化→真空固液分离→成型。如德国的居利尼公司(Gebr, Giulini)，将二水石膏水洗后再用高温高压蒸汽处理，将其转化成 α 型半水石膏。英国帝国化学工业集团(Imperial Chemical Industries, ICI)则先加水将磷石膏制成料浆，洗涤后送入高压釜中转化。南京化学工业公司磷肥厂与上海建筑科学研究院合作制取的 α 型半水石膏，其抗拉强度达 40 MPa。南京大厂镇建材厂利用南京化学工业公司磷肥厂的副产物磷石膏生产 α 型半水石膏，产品质量超过二级建筑石膏标准。

另一类是利用烘烤法使二水石膏脱水成 β 型半水石膏，即磷石膏废渣→浮选除杂→固液分离→干燥→煅烧→粉磨→成品。法国罗纳-普朗克(Rhone-Poulenc)公司将磷石膏初洗，过滤除杂，再加入石灰中和或浮选除杂，于沸腾炉或煅烧窑内煅烧生产 β 型半水石膏。β 路线存在电耗大、粉尘/废气较多、产品含杂较多等缺点,故国内外多用 α 型半水石膏流程。发展中国家石膏胶凝材料占水泥产量的 6%～26%,而目前中国石膏胶凝材料占三大胶凝材料的比重仅为 0.14%,因此,利用磷石膏开发石膏胶凝材料发展潜力极大。

3. 用作路基或工业填料

利用磷石膏与水配合加固软土地基或改善半刚性路基材料,其加固强度比单纯用水泥加固成倍提高且可省大量水泥,降低固化成本。特别是对单纯用水泥加固效果不好的泥炭质土,磷石膏的增强效果更加明显,这拓宽了水泥加固技术适用的土质条件范围,磷石膏还可做矿山井下填充剂等。

(三)磷石膏用于改良土壤

净化除杂后的磷石膏可代替天然石膏改良土壤理化性状及微生物活动条件,提高土壤渗水性,是较好的土壤改良剂,将磷石膏加入尿素或碳酸铵制成长效氮肥,可减少氮的挥发,提高氮肥利用率。磷石膏中含有一定的游离酸,能有效降低土壤 pH 值,改良盐碱土,且磷石膏中的钙离子可置换土壤中的钠离子,生成的硫酸钠随灌溉水排走,从而降低土壤的碱性,改良土壤的渗透性。另外,土壤酸还可释放微量元素供作物吸收。

磷石膏中还含有一定量的氟元素,氟元素能与金属结合形成金属 F 络合物,可以大大降低重金属对土壤的污染。

(四)在化肥工业中的应用

1. 磷石膏用于制硫酸铵

硫酸铵是最早的氮肥品种,石膏生产硫酸铵是一个古老而成熟的技术。磷石膏制硫酸铵的化学反应式如下:

$$CaSO_4 \cdot 2H_2O + (NH_4)_2CO_3 \longrightarrow CaCO_3 + (NH_4)_2SO_4 + 2H_2O$$

与以天然石膏为原料生产硫酸铵相比,用石膏生产硫酸铵的流程前设置了磷石膏的调浆和洗涤过程,以使磷石膏得到净化。从生产成本来比较,以磷石为原料的消耗与以天然石膏为原料的消耗基本上无差别,以磷石膏为原料的生产成本只是以天然石膏为原料的成本的 64.6%、硫酸中和法成本的 91%。

硫酸铵作为含硫化肥不仅可以增加作物的产量,而且可以提高作物质量;其副产品碳酸钙粗品可代替天然碳酸盐岩,进行深加工生产超细碳酸钙,作为橡胶、油漆、塑料和聚氯乙烯(PVC)塑料的填料。

2. 磷石膏制取硫酸钾

用磷石膏生产无氯钾肥——硫酸钾的方法分为一步法和两步法。

(1)一步法是以氨为催化剂,用磷石膏与氯化钾反应制得硫酸钾和氯化钙。该法工艺简单,流程短,所用设备简单,且氯化钾转化率可为 94%以上,但副产氯化钙难以处理,要求氨水质量分数大于 35%,且在加压或低温条件下操作,工业放大有一定困难。国内外对一步法做了大量的研究工作。

(2) 二步法生产硫酸钾的基本原理是磷石膏与碳酸氢铵反应生成硫酸铵和碳酸钙:

$$CaSO_4 \cdot 2H_2O + 2NH_4HCO_3 \longrightarrow CaCO_3 \downarrow + (NH_4)_2SO_4 + CO_2 \uparrow + 3H_2O$$

再将分离出碳酸钙后的硫酸铵母液与氯化钾进行复分解反应:

$$(NH_4)_2SO_4 + 2KCl \longrightarrow K_2SO_4 + 2NH_4Cl$$

具体工艺过程:磷石膏先经漂洗去除部分杂质,使 $CaSO_4 \cdot 2H_2O$ 质量分数从 87% 左右提高至 92%~94%。在低温条件下将磷石膏与碳酸氢铵混合,生成硫酸铵、碳酸钙并排出 CO_2。低温条件下氨挥发较少,CO_2 气较纯,可用于制液体 CO_2。反应后的料浆分离碳酸钙后,得到硫酸铵溶液,再与氯化钾反应生成硫酸钾和氯化铵。经分离、洗涤、干燥得硫酸钾产品;滤液经蒸发、分离副产氯化铵。采用此法时,磷石膏利用率达 65%~70%,产品可作为优质硫酸钾肥料使用。副产品氯化铵、碳酸钙也可做肥料和水泥原料。二步法特点是主要原料(碳酸氢铵)价廉易得,且无须加压或冷冻,条件温和,投资少,产值高,无环境污染。

三、硫铁矿烧渣的综合利用

硫铁矿烧渣是以硫铁矿或含硫尾砂为原料生产硫酸的过程中排出的一种废渣。硫铁矿是我国生产硫酸的主要原料。目前,采用硫铁矿或含硫尾砂生产的硫酸占我国硫酸总产量的 80% 以上,我国每年有数百万 t 硫铁矿烧渣排出。

硫铁矿烧渣的组成与矿石来源有很大关系,但其基本成分主要包括三氧化二铁、四氧化三铁、金属硫酸盐、硅酸盐、氧化物及少量铜、铅、锌、金、银及其他稀有元素和放射性元素。烧渣中一般含铁 30%~50%。烧渣可作为炼铁原料,并能从中回收有色金属和稀贵金属。因此,它是一种很有价值的原料。

(一) 制矿渣砖

将硫铁矿烧渣与消石灰(或水泥)按一定比例混合均匀、加入适量水进行湿碾,使混合料颗粒受到挤压后,进一步细化、均匀化和胶体化,得到密实、富有弹性、便于成型的物料。经湿碾后的混合料进一步陈化后,送入压砖机压制成型。成型后的砖坯在适宜的温度下自然养护 28 d 或蒸汽蒸养 24 h 即可得成品砖。

(二) 做水泥添加剂

生产水泥的原料中,掺加 3%~5% 的烧渣,可以调整水泥原料成分,降低烧成温度,增加水泥强度。用作水泥助溶剂的烧渣,只要含铁量大于 40% 即可,由于这方面的需求量大,既能用低品位烧渣,又能用含砷等杂质多的烧渣,所以这是目前国内烧渣利用的重要途径。

（三）提取有色金属

对于有色金属含量较高的黄铁矿生产硫酸后的废渣，可提取其中的有色金属。一般先进行硫酸盐—氧化焙烧，使有色金属生成相应的硫酸盐、氯化物。然后用酸浸出、过滤，滤液用铁置换分离出金、银、铜，再真空结晶使硫酸钠析出，溶液用石灰乳沉淀得氢氧化锌，煅烧后可得氧化锌。金、银在有氧存在的氰化溶液中与氰化物反应生成金、银氰络离子进入溶液，经液固分离后用锌置换，再经冶炼得到成品金、银。

（四）选矿法回收铁精矿

硫铁矿烧渣中一般含铁量为 30%~50%，运用选矿技术处理硫铁矿烧渣获得炼铁原料，是国内用得最多和研究最广的硫铁矿烧渣综合利用方法。通过选矿处理，一般可使铁金属品位提高到 60% 以上，同时杂质成分的含量也可有不同程度的降低，从而获得基本满足炼铁原料质量要求的铁精矿。常用的烧渣选铁方法有磁选、重选、重选—磁选、磁化焙烧—磁选、磁选—浮选等。

1. 磁选工艺

烧渣中含有磁性较强的磁铁矿，用弱磁性磁选机分选可以获得较高品位的铁精矿，并具有投资少、生产成本低的特点，但铁精矿的产率取决于烧渣中强磁性矿物的含量。

磁选的工艺流程如图 6-7 所示。磁选的原料为烧渣的矿灰部分，溢流渣混入将使矿渣的磁性占有率下降，影响磁选作业。脱泥十分重要，应供给充足的水量，以保证脱泥效率。

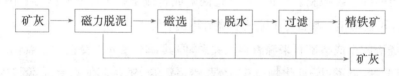

图 6-7　硫铁矿烧渣磁选工艺流程

2. 重选工艺

硫铁矿烧渣中，铁矿物与脉石矿物有一定的密度差异，利用重选设备能够实现分离。但由于铁矿物是由硫铁矿焙烧而成，结构疏松，密度比相同成分的天然矿物低，影响了重力分选的最终指标。烧渣经过重选，可将精铁矿含铁量提高到 55%~60%。

3. 重选—磁选联合工艺

单一的重选或磁选工艺一般难以达到令人满意的稳定的分选效果，采用重选—磁选联合工艺则可以有所改进。

4. 磁化焙烧—磁选工艺

采用先焙烧磁化后磁选的工艺，可以将硫铁矿烧渣中的弱磁性的赤铁矿转化为强磁性的磁铁矿，再采用弱磁选回收铁矿物。

5. 磁选-浮选工艺

采用磁选-浮选一体化选铁工艺,可以实现浮选颗粒额外受到磁力的作用,从而提高分选效果。

（五）制铁系颜料

利用硫酸与硫铁矿烧渣反应制取硫酸亚铁,再经过一定工艺(见图 6-8)生产铁系颜料(铁黄、铁红、铁黑、铁棕,铁棕是由铁黄、铁红、铁黑混合而成)。将硫铁矿烧渣及适量浓度的硫酸加入反应桶,反应后静置沉淀,经过滤,得到 $FeSO_4$ 溶液。向部分 $FeSO_4$ 溶液中加入 NaOH 溶液,制得 $Fe(OH)_2$。控制温度、pH 值和空气通入量,获得 FeOOH 晶种。将 Fe_2O_3OH 晶种投入氧化桶,加入 $FeSO_4$ 溶液进行反应。氧化过程结束后,将料浆过滤除去杂质,然后经过滤、结晶、干燥、粉碎等过程,即可得到铁黄颜料。硫铁矿烧渣制备氧化铁黄工艺流程如图 6-8 所示。铁黄颜料经 600～700 ℃煅烧、脱水,便可得到铁红颜料。直接合成法、还原法、氧化法等均可用于硫铁矿烧渣制铁黑。

图 6-8　硫铁矿烧渣制备氧化铁黄工艺流程

四、盐泥的综合利用

近几年,中国氯碱行业发展迅速,烧碱产能、产量继续稳居世界首位,成为名副其实的氯碱生产大国。氯碱法生产烧碱过程中产生大量盐泥废渣,其组成和排放量与原盐杂质含量及生产工艺有很大关系。一般每生产 1 t 100% NaOH 会产生 40～60 kg(干基)的盐泥。2017 年年底,中国在产氯碱生产企业约 170 家,烧碱总产能约 4 000 万 t/a,据估算外排盐泥约 80 万 t/a。目前很少有企业对盐泥进行有效治理,未经处理的盐泥有的在厂内外进行堆放,有的排入江、河、湖、海等水体,造成严重污染,影响植被的生长,破坏排放地生态自然环境。

目前,盐泥的综合利用途径主要如下:分离提纯无机盐,包括制备轻质氧化镁、七水硫酸镁、硫酸钙晶须、硫酸钡等;研制添加剂、吸附剂用于空气和水处理;制备建筑材料,如水泥、砖、建筑涂料,陶瓷颗粒等;在农业方面的应用主要为制作碱性化肥。其中很多技术尚不成熟,仍处于研究开发阶段。

（一）制备轻质氧化镁

目前,用盐泥制备轻质氧化镁主要以碳法为主。上海氯碱总厂电化分厂年产烧碱 17 万 t,每年排放盐泥约 24 000 m³,其中固体废物含量约 10%,该厂利用石灰窑废气中的二氧化碳为碳化气体,从盐泥中提取镁生产氧化镁,余渣用于制砖或其他建材原料,取得较好的经济效益和环境效益。

基本工艺如下:盐泥从化盐工段打入储槽,浓缩后的盐泥打入泥浆槽,分批投入洗涤槽,经洗涤,除去杂质,进行配料。控制一定浓度,打入碳化炉。石灰窑气(CO$_2$ 25%～30%)经洗涤除去杂质,净化后的空气通入碳化塔底进行碳化,使氢氧化镁生成碳酸镁。碳化液经板框压滤机过滤,滤液经蒸汽加热,水解析出白色结晶物,离心分离得碱式碳酸镁,在加热炉中煅烧得轻质氧化镁。滤饼代替黄泥用于制砖或其他建筑原料。

(二)制备陶粒

新疆天业天能化工开发了以盐泥为原料制备盐泥陶粒的技术,该技术以氯碱盐泥及电厂粉煤灰为主要原料,通过配料、烧结等生产出符合国家标准的高强、轻质盐泥陶粒产品。盐泥经过烘干、磨细后,加入高速立式紊流搅拌机与粉煤灰及焦炭灰按比例混合;搅拌均匀后,输送到成球机,通过加料速度和成球机倾斜角度控制成球粒径的大小;将生料球装填到烧结炉炉腔中,点燃烧结炉炉腔中的粉煤灰生料球的表层,并启动抽风系统,在炉腔中产生负压,从而使炉腔中粉煤灰生料球自表层向里层逐渐烧结。经窑烧结后,得到不同规格的盐泥陶粒产品。

(三)返井注入井下盐腔

中国平煤神马集团河南神马盐业股份公司的井盐生产采用"水平链接井水溶开采"工艺,将淡盐水通过采卤系统加压注入井下,逐层向上开采。随着开采的进行,地下的溶腔逐渐增大。该公司投入资金 9.54 万元,增设 2 台泥浆泵与 1 台空压机,利用压缩空气将盐泥搅拌均匀后通过采卤系统进入井下盐腔。管道不存在盐泥沉积堵管,淡卤水罐不存在沉积现象,也无盐泥堵井、再次返回地面现象。该项目的实施,真正地实现了氯碱行业卤水精制工段废物的零排放,在节能、环保等方面都具有重大社会效益。

(四)制备硫酸钙晶须和碱式硫酸镁晶须

四平昊华化工有限公司采用优质原盐制碱时,生产 1 t 碱产生盐泥 10～25 kg,可产生盐泥(干基)约 1 万 t/a。盐泥的主要成分为 CaCO$_3$、Mg(OH)$_2$、钠盐和泥沙等酸不溶性物质,其中,Ca^{2+} 和 Mg^{2+} 的质量分数分别约为 10%、8%。为了更好地利用盐泥中的 Ca^{2+}、Mg^{2+},公司通过配浆、酸解、沉淀分离来获得中间产品,用于制备 α-CaSO$_4$ 晶须和碱式硫酸镁晶须。盐泥的回收利用工艺流程如图 6-9 所示。

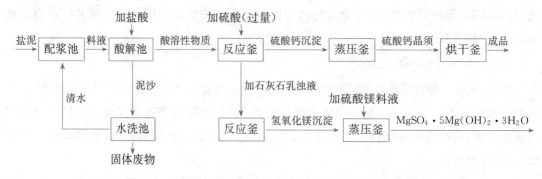

图 6-9　利用盐泥制备硫酸钙与碱式硫酸镁工艺流程

（1）配浆。将盐泥与水搅拌混合，使盐泥含水质量分数在 30％左右，配浆时固液（质量）比为 1：(1.0～1.2)最适宜。

（2）酸解。将配浆后的料液在酸解池中进行酸解，加工业盐酸控制 pH 值（3.0～4.0），得到 $CaCl_2$、$MgCl_2$ 与钠盐的清液。清液进入反应釜，固体废物进入水洗池（pH 值控制在 7 左右），可作为固体废物排放；水洗池中的水用于配浆。

（3）α-$CaSO_4$ 晶须的制备。反应釜中加入过量硫酸产生硫酸钙沉淀，沉淀经离心分离后配成一定黏度的料液打入蒸压釜，加媒晶剂（吸附在晶体表面的特定面上阻碍该面结晶，从而使晶形改变的试剂），在温度 100 ℃、压力 0.1 MPa 下维持 1 h；然后将蒸汽压力提高至 0.4 MPa，温度升到 139 ℃左右，反应 4～5 h 完成反应；最后用烘干釜烘干，至物料含水质量小于 0.3％时产品出釜。

（4）碱式硫酸镁晶须的制备。向硫酸钙沉淀分离后的清液中加入石灰石的乳浊液，得到 $Mg(OH)_2$ 沉淀；向反应釜中加入硫酸镁，控制温度为 130～170 ℃、压力为 304～709 kPa，在中等搅拌强度下，反应 2～6 h 即可得到碱式硫酸镁晶须产品，其分子式为 $MgSO_4 \cdot 5Mg(OH)_2 \cdot 3H_2O$。硫酸镁可通过硫酸钙沉淀分离后的清液加硫酸浓缩结晶获得，在此过程中须注意钠盐结晶影响。浓缩结晶过程产生的蒸汽冷凝后，流入酸解池，参与酸解反应。

五、电石渣的综合利用

（一）电石渣的组成

电石渣是电石（CaC_2）水解制取乙炔产生的残渣，其主要成分 $Ca(OH)_2$ 占其总量的 80％以上。此外，电石渣中还含有 CaO、SiO_2、Al_2O_3、Fe_2O_3 等物质。每 1 t 电石消解时产生干基电石渣 1～2 t，排出时带有 90％左右的水分，经自然风干后的电石渣含氢氧化钙 50％，碳酸钙 30％。电石渣若得不到妥善利用，长期堆放，不仅占用大片的土地，而且严重污染周围环境，使水源、土地碱性化。

（二）电石渣的综合利用

1. 电石渣生产建筑材料

（1）生产水泥。电石渣成分均匀，钙含量高，是优质的水泥原料，是目前综合利用电石渣的主要方式。我国利用电石渣生产水泥熟料始于 20 世纪 70 年代，利用电石渣生产水泥熟料主要有 4 种工艺，分别是湿法工艺、半湿法回转窑工艺、湿磨干烧工艺和干磨干烧工艺。

2005 年，新疆天业（集团）有限公司建成国内第 1 套 35 万 t/a 电石渣制水泥装置，标志着国内全电石渣制水泥技术取得了突破性的进展。与传统石灰石法水泥生产工艺相比，电石渣制水泥工艺每生产 1 t 水泥可减少 0.6 t 二氧化碳排放，减少石灰石开采量约 1 t，按 100 万 t/a 水泥生产规模计，可减少二氧化碳排放 60 万 t/a，减少石灰石用量 100 万 t/a。采用电石渣替代石灰石配料，与其他水泥生料浆混合或经过压滤后与其他原料混合成球后煅烧即可生产水泥。湿磨干烧工艺生产水泥的主要流程如下：配料后经过机械脱水，成为综合水分在43％左右的生料饼，再送入烘干磨机，利用窑尾气余热烘干，烘干后的物料随气流进入预热器、分解炉、回转窑煅烧成水泥熟料。

目前，电石渣制水泥生产线，代替石灰石生产水泥是电石渣用量最大、利用也最为彻底的方法。

（2）建筑砌块。采用电石渣生产碳化砖、免烧砖、加气混凝土砌块、非承重砌块等新型建筑材料具有良好的市场效应和环境效应。石膏砌块是以电石渣、煤矸石、粉煤灰为主要原料，经搅拌、浇注成型和改造后制成的块状轻质墙体材料。利用电石渣等废物生产砌块，在满足建筑物使用要求的同时，可大幅度降低建筑成本，实现变废为宝。

徐州北方氯碱集团有限公司将电石渣应用到砌块的生产中，效果十分显著。将粉煤灰、水泥、电石渣、强化剂和水按一定比例混合均匀后，在成型机上压制成型，经自然养护或水蒸气养护即成为成品砖。该公司规划建设的 3.7 m³/a 砌块生产装置投产后，可消耗电石渣1 700 t/a、粉煤灰 16 000 t/a。河北沧州化工有限公司以粉煤灰和电石渣为主要原料，建成 5万 m³/a 加气混凝土砌块，项目总投资 800 万元，年利润 300 万元。

（3）保温材料。传统的有机保温材料导热系数低，保温性能优于无机保温材料，但是防火阻燃性能低，燃烧后还会产生大量的 CO、HCN 等有毒、有害气体。利用电石渣生产出的绿色环保型无机保温隔热材料，具有轻质、防腐、防火等优点。

2. 电石渣生产化工产品

（1）环氧丙烷。环氧丙烷是一种重要的化工原料，以丙烯、氧气和熟石灰为原料的氯醇法环氧丙烷生产工艺过程中，氯丙醇皂化需要消耗大量熟石灰，而电石渣中含有大量$Ca(OH)_2$。福建东南电化股份有限公司氯碱厂在 2 万 t/a 氯醇法环氧丙烷生产中，采用电石渣乳化配制成 $Ca(OH)_2$ 质量分数为 18％的石灰乳作为氯丙醇皂化剂，并设计了具有自主知识产权的电石渣滤饼化乳新工艺，为企业带来了显著的经济效益，每年节约生产成本 594 万元。在利用电石渣的过程中，通过采取合适的除氨方法，生产出来的环氧丙烷产品质量明显提高。

（2）纯碱。在氨碱法纯碱生产中，NH_3 作为中间介质在生产过程中循环使用，而这一循环是借助蒸馏过程实现的，该过程需要石灰乳参加反应，加入石灰乳的作用是使母液中的结合氨分解转化为游离态的氨后受热蒸出，主要利用了石灰乳中 $Ca(OH)_2$ 的碱性。含有氯化铵的滤液与石灰乳中的 $Ca(OH)_2$ 混合加热，所放出的氨气可回收循环使用。电石渣的主要成分是 $Ca(OH)_2$，因此可以利用电石渣替代石灰石用于纯碱生产。唐山三友化工股份有限公司在产量提高、生石灰供应不足的情况下，通过技术改造，直接把氯碱厂产生的电石渣浆引入生产工艺过程，实现了循环经济。

（3）碳酸钙。电石渣经过预处理后，制成一定浓度的 $Ca(OH)_2$ 浆液，在添加剂作用下，

通入 CO_2 进行碳化,可以得到不同品质的 $CaCO_3$,如轻质 $CaCO_3$、纳米 $CaCO_3$、$CaCO_3$ 晶须等。这些 $CaCO_3$ 粉体材料可广泛的用作橡胶、塑料、涂料、医药、日化等行业中的填料、颜料、添加剂、增强剂和增韧剂等。值得注意的是,电石渣中含有 Fe、Mg、Al、Si、焦炭等杂质,影响了碳酸钙产品的白度和纯度。

(4)氧化钙。块状生石灰(CaO)是电石生产中的主要原料,利用电石渣中 $Ca(OH)_2$ 含量高的特点,通过除杂、挤压成型、煅烧等工艺生产高纯度 CaO 作为电石原料,是目前电石渣循环利用的有效途径。由于块状 CaO 作为电石原料时须具备一定的强度,直接煅烧电石渣通常只能获得粉状 CaO。

(5)生产氯酸钾。用电石渣代替石灰生产氯酸钾,可有效节约石灰。首先将渣浆中的杂质除去,得到滤液后送入氯化塔,与氯气、氧气反应生成氯酸钙,再往所得溶液中加入氯化钾,反应可生成氯酸钾溶液,干燥处理后得到产品氯酸钾。

3. 电石渣在环境治理中的应用

(1)烟气脱硫剂。常用的烟气脱硫技术都要消耗资源,如石灰石、MgO、Na_2CO_3 和液氨等,脱硫剂费用都较高。电石渣主要成分是 $Ca(OH)_2$,可以作为脱硫剂。

山西太原第一热电厂 3 台 300 MW 机组电石渣烟气脱硫装置于 2005 年开工建设,2006 年投产运行,每天可消耗电石渣 650 t,占太原化工集团有限公司电石渣产量的 80% 以上。数据显示脱硫率达到 97% 以上,石膏纯度达到 85%。

新疆天业集团有限公司与浙江大学环境科学研究所、浙江天蓝脱硫除尘有限公司合作,2008 年共同研究开发国内第 1 套国产化大型电石渣-石膏法烟气脱硫装置。该装置规模配套自备电厂 4×135 MW 热电机组,于 2009 年 8 月全部投产运行。其脱硫成本仅为传统脱硫工艺成本的 50%,奠定了国内烟气脱硫领域的低成本清洁生产新模式;采用全废渣脱硫剂,脱硫石膏生产水泥,废渣资源化利用率 100%,脱硫效率在 95% 以上,对新疆乃至全国脱硫产业都产生了积极的引领和示范作用。2009 年,新疆天业有限公司 2×300 MW 机组也实施了此项电石渣烟气脱硫技术,并对系统进行了优化升级,目前运行情况良好。

(2)电石渣处理工业废水。内蒙古兰太实业股份有限公司开展电石渣中和反应处理工业酸性废水的研究,并从中回收提取 $CaCl_2$ 产品。强碱性电石渣与废盐酸发生中和反应生产 $CaCl_2$ 溶液,经过过滤、脱色、再过滤、浓缩、结晶、干燥回收 $CaCl_2$。工艺流程简单,操作方便,设备简易,成本低,经济效益高,在工业生产上具有很大的可操作性。该研究一方面解决了环保处理和废水污染的问题,另一方面回收了 $CaCl_2$,给企业带来了经济效益。

六、硼泥的综合利用

硼泥是化工厂利用天然的硼镁矿经化学处理提取硼后剩余的多种化合物的混合物。在硼资源开发利用过程中,主要加工环节为利用硼矿石生产初级原料硼砂和硼酸,该过程产生大量的硼泥废物。每生产 1 t 硼砂产生硼泥量约 4~5 t。硼泥的化学组成主要是碳酸盐和碱式碳酸盐,外形呈浅黄色的土块状。硼泥呈碱性,硼砂泥的 pH 值约为 9,硼酸泥的 pH 值约为 7。

硼泥具有疏松多孔结构,有一定黏性和可塑性,硼泥的主要矿物组成有含铁橄榄石、菱镁矿、石英、变质蛇纹石和其他非晶质矿物,硼泥的主要化学组分为 MgO 和 SiO_2,并含有一定量的 Fe_2O_3、B_2O_3 和少量 CaO、Al_2O_3 等。硼矿工业区大量堆积硼泥不仅占用土地资源、危害植物生长,还会造成水体及环境污染,危害人类健康。同时,随着硼矿石不断消耗并日渐枯竭,硼泥的利用具有重要的现实意义。

(一) 制镁系列化工产品

使硼泥形成规则的几何形状,自然晒干,放入焙烧窑中,焙烧 10 h,将窑内温度控制在 600~700 ℃,提高氧化镁的活性。通过焙烧,烧失量达到 40%,从而使得氧化镁富集,氧化镁含量近 70%,然后加水对氧化镁进行消化 1 h 左右,温度控制在 85~95 ℃,生成氢氧化镁,消化反应方程式如下:

$$MgO + H_2O \longrightarrow Mg(OH)_2$$

将消化好的活性氧化镁进行碳化,温度控制在 85~95 ℃,压力为 0.3 MPa,碳化 2 h 左右,形成碳酸镁,反应方程式如下:

$$Mg(OH)_2 + CO_2 \longrightarrow MgCO_3 + H_2O$$

将含碳酸镁的溶液进行过滤,将滤液蒸发、浓缩、冷却、结晶、分离、干燥处理,可得到轻质碳酸镁。将碳酸镁在温度 700~800 ℃的状态下进行煅烧,获得轻质氧化镁,化学反应方程式如下:

$$MgCO_3 \longrightarrow MgO + CO_2$$

除上述轻质碳酸镁、轻质氧化镁外,还可以生产高纯无定形硼粉或进一步加工成高科技含量、高附加值的高纯氧化镁及氧化镁大尺寸单晶等产品。

(二) 用作建筑材料

1. 制砖

硼泥与黄土、炉灰按 1:2:0.3 混合后可作为烧砖的原科。由于硼泥较细,掺入硼泥后制成的砖坯表面光洁,黏结紧密,砖坯不易断裂。硼是一种典型的结晶化学稳定剂,因而掺入硼泥制成的砖抗粉化、抗潮湿、抗冻性能较一般黏土砖为优。目前掺硼泥 30%~40% 制成的砖,强度可达 100~150 号。

2. 硼泥制作陶粒

硼泥中含有大量的碳酸镁,在煅烧时比黄土更具有膨胀性,制成的陶粒强度增加,而重量却减轻了。掺入10%的硼泥和电厂粉煤灰制成的陶粒膨胀系数显著提高。用硼泥制陶粒生产工艺简单,是一种很有前途的利用途径。

3. 硼泥用于配制混合砂浆

砂浆按用途主要分为砌筑砂浆和抹灰砂浆。研究表明硼泥混合砂浆的抗压、抗剪强度和弹性模量均高于白灰混合砂浆理论数值,证实了硼泥混合砂浆性能优于白灰混合砂浆。研究证明,在砂浆中掺入硼泥不仅能增加硼泥混合砂浆的和易性和保水性,还具有一定的活性,是一种水硬性的掺合料。用硼泥代替石灰膏和部分黄沙后,可使砌体强度明显提高,和易性改善,而且软化系数和抗冻融循环均能满足砌筑要求。在混合砂浆中以硼泥取代石灰,其强度不仅不降低,反而有所提高,如25号砂浆强度可提高28%,50号砂浆强度可提高35%,75号砂浆强度提高近60%,且砂浆的和易性及抗冻性等指标均满足施工规程的要求。

4. 用于混凝土及路基混合料中

在混凝土中以硼泥取代10%~20%的水泥,可改善混凝土的施工和易性,提高其早期强度、抗折强度、抗冻性及抗渗性,若与粉煤灰混掺使用则综合效果更佳。

路基混合料中以硼泥取代石灰,可获得较高的早期强度,便于及早开放交通,且路基其他性能(如抗冻性、弯拉强度、弯拉模量、回弹弯沉值等)均优于普通石灰和级配砂砾(碎石)基层;若超量取代效果会更好。

(三)用作肥料

硼泥中含有的镁、硼等元素是农作物需要的中量和微量营养元素,可提高作物的抗病抗寒能力,促进植物内硅和酶的活性。通过向硼泥中加入一定量的稀硫酸或稀硝酸,使其发生中和反应,将反应的 pH 值控制在6~7,反应后的硼泥粉碎、风干,即可获得富含硫酸镁或硝酸镁和硼酸的硼镁肥。

将粉煤灰、硼泥按照一定的比例进行混均可制得硼肥。各组分的重量含量如下:粉煤灰75%~90%,氨或铵离子2%~10%,添加硼泥的重量为10%~25%,其余为水。该肥料制法简单,只要将各组分固体粉料与氨水混合搅拌均匀,密闭封存1~5 d,即可制得硼肥。长期使用这种肥料,土壤不板结,并能补充作物所必需的微量元素。

(四)用于冶金

1. 硼泥在锰硅合金冶炼中作为熔剂

硼泥中含有较高的 MgO 和 SiO_2,并有改善炉渣流动性和加速还原反应的 Na_2O 和 B_2O_3 及稀土氧化物等,从其组成上分析,硼泥可以作为生产锰硅合金的熔剂。把硼泥作为熔剂用于 5 MVA 矿热炉冶炼 $FeMn_{65}Si_{17}$ 合金,与白云石作为熔剂比较,锰回收率提高5.02%,硅利用率提高10.45%,电耗降低1 790 kW·h/t;把硼泥作为熔剂用于 1.8 MVA 矿热炉冶炼 $FeMn_{60}Si_{14}$ 合金,与白云石和石灰作为熔剂比较,锰回收率提高2.76%,硅利用率提高2.41%,电耗降低850 kW·h/t。

2. 硼泥作为烧结球团矿中的添加剂

熔剂性烧结矿的一个突出问题是易粉化,强度低,特别是低磷高硅磁铁精矿问题更为严重。大量试验表明,硼泥可提高烧结矿强度,降低自然风化和低温还原粉化率。宣化钢铁公司烧结配加硼泥的试验表明,烧结料配加 2%~3% 硼泥能够提高烧结强度,降低含粉率,减少槽下返矿,高炉冶炼得到强化,产量提高。此外,加硼泥后烧结矿中 MgO 增加,加上硼的作用,有利于高炉脱硫,提高生铁的一级品率。

另外,硼泥还可用于废水处理的中和剂、混凝剂,生产防水、隔热、凝胶材料等。

七、废纸的综合利用

(一) 废纸的概述

废纸泛指在生产生活中经过使用而废弃的纸制品,包括各种高档纸、黄板纸、废纸箱、切边纸、打包纸、企业单位用纸、工程用纸、书刊报纸等。在国际上,废纸一般分为欧废和美废两种。

随着经济社会的发展,纸张使用量快速上升,废纸大量产生。2013 年,我国纸及纸板产量达 10 250 万 t,按照 85% 是以木材纤维为原料计算,每吨耗费木材 4 m³,则造纸要消耗木材约 3.48 亿 m³。2015 年我国纸和纸板产量名列首位,为 1.071 亿 t,同时我国纸的消费量也最高,达到 1.035 2 亿 t。2016 年我国的废纸回收量已达到了 4 964 万 t,比 2003 年增加了三倍多。我国的废纸回收率逐年提高,截至 2016 年,纸回收率已达 47.6%。2017 年我国废纸进口量占全球废纸贸易量约 40%。

废纸作为造纸原料之一,既可减轻污染环保,又可减少森林砍伐,节省原生纤维资源,缓解原料紧张局面,经济和社会效益十分显著。在日本,废纸回收率已达 78%,德国废纸回收率为 83%。我国各地仅简单地将废纸分为书刊、报纸、纸板、纸袋、白纸边等有限的几种,缺乏统一标准,而且以散装的形式从废旧物资集散市场向外运输,而国际上标准化的商品打包废纸已经成为大宗贸易商品。美国的废纸分类标准已经高达 50 种。

我国造纸原料草浆、木浆混杂,废纸的原料纤维成分也难以与国外木浆废纸相比。在缺乏行业标准和统一监管的情况下,我国废纸回收体系十分散乱,难以出现有实力的大型废纸供货商。国内废纸的混杂和小批量运输难以满足造纸企业大规模生产的需要。为追求稳定的供货渠道和原料品质,大中型造纸企业往往采用进口废纸作为原料。

2017 年以来,我国废纸进口相关政策陆续推出,废纸进口管控趋严。2017 年下半年起,我国进口废物数量同比大幅下降。2018 年 3 月 1 日起,《进口可用作原料的固体废物环境保护控制标准—废纸或纸板》(GB 16487.4—2017)正式实施,该标准规定,申请进口废纸许可的加工利用企业生产能力需达到 5 万 t/a,进口废纸含杂率标准由 1.5% 调整为 0.5%。2018 年,前九批废纸审批总额度为 901.56 万 t,较 2017 年下滑 67%,获配企业数为 85 家,同比下降

45.86%。严苛的进口废物标准促使市场形成废纸供给缺口,国内废纸替代性需求上升,推动价格上涨。2018年,国内废纸回收已超过可回收量的90%,接近极限。

(二)废纸再生利用的特点

1.废纸具有广泛的再生用途

纸张的原料主要为木材、草、芦苇、竹等植物纤维,废纸又被称为"二次纤维",最主要的用途是纤维回用生产再生纸产品。根据纤维成分的不同,按纸种进行对应循环利用才能最大程度发挥废纸资源价值。

除再生纸生产外,低品质或混杂了其他材料的废纸还有其他广泛的再生用途:可以生产家具,新加坡等地用旧报纸、旧书刊等废纸卷成圆形细长棍,外裹一层塑胶纸制作实用美观的家具;可以作为模制产品,纸模包装制品可广泛用于产品的内包装,可替代发泡塑料;可以用于日用品或工艺专用品,难以处理的废纸可经过破碎、磨制、加入黏结剂和各种填料后再成型,生产肥皂盒、鞋盒、隔音纸板、装置纸等。

此外,废纸还有生产土木建筑材料、园艺及农牧业生产、用作燃料、提炼废纸再生酶、生产葡萄糖、化学工业上的利用等用途。

2.废纸已经成为最重要的造纸原料

利用原木造浆的传统造纸消耗大量木材、破坏生态,并造成严重的污染,因此,利用废纸的"城市造纸"已经和造林、造纸一体化的"林浆纸一体化"一起,成为现代造纸业的两大发展趋势。城市造纸同时还起到消纳城市垃圾的作用,体现"城市生产,城市消纳"的精神。一些发达地区城市有配套的城市废纸再生基地。

(三)废纸资源化

回收废纸再利用的方法分为两种:机械处理法和化学处理法。机械处理法不用化学药品,废纸经破碎制浆后,通过除渣器除去杂物,用水量很少,水污染较轻,但由于没有脱墨,只能用来制造低档纸或纸板。化学处理法主要用于废纸脱墨,原料常用新闻纸、印刷纸和书写纸等。再生纸技术包括拆开废纸纤维的解离工序和除去废纸中油墨及其他异物的工序,具体可分为制浆、筛选、除渣、洗涤和浓缩、分散和搓揉、浮选、漂白、脱墨等。

筛选是将大于纤维的杂质除去,如黏胶物质、尘埃颗粒以及纤维束等,这是二次纤维生产过程的重要步骤。除渣即进一步去除杂质,由专门的除渣器进行。洗涤目的是去除灰分、细小纤维及小的油墨颗粒。分散与搓揉是在废纸处理过程中,用机械力使油墨和废纸分离或分离后将油墨和其他杂质进一步碎解成肉眼看不见的微粒,并使其均匀地分布于废纸浆中,从而改善纸成品外观质量的一道工序。经过上述工序处理后的纸浆色泽会发黄发暗,为了生产出合格的再生纸必须进行漂白。漂白主要分氧化漂白和还原漂白。目前采用的多为氧化漂白法,如臭氧漂白、过氧化氢漂白等。

废纸再生回用的关键程序是脱墨,即将油墨从纸面上脱离下来。从废纸中去除油墨粒子的方法有两种。一种是通过水力碎浆机将油墨分散为微粒,并使油墨粒子小于 15 μm,然后通过二段或三段洗涤,将油墨粒子洗掉,这种方法称为洗涤法。另一种方法是通过水力碎浆机破碎后,加入脱墨剂,使油墨凝聚成大于 15 μm 的粒子,然后通过浮选,使油墨粒子从废纸浆中分离出来,这便是浮选脱墨法。

在废纸脱墨制浆工艺中,除较易处理的大杂质(如塑料、防撞泡沫等)外,量大且难处理的是作为危险废物的脱墨废渣。每 t 脱墨浆产生脱墨污泥 80~150 kg,其中包括脱墨过程和筛选过程中产生的污泥以及筛渣,脱墨污泥主要成分包括印刷油墨颗粒、废纸中的矿物填料和涂料,随油墨一起浮选流失的纤维和筛选过程中产生的粗渣。脱墨污泥中除 C(41.6%)、H(4.4%)、O(32.7%)及主要来源于矿物填料和涂料的 Ca(6.2%)、Al(0.97%)外,还含有一些重金属,干基脱墨废渣中含量较多的有 Cu(191 mg/kg)、Zn(90 mg/kg)、Pb(18 mg/kg)、As(14 mg/kg)、Cr(3.5 mg/kg)以及约 10 mg/kg 的有机氯。55% 干度时脱墨污泥的低温热值达 4 MJ/kg,一般利用焚烧法进行无害化处置并回收其中的能量。

废纸资源化其他用途包括:用作包装材料,如纸铸品、纸货盘(相当于集装箱);用作土木、建筑材料,如隔热材料、混凝土铸模、板材;用于农业生产,如再生纸覆盖材料;制作固体燃料以及制造活性炭等。

八、废塑料的综合利用

塑料与其他应用材料相比具有质量轻、强度高、耐磨性好、化学稳定性好、抗化学药剂能力强、绝缘性能好、经济实惠等优点,问世一个世纪以来,在生产和生活中得到了非常广泛的使用。随着塑料制品的大量使用,废弃塑料量急剧增加。废塑料不仅在环境中长期不被降解,而且散落在市区、风景旅游区、水体、公路和铁道两侧的废塑料制品严重影响美观,污染环境。由于废塑料制品多呈白色,所以其对环境的污染通常被称为"白色污染"。

我国是世界十大塑料制品生产国之一。全世界塑料产量在 1992 年为 1.05×10^8 t。其中,我国塑料产量约为 3.7×10^6 t,进口量近 2×10^6 t。1995 年,全国塑料产量增至 5.19×10^6 t,进口增至近 6×10^6 t,共计达 1.12×10^7 t,是 1992 年的 1.40 倍。1996 年,全国塑料生产和进口总量达 1.574×10^7 t,其中薄膜产量约为 2.41×10^6 t(含农膜约 9.3×10^5 t)。随着塑料生产量的增加,塑料包装材料的比例也在迅猛增长,1990 年国内包装用塑料为 9.5×10^5 t,到 1995 年增至 2.11×10^6 t,年增长率为 17.3%,是世界平均增长率 8.9% 的近 2 倍。这些塑料制品约 50% 被废弃在环境中。

我国塑料制品市场需求主要集中于农用塑料制品、包装塑料制品、建筑塑料制品、工业交通及工程塑料制品等方面。2017 年,我国塑料制品产量已达 7 515.5 万 t。2019 年,我国塑料制品产量为 8 184.2 万 t,目前我国已成为世界塑料生产、消费第一大国。

解决废塑料问题的主要途径包括两方面:一是回收利用;二是推广使用可降解塑料。可降解塑料是为了解决塑料在天然条件下不易降解而造成环境污染的问题而提出来的。降解塑料顾名思义是在普通塑料中加入填充物质,增加其在自然环境中的降解能力。根据其降解方法不同,降解塑料主要有光降解塑料和生物降解塑料两种。光降解塑料是根据塑料中高分子碳链受到紫外线作用可缓慢分解这一特点,在聚合时加入易受紫外线分解的单体或者加入可吸收紫外线加速碳链断裂的添加剂而生产的塑料,如加光敏剂的低密度聚乙烯等。生物降解塑料是在聚合时加入易生物降解的物质,使塑料在天然条件下能被生物所降解,最常用的添加剂是淀粉。除此之外,目前还在研究其他类型的可生物降解的塑料,如聚乳酸塑料,它是一种新型的生物降解材料,使用可再生的植物资源(如玉米)所提出的淀粉原料制成。淀粉原料经由糖化得到葡萄糖,再由葡萄糖及一定的菌种发酵制成高纯度的乳酸,最后通过化学合成方法合成一定分子量的聚乳酸。聚乳酸塑料具有良好的生物可降解性,使用后能被自然界中微生物完全降解,最终生成二氧化碳和水,不污染环境,这对保护环境非常有利,是公认的环境友好材料。降解塑料目前只在塑料材料应用的部分领域如制造薄膜等方面有所应用。总体来说,降解塑料在质量上不如普通塑料,而在价格上又高于普通塑料,同时其自然降解性能也还有待研究。此外,降解塑料由于添加了其他物质而不利于塑料的再生利用。

解决废塑料问题的主要途径是回收利用。世界上的许多国家,尤其是欧、美、日等发达国家,积极开发研究废塑料的再生利用技术。有些废塑料的回收利用技术已经成熟,并得到广泛应用。我国塑料产量很大,与之相应的塑料废弃量也很大。因此,废塑料的回收利用具有广阔的前景。

(一)塑料类型

一般塑料分为两大类:热固型塑料和热塑型塑料。热固型塑料只能塑制一次,热塑型塑料则可以反复重塑。热固塑料在日常生活中的应用要少一些,如酚醛塑料等。热塑型塑料主要有 6 种类型。

1. 聚氯乙烯(PVC)塑料

它广泛用于日常生活及工农业生产,如塑料凉鞋、人造革、工业用管道、电线包皮、各种机械设备的部件等。在电气工业上,主要用作绝缘材料,如灯头、插座、开关等。

2. 聚乙烯(PE)塑料

高压聚乙烯比较柔软,多用于制造薄膜、薄片、电线和电缆包皮及涂层等。中压聚乙烯可用于制作薄膜、薄板、管道、电气绝缘材料、汽车零件和各种日用品。低压聚乙烯的用途与中压聚乙烯基本相同,不同的是可以代替钢和不锈钢使用。聚乙烯塑料因无毒且不怕油腻可做食品包装。聚乙烯还有高密度聚乙烯(HDPE)和低密度聚乙烯(LDPE)之分。

3. 聚丙烯(PP)塑料

质量轻,能浮于水,耐热性好,而且耐腐性、拉伸性和电性能都较好,不足的是它的收缩性较大,低温时变脆,耐磨性也较差。

4. 聚苯乙烯(PS)塑料

不怕酸碱,电性能好,是优良的绝缘材料。由于其无色透明、染色性能好,可制作五光十色的塑料制品及儿童玩具。

5. 聚四氟乙烯(PTEF)塑料

塑料品种中强度最高的一种,而且几乎所有化学品对它都不起作用,甚至与硫酸和硝酸也不发生作用,可以在较高的温度下使用,具有耐高温、绝缘性能好、摩擦系数低等特点,主要用于制造各种耐腐蚀、耐高温和耐低温设备的零部件。

6. 聚甲基丙烯酸甲酯(PMMA)塑料和其他塑料

聚甲基丙烯酸甲酯塑料具有透光率好、强度大等特点,被誉为有机玻璃。聚对苯二甲酸乙二醇酯(PET)则广泛用于各种饮料容器等。此外,还有聚对苯二甲酸乙二酯(PETP)塑料等类型。

(二)废塑料的资源化

废塑料处理的第一步是分类收集,为其后利用提供方便。塑料生产和加工过程废弃的塑料,如边角料、等外品和废品等,其品种单一,没有污染和老化,需要单独收集和处理。在流通过程中排放的废塑料有一部分也可单独回收,如农用 PVC 薄膜、PE 薄膜、PVC 电缆护套料等,但大部分则属于混合废料,除了塑料品种复杂外,还混有各种污染物、标签以及各种复合材料等。

废塑料的破碎和分选是废塑料处理的第二步。废塑料破碎时要根据其性质而选用合适的破碎机。一般含复合材料时要选低转速的破碎机,对乙烯-醋酸乙烯共聚物(EVA)类的软质塑料则需要特殊的破碎技术。破碎程度根据需要差别很大,外形尺寸 50～100 mm 的为粗粉碎,10～20 mm 的为细粉碎,1 mm 以下的为微粉碎。废塑料中通常掺杂砂石和坚韧复合材料,需要试制强耐磨的刀具。

分选技术有多种,如静电法、磁力法、筛分法、风力法、比重法、浮游选矿法、颜色分离法、X 射线分离法(用于废 PVC 瓶分离)、近红外线分离法等,其中,近红外分离法为新型分离技术,可精确地把 PP、PVC、PET 等塑料瓶分开。

废塑料处理的第三步是资源化再生利用。归纳起来,废塑料再生利用技术主要包括三个方面。

1. 材料再生利用技术

塑料通过分选、清洗、破碎(低温破碎)、干燥、配料、捏合、造粒、成型的工艺,生产塑料型材。利用上述加工技术,将同种或异种废塑料直接成型加工成制品。一般多为厚壁制品,如板材或棒材等,有的公司在加工时装入一定比例的木屑和其他无机物,或使塑料包裹木棒、铁芯等制成特殊用途制品,大都已形成专利技术。

2. PET 饮料瓶材料再生技术

聚对苯二甲酸乙二醇酯(PET)回收程序:除盖,粉碎(6～10 mm),气流分选器进行纸和塑料的分选,清洗,分离出密度不同的 PET 和 HDPE 两种材料,再生利用。可用于纤维填充料、隔热材料、成塑制品(汽车外壳、手柄、开关)。美国制衣公司将回收的 PET 用于生产一种户外运动夹克衫。日本 1998 年回收了 32 万 t 的 PET,72％用于制造衬衫、地毯等纤维制品,13％用于制造包装箱中的隔离材料,9％用于制造洗发液容器。

3. 废塑料的建材利用

塑料油膏(嵌缝材料)、改性耐低温油毡、涂料、胶粘剂、聚氯乙烯塑料地板、油漆等。

塑料油膏是一种新型建筑防水嵌缝材料,它以废旧聚氯乙烯塑料、煤焦油、增塑剂、稀释剂、防老剂及填充料等配制而成,主要适用于各种混凝土屋面板嵌缝防水和大板侧墙、天沟、落水管、桥梁、渡槽、堤坝等混凝土构配件接缝防水以及旧屋面的补漏工程。塑料油膏是一种黏接力强、内热度高、低温柔性好、抗老化性好、耐酸碱、宜热施工兼可冷用的新型弹塑性建筑防水防腐蚀材料。典型的塑料油膏配比如下:现场配制热灌型为煤焦油 100 份、废旧聚氯乙烯塑料 18～20 份、二辛酯 3～5 份、滑石粉 20～25 份;冷嵌型为煤焦油 100 份、废旧聚氯乙烯塑料 18～20 份、二辛酯 3～5 份、滑石粉 80 份、二甲苯 30 份、糖醛 10 份。

聚氯乙烯改性耐低温油毡是以废旧聚氯乙烯塑料加入煤焦油,并加入一定量的塑化剂、催化剂、热稳定剂(煤焦油、二辛酯、硬脂酸钙等)经一定的工艺过程而制成的一种新型防水材料。

4. 废塑料的化学回收利用

化学回收是指在热和化学试剂的作用下高分子发生降解反应,形成了低分子量的产物,产物可进一步利用,如单体可再聚合,油品可进行深加工。目前,化学回收法包括热裂解法和解聚法。热裂解是指塑料在无氧条件下高温进行裂解,是目前研究较多并已用于生产的化学深加工技术。解聚是将高分子材料降解成单体或化学原料。解聚的途径又分为水解法、醇解法、酸解法、碱解法,根据不同的方法可以得到不同的分解产物。

第四节　电力工业固体废物

粉煤灰是从煤燃烧后的烟气中收捕下来的细灰,其主要来源为以煤粉为燃料的火电厂和城市集中供热锅炉排出的主要固体废物;此定义限于由于“煤”的燃烧而产生的粉煤灰。

2003 年我国新修订的《粉煤灰综合利用管理办法》指出,粉煤灰是燃煤电厂以及煤矸石、煤泥资源综合利用电厂锅炉烟气经除尘器收集后获得的细小飞灰和炉底渣。随着我国火力发电的快速发展,粉煤灰产生量也逐年增加,从 2001 年的 1.54 亿 t 增加到了 2013 年的 5.8 亿 t,增加了 2.77 倍。不过,从 2013 年到 2014 年,尽管燃煤(含煤矸石)发电装机容量增长了近5 000 万 kW,但是粉煤灰产生量 10 年来首次出现负增长。2014 年粉煤灰产生量约为 5.78亿 t,2016 年中国粉煤灰产生量约为 5.65 亿 t,尽管粉煤灰产量略有降低,但其排放量仍然巨大。

如大量的粉煤灰不加处理,会侵占土地;产生的扬尘会污染大气;其中的有毒化学物质会污染水体及土壤,对人类和其他生物的健康造成危害。我国粉煤灰综合利用率已经由1994 年的 35% 提高到 2015 年的 70%。《粉煤灰综合利用管理办法》明确规定,粉煤灰的综合利用是指从粉煤灰中进行物质提取,以粉煤灰为原料生产建材、化工、复合材料等产品,粉煤灰直接用于建筑工程、筑路、回填和农业等。

一、粉煤灰的组成

1. 粉煤灰的化学组成

我国火电厂粉煤灰的主要氧化物组成为 SiO_2、Al_2O_3、FeO、Fe_2O_3、CaO、TiO_2 和未燃尽碳等,如表 6-3 所示,化学成分与黏土相似。具体的化学成分与煤的矿物成分、煤粉细度和燃烧方式有关。

表 6-3　粉煤灰的化学成分　　　　　　　　　　单位:%

SiO_2	Al_2O_3	Fe_2O_3	CaO	MgO	$Na_2O \cdot KO_2$	SO_3	烧失量
43～56	20～32	4～10	1.5～5.5	0.6～2.0	1.0～2.5	0.3～1.5	3～20

粉煤灰的化学成分是评价粉煤灰质量优劣的重要技术参数,也是决定粉煤灰综合利用的主要依据。

粉煤灰的活性是指粉煤灰在和石灰、水混合后所显示的凝结硬化性能,主要来自活性 SiO_2(玻璃体 SiO_2)和活性 Al_2O_3(玻璃体 Al_2O_3)在一定碱性条件下的水化作用。因此,粉煤灰中活性 SiO_2、活性 Al_2O_3 和 f-CaO 都是活性的有利成分;硫在粉煤灰中一部分以可溶性石膏($CaSO_4$)的形式存在,它对粉煤灰早期强度的发挥有一定作用,因此,粉煤灰中的硫对粉煤灰活性也是有利组成。粉煤灰中的钙含量在 3% 左右,它对胶凝体的形成是有利的。根据粉煤灰中 CaO 含量的高低,可以将其分为高钙灰和低钙灰。CaO 含量在 20% 以上的粉煤灰叫高钙灰,低于 20% 的叫低钙灰,高钙灰质量优于低钙灰。我国燃煤电厂大多燃用烟煤,粉煤灰中 CaO 含量较低,属低钙灰,但 Al_2O_3 含量一般较高,烧失量也较高。有些燃煤电厂为脱除燃煤过程产生的硫氧化物,常喷烧石灰石、白云石,导致其粉煤灰的 CaO 含量在 30% 以上。国外把 CaO 含量超过 10% 的粉煤灰称为 C 类灰,而低于 10% 的粉煤灰称为 F 类灰。C 类灰本身具有一定的水硬性,可作为水泥混合材,F 类灰常作为混凝土掺和料,它比 C 类灰使用时的水化热要低。美国粉煤灰标准 ASTM C618 规定,用于水泥和混凝土的低钙灰(F 级灰)中,SiO_2、Al_2O_3 和 Fe_2O_3 的含量之和必须占总量的 70% 以上。高钙灰(C 级灰)中,SiO_2、Al_2O_3 和 Fe_2O_3 的含量之和必须占总量的 50% 以上。此外,粉煤灰中的 MgO、SO_3 对水泥和混凝土来说是有害成分,对其含量有一定的限制。我国要求 SO_3 含量小于 3%。粉煤灰中的未燃炭粒疏松多孔,是一种惰性物质,不仅对粉煤灰的活性有害,而且对粉煤灰的压实也不利。

2. 粉煤灰的矿物组成

粉煤灰是一种高分散度的固体集合体,是人工火山灰质材料,其矿物组成十分复杂,主要包括晶体矿物和非晶体矿物。

非晶体矿物主要为玻璃体,约占粉煤灰总量的 50%~80%,大多是 SiO_2 和 Al_2O_3 形成的固熔体,且大多数形成空心微珠。此外,未燃尽的细小炭粒也属于非晶体矿物。晶体矿物为石英、莫来石、磁铁矿、赤铁矿、生石灰及无水石膏等,常常被玻璃体包裹存在。

粉煤灰的矿物组分对其性质和应用具有很大影响。低钙粉煤灰的活性主要取决于玻璃相矿物,而不取决于结晶相矿物。低钙灰的玻璃体含量越高,其化学活性越好。高钙粉煤灰中富钙玻璃体含量多,又有较多的 CaO 和水泥熟料的一些矿物结晶组分。因此,高钙灰的化学活性高于低钙灰。这表明,高钙灰的性质既与玻璃相有关,又与其结晶相有关。

二、粉煤灰的性能与品质指标

(一)粉煤灰的物理性能

表 6-4　粉煤灰的物理性质

粉煤灰的基本物理性质		范　　围
密度/(g/cm³)		1.9~2.9
堆积密度/(g/cm³)		0.531~1.261
密实度/%		25.6~47.0
比表面积/(cm²/g)	氧吸附法	800~19 500
	透气法	1 180~6 530
原灰标准稠度/%		27.3~66.7
需水量/%		89~130
28 d 抗压强度比/%		37~85

如表 6-4 所示为粉煤灰的物理性质。粉煤灰外观类似水泥,颜色在乳白色到灰黑色之间变化。粉煤灰的颜色是一项重要的质量指标,可以反映含碳量的多少和差异,在一定程度上也可以反映粉煤灰的细度,颜色越深粉煤灰粒度越细,含碳量越高。通常,高钙粉煤灰的颜色偏黄;低钙粉煤灰的颜色偏灰,并且随碳分含量从低到高,颜色从乳白色变至灰黑色。粉煤灰颗粒呈多孔型蜂窝状组织,比表面积较大,具有较高的吸附活性。并且珠壁具有多孔结构,孔隙率高达 50%~80%,有很强的吸水性。

粉煤灰的组成波动范围较大,这就决定了其性质的差异。粉煤灰的物理性能包括密度、堆积密度、密实度、比表面积、稠度、需水量及 28d 抗压强度等性能。这些性质对粉煤灰的应用非常重要,它是化学成分及矿物组合的宏观反应。如表 6-4 所示是一些代表性电厂粉煤灰的基本物理性质。

我国粉煤灰的品位波动较大,相应的原状灰的 Ⅱ 级灰合格率也很低。我国由于除尘器直接收集下来的粉煤灰颗粒较标准要求有很大出入,一般都需要进行加工。这有可能与我国的锅炉容量总体偏小,收尘设施不完善,排灰系统不尽合理等有关。

(二) 粉煤灰的品质指标

粉煤灰可以作为水泥、混凝土的掺合料,亦可用于生产硅酸盐制品的火山灰质材料,更可大量地用作填筑材料或作为化肥和农业造田等。粉煤灰用于各种不同场合,特别是作为混凝土掺合料时,有一定的品质要求,粉煤灰作为水泥、混凝土掺合料时所涉及的品质指标包括细度、需水量比、烧失量、安定性、玻璃体、游离氧化钙以及抗压强度比等指标。

1. 细度和粒径

细度表示颗粒的粗细程度,粉煤灰颗粒粒径范围为 0.5~300 μm,这一范围与水泥接近,但其中大部分的颗粒要比水泥细得多。目前,各国粉煤灰细度指标的表征方法主要有两种:一种用比表面积(cm^2/g)表示;另一种用 45 μm 筛筛余量(%)表示。我国沿用标准筛测定,我国现行粉煤灰新标准把用于水泥和混凝土的粉煤灰的试验方法和筛余量指标从用 80 μm 标准筛人工筛分法改为用气流筛测定 45 μm 的筛余量。因为 45 μm 以下粉煤灰颗粒对混凝土性质的贡献较大,《用于水泥和混凝土中的粉煤灰》(GB/T 1596—2005)粉煤灰新标准中,采用 45 μm 筛余量(%)为细度指标,规定 Ⅰ 级灰不大于 12%,Ⅱ 级灰不大于 20%,Ⅲ 级灰不大于 45%。

粉煤灰细度试验用负压筛析仪对粉煤灰细度进行检验。它利用气流作为筛分的动力和介质,通过旋转的喷嘴喷出的气流作用使筛网里的待测粉状物料呈流态化,并在整个系统负压的作用下,将细颗粒通过筛网抽走,从而达到筛分的目的。

45 μm 方孔筛筛余按式 6-1 计算:

$$F = (G_1/G) \times 100 \tag{6-1}$$

其中：F 为 45 μm 方孔筛筛余（％）；G_1 为筛余物的质量（g）；G 为称取试样的质量（g），计算至 0.1％。

粉煤灰的物理性质中，细度和粒度是比较重要的项目。它直接影响着粉煤灰的其他性质，细度对粉煤灰质量的影响主要表现在三个方面。第一，影响粉煤灰的需水量。细度大则颗粒粗，意味着疏松多孔的玻璃体含量和粗大的未燃炭含量偏多，这些不规则多孔玻璃体和炭粒表面粗糙，蓄水孔多，粉煤灰需水量增加。同时，由于细小致密的球形玻璃微珠少，粉煤灰在集料间的滚珠轴承作用和润滑作用减弱，浆体达到相同流动性的需水量增加。所以，就一般情况而言，粉煤灰细度越大，其需水量越大，掺入该粉煤灰混凝土的单位用水量也增加，造成混凝土性能劣化。第二，影响粉煤灰混凝土拌合物的和易性。粉煤灰颗粒愈细，微细颗粒愈多，愈能均匀有效地填充到水泥颗粒之中，堵截混凝土内的泌水通道，减少泌水，愈能大幅度地减少浆体内的液体流动，增强了混凝土拌合物的黏聚性。第三，影响粉煤灰活性。粉煤灰愈细，其活性成分参与反应的表面积愈大，反应速度则愈快，反应程度也愈充分。有资料认为，5～45 μm 颗粒愈多，粉煤灰活性愈高，大于 80 μm 的颗粒对粉煤灰活性不利。研究也表明，粉煤灰的胶凝系数随细度的增大（颗粒增粗）而减少。

2. 颗粒级配

按颗粒级配，粉煤灰大致可分为三种形式：细灰，颗粒级配细于水泥，主要用于钢筋混凝土中取代水泥或水泥混合材料；粗灰，包括统灰和分选后的粗灰，颗粒级配粗于水泥，主要用于素混凝土和砂浆中取代集料；混灰，与炉底灰混合的粉煤灰，用作取代集料或用作水泥混合材料（尚须与熟料共同磨细或分别磨细），或者作填筑用粉煤灰。

3. 需水量比

在一定流动度下，掺一定量粉煤灰的水泥胶砂的需水量与基准水泥胶砂（不掺粉煤灰）的需水量之比，称为需水量比。用于混凝土中的粉煤灰，应保证在相同坍落度下，不使混凝土的拌合水量显著增加，甚至希望粉煤灰具有部分减水效果，这就要求粉煤灰的需水量比不能大。

粉煤灰需水量比是按规定的水泥标准砂浆流动性试验方法，以 30％的粉煤灰取代硅酸盐水泥时所需的水量与硅酸盐水泥标准砂砂浆需水量之比。按照《水泥胶砂流动度测定方法》（GB/T 2419—2005）测定试验胶砂和对比胶砂的流动度，以二者流动度达到 130～140 mm 时的加水量之比确定粉煤灰的需水量比。需水量比按式 6-2 计算：

$$X=(L_1/125)\times100 \tag{6-2}$$

其中：X 为需水量比（％）；L_1 为试验胶砂流动度达到 130～140 mm 时的加水量（mL）；125 为对比胶砂的加水量（mL）。

这个性质指标能在一定程度上反映粉煤灰物理性质的优劣，而且可以用来估计粉煤灰对混凝土的一些重要性质的影响。最劣粉煤灰的需水量比可在120％以上，特优粉煤灰需水量比则可能在90％以下。《用于水泥和混凝土中的粉煤灰》规定，Ⅰ级粉煤灰需水量比不大于95％，Ⅱ级粉煤灰需水量比不大于105％，Ⅲ级粉煤灰需水量比不大于115％。

4. 烧失量

烧失量表示的是粉煤灰在高温燃烧过程中未燃尽炭的含量。烧失量越大，未燃尽炭的含量就越多。

将粉煤灰用玛瑙乳钵研细，全部通过140目的细筛，在已恒重的灰皿上称量一定量的粉煤灰试样，放入马弗炉中进行灼烧。在950～1 000 ℃灼烧1 h后，取出灰皿放入干燥器中，待冷却后称重，然后将其按上述条件继续灼烧，直至恒重为止。

这些未燃尽炭的存在对粉煤灰质量有很大的负面影响，进而影响混凝土质量。这是因为：①炭粒粗大多孔，无胶凝性，易吸水，烧失量大的粉煤灰其需水量一般也较大，掺入混凝土后，往往会增加新拌混凝土用水量，造成混凝土泌水增多，干缩变大，降低了强度和耐久性；②未燃炭遇水后，会在颗粒表面形成一层憎水膜，阻碍水分进一步渗透，影响粉煤灰中活性氧化物与水泥水化产物 $Ca(OH)_2$ 的相互作用，从而降低粉煤灰的活性；③炭粒对引气剂或引气减水剂等表面活性剂有较强的吸附作用，在通常的引气剂或引气减水剂掺量下，烧失量大（含碳量高）的粉煤灰会使混凝土中的含气量、气孔大小和气泡所占的空间达不到期望值，影响混凝土耐久性。

5. 安定性

粉煤灰的许多工程应用希望有比较好的体积稳定性，但当粉煤灰加入混凝土后，其 SO_3、CaO、$MgCl_2$ 及 K、Na 含量较高时有可能影响混凝土的安定性。

粉煤灰内的 SO_3 主要集中在粉煤灰颗粒的表层。粉煤灰加入混凝土后，其 SO_3 能较快地析出，并参与火山灰反应形成水化硫铝酸钙。后者对混凝土的凝结时间、强度发展及安全性都有一定的影响。SO_3 含量表示的是各种硫酸盐含量，SO_3 含量高即意味着硫酸盐含量高。过高 SO_3 含量的粉煤灰掺入混凝土后，Na_2SO_4、K_2SO_4 等硫酸盐与水泥水化产物 $Ca(OH)_2$ 作用，生成 $CaSO_4$，$CaSO_4$ 再与水泥中铝酸三钙的水化产物——水化铝酸钙反应，生成三硫型水化硫铝酸钙（钙矾石），最终使固相体积增加约 2.5 倍，造成硬化混凝土体积安定性不良，混凝土膨胀开裂，强度和耐久性下降。

通常情况下，粉煤灰的安定性是能满足要求的，但高钙灰中氧化钙和氧化镁的含量较高，可能产生比较大的体积膨胀。有资料表明，当粉煤灰中晶体形态的石灰含量大于1％时，如作为掺合料掺入混凝土中就有可能产生不良效果。粉煤灰内的氧化镁能以两种形态存在：玻璃体及方镁石结晶体。以方镁石形态存在的氧化镁，其水化速度极慢。当水泥硬化浆体结构已基本稳定，而方镁石继续水化膨胀时可破坏混凝土硬化体结构。因此，一些国家的粉煤灰从标准中对氧化镁进行限值规定。由于氧化镁主要富集在玻璃珠内，方镁石量始终明显低于以化学分析所得的氧化镁总量。国外资料分析了大量粉煤灰的氧化镁含量及方镁石含量,结果表明方镁石量普遍低于氧化镁总量。其降低的幅度有较大波动,但就平均值估算,方镁石量约比氧化镁总量低2%。

含碱量是指粉煤灰内碱金属,即钾、钠氧化物的含量。碱能延迟混凝土的凝结时间,亦可能通过碱集料反应影响混凝土的耐久性。众所周知,碱集料反应可分成两类,即碱硅质集料反应与碱碳酸盐集料反应。粉煤灰对碱硅质集料反应有明显的抑制作用,但对碱碳酸盐反应的作用较小。关于粉煤灰的含碱量高到一定程度后能否继续抑制碱集料反应存在着不同的看法。国外资料认为,碱含量高的粉煤灰仍能显著地抑制碱集料反应。但美国 ASTM C618 仍然限定粉煤 Na_2O 当量值不得大于1.5%。

6. 玻璃体

粉煤灰由结晶相及玻璃相两大部分组成。以石英、莫来石、磁铁矿及赤铁矿为主的结晶相在常温下化学活性很低,很难与石灰发生火山灰反应,因此,粉煤灰内的这些结晶相对混凝土的强度贡献很小。玻璃体内以无定形形态存在的氧化硅及氮化铝的化学活性较高,有可能有较大的强度贡献。除高铁灰外,密度较大的粉煤灰,其多孔玻璃体含量较低,玻璃珠含量较高,因而其强度贡献亦较大。

7. 抗压强度比

粉煤灰水泥胶砂28d抗压强度比是衡量粉煤灰活性的重要指标,其数值大小反映了粉煤灰活性的高低。按《水泥胶砂强度检验方法(ISO 法)》(GB/T 17671—1999)测定试验胶砂和对比胶砂的抗压强度,以二者抗压强度之比确定试验胶砂的活性指数。依据《用于水泥和混凝土中的粉煤灰》(GB/T 1596—2005),计算抗压强度比。对比胶砂28d抗压强度也可取《强度检验用水泥标准样品》(GSB 14—1510)给出的标准值。

(三) 粉煤灰的活性

粉煤灰是一种人工火山灰质混合材料,它本身略有或没有水硬凝胶性能,但当其为粉状且有水存在时,能在常温,特别是在水热处理(蒸汽养护)条件下,与氢氧化钙或其他碱土金属氢氧化物发生化学反应,生成具有水硬胶凝性能的化合物,成为一种增加强度和耐久性的材料。这也正是粉煤灰能够用来生产各种建筑材料的原因所在。

1. 火山灰活性

火山灰的活性原是指天然的火山灰、硅藻土、凝灰岩、浮石等物质所具有的能与石灰或水泥发生化学反应的性能。目前,具有下述特点的物质称为火山灰质材料,其相应的性能即为火山灰活性。

(1) 该物质(天然或人工)以氧化硅、氧化铝为主要成分,且含有相当多的玻璃体或其他无定形物质。

(2) 该物质本身并不具有水硬性,即使将其磨细,拌水后也不能使之产生明显的强度。

（3）该物质在与石灰（或水泥，或石灰与石膏的混合物）混合后再拌以水，则能和氢氧化钙等发生反应，生成水化硅酸钙、水化铝酸钙和水化硫铝酸钙等一系列水化产物。

（4）上述拌合物能硬化，并产生明显的强度。

粉煤灰含有大量由硅铝组成的玻璃体，因而具有优良的火山灰活性，但它的活性需要激发剂激发，才能发挥出来。激发剂可以为碱性激发剂（$Ca(OH)_2$）或硫酸盐激发剂（$CaSO_4 \cdot 2H_2O$），粉煤灰在激发剂的作用下会生成水化硅酸钙、水化硫铝酸钙等具有水硬性的水化产物。

2. 粉煤灰活性评定

迅速、定量评定粉煤灰活性，对粉煤灰的利用具有重要意义。常用的评定方法有石灰吸收法、溶出度试验法和砂浆强度试验法。其中，前两种方法的应用具有一定的局限性。下面重点介绍一下砂浆强度试验法。

强度试验法是试验求取将粉煤灰与其他胶凝材料（通常是指石灰，也有用水泥熟料）结合后呈现的强度特性（强度试验值），用来作为衡量粉煤灰活性的指标。在一定条件下，强度试验值与火山灰活性有一定的相关性，在评定某些特定条件下粉煤灰的使用价值方面是很有用的，受到了国内外普遍重视。该法是在粉煤灰中掺入一定比例的石灰或水泥熟料，磨细到一定比表面积，配成砂浆，做成一定尺寸试件，分别测定试件与对比试件的强度，求得二者强度比，作为衡量粉煤灰活性的定量评定指标。强度综合反映了粉煤灰火山灰反应能力与其最终形成的水泥石结构状况，比较接近生产实际，而且试验操作简便，是迄今国内外公认的粉煤灰活性的最佳评定方法。在我国，关于试件抗压强度比试验可按《水泥胶砂强度试验方法（ISO 法）》中的水泥胶砂 28d 抗压强度试验法进行。

3. 影响粉煤灰活性的因素

影响粉煤灰活性的因素很多，而且非常复杂，其主要控制因素包括化学组成（主要是玻璃相）、玻璃体结构、玻璃体内活化点的化学物理缺陷（包括粉磨产生的那些缺陷）、水化反应介质的作用、颗粒的粒径分布状况，但总体可归纳为两大类：一类是化学方面的，主要涉及参与和促进火山灰反应的活性物质的数量和成分；另一类是物理方面的，主要影响水泥的水化过程及硬化后形成的水泥石结构。

（1）化学因素。由于硅铝质玻璃相是粉煤灰活性的主要来源，所以凡会使玻璃体数量减少的各种因素，如烧失量大、结晶相多，都对活性不利。此外，在玻璃相成分中，不同元素的作用也不尽相同。氧化硅、氧化铝是粉煤灰中最多的成分，也是生成水化产物的主要成分。但在不同龄期及温度条件下，各种氧化物参与水化反应的程度和重要性有差异。例如：铁能降低灰分的熔点，有利于玻璃微珠的形成，但因氧化铁参与水化反应的能力极差，一般认为氧化铁含量过高对活性不利；少量碱金属氧化物能促进水化反应的进行，但在使用活性骨料时，粉煤灰中的钾、钠氧化物含量过高会促进碱性骨料反应，从而破坏混凝土的安定性；粉煤灰中少量的三氧化硫有利于水化硅酸钙的生成及生成对早期强度有贡献的水化硫铝酸钙

（钙矾石），但过多的钙矾石膨胀会引起体积安定性问题，所以三氧化硫含量不得高于3%。

（2）物理因素。影响粉煤灰活性的物理因素的主要是颗粒形貌、微观结构等。对于不同品种的粉煤灰，其标准稠度需水量愈小，活性愈高；含碳量愈低，活性愈高；细度愈小，活性愈高。颗粒形貌方面，粉煤灰中球形玻璃越多，粉煤灰的活性越高。从微观结构特征上看，具有短链的硅氧四面体和铝氧四面体结构的粉煤灰具有较高的活性。

三、粉煤灰的综合利用

《电厂粉煤灰、渣排放与综合利用技术通则》(GB/T 15321—94)将粉煤灰综合利用范围分成六大类，即建材制品、筑路、混凝土及砌筑、回填、农业及养殖业、其他。

我国粉煤灰主要应用于建材、筑路工程、回填工程、农业、矿物提取等领域。在建材工业，粉煤灰主要用于水泥、商品混凝土以及粉煤灰砖、加气混凝土制品等新型墙体材料的生产；在筑路工程中，粉煤灰的主要利用形式是作为道路的路基以及作为道路的路面混凝土掺合料；在农业中，粉煤灰主要用于土壤改良。粉煤灰在其他方面的潜在利用包括粉煤灰提取氧化铝和白炭黑、粉煤灰选铁选碳等。

（一）提取有价元素和矿物

粉煤灰中除含有铝、硅、铁、碳等大宗元素外，还含有镓、锗等15种稀土贵金属元素。利用粉煤灰为原料提取相关有价元素，是实现粉煤灰高附加值利用的重要途径。目前，粉煤灰选碳和选铁技术已比较成熟，分离提取氧化铝、白炭黑、金属镓等技术也已取得重要进展。国外也有研究人员根据当地的粉煤灰特点在从事粉煤灰提取磷、镁等元素的相关研究工作。

1. 回收煤炭

粉煤灰中一般含碳量为5%～16%。回收煤炭的方法主要有两种。一种是用浮选法回收湿排粉煤灰中的煤炭，在含煤炭粉煤灰的灰浆水中加入浮选药剂，然后采用气浮技术，使煤粒黏附于气泡上浮与灰渣分离，回收率85%～94%，尾灰含碳量小于5%。浮选回收的精煤灰具有一定的吸附性，可直接做吸附剂，也可用于制作粒状活性炭。另一种是干灰静电分选煤炭，静电分选工艺的炭回收率一般在85%～90%。

2. 回收金属物质

粉煤灰中的铁大部分为四氧化三铁，少部分为粒铁，具有磁性，因此可用磁选法把粉煤灰中的铁选出来。粉煤灰中氧化铝的含量仅次于二氧化硅，列第二位，从粉煤灰中提取铝的化合物有提取氧化铝和提取硫酸铝两种，前者的主要生产工艺又有石灰石烧结法和碱石灰烧结法。

山东新汶电厂的粉煤灰中铁含量为7.68%，经富集、选矿后的精矿品位提高到55.8%，铁回收率为47.90%。大唐国际在内蒙古利用托克托电厂的高铝粉煤灰提取氧化铝项目已经实现工业化生产，而且运行状况良好。

3. 提取空心玻璃微珠

粉煤灰中有一种颗粒微小(粒径为 0.3～300 μm)、呈圆球状、颜色由白到黑、内透明到半透明的中空玻璃体,通称为微珠。从粉煤灰中分选出的空心玻璃微珠,按其密度大小一般可分为两类:空心漂珠(简称漂珠)和厚壁型空心微珠(简称沉珠)。

空心微珠具有质量小、高强度、耐高温、耐磨、导热系数小和绝缘性好等特点,不仅是塑料的理想填料,还可用于轻质耐火材料和高效保温材料,可广泛应用于耐火材料、塑料、橡胶、石油、电子,以及航空、潜艇等军事工业中。

4. 粉煤灰制取硅铝钡铁合金

在高温下用碳将粉煤灰中的 SO_2、Al_2O_3、Fe_3O_4 等氧化物的氧脱出,并除去杂质制成硅、铝、铁三元合金或硅、铝、铁、钡四元合金,作为热法炼镁的还原剂和炼钢的脱氧剂,可显著提高金属镁的纯度和钢的质量。

(二)粉煤灰用作建筑材料

我国粉煤灰综合利用始于建材领域,利用粉煤灰的量最大,约占利用总量的 35%,而且利用途径和方式也最多。目前,粉煤灰已广泛应用于水泥、混凝土、加气混凝土制品等新型墙材的生产。

1. 粉煤灰水泥

粉煤灰硅酸盐水泥(简称粉煤灰水泥),是由硅酸盐水泥熟料和粉煤灰、适量石膏磨细制成的水硬性胶凝材料。粉煤灰水泥中粉煤灰掺量按质量百分比计为 20%～40%。主要有粉煤灰硅酸盐水泥和粉煤灰无熟料水泥两种类型:前者是用粉煤灰代替黏土,由硅酸盐水泥熟料和粉煤灰加入适量石膏磨细制成水泥;后者是以粉煤灰为主要原料,配以适量的石灰、石膏共同磨细制成水泥。粉煤灰硅酸盐水泥水化热低,抗渗和抗裂性好,对硫酸盐浸蚀和水浸蚀具有抵抗能力,对碱反应能起一定的抑制作用,适用于一般民用和工业建筑工程、大体积水工混凝土工程、地下和水下混凝土构筑等方面。

沈阳市水泥厂利用沈阳热电厂的湿排粉煤灰做配料年生产火山灰硅酸盐水泥 12 万 t。江苏盐城水泥厂利用盐城电厂产生的粉煤灰生产粉煤灰硅酸盐水泥,也取得较高的经济效益以及良好的社会效益。

2. 粉煤灰混凝土

粉煤灰混凝土是以硅酸盐水泥为胶结料,砂、石子等为骨料,并以粉煤灰取代部分水泥熟料,加水拌和而成。在混凝土中掺入粉煤灰,不但能降低工程造价,而且能改善和提高混凝土性能,是高性能混凝土的理想掺合料。粉煤灰优质混凝土可提高混凝土的和易性,增大混凝土的流动度和泵送性,改善混凝土的泌水性,降低水化热,延续凝结时间。在现代混凝土中,粉煤灰已经与水泥、集料、水、外加剂同样重要,成为混凝土的一个重要组分。粉煤灰高性能混凝土是以耐久性为主要目标进行设计的混凝土。它以优异的耐久性(而不一定是高强度)为主要特征,也就是说,任何强度等级的混凝土都可以做成高耐久性混凝土。在三门峡大坝大体积混凝土中,浇注粉煤灰混凝土 180 万 m³,掺用粉煤灰 3.55 万 t,节约水泥 2.66 万 t。按照三峡工程建设委员会专家组的意见,粉煤灰掺量应在目前占胶凝材料总量 30%～32% 的基础上再提高 5%,最高可达到 40%。在日本,这一比例甚至高达 70%。正是由于大量掺加粉煤灰,大大改善了混凝土的抗裂性。大量Ⅱ级灰的质量虽然不如Ⅰ级灰,但经过球磨机研磨后,活性较原状灰大大提高,使原状灰成为匀化的、变异性较小的微细粒屑,原状灰中的实心和厚壁玻璃球虽然不易磨碎,但表面会出现擦痕,也有利于化学反应和颗粒界面的结合,因此,磨细灰也能配制出优良品质的粉煤灰混凝土。

3. 粉煤灰砖

粉煤灰砖主要有蒸压粉煤灰砖和烧结粉煤灰砖。

蒸压粉煤灰砖以粉煤灰和生石灰或其他碱性激发剂为主要原料,也可掺入适量的石膏及定量的煤渣或水淬矿渣等骨料,按一定比例配合,经搅拌、消化、轮碾、压制成型,在常压或高压蒸汽养护下制成,是我国利用粉煤灰生产房建材料最早出现的品种。

粉煤灰烧结砖是指以粉煤灰和黏土等黏结剂为原料,再辅以其他工业废渣,经配料、混合、成型、干燥及高温焙烧等工序而制成的砌墙用砖。依据黏结剂的不同,粉煤灰烧结砖可分为多种类型,主要有粉煤灰-黏土烧结砖,粉煤灰-页岩烧结砖,粉煤灰-煤矸石烧结砖等,粉煤灰的加入量可为 30%～80%。依据粉煤灰掺量的不同,一般将掺量在 30% 以下的称为低掺量粉煤灰烧结砖;30%～50% 的属于中掺量;50% 以上的属于高掺量。粉煤灰烧结砖的机理、基本性能、生产工艺、适用的标准、应用范围和应用技术都与普通黏土砖相同或相似。

新型墙体材料免烧免蒸粉煤灰砖以粉煤灰为主要原料,用水泥、石灰及外加剂等与之配合,经搅拌、半干法压制成型、自然养护制成。粉煤灰砖具保温效率高、耐火度高、热导率小、烧成时间短等优点。

抚顺石化石油二厂 6 000 万块/年粉煤灰烧结砖生产线经过两次改造,实现了一次码烧工艺生产粉煤灰多孔砖和空心砖。二次改造后的生产工艺流程如图 6-10 所示,原料中煤矸石、粉煤灰与黏土的比例为 40∶40∶20;并且可生产多个品种空心砖,包括 240 系列和 190 系列,孔洞率达到 55%,容重在 800 kg/m³ 以下,完全达到《烧结空心砖和空心砌块》(GB 13545—2014)国家标准的要求。

图 6-10　抚顺石化二厂改造后的工艺流程

4. 粉煤灰陶粒

粉煤灰陶粒是用粉煤灰作为主要原料,掺加少量黏结剂(如黏土、页岩、煤矸石、纸浆液等)和固体燃料(如煤粉),经混合、成球、高温焙烧而制得的一种人造轻骨料。根据焙烧前后体积的变化,将其分为烧结粉煤灰陶粒和膨胀粉煤灰陶粒两种,前者比后者容重大、强度高。粉煤灰陶粒的主要特点是容重轻、强度高、热导率低、化学稳定性好等,比天然石料具有更为优良的物理力学性能。

5. 粉煤灰砌块

利用粉煤灰生产的砌块有蒸养粉煤灰硅酸盐砌块、蒸压粉煤灰加气混凝土砌块、粉煤灰混凝土小型空心砌块、粉煤灰泡沫混凝土砌块、粉煤灰空心砌块等。粉煤灰砌块具有容重小、强度高、保温性能好、耐久性好等优点。

6. 粉煤灰轻质板材

玻璃纤维增强水泥轻质多孔墙板是以粉煤灰、低碱水泥、珍珠岩和抗碱玻璃纤维为主要原料,加入一定比例的外加剂,采用当今先进的叠模生产工艺,经过搅拌、振动、浇注、抽芯、养护、脱模等工序制作而成,具有重量轻、强度高、防潮保湿、隔热、隔音、阻燃等特点,广泛用于高层、超高层建筑的分室、分户及厨房、卫生间等非承重部位。

7. 粉煤灰功能材料

利用粉煤灰制作具有某种特定建筑功能(如保温、隔热、防水、防火、耐火、防腐等)的房建材料,也是粉煤灰综合利用的一条重要途径。例如,高强轻质耐火砖是以粉煤灰中选取的空心漂珠为主要原料,经合理配制、高温烧结,精制而成的耐火材制品,具有重量轻、耐火度高、抗压强度大、导热系数低、隔热性能佳、表面活性大等优点。

(三)筑路回填

1. 筑路

粉煤灰能代替砂石、黏土用于公路路基和修筑堤坝。常用粉煤灰、黏土、石灰掺和做公路路基材料。掺入粉煤灰后路面隔热性能好,防水性和板体性也有提高,适合处理软弱地基。

2. 回填

矿山的采空区、自然或人为形成的空洞都可用粉煤灰进行充填,还可利用粉煤灰平整土地。与常规充填材料相比,粉煤灰属轻体材料,适合在承重能力较差的地面上使用,可减少被充填地区的沉降幅度,降低充填结构的水平压力。液态的粉煤灰基浆体可以通过水力完全充填满空洞、隧道、废池等。尽管粉煤灰的含水量比土壤高,但粉煤灰的压实性对湿度显示出明显的惰性。

(四)用于农业生产

1. 用作土壤改良剂

粉煤灰中的硅酸盐矿物质和炭粒具有多孔结构,是土壤本身的硅酸盐矿物质所不具备的。将粉煤灰施入土壤,有利于降低土壤密度、增加孔隙、提高地湿、缩小土壤膨胀率,有利于改善土壤的孔隙度和溶液在土壤内的扩散,有利于植物根部加速对营养物质的吸收和分泌物的排出,促进植物生长。

2. 用作农业肥料

粉煤灰含有大量的易溶性 Si、Ca、Mg、P 等农作物必需的营养元素,可制成肥料使用。粉煤灰中还含有大量 SiO_2、CaO、MgO 及少量 P_2O_5、S、Fe、Mo、B、Zn 等有用成分,因而也被用作复合微量元素肥料。

(五) 在环保方面的应用

1. 粉煤灰制分子筛

以粉煤灰代替硅酸钠为主要原料,加上工业氢氧化铝和纯碱,通过混合、碳化、晶化制备分子筛,该工艺(见图 6-11)简单,可节约化工原料,降低成本,广泛用于各种气体和液体的脱水、干燥,气体的分离、净化,液体的分离纯化及其他石化工业中。

图 6-11　粉煤灰制分子筛工艺流程

2. 粉煤灰制烟气脱硫剂

粉煤灰中含有 CaO,因此粉煤灰水具有一定的脱硫能力。在湿法烟气脱硫技术中,粉煤灰水脱硫率在 15%～20%。粉煤灰与吸收剂混合使用时,可以节约 20%～60% 的吸收剂用量。试验证明,用粉煤灰制成的脱硫剂的脱硫效率要高于纯的石灰脱硫剂,在适当的粉煤灰、石灰比和反应温度下,脱硫率可超过 90%。

3. 用于废水处理

粉煤灰中含沸石、莫来石、炭粒和硅胶等,其比表面积大、多孔,具有很好的吸附性和沉降作用。粉煤灰对生活污水、印染废水、造纸废水、电镀废水等都有很好的处理效果。粉煤灰与工业废水接触后,能吸附废水中的有机和无机等污染物。粉煤灰所含的 Al^{3+}、Fe^{3+} 具有絮凝沉淀作用,与煤灰构成吸附絮凝沉淀。

四、锅炉渣的综合利用

锅炉渣是以煤为燃料的锅炉燃烧过程中产生的块状废渣。锅炉渣的化学成分与粉煤灰相似,但含碳量通常比粉煤灰高,一般在 15% 左右,热值一般为 3 500～6 000 kJ/kg,有的超过 8 000 kJ/kg。锅炉渣的容重一般为 0.7～1.0 t/m³。

锅炉渣可用作制砖内燃料,做硅酸盐制品的骨架,以及用于筑路或做屋面保温材料等。

1. 用作制砖内燃料

将锅炉渣粉碎到 3 mm 以下,与黏土掺和制成砖坯,在焙烧过程中,炉渣中的未燃碳会缓慢燃烧并放出热量。由于砖的焙烧时间很长,这些未燃碳可在砖内燃烧得很完全,采用内燃烧技术可收到显著的节能效果。通常每生产 1 万块砖耗煤 1.2～1.6 t,而利用炉渣做内燃料后,每万块砖仅需煤 0.1～0.2 t。据统计,辽宁省凌源市几十个砖厂利用炉渣后煤耗降低了80%。上海振苏砖瓦厂利用上海杨浦煤气厂、上海焦化厂等厂的炉渣和焦炭屑为内燃料生产的烧结黏土空心砖曾用于上海希尔顿酒店、宝钢工程等。

2. 其他用途

锅炉渣容重较小,可做屋面保温材料和轻骨料。可用锅炉渣代替石子生产炉渣小砌块,作为蒸养粉煤灰砖骨料。

沸腾炉渣有一定活性,可作为水泥的活性混合材,也可以与少量水泥熟料混合,磨细配制砌筑水泥,或与石灰、石膏混合磨细配制无熟料水泥。沸腾炉渣易磨性好,做混合材料可起到助磨作用,降低水泥生产电耗。沸腾炉渣还可用于生产蒸养粉煤灰砖和加气混凝土。

📅 本章小结

本章介绍了常见工业固体废物中的冶金渣(高炉渣、钢渣、铁合金渣、有色金属冶炼渣)、化学工业固体废物(铬渣、废石膏、硫铁矿烧渣、盐泥、电石渣、硼泥、废纸、废塑料)、电力工业固体废物(煤矸石、锅炉渣)的概念、组成特点、来源与现状,阐述了这些工业废物的资源化途径、工艺与技术原理。本章学习目标是熟悉工业废物的组成特点与相应的转化利用技术。

✏️ 关键词

工业固体废物 冶金渣 化学工业固体废物 粉煤灰

❓ 习 题

1. 填空

(1) 高炉渣化学成分中的主要_____氧化物之和与_____氧化物之和的比值,称为高炉渣的碱性率或碱度。按冷却方式的不同,高炉渣有_____、_____、_____三种基本类型。钢渣具有活性,是指钢渣中的 $3CaO \cdot SiO_2$、$2CaO \cdot SiO_2$ 等作为活性矿物,具有_____性。

(2) 钢渣具有不稳定性,是指有游离_____和游离_____,会消解成为氢氧化钙、氢氧化镁,导致钢渣的体积膨胀,可大至一倍。含_____超过 4% 的钢渣,可直接用作低磷肥料,相当于等量磷的效果。钢渣资源化的首要目标是最大程度上将_____从钢渣中提取分选出来,返回炼钢或炼铁,节约资源。

(3) 铬渣干法解毒是将铬渣与无烟煤按一定比例在 800~900 ℃ 温度下焙烧,将_____铬还原成_____铬。

(4) 废纸回用再生纸的关键程序是_____,会产生大量且难处理的作为危险废物的_____。

(5) 高强轻质耐火砖是以粉煤灰中选取的为_____主要原料,经合理配制、高温烧结、精制而成的耐火材制品。

2. 高炉渣有哪些方面的应用?

3. 钢渣有哪些方面的应用?

4. 铁合金渣有哪些方面的应用?

5. 简述化学工业固体废物的概念。

6. 铬渣有哪些方面的应用?

7. 工业废石膏有哪些方面的应用?

8. 硫铁矿烧渣有哪些方面的应用?

9. 粉煤灰有哪几方面的应用?

10. 锅炉渣有哪几方面的应用?

11. 简述粉煤灰的品质指标。

12. 简述铬渣做玻璃着色剂的优点。

13. 简述工业固体废物污染特征。

第七章　污泥

📖 **学习目标**

1. 了解污泥的来源、现状及危害，了解污泥的处置途径。
2. 掌握污泥的概念、组成特点以及脱水、焚烧、厌氧消化等技术原理。
3. 熟悉浓缩、调理、脱水、干化(干燥)、焚烧、热解消化等处理工艺及其相关设备。

第一节　污泥概述

一、污泥的基本概念

根据日本公共事业单位对产业排放废物的分类，污泥是指工业废水处理后的残余泥状物质以及各种制造业生产过程中产生的泥状物质，有机的、无机的以及二者混合的所有泥状物质，其中强调了污泥中含有有机物的概念。

美国环保署对污泥的早期定义是污水处理过程中产生的固体、半固体或液体残留物。1995 年，水环境联合会(Water Environment Federation，WEF)为了准确反映绝大多数污水污泥具有重新利用价值，将经过无害化处理(如消化和堆肥)后可利用的有机固体定义为生物固体(biosolid)，其突出的特点是强调"生物固体"的资源化利用；将未经无害化处理的有机固体定义为污泥(sludge)。

我国污泥作为固体废物的一种被纳入《固体废物污染防治法》进行管理。2009 年 2 月 28 日印发的《城镇污水处理厂污泥处理处置及污染防治技术政策(试行)》(建城〔2009〕23 号)中对污泥的定义如下：城镇污水处理厂污泥是指在污水处理过程中产生的半固态或固态物质，不包括栅渣、浮渣和沉砂。

从上述定义可以看出，一般而言，污泥是指污水处理后的产物，它的成分包括污水处理中产生的微生物残片,混入污泥中的泥沙、纤维、植物残体等固体物质和吸附的有机物、金属、病菌、虫卵等。

污泥的物质组成包括:

(1) 水分,含水量在95%左右或更高;

(2) 挥发性物质和灰分,前者是有机杂质,后者是无机杂质;

(3) 病原体,如细菌、病毒和寄生虫卵等,这些病原体大量存在于生活污水、医院污水、食品工业废水和制革工业废水等的污泥中;

(4) 有毒物质,如氰化物、汞、铬或某些难分解的有毒有机物。

在污水处理过程中,将污染物与污水分离,在完成污水净化的同时,产生了大量污泥。这些污泥中含有各种污染物质,如果不加以有效的处理处置,仍然会污染环境。同时,污泥又是一种特殊的废物,若经适当处理,可以成为资源加以利用。因此,污泥的处理与资源化是目前环境工程和给排水专业研究的重点领域之一,是水处理和固体废物处理领域共同的课题,是给水厂及污水处理厂投资建设的重点方向,也是业内日益关注的热点问题和发展重点。

二、污泥的组成分析

城市污泥处理与利用技术措施选择的依据是城市污泥的性质(物理、化学和生物),污泥的组成则是其性质表现的基础。其主要组成特点如下。

(一) 污泥的有机组成

污泥有机物的组成如表7-1所示。元素组成方面,一般按碳(C)、氢(H)、氧(O)、氮(N)、硫(S)、氯(Cl)6种元素的构成关系(如质量分数)来考察污泥的有机元素组成。

表 7-1 城市污水处理厂污泥的组成及营养物含量

污泥种类	组　　成	总氮/%	磷（P_2O_5）/%	钾/%	腐殖质/%
初沉污泥	含固率2%～3% 有机物含量65%	2.0～3.4	1.0～3.0	0.1～0.3	33
腐殖污泥	含固率1%～4% 有机物含量60%	2.8～3.1	1.0～3.0	0.11～0.8	47
剩余污泥	含固率0.5%～0.8% 有机物含量60%～80%	3.5～7.2	3.3～5.0	0.2～0.4	41

污泥有机物另一种组成描述方式是化学组成(或化合物组成、分子结构组成)。污泥有机物分子结构组成状况十分复杂,因此应按其与污染控制和利用有关的各个方面来描述其化学组成。其中包含:①毒害性有机物组成;②有机生物质组成;③有机官能化合物组成;④微生物组成。

毒害性有机物组成描述的是污泥中的毒害性有机物含量。毒害性有机物是按其对环境生态体系中的生物毒性达到一定程度来定义的,在各国均已公布的环境优先控制物质目录中可找到相应的特定物质。污泥中主要的毒害性有机物主要有多环芳烃(PAHs)等。

有机生物质组成是按有机物的生物活性及生物质结构类别对污泥有机物组成进行的描述。前者可将污泥有机物划分为生物可降解性和生物难降解性两大类;后者则以可溶性糖类、纤维素、木质素、脂肪、蛋白质等生物质分子结构特征为组分分类依据,对污泥有机质进行组成描述。这两种生物质组成描述方式能有效地提供污泥有机质的生物可转化性依据。

有机官能化合物组成是按官能团分类对污泥有机物组成进行描述的方法,一般包含的物质种类有醇、酸、酯、醚、芳香化合物、各种烃类等。此组成状况与污泥有机物的化学稳定性相关。

描述污泥的微生物组成主要是为了揭示污泥的卫生学安全性,用于描述的组成指标应是相关致病、有害的生物含量(如各种致病菌、病毒、寄生虫卵和有害昆虫卵等)。由于污泥可能含有的各种微生物种类繁多,为使组成描述更为高效,一般采用所谓的生物指示物种的含量来描述污泥的微生物组成。我国一般采用大肠菌值、粪大肠杆菌菌落数和蛔虫卵等生物指标;国外为能间接地检查病毒的无害化处理效果,多将生物生命特征与病毒相似的沙门氏菌列入组成分析范围。

(二)污泥无机物的组成

污泥的无机物组成也是按其与污染控制和利用有关的各个方面来进行描述的,其中包含毒害性无机物组成、植物养分组成和无机矿物组成三个主要的方面。

污泥的毒害性无机物组成是按其毒害性元素的含量对污泥进行组成描述的,无机毒害性元素主要包含砷(As)、镉(Cd)、铬(Cr)、汞(Hg)、铅(Pb)、铜(Cu)、锌(Zn)和镍(Ni)8种元素。考虑到无机元素的生物可利用性,除了按固相总含量进行组成分析外,还可按各毒害元素的生物水溶态、酸性水溶态和络合可交换态的比例进行相关元素含量的描述。

污泥植物养分组成是按氮(N)、磷(P)、钾(K)3种植物生长需求的宏量元素含量对污泥组成进行的描述,既是对污泥肥料利用价值的分析,也是对污泥进入水体的富营养化影响的分析。对污泥植物养分组成的分析,除了总量外也必须考虑其化合状态,因此氮可分为氨氮(NH₃·N)、亚硝酸盐氮、硝酸盐氮和有机氮四类;磷一般分为颗粒磷和溶解性磷两类;钾则按速效和非速效分为两类。

污泥的无机矿物组成主要是铁(Fe)、铝(Al)、钙(Ca)、硅(Si)等元素的氧化物和氢氧化物。这些污泥中的无机矿物对环境而言通常是惰性的,但它们对污泥中重金属的存在形态(影响可溶性比例)以及污泥制建材的适用性有较大影响。

(三)污泥的流动相组成

污泥流动相主要由水及溶于水中的各种有机和无机物质组成,污泥中的水溶性污染物组成与城市污水中的相似,但一般浓度稍高。

一般认为污泥中的水有自由水分、间隙水分、表面水分和结合水分 4 种存在状态。

污泥中所含水分的重量与污泥总重量之比的百分数称为污泥含水率。通常含水率在 85% 以上时,污泥呈流态,含水率为 65%～85% 时呈塑态,含水率低于 60% 时则呈固态(见表 7-2)。当污泥含水率大于 65% 时(含水率低于 65% 时污泥内会出现很多气泡),污泥的体积、重量及所含固体物浓度之间的关系:

$$V_1/V_2 = W_1/W_2 = (100 - p_2)/(100 - p_1) = C_2/C_1 \tag{7-1}$$

其中:V_1、W_1、C_1 分别为污泥含水率为 p_1 时的污泥体积、重量与固体物浓度;V_2、W_2、C_2 分别为污泥含水率为 p_2 时的污泥体积、重量与固体物浓度。

表 7-2 污泥含水率与污泥性状变化的关系

含水率/%	95	90	75	50	10
热值/(MJ/kg)	—	—	1.78	6.06	12.9
植物养分/%	0.25	0.5	1.25	2.5	4.5
流动特性	黏性流体	浆状	膏体	弹性颗粒	脆性颗粒

注:植物养分以 N、P、K 的含量之和表示。

例题 7-1 污泥含水率从 97.5% 降低至 95% 时,求污泥体积的变化。

解: 由式(7-1)

$$V_2 = V_1(100 - p_1)/(100 - p_2) = V_1(100 - 97.5)/(100 - 95) = (1/2) \times V_1$$

可见污泥含水率从 97.5% 降低至 95% 时,污泥体积减小一半。

三、污泥的来源及分类

污泥可能是废水中早已存在的,也可能是废水处理过程中产生的。前者是各种自然沉淀中截留的悬浮物质,后者是生物处理和化学处理工程中,由原来的溶解性物质和胶体物质转化而成的悬浮物质。由于污泥的来源不同,污泥的种类很多,分类比较复杂,一般可以按以下方法分类。

(一)按来源分类

污泥主要有市政污泥、管网污泥、工业污泥和河湖淤泥四类。其中工业污泥根据其来源,有着非常大的差异(见表 7-3)。这些差异主要表现在黏度、吸湿性、污染物性质、含油率、含水率、有机质比例、无机物比例等多方面。相较于生活污水污泥,其黏度大、含油率高、无机物比例高,使得其处理难度更高。市政污泥主要是指来自污水厂的污泥,这是数量最大的一类污泥。此外,自来水厂的污泥也来自市政设施。

表 7-3　几种典型工业污泥的特点对比

污泥种类	特　点
城市污泥	产泥量中等,一般占生活污水处理水总体积的 0.1% 左右,但是总量大,有机物含量高,含水率高,一般为 95%～99%,即使脱水后含水率仍在 60%～80%,有大量的病原菌和寄生虫,容易腐烂发臭,极不稳定
石化污泥	成分比较复杂,含有不同种类的重金属,一般石油污泥含油,黏度大,含水率高,一般高达 96%～99%,经机械脱水后仍有 70%～85%,体积和质量较大,有机物含量小,热值较低
印染污泥	产泥量大,总污泥量占污水总体积的 0.3%～1.0%,含水率高,一般高达 96%～99%,经机械脱水后仍有 55%～85%,体积和质量较大,印染污泥一般惰性物质含量较高,而有机物、病原菌等含量较低,热值也较低,一般重金属含量高
造纸污泥	灰分比较大,一般可以达到 50%～70%,所以热值比较低; 含水率高,一般达到 95%～99%,即使脱水后含水率仍有 60%～80%; 污泥量比较大,而且其中含有大量的纤维
制革污泥	产泥量大,一般每天可以产生 40～80 t 污泥/ 万 t 废水,有机物含量高,由于在皮革处理过程中产生大量皮毛、血污,所以有机物含量非常高,有毒物质多,S^{2-} 和 Cr^{3+} 含量高
电镀污泥	含有氰化物以及铬、铜、锌、镉、镍等重金属,化学法处理电镀废水是产生污泥的主要来源,电镀污泥中有机物含量低,热值小

(二)按处理方法和分离过程分类

污泥可分为四类。

(1)初沉污泥:污水一级处理过程中产生的沉淀物。

(2)活性污泥:活性污泥法处理工艺二次沉淀池产生的沉淀物。

(3)腐殖污泥:生物膜法(如生物滤池、生物转盘、部分生物接触氧化池等)污水处理工艺中二次沉淀池产生的沉淀物。

(4)化学污泥:化学强化一级处理(或三级处理)后产生的污泥。

(三)按污泥的不同产生阶段分类

(1)沉淀污泥:初次沉淀池中截留的污泥,包括物理沉淀污泥、絮凝沉淀污泥(见图 7-1)、化学沉淀污泥。

(2)生物处理污泥:在生物处理过程中,由污水中悬浮状、胶体状或溶解状的有机污染物组成的某种活性物质,称为生物处理污泥。

(3)生污泥:指从沉淀池(初沉池和二沉池)分离出来的沉淀物或悬浮物的总称。

(4)消化污泥:为生污泥经厌氧消化后得到的污泥。

(5)浓缩污泥:指生污泥经浓缩处理后得到的污泥。

(6)脱水干化污泥:指经脱水干化处理后得到的污泥。

（7）干燥污泥：指经干燥处理后得到的污泥。

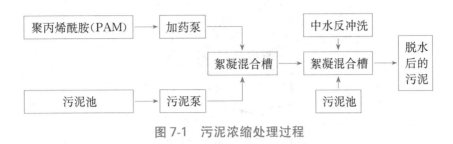

图 7-1　污泥浓缩处理过程

（四）按污泥的成分和性质分类

污泥可分为有机污泥和无机污泥，亲水性污泥和疏水性污泥。

四、污泥的基本性质

正确把握污泥的性质是科学合理地进行污泥处理与资源化应用的前提条件，只有根据污泥的性质，才能正确选择有效的处理工艺和资源化设施。

（一）物理特性

污泥是由水中悬浮固体经不同方式胶结凝聚而成的，结构松散，形状不规则，比表面积与孔隙率极高（孔隙率常大于 99％），含水量高，脱水性差。外观上具有类似绒毛的分支与网状结构。

（二）化学特性

生物污泥以微生物为主体，同时包括混入生活污水的泥沙、纤维、动植物残体等固体颗粒以及可能吸附的有机物、金属、病菌、虫卵等物质。污泥中也含有植物生长发育所需的氮、磷、钾及维持植物正常生长发育的多种微量元素和能改良土壤结构的有机质。

（三）污泥中水分的存在形式及其性质

污泥中的水分有四种形态（见图 7-2）：表面吸附水、间隙水、毛细结合水和内部水。表面张力作用吸附的水分为表面吸附水。毛细结合水又分为裂隙水、空隙水和楔形水。

（1）表面吸附水：吸附在颗粒表面的水，占污泥水分的 7％，可以加热去除。

（2）间隙水：一般占污泥中总含水量的 65％～85％，这部分水是污泥浓缩的主要对象。

（3）毛细结合水：浓缩作用不能将毛细结合水分离，分离毛细结合水需要较高的机械作用力和能量，如真空过滤、压力过滤、离心分离和挤压等方法可去除这部分水分。各类毛细结合水约占污泥中总含水量的 15％～25％。

（4）内部水：包含在污泥微生物细胞体内的水分，含量多少与污泥中微生物细胞体所占的比例有关。去除这部分水分必须破坏细胞膜，使细胞液渗出，由内部结合水变为外部液体。内部结合水一般只占污泥总含水量的 3％左右，可用高温、冻融、生物方法去除。

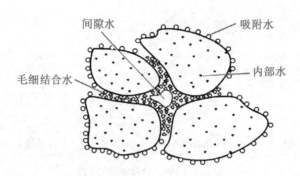

图 7-2　污泥中水的存在形式

（四）生物利用特性

一般污水处理厂产生的污泥为含水量在 75%～99% 的固体或流体状物质。其中的固体成分主要由有机残片、细菌菌体、无机颗粒、胶体及絮凝所用药剂等组成，是一种以有机成分为主，组分复杂的混合物。污泥中包含有潜在利用价值的有机质、氮、磷、钾和各种微量元素。

（五）热值特性

除了污泥中的营养元素可以作为生物处理的基础外，污泥还具有一定的燃烧热值特性，污泥的燃烧热值特性表明，干污泥具有较高的热值，该特性也为污泥焚烧（sludge incineration）及资源化利用奠定了基础。

表 7-4　城市污水处理厂污泥的燃烧热值表

污泥种类		燃烧热值/ （kJ/kg 污泥干重）	污泥种类		燃烧热值/ （kJ/kg 污泥干重）
初沉污泥	生污泥	15 000～18 000	初沉污泥与活性 污泥混合	新鲜	17 000
	经消化	7 200		经消化	7 400
初沉污泥与生物膜污泥混合	生污泥	14 000	生污泥		14 900～15 200

五、污泥的危害

污泥对环境的危害主要分为四类。

（一）有机物污染

污泥中有机污染物主要有苯、氯酚、多氯联苯（PCBs）、多氯代二苯并呋喃（PCDFs）和多氯代二苯并-对-二噁英（PCDDs）等。污泥中含有的有机污染物不易降解、毒性残留时间长，这些有毒有害物质进入水体与土壤中将造成环境污染。

（二）病原微生物污染

污水中的病原微生物和寄生虫卵经过处理会进入污泥，污泥中病原体对人类或动物的污染途径包括直接与污泥接触、通过食物链与污泥直接接触、水源被病原体污染、病原体先污染土壤后污染水体等。

（三）重金属污染

在污水处理过程中,70%~90%的重金属元素会通过吸附或沉淀而转移到污泥中。一些重金属元素主要来源于工业排放的废水,如镉、铬等。另外,还有的重金属来源于家庭生活的管道系统,如铜、锌等。

（四）其他危害

污泥对环境的二次污染还包括污泥盐分的污染和氮、磷等养分的污染。污泥含盐量较高会明显提高土壤电导率,破坏植物养分平衡,抑制植物对养分的吸收,甚至对植物根系造成直接的伤害。在降雨量较大且土质疏松的地区的土地上大量施用富含氮、磷等的污泥之后,当有机物的分解速度大于植物对氮、磷的吸收速度时,氮、磷等养分就有可能随水流失而进入地表水体造成水体的富营养化,进入地下引起地下水的污染。另外,污泥长时间堆放会产生沼气,干污泥和一些尘粒还会随风飞扬。

六、污泥处置现状

污泥处置(sludge disposal)是指处理后的污泥弃置于自然环境中(地面、地下、水中)或再利用,能够达到长期稳定并对生态环境无不良影响的最终消纳方式。

污泥最终处置的类型受到气候条件、土壤资源、农业化肥需求、土地费用、运输费用、处理设施的承载能力、当地法律、经济等的影响。

土地利用和填埋广泛应用于许多国家。美国14%采用卫生填埋,22%焚烧,56.5%土地利用,7.5%采用其他方式处理。日本污泥最终处置的主要方法是焚烧,约占污泥处置总量的55%。2005年,欧盟各国采用污泥处置方式的比例如下:回收利用45%,焚烧38%,填埋17%。堆肥在很多国家仍然作为第一步处理被广泛应用于污泥的再利用中,但是堆肥标准在不同国家均较为严格。

国内各污泥处置技术所占的比例如下:农业利用44.8%,土地填埋31.1%,绿化3.5%,焚烧3.5%,与垃圾混合填埋3.5%。

第二节　污泥的预处理

一、污泥的浓缩

废水处理过程中产生的污泥含水率很高,所以污泥的体积比较大,对污泥的处理、利用和运输造成困难。污泥浓缩是指通过污泥增稠来降低污泥的含水率和减小污泥的体积,从而降低后续构筑物或处理单元的压力以及处理费用。污泥浓缩常用的方法有重力浓缩法、气浮浓缩法、带式重力浓缩法、离心浓缩法、隔膜浓缩法和生物浮选浓缩法等(见表7-5)。

表 7-5 几种污泥浓缩方法的比能耗和含固浓度

浓缩方法	污泥类型	浓缩后含水率/%	比 能 耗	
			干固体/(kW·h/t)	脱除水/(kW·h/t)
重力浓缩	初沉污泥	90～95	1.75	0.20
重力浓缩	剩余活性污泥	97～98	8.81	0.09
气浮浓缩	剩余活性污泥	95～97	13.10	2.18
离心浓缩	剩余活性污泥	91～92	21.10	2.29
无孔转鼓离心浓缩	剩余活性污泥	92～95	11.70	1.23

(一)重力浓缩法

重力浓缩(见表7-6)本质上是一种沉淀工艺,属于压缩沉淀,它利用重力作用的自然沉降分离,无须外加能量,是一种最节能的污泥浓缩方式。重力浓缩池按运转方式可以分为连

表 7-6 重力浓缩中经过处理和未经处理固体的典型浓度以及固体负荷

污泥或生物固体的类型	固体浓度/%		固体负荷/[kg/(m²·d)]
	未经浓缩	浓缩以后	
分离方法			
初沉污泥	2～6	5～10	100～150
滴滤池腐殖质	1～4	3～6	40～50
生物转盘	1～3.5	2～5	35～50
活性污泥	0.5～1.5	2～3	20～40
纯氧曝气活性污泥	0.5～1.5	2～3	20～40
过量曝气活性污泥	0.2～1.0	2～3	25～40
一级厌氧消化污泥	8	12	120
综合方法			
初沉污泥和滴滤池腐殖质	2～6	5～9	60～100
初沉污泥和生物转盘	2～6	5～8	50～90
初沉污泥和活性污泥	0.5～1.5	4～6	25～70
活性污泥和滴滤池腐殖质	0.5～2.5	2～4	20～40
化学污泥			
高石灰量	3～4.5	12～15	120～300
低石灰量	3～4.5	5～12	50～150
铁	0.5～1.5	3～4	5～50

续式和间歇式两种。连续式主要用于大中型污水处理厂,间歇式主要用于小型污水处理厂或工业企业的污水处理厂。重力浓缩池一般采用水密性钢筋混凝土建造,设有进泥管、排泥管和排上清液管,平面形式有圆形和矩形两种,一般多采用圆形。

间歇式重力浓缩池的进泥与出水都是间歇的,因此,在浓缩池不同高度上应设多个排上清液管。间歇式操作管理麻烦,单位处理污泥所需的池容积比连续式的大。

连续式重力浓缩池的进泥与出水都是连续的,排泥可以是连续的,也可以是间歇的。池子较大时采用辐流式浓缩池,池子较小时采用竖流式浓缩池。竖流式浓缩池采用重力排泥,辐流式浓缩池多采用刮泥机机械排泥,有时也可以采用重力排泥,但池底应做成多斗。

重力浓缩法是应用最多的污泥浓缩法。重力浓缩是利用污泥中的固体颗粒与水之间的密度差来实现泥水分离的。用于重力浓缩的构筑物称为重力浓缩池(见图 7-3)。重力浓缩的特征是区域沉降,在浓缩池中有四个基本区域。

(1)澄清区。上部为澄清区,为固体浓度极低的上层清液。

(2)阻滞沉降区。在该区,悬浮颗粒以恒速向下运动,一层沉降固体开始从区域底部形成。

(3)过渡区。其特征是固体沉降速率减小。

(4)压缩区。在该区,由于污泥颗粒的集结,下一层的污泥支撑着上一层的污泥,上一层的污泥压缩下一层的污泥,污泥中空隙水被排挤出来,固体浓度不断提高,直至达到所要求的底流浓度并从底部排出。

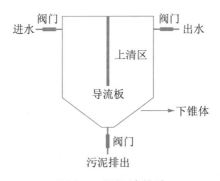

图 7-3 污泥浓缩池

浓缩池要同时满足上清液澄清、排泥固体浓度达到设计要求以及固体回收率高这三个条件。如果浓缩池负荷过大,处理量虽然增加,但浓缩污泥的固体浓度低,上清液混浊,固体回收率低,浓缩效果就差;相反,负荷过小,污泥在池中停留时间过长,可能造成污泥厌氧发酵,产生气体使污泥上浮,同样使浓缩效果降低。

(二)气浮浓缩法

气浮浓缩法于 1957 年出现在美国,就是使大量的微小气泡附在污泥颗粒的表面,从而使污泥颗粒的密度降低而上浮,实现泥水分离。因此,气浮法适用于浓缩活性污泥和生物滤池污泥等颗粒密度较轻的污泥。通过气浮浓缩,可以使含水率为99.5%的污泥浓缩到含水率为94%～96%。气浮浓缩法所得到的污泥含水率低于采用重力浓缩所能达到的含水率,但运行费用比重力浓缩高,适合于人口密集、缺乏土地的城市应用。气浮浓缩法多用于浓缩污泥颗粒较轻(相对密度接近1)的污泥,如剩余活性污泥、生物滤池污泥等。

气浮浓缩有部分回流气浮浓缩系统和无回流气浮浓缩系统两种,其中部分回流气浮浓缩系统应用较多。另外,气浮浓缩池分为圆形和矩形两类,小型气浮装置(处理能力小于100 m³/h)多采用矩形气浮浓缩池,大中型气浮装置(处理能力大于100 m³/h)多采用辐流式气浮浓缩池。气浮浓缩池采用水密性钢筋混凝土建造,也有小水量的采用钢板焊制或者其他非金属材料制作。

气浮浓缩工艺流程如下:澄清水从池底引出,一部分外排,一部分用水泵引入压力溶气罐加压溶气。溶气水通过减压阀从底部进入进水室,减压后的溶气水释放出大量微小气泡,并迅速依附在待气浮的污泥颗粒上,携带固体上升,形成浮渣层。浓缩污泥在池面由刮泥机刮出池外。

(三)离心浓缩法

对于轻质污泥,离心浓缩法能获得较好的处理效果。在高速旋转的离心机中,污泥中的固体颗粒和水的密度不同,因此所受离心力大小不同而使二者分离。离心浓缩法的特点是效率高、时间短、占地少、卫生条件好。

用于污泥浓缩的离心机种类有转盘式离心机、沉降式离心机和过滤离心机等。在沉降式离心机中,物料从转鼓底部进入。达到平衡时,固体从环形流动的液体层沉降出来并沉积在转鼓壁上,而浓的水从顶端溢出。当固体填满转鼓时,停止进料,降低转鼓的转速,并将刀子伸进泥渣中把泥饼从底部刮下来。这个循环自动进行,泥饼卸料的时间占循环时间的10%。要获得高的固体回收率,一般无须投加化学药剂。然而,由于设备在较低的离心力下操作,并且泥饼的出料是不连续的,固体处理能力非常低。

离心浓缩器的性能可用三个指标来表示:浓缩系数,即浓缩污泥浓度与入流污泥固体浓度的比值;分流率,即清液流量与入流污泥流量的比值;固体回收率,即浓缩污泥中固体物总量与入流污泥中固体物总量的比值。

二、污泥的调理

(一)温差调理

温差调理包括两类:加热调理和冷冻-融化调理,基本原理都是通过热量改变构成污泥絮体胶质物的稳定性,削弱污泥颗粒与其间隙水分等的结合力,从而改善污泥的脱水性。

1. 加热调理

加热调理是在高压下加热污泥,破坏污泥胶体颗粒的稳定性,破坏污泥中水分和污泥颗粒间的联系,促使污泥间隙水的游离、内部水与吸附水的释放,降低污泥比阻,改善污泥脱水性能,同时加热调理还可以杀灭污泥中的寄生虫卵、致病菌与病毒等,兼有污泥稳定、消毒和除臭等功能,但是加热调理也存在投资费用和运行费用高、操作要求高及经过加热调理的污泥过滤所得的滤液有机物含量高等缺点。

加热调理的温度一般为 170～200 ℃,压力为 1.0～1.5 MPa,停留时间为 1.0～2.0 h,加热调理法适用于初沉污泥、消化污泥、活性污泥、腐殖污泥及它们的混合污泥,加热调理后污泥进行重力浓缩,可使含水率由 97％～99％以上浓缩至 80％～90％,如直接进行机械脱水,泥饼含水率可达 30％～45％。

2. 冷冻-融化调理

污泥冷冻处理的原理可分为两个现象。一是冷冻过程中发生的固体颗粒整体迁移现象。从胶体颗粒开始冷冻起,随着冷冻层的发展,颗粒被向上压缩富集,水分被挤向冷冻界面。二是冷冻过程中发生的固体颗粒包陷现象,由于冷冻层的迅速形成,有部分颗粒妨碍水分的流动,因而在新的冷冻界面重新开始冷冻,使浓集后的颗粒夹在冷冻层之间。浓集污泥颗粒中的水分被挤出。冷冻-融化使污泥颗粒的絮状结构被充分破坏,脱水性能大大提高,颗粒沉降与过滤速度可提高几十倍。可直接进行重力脱水。此外,冷冻-融化还可杀灭污泥中的寄生虫卵、致病菌与病毒等,兼有污泥稳定、消毒功能。但冷冻-融化法同样需要大量的能量投入,以实现人工冷冻。

对我国北方水面封冻期超过 3 个月、冻结深度大于 0.3 m 的地区,可利用自然条件来实现污泥冷冻-融化处理。污水厂产生的污泥经浓缩后可放流至露天冷冻-融化池储存,经封冻期后,再对融化的污泥进行脱水处理,或直接排出上层澄清水后,沉降污泥层作为农业利用。当然这种处理方式的占地面积是较大的。以日处理污水 10 万 m³ 的二级处理厂(相当于服务人口 40 万～50 万)为例,冷冻-融化池深 0.3 m,每万 m³ 污水的污泥产率为 2.4 t,浓缩污泥含水率为 96％,则冷冻-融化池占地约 731 m²。其优点是污泥管理费用相当低廉。

（二）化学调理

影响污泥浓缩和脱水性能的主要污泥性质包括污泥颗粒的大小、表面电荷的水合程度及颗粒间的相互作用。污泥颗粒越小,其总体比表面积就越大,水合程度就越高,脱水性能就越差;污泥颗粒本身带有负电荷,互相之间排斥,再加上由于水合作用而在颗粒表面附着一层或几层水,进一步阻碍了颗粒之间的结合,最终形成一个稳定的分散系统(胶状絮体)。

化学调理是应用最多的污泥调理法,其基本原理就是通过向污泥中投加调理剂(混凝剂、絮凝剂和助凝剂等),起到电性中和与吸附架桥的作用,破坏污泥胶体颗粒的稳定,使分散的小颗粒相互聚集形成大颗粒,从而改善污泥的脱水性。

化学调理过程中投加的化学调理剂包括无机调理剂(如石灰、铁盐、铝盐及聚铁、聚铝等无机高分子化合物)和有机高分子调理剂(如阳离子型有机高分子聚合电解质等)。其中,石灰、铁盐、铝盐等无机调理剂主要起电性中和的作用,故又可称为混凝剂,而聚铁、聚铝等无机高分子化合物和有机高分子调理剂主要起吸附架桥的作用(阳离子有机高分子聚合电解质同时具有电性中和与吸附架桥的作用),可称为絮凝剂,其形成的污泥絮体抗剪性能强,不易被打碎,尤其适合于后续脱水采用离心和带式压滤脱水方法时应用。

污泥化学调理过程中投加的助凝剂主要有硅藻土、珠光体、酸性白土、锯屑、污泥焚烧灰、电厂粉煤灰、石灰及贝壳粉等。助凝剂一般不起混凝作用。助凝剂的作用主要表现在以下方面:调节污泥的 pH 值;供给污泥以多孔网格状的骨架;改变污泥颗粒结构,破坏胶体的稳定性;提高混凝剂的混凝效果;增强絮体强度等。

(三) 生物絮凝调理

20 世纪 70 年代开始研制微生物絮凝剂,包括:直接用微生物细胞作为絮凝剂;从微生物细胞体中提取物质作为混凝剂;将微生物细胞的代谢产物作为絮凝剂。

(1) 直接用微生物细胞为絮凝剂:现已发现可直接作为絮凝剂的微生物有细菌、霉菌和酵母菌。

(2) 从微生物细胞中提取的混凝剂:真菌、藻类含有的葡聚糖、甘露聚糖、N-乙酰葡萄糖胺等在碱性条件下水解生成的带正电荷的脱乙酰几丁质(壳聚糖),含有活性氨基和羟基等具有混凝作用的基团。

(3) 将微生物细胞的代谢产物作为絮凝剂:微生物细胞代谢产物的主要成分为多糖,具有吸附架桥的絮凝作用。

微生物絮凝剂具有无毒、无二次污染、可生物降解、污泥絮体密实、对环境和人无害等优点。

三、污泥的机械脱水

污泥脱水的目的是进一步减少污泥的体积,便于后续的处理、处置和利用。污泥中的自由水分基本上可在污泥浓缩过程中被去除,而内部水一般难以分离,所以污泥脱水去除的主要是污泥颗粒间的毛细水和颗粒表面的吸附水。

污泥机械脱水以过滤介质两面的压力差作为推动力,使污泥水分被强制通过过滤介质,形成滤液,而固体颗粒被截留在介质上,形成滤饼,从而达到脱水的目的。根据造成压力差推动力的方法的不同,可以将污泥机械脱水分为三类:①过滤介质的一面形成负压进行脱水,即真空吸滤脱水;②过滤介质的一面加压进行脱水,即压滤脱水;③成离心力实现泥水分离,即离心脱水。

衡量污泥脱水性能的指标包括污泥比阻和毛细吸水时间。污泥比阻是表示污泥过滤特性的综合性指标,它的物理意义是单位质量的污泥在一定压力下过滤时在单位过滤面积上的阻力。通过此值可以比较不同污泥(或同一污泥加入不同量的混合剂后)的过滤性能。污泥比阻愈大,过滤性能愈差。污泥毛细吸水时间是指污泥水在吸水滤纸上渗透一定距离所需要的时间。衡量污泥机械脱水效果的指标主要为脱水泥饼的含水率、脱水过程的固体回收率(滤饼中的固体量与原污泥中的固体量之比);衡量污泥机械脱水效率的指标为脱水泥饼产率[单位时间内在单位过滤面积上产生的滤饼干质量,$kg/(m^2 \cdot s)$]。脱水泥饼的含水率、脱水过程的固体回收率和脱水泥饼产率越高,机械脱水的效果和效率就越好。

污泥机械脱水利用离心分离、带式压滤、板框式压滤、管式压滤真空过滤、污泥增稠等设备进行。常见的脱水设备有五种。

(一)板框式污泥脱水机

板框式压滤机是通过板框的挤压,使污泥内的水通过滤布排出,达到脱水目的。它主要由凹纹式滤板、框架、自动—气动闭合系统测板悬挂系统、滤板震动系统、空气压缩装置、滤布高压冲洗装置及机身一侧光电保护装置等构成。设备选型时,应考虑五个方面的要求。

(1)对泥饼含固率的要求。一般板框式压滤机与其他类型脱水机相比,泥饼含固率最高,如果从减少污泥堆置占地因素考虑,可以选择板框式压滤机。

(2)框架的材质。

(3)滤板及滤布的材质。要求耐腐蚀,滤布要具有一定的抗拉强度。

(4)滤板的移动方式。要求可以通过液压—气动装置全自动或半自动完成,以减轻操作人员劳动强度。

(5)滤布振荡装置,以使滤饼易于脱落。与其他脱水机相比,板框式压滤机最大的缺点是占地面积较大。以北京高碑店污水处理厂一期工程使用的带式压滤机和鞍山工业污水处理厂使用的板框式压滤机为例:高碑店污水厂处理污水量为 50 万 t/d,污泥产量 1 852.5 m^3/d,干物质 92.63 t/d,采用五台德国 KLEIN-KS30 型带式压滤机,每台压滤机的基础占地面积仅为 2 750×3 500 mm。鞍山污水厂处理水量为 22 t/d,干物质 275 t/d,采用六台板框式压滤机,每台压滤机的基础占地面积达 2 400 mm×12 000 mm,同时,由于板框式压滤机为间断式运行,效率低,操作间环境较差,有二次污染,国内大型污水处理厂已很少采用。但大量的开发研制工作已使其适应了现代化污水处理厂的要求,如通过可编程逻辑控制器(programmable logic controller, PLC)系统控制就可以实现系统全自运方式,其压滤、滤板的移动、滤布的振荡、压缩空气的提供、滤布冲洗、进料等操作全部可通过 PLC 远端控制来完成,大大减轻了工人劳动强度。

优势:价格低廉,擅长无机污泥的脱水,泥饼含水率低。

劣势:易堵塞,需要使用高压泵,不适用于油性污泥的脱水,难以实现连续自动运行。

(二) 带式压滤脱水机

带式压滤脱水机(见图 7-4)是由上下两条张紧的滤带夹带着污泥层,从一连串有规律排列的辊压筒中呈 S 形经过,依靠滤带本身的张力形成对污泥层的压榨和剪切力,把污泥层中的毛细水挤压出来,获得含固量较高的泥饼,从而实现污泥脱水。主要技术参数如表 7-7 所示。

表 7-7 带式污泥脱水机主要技术参数

型 号	带宽/mm	功率/kW	清洗滤带		纠偏与紧张		标称处理量/(m³/h)	质量/kg
			水压/MPa	水量/(m³/h)	风压/MPa	风量/(m³/h)		
BSD500S5L	500	0.75	0.25	3	0.5	0.1	2	1 500
BSD750S5L	750	1.5	0.35	5	0.5	0.1	4	2 200
BSD750S7L	750	1.5	0.35	5	0.5	0.1	4	2 200
BSD750S7	750	1.5	0.35	5	0.5	0.1	4	2 300
BSD1000S7L	1 000	1.5	0.35	6	0.5	0.1	6	2 800
BSD1000S7	1 000	2.2	0.35	6	0.5	0.1	6	3 500
BSD5000S7W	100	4	0.35	6	0.5	0.1	6	6 000

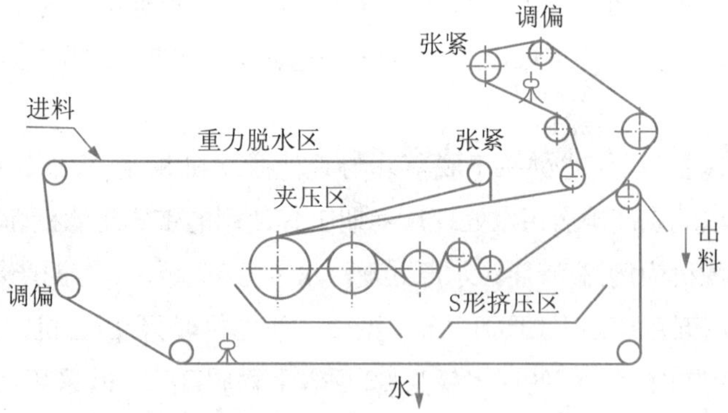

图 7-4 带式压滤脱水机

1. 系统构成

一般带式压滤脱水机由滤带、辊压筒、滤带张紧系统、滤带调偏系统、滤带冲洗系统和滤带驱动系统构成。做机型选择时,应从四个方面加以考虑。

(1) 滤带。要求其具有较高的抗拉强度、耐曲折、耐酸碱、耐温度变化等特点,同时还应考虑污泥的具体性质,选择合适的编织纹理,使滤带具有良好的透气性能及对污泥颗粒的拦截性能。

（2）辊压筒的调偏系统。一般通过气动装置完成。

（3）滤带的张紧系统。一般也由气动系统来控制。滤带张力一般控制在 0.3～0.7 MPa，常用值为 0.5 MPa。

（4）带速控制。不同性质的污泥对带速的要求各不相同，即对任何一种特定的污泥都存在一个最佳的带速控制范围，在该范围内，脱水系统既能保证一定的处理能力，又能得到高质量的泥饼。

2. 带式压滤脱水机工作原理

（1）重力浓缩脱水段。污泥经布料斗均匀送入网带，污泥随滤带向前运行，游离态水在自重作用下通过滤带流入接水槽，重力脱水也可以说是高度浓缩段，主要作用是脱去污泥中的自由水，使污泥的流动性减小，为进一步挤压做准备。

（2）楔形区预压脱水段。重力脱水后的污泥流动性几乎完全丧失，随着带式压滤机滤带的向前运行，上下滤带间距逐渐减少，物料开始受到轻微压力，并随着滤带运行，压力逐渐增大，楔形区的作用是延长重力脱水时间，增加絮团的挤压稳定性，为进入压力区做准备。

（3）挤压辊高压脱水段。物料脱离楔形区就进入压力区，物料在此区内受挤压，沿滤带运行方向的压力随挤压辊直径的减少而增加，物料受到挤压而体积收缩，物料内的间隙游离水被挤出，此时，基本形成滤饼，继续向前至压力尾部的高压区，经过高压后滤饼的含水量可降至最低。

带式压滤脱水机受污泥负荷波动的影响小，还具有出泥含水率较低且工作稳定启耗少、管理控制相对简单、对运转人员的素质要求不高等特点。同时，由于带式压滤脱水机进入国内较早，已有相当数量的厂家可以生产这种设备。在污水处理工程建设决策时，可以选用带式压滤机以降低工程投资。目前，国内新建的污水处理厂大多采用带式压滤脱水机，如北京高碑店污水处理厂一期工程五台脱水机全部是带式压滤脱水机，自带辊压筒、滤带，投入运行以来情况良好，所以在二期设备选型时仍然选用了这种机型。

优势：价格较低，使用普遍，技术相对成熟。

劣势：易堵塞，需要大量的水清洗，造成二次污染。

（三）离心式污泥脱水机

离心脱水机主要由转载和带空心转轴的螺旋输送器组成，污泥由空心转轴送入转筒后，在高速旋转产生的离心力作用下，立即被甩入转鼓腔内。污泥颗粒比重较大，因而产生的离心力也较大，被甩贴在转鼓内壁上，形成固体层；水密度小，离心力也小，只在固体层内侧产生液体层。固体层的污泥在螺旋输送器的缓慢推动下，被输送到转载的锥端，经转载周围的出口连续排出，液体则由堰四溢流排至转载外，汇集后排出脱水机。

离心脱水机最关键的部件是转鼓，转鼓的直径越大，脱水处理能力越大，但制造及运行成本都相当高，很不经济。转载的长度越长，污泥的含固率就越高，但转载过长会使性能价格比下降。使用过程中,转载的转速是一个重要的控制参数,控制转鼓的转速,使其既能获得较高的含固率又能降低能耗,是离心脱水机运行好坏的关键。目前,多采用低速离心脱水机。在做离心式脱水机选型时,因转轮或螺旋的外缘极易磨损,对其材质要有特殊要求。新型离心脱水机螺旋外缘大多做成装配块,以便更换。装配块的材质一般为碳化钨,价格昂贵。

离心脱水机具有噪音大、能耗高、处理能力低等缺点。国内只有为数不多的几个厂家可以生产小型离心脱水机,如果选择大型离心脱水机,就只能依靠进口,价格非常高,会增加工程投资,同时,离心脱水机受污泥负荷的波动影响较大,对运行人员的素质要求较高,因此一般污水处理厂均不采用离心脱水工艺。

优势:处理能力大。

劣势:耗电大,噪音大,震动剧烈;维修比较困难,不适合用于比重接近的固液分离。

(四)叠氏污泥脱水机

叠氏污泥脱水机(见图7-5)是由固定环、游动环相互层叠,螺旋轴贯穿其中形成的过滤主体,通过重力浓缩以及污泥在推进过程中受到背压板形成的内压作用实现充分脱水,滤液从固定环和活动环所形成的滤缝排出,泥饼从脱水部的末端排出。

优势:能自我清洗,不堵塞,低浓度污泥可以直接脱水;转速慢,省电,无噪音和振动;可以实现全自动控制,24 h无人运行。

劣势:不擅长颗粒大、硬度大的污泥的脱水;处理量较小。

(五)螺旋压榨脱水机

螺旋压榨脱水机的螺杆安装在由滤网组成的圆筒中,从脱水原料的入口至出口方向螺杆本体直径逐渐变粗,随着螺杆叶片之间的容积逐渐变小,脱水原料也逐渐被压缩。通过压缩使脱水原料中的固体和液体分离,滤液通过滤网的网孔被排出,流向脱水机下方的滤液收集槽后排至机器外部。

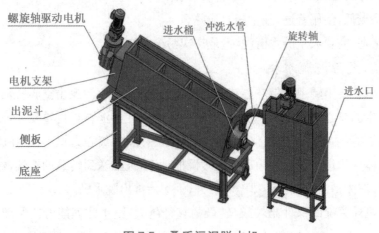

图7-5 叠氏污泥脱水机

根据脱水原料的不同,也能够通过加热提高脱水效率。对脱水原料进行加热时,脱水机螺杆的内部为空洞结构,通过接入外部蒸汽对脱水机内部的脱水原料进行间接加热。

螺旋压榨脱水机的特征主要包括以下七个方面:

(1)能够实现连续脱水处理,因此前后的配套设备也能够进行连续处理,从而省去了复杂的操作控制;

(2)结构简单,低转速,被驱动旋转的部件少,因此需要更换的易损件少且维护费用低廉;

(3)低转速,低噪音,无振动,可使用结构简单的机器安装台架;

(4)低转速,所需运行动力小,因此日常运行费用低廉;

(5)易实现密闭构造,能够简单地解决臭气问题并回收脱水处理时产生的气体;

(6)结构简单,调节、检修部位少,日常管理作业简单;

(7)结构简单,与其他种类的脱水机相比,综合费用低廉。

以上不同污泥脱水设备性能的比较如表 7-8 所示。

表 7-8　不同污泥脱水设备性能比较

	带式压滤机	板框压滤机	真空压滤机	卧螺离心机	螺旋压滤机	叠氏污泥脱水机
处理能力	较大	单位时间处理量小	处理能力偏小	单机处理能力小	转速慢处理量少	转速慢处理量小
絮凝剂投量	较大	小	小	较大	较大	极少
泥饼含水率	75%～78%,较低	55%～90%,低	60%～90%,较高	60%～85%,较低	78%～82%,较高	65%～85%,较低
设备维护	更换滤带	更换滤布	更换滤布	较方便	维护方便	维护方便
占地面积	大	较大	大	占地较大	占地较大	占地小
耗电量	低	高	很高	高	低	很低
冲洗水量	极多	多	多	较少	较少	极少
连续运行	连续	间歇	连续	连续	连续	连续
操作环境	污水污泥臭气噪音大	污水污泥臭气	开式运行噪音大	全封闭无污染噪音很大	大部分封闭环境好无震动噪音	全封闭无污染无震动噪音
操作性能	根据进料人工调整操作要求高	自动化程度差劳动强度大	自动化程度高操作简单	自动化程度高操作简单	PLC 控制可无人操作	PLC 控制可无人操作
采购成本	设备价格低国产化程度高	设备价格低国产化程度高	设备投资大国产化程度高	国内可生产小型,大型只能依靠进口	设备价格低国产化程度高	新型设备目前成本略高于离心机

四、污泥的干化

干化和干燥是污泥深度脱水的一种形式,其所应用的污泥脱水能量(推动力)主要是热能。干化、干燥是使热能传递至污泥中的水,并使其汽化的过程。主要应用自然热源(太阳能)的干化过程称为自然干化;使用人工能源作为热源的则称为污泥干燥以示区别。污泥干燥能耗相当高,因此污泥干燥仅适用于脱水污泥的后续深度脱水。

(一)传统自然干化

污泥自然干化的主要构筑物是干化场,一块用土堤围绕和分隔的平地。干化场可分为自然滤层干化场与人工滤层干化场两种。前者适用于自然土质渗透性能好、地下水位低的地区。人工滤层干化场的滤层是人工铺设的,又可分为敞开式干化场和有盖式干化场两种。

人工滤层干化场由不透水底层、排水系统、滤水层、输泥管、隔墙及围堤等部分组成。有盖式的,一般为覆盖塑料薄膜的弓形顶盖,移动、放置方便。滤水层由上层的细矿渣或沙层(铺设厚度 200~300 mm),下层粗矿渣或砾石层(厚 200~300 mm)组成,要求滤水容易。排水管道系统由 100~150 mm 陶土管或盲沟网构成,管子接头不密封,以便排水。管道之间中心距为 4~8 m,纵坡为 0.002 5~0.00 3,排水管起点覆土深(至沙层顶面)为 0.6 m。当土壤容易渗透而有污染地下水的可能时,应做人工不透水层,人工不透水层由 200~400 mm 厚的黏土层或 150~300 mm 厚的三七灰土夯实而成,也可用 100~150 mm 厚的素混凝土铺成;近年来发展的 HDPE 合成土工膜可替代上述材料作为不透水层,有施工简便的优点。底板有 0.01~0.02 的坡度坡向排水管。隔墙与围堤把干化场分隔成若干分块,轮流使用,以便提高干化场利用率。近来在干燥、蒸发量大的地区,多采用用沥青或混凝土铺成不透水层而不设滤水层的干化场,依靠蒸发脱水。这种干化场的优点是泥饼容易铲除。干化场脱水主要依靠渗透、蒸发与撇除。渗透过程约在污泥排入干化场最初的 2~3 d 内完成,可使污泥含水率降低至 85% 左右。此后水分不能再被渗透,只能依靠蒸发脱水,约经 1 周或数周(取决于当地气候条件)后,含水率可降低至 75% 左右。研究表明,水分从污泥中蒸发的数量约等于从清水中直接蒸发量的 75%,即干化场的面积蒸发率[单位为 $m^3/(m^2 \cdot a)$]可由当地水面蒸发量乘以系数 0.75 估算,降雨量的 57% 左右会被污泥吸收,因此,在干化场的蒸发量中必须考虑所吸收的降雨量,但有盖式干化场可不考虑。我国幅员广大,上述各数值应视各地气候条件进行调整或通过实验决定。影响干化场脱水的因素包括气候条件和污泥性质。

(1)气候条件。当地的降雨量、蒸发量、相对湿度、风速和年冰冻期。

(2)污泥性质。消化污泥在消化池中承受着高于大气压的压力,污泥中含有很多沼气泡,一旦排到干化场后,压力降低,气体迅速释出,可把污泥颗粒夹带到污泥层的表面,使水的渗透阻力减小,提高渗透脱水性能;而初次沉淀污泥或经浓缩后的活性污泥,由于比阻较大,水分不易从稠密的污泥层中渗透出去,往往会形成沉淀,分离出上清液,故这类污泥主要依靠蒸发脱水,但可在围堤或围墙的一定高度上开设撇水窗,撇除上清液,加速脱水过程。

（二）强化自然干化

在传统的污泥干化床中,污泥在干化过程中基本处于静止堆积状态,当表层的污泥干化后,其所形成的干化层犹如在下层污泥之上形成一个"壳盖",严重影响下层污泥对太阳能的吸收和水分的逸出,是造成干化床水分蒸发速率低下的主要原因之一。

20 世纪 80 年代中后期,强化自然干化技术在美国芝加哥开始发展,针对传统污泥干化床存在的问题,其采用对污泥干化层周期性翻倒(机械搅动)的方法,不断地破坏表层"壳盖",使表层污泥保持较高的含水率,以使污泥层的热、质传递条件得到有效的强化(吸收更多的太阳能,释放更多的水分),由此,实际操作在污泥层平均厚度为 40 cm,污泥含水率为76%的条件下,以 45 d 的平均周期,可使污泥干化后的含水率降至 35% 左右。

美国大芝加哥水务区在 1987—1994 年组织了对该技术较深入的研究,主要涉及干化过程中污泥理化与卫生学特性的变化分析,主要结论如下:当污泥含水率＜45%时,污泥的膨润持水性消失,污泥即使被浸泡,滤除积水后,含水率也无明显变化,因此污泥自然干化的后阶段气象因素对其影响轻微;污泥强化自然干化过程中,大肠杆菌值与沙门氏菌密度显著下降,45 d 的干化周期足以使污泥的卫生学无害化指标达到美国 A 类农用污泥的标准。

现在,美国大芝加哥水务区约 400 万 m^3/d 的城市污水处理设施(大部分为二级生化＋除磷脱氮工艺)产生的污泥,大部分在强化自然干化场中进行深度处理,随后全部农用。干化场入场污泥的含水率从 60%～85% 不等,经历的前处理过程包括机械脱水、污泥塘熟化、厌氧消化等不同的类型,但出场污泥的含水率均可控制在前述水平,卫生学指标达到美国 A 类污泥标准。该技术过程良好的经济性与环境特性使其日益受到关注,应用范围逐步扩大。

第三节　污泥的热化学处理

污泥经过自然或人工脱水后,含水率一般为 60%～80%,主要是污泥中的毛细水、吸附水和内部水。干燥是指进一步去除毛细水,使含水率降至 5%～30%。焚烧则可将吸附水和内部水全部去除,使含水率降至零,有机物氧化为 CO_2、H_2O 和灰,S、N、金属、卤素和其他元素都被转变成各种最终产物。干燥适用于各种有机污泥和废液。焚烧是彻底的处理方法,可回收热量。由于其设备投资和运行费用较大,应用受到制约。一般情况下,当脱水污泥有利用价值时才采用干燥;对难以利用和脱水的污泥或当填埋等处置受到限制时才采用焚烧。

常用的热化学处理方法有焚烧、炭化、热加工做建材、直接液化、气化、热解等。根据氧化还原环境，污泥热化学处理工艺可分为三种，即有氧、缺氧、无氧。污泥焚烧、湿式氧化为有氧热化学处理；气化为缺氧热化学处理；污泥热化学转化（热解、直接液化等）为无氧热化学处理。

根据温度的高低，污泥热化学处理工艺分为高温和低温。通常以 600 ℃ 为界进行概念性的区分。污泥高温热化学处理工艺有焚烧和高温热解。低温处理工艺包括低温热解（热化学转化）、湿式氧化（含超临界溶剂）和直接热化学液化。

当污泥不符合卫生要求，有毒物质含量高，不能为农、副业所利用时，可考虑采用焚烧处理。焚烧前，应首先加以干燥。焚烧所需的热量，主要依靠污泥含有的有机物燃烧发生。如污泥本身的燃烧热值不足以使其焚烧，用辅助燃料补充。

污泥的热化学处理具有处理迅速，占地面积小，无害化、减量化和资源化效果明显等优点。污泥热化学处理的目的包括三个方面。

（1）稳定化和无害化。通过加热使污泥中的有机物质发生化学反应，氧化有毒有害污染物（如 PAHs、PCBs 等），杀灭致病菌等微生物。

（2）减量化。通过加热破坏细胞结构，使污泥中的内部水释放出来而被脱除，如焚烧工艺可使所处理的污泥（实际是焚烧后的灰渣）含水率降到零，实现最大限度的减量化。

（3）资源化。通过热化学处理后的城市污泥，一方面通过稳定化处理后可以进行相关的资源化利用，另一方面可以将污泥中的大量有机物转化为可燃的油、气等燃料。

一、污泥干燥

污泥干燥是应用人工热源以工业化设备对污泥进行深度脱水的处理方法，尽管污泥干燥的直接结果是污泥含水率的下降（脱水），但与机械脱水相比，其应用的目的与效果均有很大的不同。污泥机械脱水（也包括污泥浓缩），其应用的目的以减小污泥处理的体积为主（污泥浓缩和机械脱水通常均可使污泥体积减小至原来的 1/4 左右），但脱水污泥饼除了含水率和相关的物理性质，如流动性与原状污泥有差异外，其化学、生物等方面性质并不因脱水而产生变化。污泥干燥则由于提高水分蒸发强度的要求，使用人工热源，其操作温度（对污泥颗粒而言）通常大于 100 ℃，可使部分有机物分解及亲水性有机胶体物质水解，同时分解破坏污泥中的微生物，使细胞膜中的水游离出来，故可提高污泥的浓缩性能与脱水性能。干燥对于脱水性能差的活性污泥特别有效。污泥干燥处理的产物，其含水率可控制在 20% 以下，即达到抑制污泥中的微生物活动的水平，因此污泥干燥处理可同时改变污泥的物理、化学和生物特性。

污泥干燥操作的温度效应可以杀灭污泥中的寄生虫卵、致病菌，病毒等病原生物和其他非病原生物，与干燥后污泥的低含水条件相配合，污泥干燥可使污泥达到较彻底的卫生学无害化水平。同时，干燥污泥还具有相当高水平的"表观"生物稳定性（如果在干燥污泥磨细后,重新加水浆化,再接种以微生物,则其生物稳定性特征会失去,故称其为"表观")。另外,干燥污泥的低含水率,使其重要的热化学特性低位发热量大为上升,不仅可能达到自持燃烧的水平,甚至可作为矿物燃料的替代物使用(污泥衍生燃料)。

由于污泥干燥所具有的这种改变污泥物性的能力,污泥干燥不仅可在污泥焚烧和热化学转化等工艺体系中作为预处理技术单元应用,也可以通过直接将干燥污泥产物出售给农业部门当肥料或土壤改良剂,或出售给建材制造等工业部门当辅助燃料,而独立完成污泥处理的管理功能,成为相对独立的处理技术过程。目前,污泥干燥后制农业肥料和污泥预干燥焚烧已成为比较成熟的污泥处理技术。

在各种形式的污泥干燥床中,干燥砂床是最古老也最常见的一种。干燥砂床在设计上有多种变化,包括排水管线配置、砾石层及砂层厚度,以及砂床建材等。

(一) 污泥干燥的应用与发展

污泥干燥应用技术发展方面的主要问题包括三个方面,即干燥热源、源介质与污泥的接触方式,以及污泥干燥设备。

污泥干燥按污泥与热源介质的接触方式不同,可分为直接(接触)干燥和间接(接触)干燥两种方式。直接干燥的热源介质通常是燃料或污泥燃烧产生的热烟气,其优点是流程较简单,欠缺之处则是干燥产生的尾气量很大,由于尾气中通常含有高浓度致臭物质,如需要进行脱臭处理,则干燥全处理过程的经济性会很差;间接干燥的热源介质多为蒸汽,也可采用导热油,由于比直接干燥多一个传热环节(燃气加热热源介质),因此流程和设备均较复杂,但其优势是干燥产生的尾气量相当小,如需要采用尾气脱臭处理,总体操作经济性较好。

污泥的物性与大部分化工干燥对象有很大的不同,干燥过程中污泥易黏附于传热(蒸发)设备之中,影响设备正常运行。将化工干燥设备用于污泥干燥时,一般需要进行流程改造和设备创新,以满足污泥干燥的需要。流程改造方面可采用回流部分干燥污泥改变脱水泥饼的黏附特性,也可应用卡弗—格林菲尔德(Carver - Greenfield,C - G)蒸发工艺等创新的干燥工艺。设备创新的例子包括采用膜式蒸发器(有成膜与刮膜循环的机械结构,可控制黏附),也可增加一些污泥搅动机构,利用颗粒搅动的能量使黏附的污泥脱落等。

(二) 污泥干燥设备及工艺

1. 滚筒干燥器

滚筒干燥器主体为长径比较大的可回转筒体(或筒体固定但内置搅拌桨轴),脱水污泥与一定量的回流干燥污泥混合后(混合物料含水率控制在 60% 以下)进入筒内,与高温燃烧尾气直接接触,使污泥受热并使其中的水分蒸发进入气流,完成污泥的干燥,这种设备属于直接干燥设备。

2. 空心搅拌桨式干燥器

空心搅拌桨式干燥器主体为带夹套的近矩形截面、长筒体,内部平行设置 2~4 根带中空桨叶(与空心轴连通)的搅拌轴,操作时,夹套和搅拌轴内均通入蒸汽或导热油,搅拌叶面、轴外表面和设备器壁均成为加热面。进料污泥饼同样需要在调整含水率(与滚筒干燥类似)后进入干燥器,在干燥器内一边干燥,一边由桨叶搅动推进,直至流出干燥器。该干燥设备为典型的间接干燥设备。有关空心搅拌桨式干燥器的运行测试表明:总面积传热系数在泥饼(进料)含水率较稳定的条件下,与出料含水率有关,出料(干燥污泥)含水率越高,传热系数也越大。

3. Carver - Greenfield 蒸发工艺

Carver - Greenfield(C - G)是一项具有专利的污泥干燥工艺。它采用的是多效蒸发的干燥方式,能使污泥具有流动性,同时又能保证干燥后的污泥不会在蒸发器内产生严重的结垢现象。C - G 干燥工艺先以燃料油(轻质柴油、煤油等)作为溶剂,与脱水泥饼混合,形成悬浮匀浆化的物料进入蒸发器;为了节省蒸汽能耗,蒸发采用多效蒸发的流程进行,蒸汽可重复利用;蒸干水分后的混合悬浮液,以压滤方式脱油(固液分离),油可继续循环利用,压滤泥饼即是干燥污泥。

目前实用的污泥干燥工艺与设备,总体来说,单位设备(容积或面积)的传热系数偏低,造成设备过于庞大,单位生产能力投资较高;同时污泥干燥的能耗也较高(虽然 C - G 工艺的蒸汽单位用量少,但干燥污泥中无法完全分离的燃料油为 0.05 L/kg,以 H_2O 计),操作成本居高难下。这些因素限制了污泥干燥这种管理特性较优越的技术的应用推广,其实际应用仍多限于有方便的低价热源供应的污泥预干燥焚烧技术体系中的预处理(污泥焚烧烟气可提供充分的干燥热源)。

4. 转盘式干燥机

转盘式干燥机(见图 7-6)的运行工艺为湿污泥(脱水泥饼)以薄层状、顺序流经加热壁的方式干燥。脱水污泥在预升温至指定壁温的电加热板上成型(厚度控制,平铺),关闭干燥

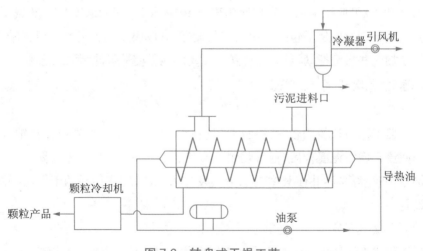

图 7-6 转盘式干燥工艺

室,开始向干燥室供风。其特点如下:无须介质气体或载气量小,因此气体产量少,冷凝水量少,后续处理费用低;气体流动性小,干燥过程氧气浓度很低,安全性高;无须污泥反混,减少热损失;对污泥初始含水率适应性较高;可同时实现半干化和全干化;热传导传热方式,对于含水率低于50%的干燥过程干燥效率低,热损失大;存在运动部件,维修费用较高等。

5. 空气循环带式直接加热干燥器

带式直接加热干燥器的干燥过程是在不锈钢丝运载污泥缓慢转运的过程中,热空气从钢丝网下方经网眼向上通过,使污泥与热气发生接触传热,从而将污泥中水汽蒸发带出。

在具体操作过程中,污泥往往由污泥积压机挤压成条状(蠕虫状),这样将有利于提高气-泥接触面积,提高污泥水分的蒸发效率。

6. 空气循环带式间接加热干燥器

间接加热干燥器在操作过程中,热介质并不直接与污泥相触,而是通过热交换器将热量传递给湿污泥,使污泥中的水分得以蒸发。

加热介质不仅仅限于气体,也可用热油等液体,同时热介质也不会受到污泥的污染,省却了后续的热介质与干污泥分离的过程。过程中蒸发的水分到冷凝器中加以冷凝。热介质的一部分回到原系统中再用,以节约能源。该干燥器的热效率及蒸发速率均不如直接热干燥器。

7. 利用废热源加热的带式干燥器

干燥器充分利用热电厂排放的低品位烟气余热,在无须消耗能源和新增污染排放点的前提下使污水处理厂污泥得到无害化、减量化处理,既能提高热电厂联合循环发电的热能利用率,又能得到具有等同褐煤热值的可再生能源和具有建材辅料等同特性的可替代资源,从而真正实现以废治废和循环经济的目标。

8. 其他

此外,还有二阶段污泥干燥工艺、水平圆筒(转鼓)干燥技术等。

二、污泥焚烧

污泥焚烧是一种高温热处理技术。它利用焚烧炉将脱水污泥加温干燥,再用高温氧化污泥中的有机物,使污泥成为少量灰烬(见图7-7)。

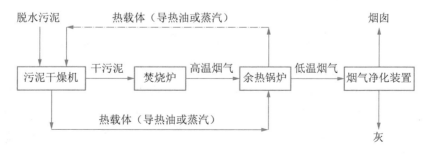

图7-7 污泥干化焚烧工艺

（一）污泥焚烧的影响因素

1. 污泥水分

污泥由有机物和无机物组成，是一种含水率较高的复杂物质。高水分污泥直接进入焚烧炉内，对燃烧过程会产生一些不利的影响，如焚烧温度下降、着火过程延迟、炉内温度波动等。降低污泥含水率对降低污泥焚烧设备及处理费用是至关重要的。一般来说，将污泥的含水率降至与挥发物含量之比小于 3.5，可以形成自燃，节约燃料。

污泥含水率高，能量会在污泥燃烧的过程中随水分的蒸发而被带走，如果能量不足以维持污泥燃烧，就要添加辅助燃料。辅助燃料的选择一般依赖于污泥的含水率、污泥性质和燃烧空气的温度。

我国污水处理厂机械脱水污泥含水率多在 80%～83%（含固率在 17%～20%），有机物含量大多数在 60% 以下。机械脱水污泥直接焚烧不能依靠自身的热量维持燃烧温度，要自持燃烧，污泥的含水率要小于 70%。

"全干化"是指较高含固率的类型，如含固率 85% 以上；而"半干化"则主要指含固率在 50%～65% 之间的类型。

将含固率 20% 的湿泥干化到 90% 或干化到 60%，其减量比例分别为 78% 和 67%，相差仅 11 个百分点。但全干化对干化系统的安全监测和措施要求更高，同样处理能力的干化机换热面积更大。这是因为污泥在不同的干燥条件下失去水分的速率是不一样的，含湿量高时失水速率高，相反则失水速率低。

含固率的选择要考虑最终处置目的，对于干化焚烧，根据能量平衡和燃烧温度计算，一般采用半干化较为经济，污泥的半干化焚烧工艺流程图如图 7-8 所示。

2. 焚烧温度

一般来讲，提高焚烧温度有利于废物中有机毒物的分解和破坏，并可抑制黑烟的产生。但是在高温情况下，污泥的升温速度快，水分和挥发分的析出速度也快，会使污泥在焚烧初始阶段易于破碎，增加飞灰损失。同时，过高的焚烧温度不仅增加了燃料的消耗量，而且会使废物中氧化氮的数量增加，重金属的挥发性提高，引起二次污染。合适的温度是在一定的停留时间下由试验确定的。

3. 停留时间

停留时间与固体废物粒度的 1～2 次方成正比，加热时间近似地与粒度的平方成比例。因此，确定废物在燃烧室内的停留时间时，考虑固体粒度大小很重要。

采用不同的投泥方式，停留时间的特点不同。采用间断投泥方式时，投加周期和污泥投入量是决定污泥在炉内停留时间的两个重要因素，停留时间越长，焚烧的处理效果越好。采用连续投入污泥的方式时，污泥投入量和其在炉内的停留时间是决定焚烧量的两个重要因素。此时，辅助燃料应提供的热量和焚烧污泥量取决于污泥在炉内的停留时间。

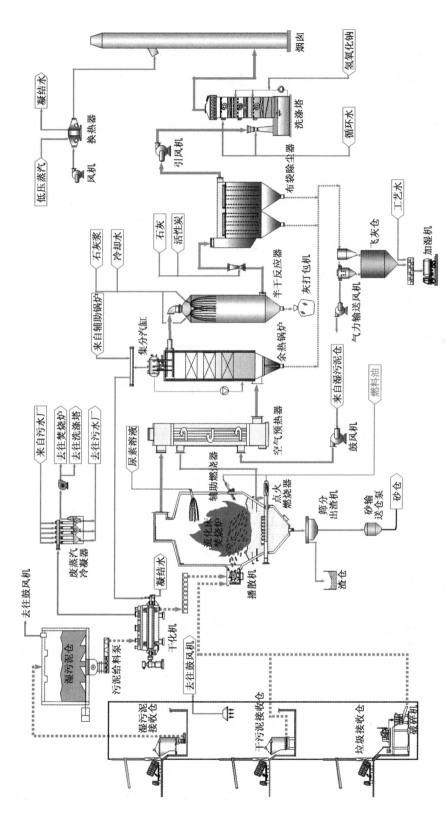

图 7-8　污泥半干化焚烧工艺流程

4. 空气量

空气是影响污泥焚烧的一个重要因素。污泥焚烧时必须有氧气助燃,氧气通常由空气供应。空气量不足则燃烧不充分,而空气量过多时,加热空气会消耗过多的热量,一般以 50%～100% 的过量空气为宜。

影响污泥焚烧的因素还包括挥发物含量以及泥气混合比等。污泥中挥发物含量越高,含水率越低,则越易于维持自燃。

(二)污泥焚烧的分类

污泥焚烧可破坏全部有机质,杀死一切病原体,并最大限度地减少污泥体积,焚烧残渣相对含水率约为 75% 的污泥仅为原有体积的 10% 左右。当污泥自身的燃烧热值较高、城市卫生要求较高,或污泥有毒物质含量高而不能被综合利用时,可采用污泥焚烧处理处置。污泥在焚烧前,一般应先进行脱水处理和热干化,以减少负荷和能耗,还应同步建设相应的烟气处理设施,保证烟气的达标排放。

污泥焚烧目前还有利用垃圾焚烧炉焚烧、利用工业用炉焚烧、利用火力烧煤发电厂焚烧、污泥单独焚烧等多种方法。

1. 利用垃圾焚烧炉焚烧

垃圾焚烧炉大都采用了先进的技术,配有完善的烟气处理装置,可以在垃圾中混入一定比例的污泥一起焚烧,一般混入比例可达 30%。

2. 利用工业用炉焚烧

主要利用沥青或水泥的工业焚烧炉焚烧干化后的污泥,污泥的无机部分(灰渣)可以完全地被利用于产品之中。通过高温焚烧至 1 200 ℃,污泥中有机物有害物质被完全分解,同时,在焚烧中产生的细小水泥悬浮颗粒会高效吸附有毒物质,而污泥灰粉一并熔融入水泥的产品之中。

3. 利用火力烧煤发电厂焚烧

国外发电厂焚烧污泥的研究证明,污泥投入量在耗煤总量的 10% 以内,对于烟气净化和发电站的正常运转没有不利影响。

4. 污泥单独焚烧

污泥单独焚烧设备有多段炉、回转炉、流化床炉、喷射式焚烧炉、热分解燃烧炉等。焚烧处理污泥速度快,无须长期储存,可以回收能量,但是,其较高的造价和烟气处理问题也是制约污泥焚烧工艺发展的主要因素。当用地紧张、污泥中有毒有害物质含量较高、无法采用其他处置方式时,可以考虑污泥的干化焚烧。上海市桃浦污水处理厂和石洞口污水处理厂,由于污泥不适合土地利用,分别采用直接焚烧和干化焚烧工艺,并成功运行多年,取得了较好的效果,焚烧处理是一种有效的处理处置技术。

(三)处理工艺系统

污泥焚烧工艺系统(见图 7-9)由三个子系统组成,分别为预处理、燃烧、烟气处理与余热利用。在预处理方面,主要表现为对前置处理过程的要求和预干燥技术的应用。污泥焚烧系统的原料一般以脱水污泥饼为主,前置处理过程包括浓缩、调理、消化和机械脱水等。考虑到焚烧对污泥热值的要求,一般拟焚烧的污泥不应再进行消化处理。污泥脱水的调理剂选用既要考虑其对污泥热值的影响,也要考虑其对燃烧设备安全性和燃烧传递条件的影响,因此腐蚀性强的氯化铁类调理剂应慎用。石灰有改善污泥焚烧传递性的作用,适量(量过大会使可燃分太低)使用是有利的。预干燥对污泥焚烧自持燃烧条件的达到有很大的帮助,1990 年以后的新建大型污泥焚烧设施,均已应用了预干燥单元技术。

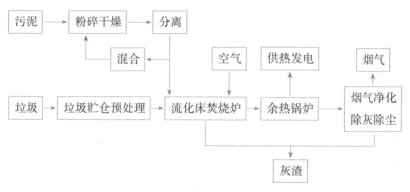

图 7-9　污泥流化床的焚烧工艺流程

目前应用较多的污泥焚烧炉形式主要是流化床和卧式回转窑两类。前者包括沸腾流化床和循环流化床两种。其共同特点是气、同相的传递条件均十分优越,气相湍流充分,固相颗粒小,受热均匀,流化床已成为城市污水厂污泥焚烧的主流炉型。但流化床内的气流速度较高,为维持床内颗粒物的粒度均匀性,也不宜将焚烧温度提升过高(一般为 900 ℃ 左右)。因此,对于有特定的耐热性有机物分解要求的工业源污水厂污泥(或工业与城市污水混合处理厂污泥)而言,在满足其温度、气相与固相停留时间要求方面,会有一些困难。因此,对此类污泥的焚烧,卧式回转窑成为较适宜的选择。污泥卧式回转窑焚烧炉,结构上与水平水泥窑十分相似,污泥在窑内因窑体转动和窑壁抄板的作用而翻动、抛落,动态地完成干燥、点燃、燃尽的焚烧过程。回转窑焚烧的污泥固相停留时间长(一般大于 1 h),且很少会出现"短流"现象;气相停留时间易于控制,设备在高温下操作的稳定性较好(一般水泥窑烧制最高温度大于 1 300 ℃);但逆流操作的卧式回转窑,尾气中含臭味物质多,另有部分挥发性的毒害物质,需要用除臭炉进行处理;顺流操作回转窑则很难利用窑内烟气热量实现污泥的干燥与点燃,需要配置炉头燃烧器(耗用辅助燃料)来使燃烧空气迅速升温,达到污泥干燥与点燃的目的。因此,水平回转窑焚烧的成本一般较高。

污泥焚烧烟气处理子系统的技术单元组成在 20 世纪 90 年代主要包含酸性气体(SO_2、HCl、HF)和颗粒物净化两个单元。大型污泥焚烧厂酸性气体净化多采用炉内加石灰共燃

(仅适用于流化床焚烧)、烟气中喷入干石灰粉(干式除酸)、喷入石灰乳浊浆(半干式除酸)三种方法之一。颗粒物净化采用高效电除尘器或布袋式过滤除尘器。小型焚烧装置则多用碱溶液洗涤和文丘里除尘方式进行酸性气体和颗粒物脱除操作。以后为了达到对重金属蒸汽、二噁英类物质和 NO_2 的有效控制,逐步加入了水洗(降温冷凝洗涤重金属)、喷粉末活性炭和尿素还原脱氮等单元环节。这些烟气净化单元技术的联合应用可以在污泥充分燃烧的前提下,使尾气排放达到相应的排放标准。

污泥焚烧烟气的余热利用,主要方向是自身工艺过程(以预干燥污泥或预热燃烧空气)为主,很少有余热发电的实例。关键是与城市生活垃圾相比,当量服务人口的污水厂污泥的低位热值量仅为垃圾的 1/30 左右,余热发电缺乏必要的规模和经济条件。焚烧烟气余热用于污泥干燥等时,既可采用直接换热方式,也可通过余热锅炉转化为蒸汽或热油能量间接利用。

(四)污泥焚烧的优势

(1)可迅速、有效地达到使污泥无菌化和减量化的目的,其产物为无菌、无臭的无机残渣,含水率为零。其中多环芳烃类污染物不复存在,其他有机污染物含量也几乎为零(重金属离子不能被有效去除,作为沉积物混杂于煤灰中),其体积大为缩小,且在恶劣的天气条件下无须存储设备,使污泥最终处置极为便利。

(2)污泥能满足热能自持的需要,使用焚烧法处置可能是经济有效的。

(3)污泥燃烧产物可以有效进行后续的处理与处置。从焚烧的产物来看,干污泥颗粒可用作发电厂燃料的掺和料,也可通过干馏提取焦油、焦炭、燃料油和燃气等;污泥焚烧灰可做水泥添加剂、污泥砖、污泥陶粒等建筑材料;污泥细菌蛋白可制造蛋白塑料、胶合生化纤维板等;污泥气可用作燃料,还可制造四氯化碳、氢氰酸、有机玻璃树脂、甲醛等化工产品;污泥灰也可以作为混凝土混料的细填料。

(4)污泥焚烧可以从废气中获得剩余能量,用来发电。在脱水污泥中加入引燃剂、催化剂、疏松剂和固硫剂等添加剂制成合成燃料,该合成燃料可用于工业和生活锅炉,燃烧稳定,热工测试和环保测试良好,是污泥有效利用的一种理想途径。

焚烧是一种比较成熟的固体废物无害化处置技术,在世界范围内有着广泛的应用,但污泥焚烧成本高、污染物产生量大,虽然通过附加的烟气处理和飞灰处理等方法可以控制污染物的排放,但是需要投入大量的资金,增加了污泥的焚烧成本。因此,降低处理成本是焚烧处置亟待解决的问题。

 知识链接 7-1

项目分享:上海市青浦区 300 吨/日污泥干化焚烧项目

三、污泥热解

（一）污泥热解工艺描述

一个完整的污泥热解工艺包括储存和输送系统、干燥系统、热解系统、燃烧系统、能量回收系统和尾气净化系统。污泥的存储和输送是整个工艺流程的开始，起到储存污泥和将污泥输送进入干燥装置的作用。污水厂脱水污泥的含水率一般在80％左右，不能直接热解，通过干燥系统去除污泥中的水分，将污泥含水率降低至20％～25％。热解是指在无氧环境下将固态污泥裂解，生成气态、液态和固态的产物。

气态产物为热解气，是一种可燃气体。从热解设备中生成的热解气含有一定的有害物质，可以进行燃烧处理，这样可以利用能量，同时将有害物质转化为完全氧化的烟气。热解气也可以用处理烟气的方法将其中的有害物质去除，干净的热解气供应给发动机或者燃气轮机。系统的无氧环境减少或阻止了多环芳香烃的生成。

固态的产物是污泥热解后的残渣，其结构极易湿润，所以出渣装置需要设置防堵塞措施。另外，热解残渣的化学性能稳定，可耐强酸腐蚀，污泥中的重金属被固化在其中很难再次析出。

热解产生的热解气经旋风除尘器后和污泥储存仓的废气一同进入燃烧室燃烧，这样可以防止异味外泄。燃烧室产生的烟气优先用于热解鼓的加热，热解鼓出口烟气温度为600 ℃，这部分烟气再进入余热锅炉进行余热利用。当系统自身能量不能维持自身平衡时，燃烧室需要外加燃料（天然气或油）作为补充，以达到维持系统能量平衡的目的（见图7-10）。

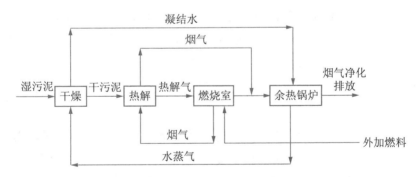

图7-10　污泥热解能量平衡图

热解加热后的烟气进入余热锅炉，产生的蒸汽用于干燥污泥。对于不同的工艺条件，可以选择不同的能量回收方案。热解在常压下进行，但实际上为了避免异味泄漏，一般在热解鼓内维持一定的负压。

（二）污泥的低温热解

污泥低温热解技术是指在无氧条件下，将干燥后的污泥加热到一定温度（通常＜

500 ℃),经过干馏和热裂解,使污泥转化为油、反应水、不凝性气体(noncondensable gas, NCG)和焦炭四种产物。产生的焦炭和 NGC 可以作为污泥干燥和热解的能源,其余能源可以回收,产物油与石油提炼厂生产出来的石油低级馏出液相似,能直接用于柴油机车。

1. 污泥低温热解技术的反应机理

一般认为,热解过程中,200～450 ℃污泥中所含的脂肪族化合物蒸发,＞300 ℃蛋白质转化,＞390 ℃糖类化合物开始转化,主要转化反应是肽键断裂、基团转移、支链断裂与重排。

2. 污泥低温热解技术的影响因素

(1) 热解温度。污泥热解转化温度一般控制在 500 ℃以下。对于城市污水厂污泥,其经济、有效的热解温度在 200～350 ℃,最佳反应终温为 270 ℃。

(2) 反应时间。热解过程实际上是一个干馏过程,反应时间是反应达到平衡的主要控制条件。在达到反应的平衡点之前,产油率随反应时间的延长而提高,反应平衡点的确定与污泥的含水率和试验条件有关,含水率为 12.35％的污泥的最佳反应时间为 75 min。

(3) 加热速率。加热速率对污泥热解的影响只在较低的热解温度下才起重要作用,在较高的热解温度下,加热速率对污泥热解的影响可以忽略不计。

(4) 催化剂

污泥热解过程中,添加有效的催化剂能够缩短热解时间,降低所需温度,提高热解能力,减少固体剩余物的量和控制热解产品的分布范围。

3. 污泥低温热解技术的优缺点

相对于传统的污泥处理方法,如填埋法、堆肥法和焚烧法等,污泥低温热解处理技术不仅占地面积小,工艺流程和反应条件简单,运行成本较低,而且反应过程是个能量净输出过程,反应产物可以回收作为能源使用,同时污泥中的重金属离子在热解过程中被钝化,可以预防堆肥法中污泥所含的重金属离子对土壤造成的潜在污染,防止焚烧法中重金属离子随粉尘传播对大气造成的污染,而且在低的反应温度下,反应产生的有害气体少,可减少对环境产生的二次污染。

尽管污泥低温热解技术具有以上优点,在热解法处理污泥的过程中,污泥固体体积比焚烧法减少得少,且热解过程中存在芳香族物质,产物油具有低毒性,燃烧会产生有害物质,并散发出具有恶臭气味的气体,其技术也没有焚烧法发展得完善。但是,在当今能源短缺的社会环境下,污泥低温热解技术的优点还是现代社会急切需要的,有较为广阔的前景。

(三)污泥的水热炭化

水热炭化是一种新型的污泥全过程处理处置技术,在湿式环境中,在 150～375 ℃和自生压力下将生物质转化为可进一步用作燃料、肥料等的炭基材料,即水热炭。水热炭是一种以碳为主体,含氧官能团丰富的黑色固体产物。水热炭化技术解决了上述传统处理工艺的各种不足,对场地面积要求小,适合污水厂安装设备,反应周期短,运行稳定,相对效率高,能源消耗小。但水热炭化技术发展时间较短,在处理效率、产品含水率、水热炭性能、余热利用等方面仍有很大提升空间。

第四节　污泥的生物处理技术

一、污泥的消化

污泥消化处理可分好氧消化和厌氧消化两类,其目的是稳定初沉池污泥、剩余活性污泥和腐殖污泥,以利于污泥后续处理。

污泥好氧消化是在延时曝气活性污泥法的基础上发展起来的,具有稳定性强和灭菌投资少、运行管理方便、最终产物无臭及上清液生化需氧量(biochemical oxygen demand,BOD)低等优点,但它能耗大、运行费用较高,适用于中小型污水处理厂(站)的污泥处理。

(一)好氧消化

污泥好氧消化(sludge aerobic compositing technology,SACT,见图 7-11)实质上是活性污泥法的继续,其工作原理是污泥中的微生物有机体的内源代谢过程通过曝气充入氧气,活性污泥中的微生物有机体自身氧化分解,转化为二氧化碳、水和氨气等,使污泥得到稳定。美国、日本和加拿大等发达国家都有不少中小型污水处理厂采用好氧消化处理污泥。与现在普遍采用的污泥厌氧消化相比,污泥好氧消化具有以下优点:①对悬浮同体的去除率与厌氧法大致相等;②上清液中 BOD 的质量浓度较低,为 10 mg/L 以下;③处理后的产物无臭味,类似腐殖质,肥效较高;④运行安全、管理方便;⑤处理效率高,需要的处理设施体积小,投资较少。

同时,它也具有以下缺点:①因需供氧,相应的运行费用高;②不能产生甲烷气体等有用的副产物;③消化后污泥的机械脱水性能较差。

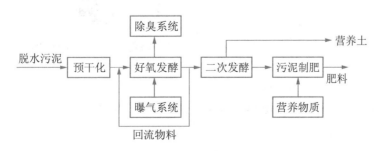

图 7-11　SACT 技术工艺流程

尽管好氧消化的能耗大,运行费用稍高,但由于它具有运行管理方便、操作灵活、投资低、处理不容易失败等优点,对于处理量较小(≤20 000 m³/d)的污水处理厂仍是一种有效实用的污泥稳定技术。

(二) 厌氧消化

污泥厌氧消化(即污泥厌氧发酵)是指污泥在无氧条件下,由兼性菌和厌氧细菌将污泥中的可生物降解的有机物分解为 CH_4、CO_2、H_2O、H_2S 和稳定的污泥(称消化污泥)的消化过程。它可以去除废物中 30%~50% 的有机物并使之稳定化,是污泥减量化、稳定化的常用手段之一,是大型污水厂最为经济的污泥处理方法。

污泥厌氧消化是对有机污泥进行稳定处理最常用的方法,可以处理有机物含量较高的污泥。有机物被厌氧分解,随着污泥的稳定化,产生大量高热值的沼气作为能源利用,使污泥资源化。

沼气是有机物在厌氧条件下经厌氧菌分解产生的以 CH_4 为主的可燃性气体。沼气中 CH_4 的含量占 50%~60%,CO_2 的含量占 30%~40%,另外还有 CO、H_2、N_2、H_2S 和极少量的 O_2。1 m³ 的沼气燃烧发热量相当于 1 kg 煤或 0.7 kg 汽油。

最早问世的污泥消化设施为兼有沉淀作用的化粪池;其后发展成为多种形式的双层沉淀池,下层为污泥消化室,上层为沉淀室;最后出现专为污泥消化而设计的污泥消化池,目前被广泛采用。双层沉淀池由于效率低、造价高,目前已很少采用。化粪池是一种简单的沉淀池,目前仍普遍地用于分散的独立住宅。高负荷厌氧消化池则可以控制发酵温度并进行混合搅拌,从而大大提高了发酵效率(见图 7-12)。

厌氧消化池主要应用于处理城市污水处理厂的污泥,也可应用于处理固体含量很高的有机废水,它的主要作用如下:

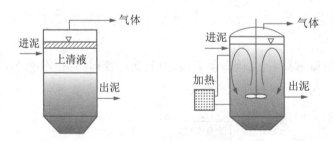

图 7-12　标准负荷厌氧消化池(左)和高负荷厌氧消化池(右)

(1) 将污泥中的一部分有机物转化为沼气;

(2) 将污泥中的一部分有机物转化成为稳定性良好的腐殖质;

(3) 提高污泥的脱水性能;

(4) 使得污泥的体积减小 1/2 以上;

（5）使污泥中的致病微生物得到一定程度的灭活,有利于污泥的进一步处理和利用。

1. 厌氧消化的理论

在厌氧消化过程中,多种不同微生物的代谢过程相互影响、干扰,形成了非常复杂的生化过程。20世纪70年代以来,许多学者和研究人员对厌氧消化过程中的微生物及其代谢过程进行了深入研究,并取得了很大的进展。经研究探索,对复杂有机物的厌氧消化过程的解释可以分为两段理论、三段理论以及四段理论。下面分别介绍各理论。

（1）两段理论。该理论是由图姆（Thumm）和伊姆霍夫（Imhoff）提出,经巴斯韦尔（Buswell）和尼夫（Neave）完善而成的。两段理论将有机物厌氧消化过程分为水解酸化（酸性发酵）阶段和产甲烷（碱性发酵）两个阶段（见图7-13）,相应起作用的微生物分别为产酸细菌和产甲烷细菌。

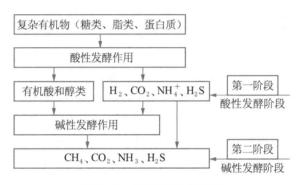

图 7-13　两段理论示意图

在第一阶段,复杂的有机物（如糖类、脂类和蛋白质等）在产酸菌（厌氧和兼性厌氧菌）的作用下被分解成为低分子的中间产物并生成能量,这些中间产物主要是一些低分子有机酸（如乙酸、丙酸、丁酸等）和醇类（如乙醇）,并有 H_2、CO_2、NH_3、H_2S 等气体。在这一阶段里,由于有机酸的大量积累,使发酵液的 pH 值降低,pH 值可下降至 6,甚至 5 以下。所以此阶段被称为酸性发酵阶段,又称为产酸阶段。

在第二阶段,产甲烷菌（专性厌氧菌）将第一阶段产生的中间产物继续分解成 CH_4、CO_2 等。在第二阶段有机酸不断被转化为 CH_4、CO_2 等,同时含 N 有机物转化为 NH_4^+,使发酵液的 pH 值迅速升高到 7～8,所以此阶段被称为碱性发酵阶段,又称为产甲烷阶段。

（2）三段理论。通过对厌氧微生物学的进一步研究,人们对厌氧消化的生物学过程和生化过程的认识不断深化,厌氧消化理论得到不断发展。1979年,布赖恩（Bryant）根据对产甲烷菌和产氢产乙酸菌的研究结果,在两段理论的基础上,提出了三段理论。该理论将厌氧发酵分成三个阶段,三个阶段有不同的菌群（见图7-14）。该理论认为产甲烷菌不能直接利用除乙酸、H_2 和 CO_2、甲醇等以外的有机酸和醇类,长链脂肪酸和醇类必须经过产氢产乙酸菌转化为乙酸、H_2 和 CO_2 等后,才能被产甲烷菌利用。三段理论突出地表明 H_2 的产生和利用在发酵过程中占有的核心地位。

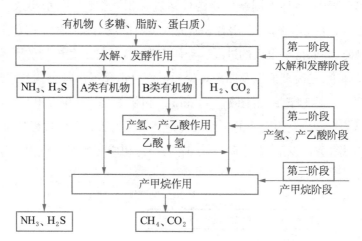

A 类有机物:乙酸、甲醇;B 类有机物:除乙酸、甲醇以外的长链有机酸和醇类。

图 7-14　三段理论示意图

第一阶段,水解和发酵。在这一阶段中复杂有机物(如多糖、脂肪、蛋白质、烃类等)在微生物(发酵菌)作用下进行水解和发酵。多糖先水解为单糖,再通过酵解途径进一步发酵成乙醇和脂肪酸等。蛋白质则先水解为氨基酸,再经脱氨基作用产生脂肪酸和氨。脂类转化为脂肪酸和甘油,再转化为脂肪酸和醇类。

第二阶段,产氢、产乙酸(即酸化阶段)。在产氢产乙酸菌的作用下,把除甲酸、乙酸、甲胺、甲醇以外的第一阶段产生的中间产物,如脂肪酸(丙酸、丁酸)和醇类(乙醇)等水溶性小分子转化为乙酸、H_2 及 CO_2。

第三阶段,产甲烷阶段。甲烷菌把甲酸、乙酸、甲胺、甲醇和(H_2+CO_2)等基质通过不同的路径转化为甲烷,其中最主要的基质为乙酸和(H_2+CO_2)。化学式如下:

$$2CH_3COOH \longrightarrow 2CH_4 \uparrow + 2CO_2 \uparrow$$

$$4H_2 + CO_2 \longrightarrow CH_4 + 2H_2O$$

在整个厌氧消化过程中,由乙酸产生的甲烷约占总量的 2/3,由 CO_2 和 H_2 转化的甲烷约占总量的 1/3。

从发酵原料的物性变化来看,水解的结果使悬浮的固态有机物溶解,被称为“液化”。发酵菌和产氢产乙酸菌依次将水解物转化为有机酸,使溶液显酸性,被称为“酸化”。甲烷菌将乙酸等转化为甲烷和二氧化碳等气体,被称为“气化”。三段理论是目前厌氧消化理论研究相对透彻,相对得到公认的一种理论。

（3）四段理论。1979年,泽库斯(Zeikus)在第一届国际厌氧消化会议上提出了四种群说理论(四段理论)。该理论认为参与厌氧消化菌,除水解发酵菌、产氢产乙酸菌、产甲烷菌外,还有一个同型产乙酸菌种群。这类菌可将中间代谢物的 H_2 和 CO_2(甲烷菌能直接利用的一组基质)转化成乙酸(甲烷菌能直接利用的另一组基质)。厌氧发酵过程分为水解、酸化、酸退、甲烷化四个阶段,各类群菌的有效代谢均相互密切连贯,达到一定的平衡,不能单独分开,是相互制约和促进的过程。

如图 7-15 所示,复杂有机物在第Ⅰ类菌(水解发酵菌)作用下被转化为有机酸和醇类,有机酸和醇类在第Ⅱ类菌(产氢产乙酸菌)作用下转化为乙酸、H_2、CO_2、甲醇、甲酸等。第Ⅲ类菌(同型产乙酸菌)将少部分 H_2 和 CO_2 转化为乙酸。最后,第Ⅳ类菌(产甲烷菌)把乙酸、H_2+CO_2、甲醇、甲酸等转化为最终的产物——CH_4 和 CO_2。在有硫酸盐存在的条件下,硫酸盐还原菌也将参与厌氧消化过程。

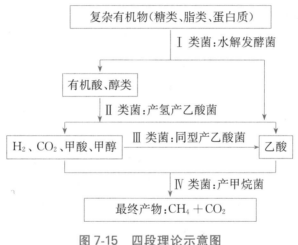

图 7-15　四段理论示意图

污泥厌氧消化的原理和过程与高质量浓度有机废水的厌氧处理相似。与废水厌氧处理有所区别的是:产甲烷过程是控制整个废水处理的主要过程,而在污泥厌氧消化中,固态物的水解、液化是主要控制过程。

消化后的污泥称为熟污泥或消化污泥,这种污泥容易脱水,所含固体数量减少,不会腐化,氨氮浓度增高,污泥中的致病菌和寄生虫卵大为减少。一般消化后的污泥体积可减少 $60\%\sim70\%$,质量可减少 40% 左右,消化污泥可进一步进行干化处理或用作肥料。

2. 厌氧消化的影响因素

在隔绝氧气的情况下,污泥中的有机物先是被腐生细菌代谢,转化为有机酸,然后厌氧的甲烷细菌降解有机酸为甲烷和二氧化碳。过程进展的快慢取决于这两类细菌的协调情况。甲烷细菌的生长条件极为严格。腐生细菌产生的有机酸必须及时降解,如有积累,一旦 pH 值低于 6.5,甲烷细菌的生长即受限制,平衡被破坏,消化时间大大延长。一般用搅拌污泥(使泥质均匀)和控制有机酸及碱度的方法来维持过程的正常进行。有机酸(以乙酸计)控制在 1 000 mg/L 以下,在 2 000 mg/L 左右时过程即受影响。碱度(以碳酸钙计)控制在 2 000 mg/L 以上。有机酸有上升趋势时应立即停止加料(生污泥)。碱度不足时可加石灰。如果水解酸化和乙酸化过程的反应速度超过甲烷化过程的反应速度,pH 值就会降低,从而影响产甲烷菌的生活环境,进而影响污泥厌氧消化效果,然而,由于消化液的缓冲作用,在一定范围内可以避免这种情况的发生。消化液中除了含有 CO_2 和 NH_3 外,还有以 NH_4HCO_3 形态存在的 NH_4^+,HCO_3^- 和 H_2CO_3 形成缓冲体系,平衡小范围的酸碱波动,反应式如下:

$$H^+ + HCO_3^- \longrightarrow H_2CO_3$$

温度也是一个重要的生长因素。产甲烷菌的温度范围为 5~60 ℃,在约 35 ℃ 和 53 ℃ 可分别获得较高的消化效率,温度为 40~45 ℃ 时,厌氧消化效率最低。根据产甲烷菌适宜温度条件的不同,厌氧法分为常温消化、中温消化和高温消化。消化过程可在 30~40 ℃ 进行(称中温消化),也可在 50~60 ℃ 进行(称高温消化),通常采用中温消化。消化时间随搅拌情况而异:充分搅拌时(称高负荷率污泥消化)常少于 15 d;不搅拌时(称传统污泥消化)常在 30~60 d 之间。高温消化需要充分搅拌,消化时间约 6~10 d,产气率较高,寄生虫卵可杀灭 90% 以上,但耗热和耗能量大。研究表明,在污泥厌氧消化过程中,温度发生 ±3 ℃ 变化时,就会抑制污泥消化速度;温度发生 ±5 ℃ 变化时,就会突然停止产气,使有机酸大量积累而破坏厌氧消化。

在污泥厌氧消化中,每一种所谓有毒物质是具有促进还是抑制甲烷菌生长的作用,关键在于它们的毒阈浓度。低于毒阈浓度,对甲烷菌生长有促进作用;在毒阈浓度范围内,有中等抑制作用,随浓度逐渐增加,甲烷菌可被驯化;超过毒阈上限,则对微生物生长具有强烈的抑制作用。

3. 厌氧消化的工艺

厌氧消化工艺种类很多。厌氧消化可分为人工消化法与自然消化法。在人工消化法中,根据池盖构造的不同,又分为定容式(固定盖)消化池和动容式(浮动盖)消化池。按容量大小可分为小型消化池(1 500~2 500 m³)、中型消化池(2 500~5 000 m³)、大型消化池(5 000~10 000 m³)。按消化池的效率不同可分为常规消化和高效消化。按运行方式可分为一级消化和二级消化。

(1) 一级消化。一级消化是指在一个消化装置内完成消化全过程,这种消化池内一般不设搅拌设备,因而池内污泥有分层现象,仅一部分池容积起到对有机物的分解作用,池底部容积主要用于储存和浓缩熟污泥。由于微生物不能与有机物充分接触,消化速率很低,消化时间很长,一般为 30~60 d。因此,一级消化工艺仅适用于小型装置,目前已很少应用。

(2) 二级消化。二级消化指将消化池一分为二,污泥先在第一级消化池中(设有加温、搅拌装置,并有集气罩收集沼气)进行消化,经过 7~12 d 旺盛的消化反应后,排出的污泥送入第二级消化池。

第二级消化池中不设加温和搅拌装置,依靠来自一级消化池污泥的余热继续消化污泥,消化温度为 20~26 ℃,产气量约占总产气量的 20%,可收集或不收集,由于不搅拌,第二级消化池兼有浓缩功能。二级消化是对一级消化的改善,由于中温消化的前 8 d 里产生的沼气量约占总产气量的 80%,在一级消化中,污泥中温消化有机物的分解程度为 45%~55%,消化污泥排入干化厂后将继续分解,产生的污泥气体逸入大气,既污染环境又损失热量,而二级消化则可以很好地解决此类问题。因此,采用二级消化是比较合理的。

二、其他生物处理技术

污泥蚯蚓生态床采用蚯蚓-微生物人工生态系统对污泥进行稳定处理。蚯蚓以污泥中的悬浮物和微生物为食料,通过生态系统的食物网关系使污泥物质得到稳定,少量增殖的蚯蚓可作为农牧业饲料,蚓粪可作为微生物的食料或高效农肥和土壤改良剂。

从生态过滤机理上进行分析,污泥蚯蚓生态床是一个多结构、多层次、各取所需、相互协同的生态链。生态链中蚯蚓等微型动物和微生物对污泥具有较强的广谱利用和分级利用功能,从而实现了污泥较彻底的分解和转化。污泥和微生物通过食物链最终被有效地转化为微型动物的增殖及其排泄物,而微型动物的机体及其排泄物又可成为其他微生物的分解利用对象,从而可开始进行新一轮的生态循环,如此周而复始。这意味着生态滤床以较高的能量转换率和资源利用率对污泥进行了充分的利用和无害化。

此外,污泥处理还有污泥植物生态床、新型污泥复合生态床等处理技术。

第五节 污泥的资源化利用

一、污泥的土地利用

利用有机固体废物生产有机肥是一条充分利用废物养分和价值的资源化途径,一定程度上减轻了因废物直接排放造成的环境污染压力,在当今全社会重视和倡导节能减排的大环境下,充分利用有机废物发展有机肥体现了未来肥料行业的趋势。

（一）农田林地利用

城市污水污泥农用资源化有利于农业的可持续发展。污泥作为一种天然的有机肥,施用于农田林地后,具有能够改良土壤结构、增加土壤肥力、促进作物生长及能够回收利用有机质等优点。但在综合利用前应进行堆肥处理以杀死病菌及寄生虫卵,以免含有病菌、寄生虫及重金属离子的污泥对植物及土壤造成危害。中国有大量工业废水进入污水处理厂,污水中重金属离子约有50%以上转移到污泥中,污泥中的重金属离子浓度一般都较高,《固体废物污染环境防治法》规定,禁止重金属或者其他有毒有害物质含量超标的污泥进入农用地。未经消化处理的脱水泥饼为农田林地施肥时,由于所含有机质较多,易于腐化,加之含水率较高,难以运输与施肥,因此,当污泥用于农田林地时,必须先堆肥处理。污泥焚烧的灰渣中含有 P、Mg、Fe 等植物生长所必需的元素,可作为肥料使用,但在施肥时应采用湿法作业,以防灰渣飞扬污染环境。

污泥作为肥料的使用方法有三种:污泥直接施用、干燥污泥施用及制成复合肥料施用。污泥直接施用仅适用于消化污泥,初次沉淀污泥与活性污泥不能直接施用。消化污泥中氨的含量较高,对种子的发芽有抑制作用,因此应在播种前几天施肥,使其暴露在大气中,避免这种抑制作用;施用干燥污泥时,施肥方便,卫生条件较好,但成本较高,如污泥在干燥脱水过程中投加过混凝剂,则要注意所用混凝剂对硝化作用的影响;使用复合肥料(即污泥与其他肥料混合制成),则更有利于植物的生长对土壤的改良。

（二）用于严重扰动的土地改良

改良土地的近期目的是恢复植被及防止冲刷,长远目标是建立与稳定土壤生态系统。严重扰动的土地包括采煤场、各种采矿业开采场(包括金属矿、黏土矿、沙子的采掘场等)、露天矿坑、尾矿堆、取土坑、因化学作用使土壤退化的土地、城市垃圾场、粉煤灰堆积场以及森林采伐地、森林火灾毁坏地、滑坡和其他天然灾害需要恢复植被的土地等。严重扰动的土地施用污泥堆肥后,可改善土壤结构,促进土壤熟化。如果将污水污泥应用到一些严重扰动的土壤中,一方面利用污泥改善了土壤结构,另一方面也可以缓解污泥带来的环境污染。污泥可以以表施或耕层施肥的方式施用。施用后播种牧草,以尽快覆盖地表,取得初步成果。这对于增加绿化面积、扩大林地乃至改良农田都很有意义。

但是,污泥土地利用前虽经过了高温堆肥处理,但其中的重金属仍较难除去。施入农田后的重金属会通过食物链富集。已经有研究表明,长期施用污泥的土壤种植的粮食、蔬菜均受到一定程度的污染。因此,重金属是限制污泥大规模土地利用最重要的因素。

二、污泥的建材利用

污泥中的无机物主要成分是 Si、Al、Fe、Ca 等,与建材原料的成分相近,所以可以制造建筑材料。其主要方式包括水泥窑混烧制水泥、制砖、烧结陶粒等。目前,污泥建材化已经被看作一种可持续发展资源化利用的途径。

（一）污泥制砖

污泥制砖的方法主要有两种:一种是用干化污泥直接制砖;另一种是用污泥焚烧灰渣制砖。用干化污泥直接制砖时,应对污泥的成分进行适当调整,使其成分与制砖黏土的化学成分相当。当污泥与黏土按质量比 1∶10 配料时,污泥砖可达到普通红砖的强度。该污泥砖制造方式由于受坯体有机挥发分成分含量的限制(达到一定限度会导致烧结开裂,影响砖块质量),污泥掺和比很低,因此从黏土砖使用限制要求来看,已经很难成为一种适宜的污泥制造建材方法。利用污泥焚烧灰渣制砖时,灰渣的化学成分与制砖黏土等的化学成分比较接近。因此,可通过两种途径实现烧结砖制造:一为与掺和料混合烧砖;二为不加掺和剂单独烧砖。

（二）污泥制水泥

城镇污泥水泥窑协同处置是利用水泥窑高温处置污泥的一种方式。

城镇污泥水泥窑协同处置优势如下:窑炉资源丰富,对这些窑炉资源的有效利用可降低污泥处置装置的基建费用;对污泥中有害有机物能够彻底分解,水泥生产过程中的熟料温度在 1 250～1 350 ℃,气体温度将维持在 1 600～1 800 ℃,当污泥与水泥原料一起进入窑炉后,污泥作为燃料利用,实现了有机物的彻底分解,另外燃烧气体在温度高于 1 100 ℃时在窑内的停留时间大于 4 s,回转窑内物料呈现高度湍流化状态,污泥中有害有机物得到充分燃烧去除;水泥生产过程中重金属能够固化,在焚烧污泥过程中能将灰渣中的重金属固化在水泥熟料的晶格中,达到稳定固化效果;窑内的碱性环境能减少二噁英的形成;污泥焚烧过程中产生的新污染物较少,根据新型干法水泥企业的生产特点,焚烧污泥后的废气粉尘需要经过布袋除尘器收集后再次进入水泥回转窑内煅烧,形成闭路生产路径;实现污泥处理处置的资源化及能源化利用,污泥中的无机成分 CaO、SiO_2 可作为生产原料直接在水泥制备过程中加以利用。另外,脱水后的有机成分在燃烧过程中将产生一定的热量,可抵消部分污泥水分蒸发所需热能。

污泥进入水泥回转窑混烧处理,不仅对污泥进行了有效的减容和减量,而且彻底消除了污泥中的有害物质和病菌。污泥完全焚烧后的焚烧产物经固化最终进入水泥熟料,无须对残渣进行其他处理。污泥焚烧残渣的无机组分化学特性与黏土相似,主要是 CaO、SiO_2、Al_2O_3 等,与水泥生产所需的原料基本相似,从而完成污泥的安全处置。目前,奥地利、荷兰、日本等国家有很多利用此方法处理污泥的案例。

（三）制生化纤维板

活性污泥中的有机成分粗蛋白质(占 30%～40%)与酶等属于球蛋白,能溶解于水及稀酸、稀碱、中性盐的水溶液。在碱性条件下,加热、干燥、加压后,会发生一系列物理、化学性质的改变,称为蛋白质的变性作用。利用这种变性作用能制成活性污泥树脂(又称蛋白胶),使纤维胶合起来,压制成板材。

（四）污泥制陶粒

将污泥作为原料,并加入适量辅料成型后烧结制备陶粒。陶粒具有普通砂石等骨料所不具备的特点,可以用陶粒制备轻骨料混凝土。

污泥制造轻质陶粒的工艺有两种:一种是利用生污泥或厌氧发酵污泥的焚烧灰造粒后烧结的工艺;另一种是直接以脱水污泥为原料制陶粒的新工艺。前者的不足之处是需要单独建设焚烧炉,污泥中的有机成分没有得到有效利用。陶粒是由黏土、泥质岩石(页岩、板岩等)、工业废料(粉煤灰、煤矸石)等作为主要原料,经加工、熔烧而成的粒状陶质物。其特点是具有浑圆状外形、外壳坚硬且有一层隔水保气的铁褐色或棕红色的坚硬釉质包裹,内部为多孔封闭结构,呈灰黑色蜂窝状。

陶粒内部为多孔结构,使陶粒具有密度小、强度高、保温效果好、防火、抗冻、耐细菌腐蚀、抗震性好及施工适应性好等优良性能,所以,陶粒可用于制造建筑保温混凝土、结构保温混凝土、高温结构混凝土、陶粒空心砖块等,亦可用于筑路、桥涵、堤坝、水管等建筑领域,在农业上可用于改良泥土和作为无土栽培基料,在环保行业可用作滤料和生物载体等。

三、其他方面的利用

（一）污泥制动物饲料

污泥本身含有机物,如蛋白质、脂肪、多糖,还含有维生素,均是动物所需要的营养物质。污泥中70%的粗蛋白以氨基酸的形式存在,以蛋氨酸、胱氨酸、苏氨酸和缬氨酸为主,各种氨基酸之间相对平衡,是一种非常好的饲料蛋白。曾有人利用酸水解法对剩余污泥蛋白质进行提取,并对剩余污泥蛋白质作为动物饲料添加剂的营养性和安全性进行了分析,结果表明:该沉淀物蛋白质纯度较高,可检测到含量较高的7种人体或动物必需氨基酸和8种非必需氨基酸;此外,沉淀物中重金属含量较少,符合饲料卫生标准和农业行业标准的相关规定。

（二）污泥制黏结剂

污泥本身含有机物,具有一定热值,又具有一定的黏结性能。污泥作为型煤黏结剂代替白泥(一种常用黏结剂)可改善在高温下型煤内部的孔隙结构、提高型煤气化反应性、降低灰渣中的残炭、提高炭转化率;污泥既是黏结剂,又起到了疏松剂的作用,污泥热值也得到充分利用,且无二次污染。

（三）污泥制吸附剂

污泥中含有大量有机物,其含量随社会发展水平的提高而提高,因此,它具有被加工成类似活性炭吸附剂的客观条件。在一定的高温下以污泥为原料通过改性可以制得含碳吸附剂。由污泥制成的活性炭吸附剂对化学需氧量(chemical oxygen demand，COD)及某些重金属离子有很好的去除率,是一种优良的有机废水处理剂。用过的吸附剂若不能再生,可以用作燃料在控制尾气条件下进行燃烧。

总而言之,污泥是一种很有利用价值的潜在资源,目前已开发了多种资源化利用方式,但是无论哪种方法都存在利弊,因此应根据本地区的技术水平、经济状况和污泥性质来确定最佳方案。

本章小结

本章介绍了污泥的概念、组成特点、来源、现状与危害,阐述了污泥的浓缩、调理、机械脱水、干化等预处理技术以及干燥、焚烧、热解、好氧消化、厌氧发酵等处理工艺与技术原理,简述了污泥的土地利用、建材利用等资源化途径。本章学习目标是熟悉污泥组成特点与预处理、处理转化利用技术。

关键词

污泥　含水率　浓缩　调理　机械脱水　干化　热解　焚烧　厌氧消化

习　题

1. 填空

(1) 通常含水率在 85% 以上时,污泥呈＿＿＿＿态,65%～85% 时呈＿＿＿＿态,低于 60% 时则呈＿＿＿＿态。

(2) 污泥中水分的存在形式有＿＿＿＿、＿＿＿＿、＿＿＿＿和＿＿＿＿。

(3) 污泥的温差调理包括＿＿＿＿调理和＿＿＿＿调理两类。

(4) 在湿式环境中,在 150～375 ℃和自生压力下将生物质转化为可进一步用作燃料、肥料等用途的炭基材料的过程叫＿＿＿＿。

(5) 厌氧消化是指在厌氧(无氧)条件下,利用厌氧微生物将复杂的大分子有机物转化成＿＿＿＿、＿＿＿＿、无机营养物质和稳定的＿＿＿＿等化合物的生物化学过程。

(6) 从沉淀池(初沉池和二沉池)分离出来的沉淀物或悬浮物称为＿＿＿＿污泥,经浓缩处理后得到的污泥称为＿＿＿＿污泥,经厌氧消化后得到的污泥称为＿＿＿＿污泥。应用自然热源(太阳能)的干化过程称为＿＿＿＿干化;一般干化含水率可降至 75%,强化干化可达 35%。使用人工能源当热源的则称污泥的＿＿＿＿,仅适用于脱水污泥的后续深度脱水,含水率可降至20%以下。含固率85%以上称为_____污泥;含固率在50%以上称为____,____污泥。

(7) 污泥在厌氧消化过程若pH值低于6.5,_____菌将会受到抑制,通常采用减少污泥的加入量或加入_____来进行调节。根据温度条件的不同,厌氧消化分为_____消化(20 ℃)、_____消化(30~35 ℃)和_____消化(50~55 ℃)。

2. 污泥厌氧消化的主要作用有哪些方面?

3. 图示有机物厌氧消化过程的两段论、三段论。

4. 污泥含水率从95%降至85%,求污泥体积、固体物浓度、重量的变化。

5. 什么是污泥的好氧堆肥?

6. 简述污泥的分类。

7. 污泥浓缩常用的方法有哪些?

8. 离心浓缩器的性能用哪些指标表示?

9. 简述污泥好氧消化的优缺点。

10. 常见的脱水设备有哪些?

11. 污泥的资源化利用形式有哪些?

12. 图示污泥干燥焚烧工艺。

第八章　农业固体废物

学习目标

1. 了解农业固体废物的概念、来源、分类、现状、危害，了解秸秆粉碎预处理、蚯蚓床处理、青贮、高温成型等技术。

2. 掌握农业固体废物的组成特点以及好氧堆肥、沼气发酵、秸秆氨化以及热解、气化等资源化技术原理。

3. 熟悉农业固体废物的生物处理、热化学处理工艺及其相关设备。

第一节　农业固体废物概述

一、农业固体废物的概念

一般认为，农业固体废物是指在种植业、林业、畜禽或水产养殖生产过程中，与种植业、林业、畜牧业和渔业产品生产、加工相关的活动中，以及农村居民日常生活中或者为日常生活提供服务的活动中产生的丧失原有价值的，或者原所有人、持有人已经抛弃、准备抛弃或必将抛弃的物质。或者可以将其定义为种植、营林、畜牧或水产养殖生产过程中，或上述过程的产品进行初级加工过程中，以及农村居民日常生活或者为日常生活提供服务的活动中产生的，不再具有原有利用价值，其所有人、使用人已经、准备或必须丢弃的部分物质。根据《固体废物污染环境防治法》给出的定义，农业固体废物是指在农业生产活动中产生的固体废物。

农业固体废物的概念包含以下三个特征：农业固体废物是被其所有者、使用者已经丢弃、准备丢弃或必须丢弃的物质；这些物质来源于农业初级生产过程或者农、林、畜牧或渔业产品的初级加工过程以及农村居民的日常生活；这些物质可能具有替代资源的价值，或者具有再利用价值。

二、农业固体废物的来源与分类

有关资料显示,我国农村人均垃圾产生量在 $0.15 \sim 0.83$ kg/d。影响农业固体废物产生量的因素复杂多样,主要有经济收入水平、家庭人口数量、家庭能源结构、务农人口比例、家庭养殖量、生活水平、文化程度和社会行为等。能源结构影响农业固体废物中无机灰渣的产生量,人均收入与农业固体废物中无机物含量基本呈负相关,与农业固体废物中有机物所占比重呈正相关。另外,在县镇之间、村组之间相毗邻地带,垃圾堆积如山、无人管理,污染程度重,治理难度大,更容易反弹。农业固体废物问题造成的危害,具有相关人群普遍受害及持续危害的特点,靠临时性措施和突击性办法解决不好。

(一)按农业固体废物的产生途径分类

1. 种植生产废物

种植生产废物是指种植业、林业生产过程或收获活动结束后,除果实外的其他被生产者丢弃的物质或能量,如粮食作物或油料作物的秸秆、根茬,或者瓜果或蔬菜作物的残叶、藤蔓、落果、落叶、果壳等。

2. 养殖生产废物

养殖生产废物,指无论个人或者集体养殖户,为生产和提供肉、蛋、奶、皮毛等农产品,通过圈养、散养、牧养以及集约化或者工业化养殖方式所饲养的猪、牛、羊、鹅、鸡、兔等畜禽所产生的畜禽粪便、废渣、废水或畜禽病死尸体,以及水产养殖户在水产养殖过程中产生的含有饲料残渣、农药参与的养殖塘泥等废物或能量。

3. 农业生产资料废物

农业生产资料废物是指农业生产过程中投入并散落于农业生产场所内的辅助生产资料的残余物,包括农用塑料残膜、花卉和苗木培养或种植中使用的一次性塑料盆钵、化肥和农药的包装物等。

4. 农产品初加工废物

农产品初加工废物是指农产品、林产品和渔产品在初加工过程中所废弃的物质或能量。此类农产品废物主要包括稻谷、小麦、玉米等粮食产品加工后产生的谷糠、麦麸、玉米芯等,粮食作物酿酒过程中产生酒糟、油料作物榨油后产生的饼粕,林业木材加工后剩余的边角料等。

5. 农村居民生活废物

农村居民生活废物,也即农村生活垃圾,指农村居民日常生活中或者为农村日常生活提供服务的活动中产生的,不再为生活所用的废物质或能量,主要包括厨余垃圾、日常生活用品包装物、小型废旧家具和破旧衣物等。

（二）按农业固体废物的特性分类

1. 一般农业固体废物

对环境不具有明显危害性,可自然降解,无须特殊措施进行处理,如秸秆、果渣、畜禽粪便、厨余垃圾等。

2. 危险农业固体废物

对环境可能具有一定危害性,难以自然降解,必须采取特殊措施进行处理才能消除或预防其危害的农业固体废物,如农用塑料残膜、化肥农药包装物、废旧家电和电池等。

（三）按农业固体废物的成分分类

1. 有机农业固体废物

这主要指农业生产或产品初级加工过程中产生的植物性产品废物,以及动物性产品的排泄物,包括作物秸秆、果渣、畜禽粪便、厨余垃圾等可自然降解的、全部由有机成分构成的农业固体废物。

2. 无机农业固体废物

这主要指农业生产过程中投入的辅助生产资料的残余物或废物,以及农村居民生活中丢弃的废物,包括农用塑料残膜、化肥农药包装物、废旧家电和电池等无法自然降解、主要由无机成分构成的农业固体废物。

三、农业固体废物的成分组成

植物性农业固体废物(木质纤维素生物质)是独特的,它是绿色植物通过叶绿素,利用光把自然界中的水和二氧化碳转化为木质纤维素,同时把太阳能转化为化学能而储存在生物质内部的能量。其作用过程如下:

$$x\mathrm{CO_2} + y\mathrm{H_2O} \xrightarrow{\text{光合作用}} \mathrm{C}_x(\mathrm{H_2O})_y + x\mathrm{O_2}$$

植物通过光合作用形成细胞壁物质,在这一过程中植物由碳、氢、氧等元素组成一系列的有机物,如纤维素、半纤维素、木质素三种高分子聚合物,这三种高分子聚合物含量很高,占木质纤维素生物质的大多数,它们互相交织在一起。此外,还含有少量的单宁、果胶质、树脂、脂肪、腊、配糖物以及不可皂化物等。不同的木质纤维素生物质,其化学组成有很大的差别,但是它们的元素组成大致相同,例如,绝干木材平均含有碳 50%、氢 6.4%、氧 42.6%、氮 1%。

纤维素是不溶于水的单一聚糖,它是由 D-葡萄糖基构成的链状高分子化合物。纤维素的化学结构是 1,4-β-D-吡喃式失水聚葡萄糖(结构单元示意图见图 8-1)。其聚合度(每一纤维素分子的葡萄糖基数目)为 1 000～100 000。半纤维素是除纤维素和果胶以外的植物细胞壁聚糖,与纤维素不同,半纤维素是由两种或两种以上的单糖基组成的不均一聚糖,大多带有短的侧链(结构单元示意图见图 8-2)。构成半纤维素线性聚糖主链的单糖主要是木糖、葡萄糖和甘露糖。构成半纤维素的侧链糖基有木糖、葡萄糖、半乳糖、阿拉伯糖、岩藻糖、鼠李糖和葡萄糖醛酸、半乳糖醛酸等。各种木质纤维素生物质的半纤维素含量、组成结构均不相同,同一种生物质原料的半纤维素一般也会有多种结构。木素(木质素)是由苯基丙烷结构单元通过碳碳键和醚键连接而成的具有三维空间结构的高分子聚合物(结构单元示意图见图 8-3)。各种植物之间,甚至在同一细胞的不同壁层之间,木素的结构也有很大的差异,因此,木素不是指单一的物质,而是代表植物中某些共同性质的一类物质。木素存在于植物的木化组织之中,细胞壁中含有存在木素量的大部分,而细胞间层物质的大多数则是木素。木质纤维素生物质的化学组成如图 8-4 所示。

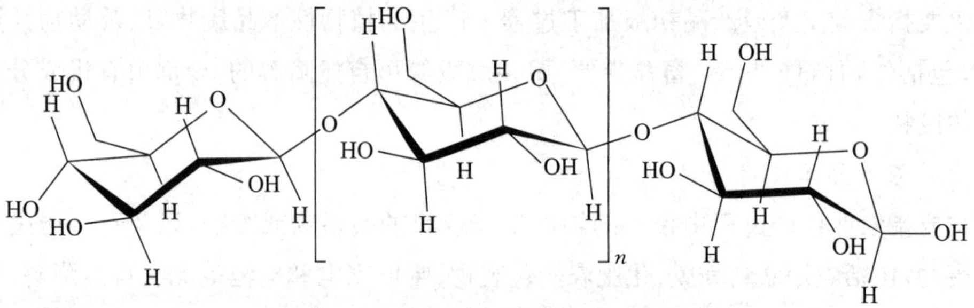

图 8-1 纤维素分子结构单元示意图

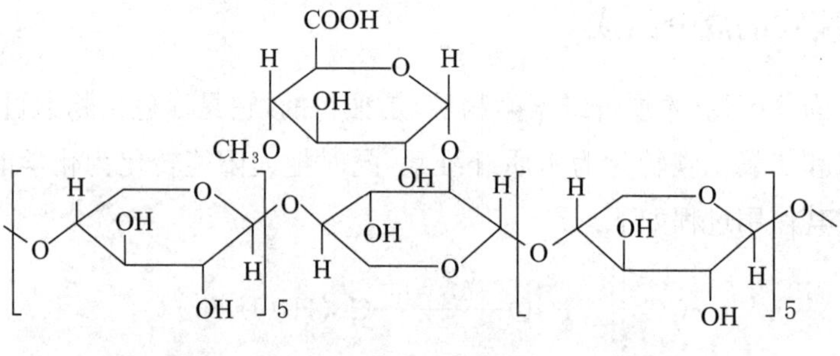

图 8-2 半纤维素分子结构单元示意图

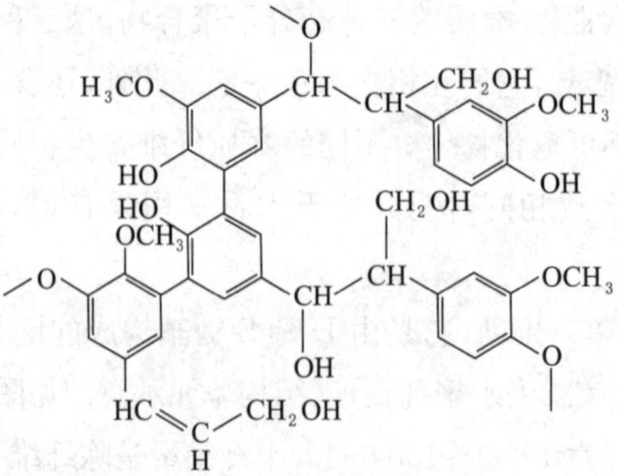

图 8-3 木质素结构单元示意图

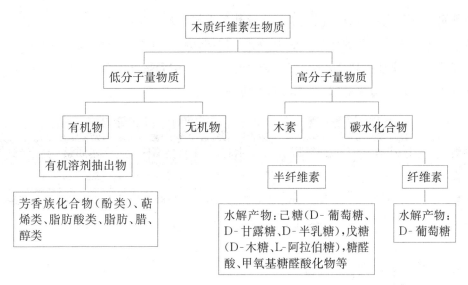

图 8-4 木质纤维素生物质的化学组成图

在细胞壁结构中,纤维素分子链有规则地排列聚集成原细纤维,由原细纤维进一步组成微细纤维,微细纤维再组成细小纤维,原细纤维之间填充着半纤维素,微细纤维周围包裹着木质素和半纤维素,且木质素和半纤维素间存在化学连接。这样的细胞壁以微细纤维形式构成纤维素骨架,木质素和半纤维素以共价键方式交联在一起,形成三维框架结构,把微纤维素束镶嵌在里面。细胞壁的外边,即两个细胞壁之间的胞间层,主要由木质素组成,少量为果胶,把两个细胞壁粘连在一起。这样,纤维素、半纤维素和木质素相互交织而形成复杂的难以降解的细胞壁结构。

一般认为,木质纤维素生物质资源的特点主要包含以下五个方面:

(1) 生物质资源来源丰富、分布广泛、数量巨大,具有可再生性;

(2) 生物的多样性决定了生物质品种和形态的多样性;

(3) 生物质原料价格低廉,多为废弃物,缺乏有效利用手段;

(4) 生物质资源一般结构松散、密度低、高挥发分、热值低,在收集、贮存及使用上存在一定困难,同矿物燃料相比,生物质组成特点为新鲜状态生物质含水量较高;

(5) 一般生物质含硫量低、含氧量高、热值低,不同的生物质,其灰分含量及组成差别极大。

从化学角度看,生物质的主要组成是碳氢化合物,同矿物燃料相比具有相似性。但由于生物质的多样性和复杂性,其利用技术远比化石燃料复杂和多样。

几种主要作物秸秆的成分组成及其含量如表 8-1 所示。这类农业固体废物通常具有密度小、抗拉、抗弯、抗冲击能力强等物理性质。

养殖业农业固体废物的成分组成中,禽畜粪便含水率普遍在 70% 以上,呈固体糊状,并伴随有恶臭。几种主要畜禽粪便成分组成及其含量如表 8-2 所示。

农业投入品固体废物的成分组成中,农用塑料薄膜、肥料袋及农药包装物主要成分是化学高分子聚合物,主要是聚氯乙烯、聚乙烯、聚丙烯和不饱和聚酯类等,其中一些高分子聚合物中还加入了可以部分光分解、生物降解的成分。

表 8-1 几种主要作物秸秆的成分组成及其含量(质量分数)　　单位:%

种类	灰分	纤维素	脂肪	粗蛋白	木质素	半纤维素
水稻	14~20	28~36	0.46~1.82	3.8~5.9	5.3~14	23~28
小麦	6~8	33~38	0.67~1.28	4.0~5.1	7.9~14	26~32
玉米	3.6~7.0	28~40	0.5~1.03	5.0~9.5	4.6~15	28
油菜	6.20	30.60	0.77	3.50	14.8	17.13
棉花	5.07	44	2.50	6.50	10.8~16.2	10.70
甘蔗渣	1.5~5	32~48	0.70	1.0	23~32	19~24
大豆	2.90	27.8	6.34	9.20	2.67	16.3

表 8-2 几种主要禽畜粪便成分组成及其含量(质量分数)　　单位:%

种类	灰分	粗蛋白	粗纤维	粗脂肪	无氮浸出物
猪粪	18.71	20.0	20.99	3.79	36.51
牛粪	18.17	11.96	20.78	2.19	46.96
鸡粪	23.3	28.96	13.55	2.44	31.92
兔粪	13.0	37.0	27.0	2.5	11.0

四、农业固体废物的收集、运输

农业固体废物的收集、运输、处理网络,实践中主要推行两种模式。

一是在城郊、平原发达和交通便利的地区,按照城乡一体化的要求,实行"户收、村集、乡镇中转、县市处置"。在各级财政的资助下,政府向农户发放垃圾桶,每天由村保洁员定期清扫并把垃圾运送到乡镇设立的中转站,乡镇再把垃圾压缩后运送至县指定的垃圾处理场所,由县政府统一进行无害化处理。这种模式收集效率高、处理效果好,但对运转设施要求高,运转费用大,一个县的年运转费用约需 3 000 万元。目前,嘉兴、湖州等 20 多个市县垃圾处理基本实现城乡一体化。

二是在山区、海岛和交通不便的地区,推行"集中收集、就地分拣、综合利用、无害化处理"的模式,以村或乡镇为单位设立垃圾分拣场,聘请专门的分拣员或由保洁员对垃圾进行分拣,对金属、纸、塑料等资源性垃圾进行回收,对剩饭馊菜、瓜果皮壳等有机物垃圾进行堆肥处理并回田,对砖瓦、渣土、沙石等建筑垃圾进行就地堆置或填埋,对废电池等有害垃圾以及破旧衣服等不可回收分解的垃圾,由镇或县环卫部门统一处理。这种方式运转费用低,适合行政范围广、经济条件差的山区海岛等,但要求分拣场地大,以镇为单位处理往往难以保证处理标准。当前,衢州、丽水及其他地处偏远的县(市)采用这种模式。总体来说,浙江省已基本建立了适合当地情况的垃圾收集处理系统。

我国农村地域广大、交通落后,各类废物集中收运比较困难,对其进行分类收集后,可就地分化处理掉一部分,当地无法处理的再集中收运处理,这就减少了废物的运输量;分类收集使各组分相互分离,增加纯度,方便进行资源化、能源化和综合利用。所谓集中处理,即在各村设立垃圾分拣场、有机垃圾堆沤场、无机垃圾填埋场和建筑垃圾堆置场。每天由聘用的保洁员将垃圾统一收集起来,再由分拣员细分为建筑垃圾、可回收废品垃圾、纯垃圾和有机垃圾等四类分别处理。可以用建筑垃圾回填机耕路面,将回收废品垃圾卖给回收公司,纯垃圾进行堆集焚烧,有机垃圾通过发酵成为有机肥。

五、农业固体废物造成的危害

随着现代化、工业化和城镇化的大力推进,农村生活方式急剧变化,与之相应的是农村生态环境破坏和污染问题日趋严重,许多污染由城市向农村转移,产生了严重的土壤、水质、空气和农作物污染等问题,而且呈现出多种类、难降解、高危害等特性。《中国农村环境污染调查》的数据显示,全国每年产生的1.2亿t农业固体废物几乎全部露天堆放,使农村聚居点周围的环境质量严重恶化,危害十分巨大。

(一)侵占土地,破坏地表,造成严重污染

大量未经处理的垃圾堆放在村头、路口、河边和田间,特别是农业生产中大量使用的难以降解的农膜和土壤中残留的农药,直接占用大量土地,造成耕地减少,土地生态结构变化的后果难以评估。据调查,我国因固体废物堆存而被占用和毁损的农田面积已达13.3万hm² 以上,全国利用污水灌溉的面积已占全国总灌溉面积的7.3%,比20世纪80年代增加了1.6倍。因为环境污染,每年粮食减产100亿kg以上,直接经济损失达125亿元。更加严重的是,许多有毒垃圾污染土壤,改变土壤结构,不仅导致作物减产,而且生产的农产品受重金属污染严重。一项调查表明,我国受重金属污染的耕地面积已达2 000万hm²,占全国总耕地面积的1/6。在华东等6个地区的县级以上市场中,随机采购大米样品91个,结果显示10%的大米镉超标。

(二)污染水系、地下水和自然景观

农业固体废物沿着河道、湖泊、池塘肆意倾倒,容易导致苍蝇成群、鼠害猖獗,传播疾病,污染农村饮用水水源,严重影响农民的日常生活。农村聚居点的上下水、垃圾处理等基础设施配套建设严重缺失,导致我国农村的自来水普及率、污水处理率大大低于城市。

（三）污染大气，持久加剧空气、环境质量恶化

农业固体废物的大量堆放使微小颗粒物随风飘散，容易通过呼吸道进入人体。有害物质在适当温度和湿度下的降解与发酵，释放出硫化物等有害气体，有害物质的燃烧又产生二噁英，这是强致癌物。

（四）农业固体废物成为疾病的传染源，危害群众健康

垃圾中不但含有病原微生物和有毒物质，而且能为老鼠、鸟类及蚊蝇提供食物，成为其栖息和繁殖的场所，是传染疾病的根源。另外，农村饮用水大多取自地表或浅井，垃圾中一些有毒物质的渗漏，如重金属、废弃农药瓶内残留农药等，随雨水的冲刷和流淌，迁移范围越来越广，极易造成传染源扩散，尤其是消化道传染病等疾病的传播，严重危害人体健康。

六、植物生物质废物的资源化原理

20世纪70年代开始，生物质能的开发利用研究已成为世界性的热门研究课题。许多国家都制定了相应的开发研究计划，纷纷投入大量的人力和资金从事生物质能的研究开发。尤其是发达国家的科研人员做了大量的工作，在热化学转换技术、生物化学转换技术、生产生物油技术以及直接燃烧技术等方面都取得了突破性的进展，其中一些成果和设备已商品化并发挥了巨大的经济效益。2003年6月，国际可再生能源会议提出扩大再生能源供应是必然趋势。许多国家将生物质能摆到重要位置，制定了相应的开发研究计划。美国生物质能源的发展目标是到2020年，生物燃油取代全国燃油消耗量的10％，生物基产品取代石化原料制品的25％，减少相当于7 000万辆汽车的碳排放量，每年增加农民收入200亿美元。欧盟委员会通过生物质能行动计划，到2010年使生物质能的应用增加到150百万t石油当量。日本制定了"阳光计划"；印度制定了"绿色能源工程计划"；巴西制定了"酒精能源计划"等。一些跨国大公司也开始在可再生能源投资，如巴斯夫、杜邦、壳牌等。

我国从"六五"计划开始比较有组织地开展生物质现代化利用技术的研究，前期重点在生物质能的沼气利用，后期主要进行了生物质气化技术的研究开发，当前主要进行相关应用技术的产业化研究和生物质液化技术的前期研究。经过几十年的努力，我国在生物质能现代化利用技术方面取得了长足的发展，沼气技术的应用规模处于国际领先地位，热解气化技术的应用也达到国际先进水平，从事生物质能研究的专家学者也显著增加。863计划环保示范项目，江苏兴化市中科生物质能发电公司的大型生物质能发电项目年发电近4 000万千瓦小时。依托中国农业科学院油料作物研究所组建我国第一家生物柴油研究中心——湖北省能源油料作物与生物柴油研究中心。

农业生物质基本资源化技术如下：

（1）生物质 $\xrightarrow{\text{直接燃烧}}$ 二氧化碳＋水＋能量

（2）生物质 $\xrightarrow{\text{热解转化}}$ 热解气＋热解油＋木炭

（3）生物质 $\xrightarrow{\text{沼气发酵}}$ 沼气＋沼液＋沼渣

（4）生物质 $\xrightarrow{\text{水解发酵}}$ 燃料酒精＋木质素

（5）生物质 $\xrightarrow{\text{脱油酯化}}$ 生物柴油＋甘油＋残渣

化学组成基本转化原理如下：

（6）

$$(C_6H_{10}O_5)_n + (C_5H_8O_4)_m + (C_6H_{11}O_2)_l \xrightarrow[\text{[O]}]{\text{燃烧}} CO_2 + H_2O$$

纤维素　　　　半纤维素　　　　木质素

（7）

$$(C_6H_{10}O_5)_n + (C_5H_8O_4)_m + (C_6H_{11}O_2)_l \xrightarrow{\text{热解}} 热解气 + 热解液 + 生物炭$$

纤维素　　　　半纤维素　　　　木质素

$$(C_6H_{10}O_5)_n + (C_5H_8O_4)_m + (C_6H_{11}O_2)_l \xrightarrow{\text{高温气化}} CH_4 + CO_2 + H_2 + CO + 其他$$

纤维素　　　　半纤维素　　　　木质素

（8）

$$(C_6H_{10}O_5)_n + (C_5H_8O_4)_m + (C_6H_{11}O_2)_l \xrightarrow[\text{[N]}]{\text{沼气发酵}} CH_4 + CO_2 + 有机肥料$$

纤维素或淀粉　　半纤维素　　　　木质素

（9）

$$(C_6H_{10}O_5)_n \xrightarrow[H_2O]{\text{酸水解}} nC_6H_{12}O_6 \xrightarrow{\text{酸}} 乙酰丙酸 + 甲酸$$

纤维素或淀粉　　　　葡萄糖

$$(C_6H_{10}O_5)_n + (C_5H_8O_4)_m \xrightarrow[H_2O]{\text{酶水解}} nC_6H_{12}O_6 + mC_5H_{10}O_5 \xrightarrow{\text{发酵}} CH_3CH_2OH + CO_2$$

纤维素或淀粉　半纤维素　　　　葡萄糖　　　　木糖　　　　燃料酒精

（10）

$$\begin{array}{l} CH_2OCOR_1 \\ | \\ CHOCOR_2 \\ | \\ CH_2OCOR_3 \end{array} + 3ROH \xrightarrow{\text{催化剂}} \begin{array}{l} CH_2OH \\ | \\ CHOH \\ | \\ CH_2OH \end{array} + \begin{array}{l} R_1COOR \\ + \\ R_2COOR \\ + \\ R_3COOR \end{array}$$

三酸甘油酯　　　　甲醇或乙醇　　　　甘油　　甲酯或乙酯(生物柴油)

第二节　农业固体废物的机械处理

农村能源结构的改善、农民生活水平的提高,加上农作物秸秆的整理、收集以及运输成本难以控制等因素,导致秸秆综合利用经济性差,商品化和产业化程度低。大量的秸秆被遗弃或就地焚烧,对土壤和空气环境造成了较大的污染。农作物秸秆是一种极其重要的生物质资源,我国主要将其应用于转化或生产有机肥、牲畜饲料、食用菌培养基料、燃料以及工业原料等。粉碎工艺是秸秆综合利用过程中的关键环节,不同的应用方式对秸秆粉碎粒度的要求不同。

我国的秸秆粉碎技术起步较早、相对比较成熟,粉碎方式与设备也是多种多样。但现有的粉碎设备依然存在着做工粗糙、产品质量与生产安全性差、能耗高、出料粒度大等问题。优化现有秸秆粉碎设备,为农业生产废物的综合利用、耕地土壤保护和生态环境保护奠定了基础,从而进一步形成了秸秆综合利用生态链产业。

一、粉碎技术

(一)粉碎理论

粉碎就是借助机械力或人力来克服固体物料内部凝聚力并使其发生断裂的一种工艺。选择粉碎工艺的主要依据是其自身的物理特性,包含抗剪强度、弹性模量、刚性模量等机械特性以及脆性、硬度、强度、易碎性等力学特性。对于一种具体的秸秆,主要依据它的强度和易碎性来选择合适的粉碎工艺。如硬度大、韧性差的物料(如干树枝等),适合采用撞击、挤压等粉碎工艺;硬度小、韧性好的物料(如稻草、青草),适合采用铡切、揉搓等粉碎工艺。选择合适的粉碎方法,有助于提高设备的工作效率、降低能耗。

(二)粉碎技术

目前,我国的秸秆粉碎技术主要有铡切、击打、揉搓等。

1. 铡切

切割方式根据刀片相对刀刃线运动方向的不同分为砍切和滑切。刀片沿刀刃线垂直方向运动就是砍切;刀片沿与刀刃线不垂直的方向运动就是滑切。如图 8-5 所示,AB 为刀片的刀刃线,假设刀片以速度 v 竖直向下运动,在物料接触的切割点 M 处沿刀刃线方向和垂直刀刃线方向分解为滑切速度 v_1 和砍切速度 v_2,则速度 v 与 v_2 的夹角就是滑切角 τ。在切碎器设计过程中,滑切角通常取 $20°\sim60°$,这样能够充分利用刀具的滑切性能以达到降低设备能耗的目的。

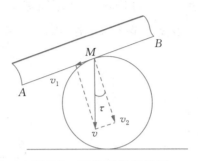

图 8-5 刀片滑切示意图

铡切式粉碎技术根据动刀片的切割方式分为圆盘式和滚筒式。如图 8-6 所示,圆盘式粉碎技术原理是在一个圆盘上均布有 3～4 把动刀片,物料由一侧沿轴向进入,并在高速旋转的动刀配合固定安装的定刀产生的剪切作用下将其切成段状。滚筒式粉碎技术,如图 8-7 所示,是在一个圆柱形或近似圆柱形的滚筒上均布有 2～6 把滚刀片,物料由垂直滚筒方向进入,此后,在高速旋转的动刀以及下方的定刀共同作用下被切碎。此类切碎器的滑切角沿滚筒长度方向变化,一般 500 mm 长的滚筒两端的滑切角相差 2 倍左右。只有滚刀刃线是对数螺旋线时才能够保证切割过程中滑切角不变,即切割过程中切割力与切割阻力矩均能保持不变,但因其加工制作成本较高,应用较少。

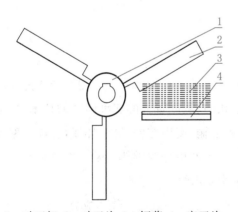

1—动刀架;2—动刀片;3—饲草;4—定刀片。

图 8-6 盘刀式粉碎示意图

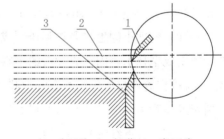

1—动刀片;2—饲草;3—定刀片。

图 8-7 滚筒式粉碎示意图

常见的滚刀类型有平板式、直刃式以及螺旋式,为了保证切碎过程平稳,滚刀的滑切角与推挤角一般取值较小,故该技术常用于小型铡草机。

2.击碎

击碎技术是通过旋转的锤片对物料的击打、碰撞等作用使其发生断裂而体积减小的一项粉碎技术。一般情况下,锤片按一定规律相互错开地沿轴向排列在锤片架上构成转子。如图 8-8 所示,在机体下方装有筛网,可以通过更换不同筛孔直径的筛网来调整出料粒度。高湿物料容易导致筛孔堵塞,使设备不能正常工作,因此,该技术通常用于含水量较低的干秸秆粉碎。

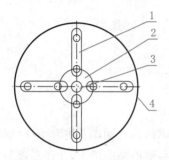

1—锤片;2—锤片架;3—锤片轴;4—筛片。

图 8-8　锤片粉碎示意图

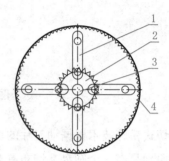

1—锤片;2—锤片架;3—锤片轴;4—齿板。

图 8-9　揉搓式粉碎示意图

秸秆揉搓技术是在锤片式击打技术上发展而来的。如图 8-9 所示,通常情况下,将筛网替换为齿板,物料由风机或叶片抛出。这样增加了物料与齿板搓擦的机会以及物料相互间的碰撞作用,使得物料受到冲击、碰撞和搓擦等手段的综合作用。

二、作物秸秆压实成型处理

(一)秸秆固化成型技术

1. 成型原理与影响因素

秸秆固化成型(straw densification briquetting fuel,SDBF)是指在一定温度与压力作用下,将松散的、密度小的生物质材料压制成有一定形状的、密度较大的成型燃料的技术,也称为秸秆致密成型技术。固化成型后的燃料具有储存、运输、使用方便,清洁环保,燃烧效率高等优点,既可作为农村居民的炊事和取暖燃料,也可作为城市分散供热或发电的燃料等。成型燃料密度一般为 $0.8 \sim 1.4 \mathrm{g/cm^3}$,燃烧性能相当于中质烟煤。

植物细胞中含有纤维素、半纤维素和木质素(或称木素),一般占植物体成分的 2/3 以上,其中纤维素的含量在禾本科植物的茎秆中占 $40\% \sim 50\%$,木素的含量在禾本类中占 $14\% \sim 25\%$。秸秆原料固化成型一般要经历密实填充、表面变形与破坏、塑性变形和黏接成型等过程。

(1)密实填充。在外力的作用下,完成对模具有限空间的填充之后,固体成型燃料达到了在原始微粒尺度上的重新排列和密实化,物料的容重增加。

(2)表面变形与破坏。通常伴随着原始微粒的弹性变形和因相对位移而造成的表面破坏。

(3) 塑性变形。在外力进一步增大后,由应力产生的塑性变形使空隙率进一步降低,密度继续增加,颗粒间接触面积的增加比密度的增加要大几百甚至几千倍,将产生复杂的机械啮合和分子间的结合力。

(4) 黏接成型。木素是一类以苯丙烷单体为骨架、具有网状结构的无定型高分子化合物,在常温下木素主要部分不溶于任何有机溶剂,属非晶体,没有熔点但有软化点。当温度达 70～110 ℃时,软化黏合力开始增加;在 200～300 ℃时,软化程度加剧而达到液化,此时加以一定压力,可使其与纤维素紧密黏接,同时与邻近的秸秆颗粒互相交接。这样经过一定形状的成型孔眼,形成具有固定形状的压缩成型棒或颗粒燃料。

影响压缩成型的主要因素有原料种类、粒度、含水率、成型压力、成型模具的形状尺寸及加热温度等。

(1) 原料种类。不同种类的原料,其成型特性有很大差异,原料的种类不但影响成型的质量,如成型块的密度、强度、热值等,而且影响成型机的产量及动力消耗。

(2) 原料的粒度。原料粒度的大小也是影响压缩成型的重要因素,对于某一确定的成型方式,原料粒度的大小应不大于某一尺寸。例如,对直径为 6 mm 的颗粒成型燃料通常要求原料的粒度不大于 5 mm。一般来说,粒度小的原料容易压缩,粒度大的原料较难以压缩。但对冲压成型时,要求原料有较大的尺寸或较大的纤维,原料粒度小反而容易产生脱落。

(3) 原料的含水率。原料的含水率是生物质压缩成型过程中需要控制的一个重要参数。原料的含水率过高或过低都不能很好地成型。例如:对于颗粒成型燃料,一般要求原料的含水率在 15％～25％;对于棒状成型燃料,要求原料的含水率不大于 10％。

(4) 成型压力与模具尺寸。成型压力是植物材料压缩成型最基本的条件。只有施加足够的压力,原材料才能被压缩成型,但成型压力与模具(成型孔、成型容器)的形状尺寸有密切关系。

(5) 加热温度。加热温度也是影响成型的一个显著因素。通过加热,一方面可使原料中含有的木素软化,起到黏结剂的作用;另一方面还可以使原料本身变软,变得容易压缩。温度过低,不但原料不能成型,而且能耗增加;温度增高,电机能耗减小,但成型压力小,挤压不实,容易断裂破损,而且棒料表面过热烧焦,烟气较大。加热温度一般在 150～300 ℃。

2. 工艺流程

秸秆收集后,先通过自然干燥或由烘干系统进行脱水,然后进行粉碎处理。粉碎后的秸秆由输送装置送入压块成型机,致密成型后的秸秆压块即为燃料产品。

秸秆固化成型一般的加工工艺流程如下:原料风干—粉碎—堆放—输运给料—混合—致密成型—输出计量—储存。

（二）秸秆高温成型技术

吉林大学和吉林省农业产业协会共同研发的秸秆高温成型技术，使玉米秸秆在一定水分、温度、压力下变成半炭化的秸秆块。该秸秆块燃烧1.1 t，相当于1 t标准煤产生的热量，可以广泛用于城市中的各种锅炉和城乡居民取暖燃用，而且对空气造成的污染远低于煤，是一种理想的清洁燃料。

第三节　农业固体废物的生物处理

一、农业废物生物处理概述

据调查统计，2010年全国秸秆理论资源量为8.4亿 t，可收集资源量约为7亿 t。2010年，秸秆综合利用率达到70.6%，利用量约5亿 t。作为燃料使用量（含农户传统炊事取暖、秸秆新型能源化利用）约1.22亿 t，占17.8%。

我国正在开展的新农村建设，要求农村在能源与环境两方面都做出突破，秸秆厌氧发酵获取生物能源是非常好的途径之一。传统户用沼气池将被大型沼气能源站取代。还没有得到充分利用的3亿 t秸秆，可以利用的原料资源有4亿 t，理论年产沼气400亿 m³，市场潜力巨大。

在自然界中存在着大量依靠有机物生活的微生物，它们具有氧化分解有机物并将其转化为无机物的巨大功能（生物能）。而且具有分布广、繁殖快、容易发生变异等特性。这些微生物（分解者）作为生态系统组成的重要环节，不断进行着有机物的分解与无机化（矿化）。

微生物和所有生物一样，在生命活动过程中从周围环境吸取养料，并在体内不断进行物质转化和交换作用，这种过程称为新陈代谢，简称代谢。代谢作用大体上分为两大类：物质分解及提供能量的代谢称为分解代谢；消耗能量合成生物体的代谢，称为合成代谢，两种代谢不可分割，互为依存。对于所有微生物来说，凡是生活时需要氧气的都可以称为好氧微生物，只有在无氧环境中才能生长的称为厌氧微生物，在无氧和有氧的环境中都能生活的统称为兼氧性微生物。

生物处理是指利用微生物（细菌、放线菌、真菌）和动物（蚯蚓等）分解废物中的有机质，回收能源和资源，实现有机废物的资源化、减量化和无害化，既变废为宝，又解决环境污染的转化过程。因此，生物处理技术是一项经济、实惠、切实可行的有机废弃物处理技术。

这种生物转换技术应用的重要意义在于以下三点：①对固体废物进行处理消纳，实现稳定化、无害化,可避免或者减轻其大量堆积,避免其自然腐败,散发臭气,传播疾病,从而对环境造成恶劣影响;②可促进自然界物质循环与人类社会化物质循环的统一,可以把固体废物中的适用组分尽快重新纳入自然循环(如生产堆肥用以施肥、改造土壤,可回归农田生态系统中);③可以将大量有机固体废物通过各种工艺转换成有用的物质和能源(如产生沼气,生产葡萄糖、微生物蛋白质等)。

固体废物生物处理技术处理对象主要是固体废物中的有机物,特别适用于处理有机固体废物,如畜禽粪便、农作物秸秆等。

畜禽粪便含有大量有机质、氮、磷、钾和微量元素等植物必需的营养元素、各种生物酶和微生物,是一种优质的有机肥。另外,厌氧发酵法是将畜禽粪便、有机生活垃圾和秸秆等一起进行发酵产生沼气,是畜禽粪便利用最有效的方法。畜禽粪便发酵生产沼气可直接为农户提供能源,沼液可以直接还田,沼渣可以用来养鱼、鸡、鸭等,实现畜禽粪便资源化利用。本节主要介绍畜禽类粪便及农作物秸秆的资源化技术。

二、好氧堆肥技术

(一)好氧堆肥原理

好氧堆肥(见图8-10)是在人工控制的好氧条件下,在一定水分、C/N(碳氮比)和通风条件下,通过微生物的发酵作用,将对环境有潜在危害的有机质转变为无害的有机肥料的过程。在堆肥过程中,有机物由不稳定状态转化为稳定的腐殖质物质。这一过程的产物称为堆肥产品。腐殖质是植物残体与微生物分解出的各种酚类、醌类、氨基酸化合物等通过氧化聚合作用生成的具有某些活性基团(如羧基、氨基、羟基)的具有三向立体结构的复杂高分子聚合物。其结构疏松、保水保肥能力强,且本身也具有较为丰富的肥效,因而是一种很好的有机肥。

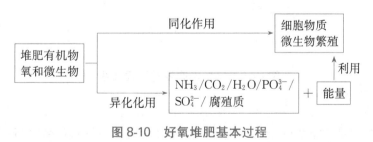

图 8-10 好氧堆肥基本过程

在堆肥过程中,伴随着有机物分解和腐殖质形成的过程,堆肥的材料在体积和重量上发生了明显的变化。通常由于碳素等挥发性成分分解转化,重量和体积均会减少1/2左右。堆肥过程中有机物的氧化分解总的关系可用下式表示:

$$C_s H_t O_v N_u + a\,H_2O + b\,O_2 \longrightarrow C_w H_x O_z N_y + g\,NH_3 + f\,CO_2 + e\,H_2O + E$$

堆肥产品即有机肥,具有增产增收、培肥地力、提高农产品品质等多种功效。肥料中一般含有或添加了大量的微生物,为生物的生长和繁殖创造了良好的环境,可以改善土壤的团粒结构,增强保水和通气功能,提高化肥的肥效。另外,有机复合肥中加入无机化肥可以提高肥料中的有效成分,保证作物生长的需要。

堆肥主要是通过微生物对有机物的分解,实现有机物的无机化,同时实现微生物自身的增殖。在这个过程中,可溶性有机物首先通过微生物的细胞壁和细胞膜,被微生物吸收;固体和胶体有机物则先附着在微生物体外,由微生物分解胞外酶将其分解为可溶性物质,再渗入细胞。与此同时,微生物通过自身的代谢活动,将一部分有机物用于自身增殖,其余有机物则被氧化成简单无机物,并释放能量,微生物发生各种物理、化学、生物等变化,逐渐趋于稳定化和腐殖化,最终形成良好的有机肥料。

堆肥是一系列微生物活动的复杂过程,包含着堆肥材料的矿质化和腐殖化过程。一般把堆肥温度变化作为堆肥过程(阶段)的评价指标。堆肥可以分为升温、高温、降温和腐熟四个阶段(见图 8-11)。通常,在严格控制通风量的情况下,将堆温升高至开始降低为止的阶段作为主发酵阶段。对以生活垃圾为主体的城市垃圾和家畜粪便好氧堆肥而言,其主发酵期约为 4～12 天。经过主发酵的半成品被送往后发酵工序,在这里将此前尚未分解的易分解和较难分解的有机物进一步分解,使之变成比较稳定的腐殖质类有机物,从而得到完全成熟的堆肥制品。后发酵时间一般在 20～30 天。每个阶段都有不同的细菌、放线菌、真菌和原生动物作用。

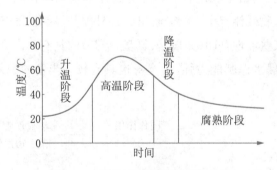

图 8-11 好氧堆肥发酵过程曲线

1. 升温阶段

这一阶段主要是中温性微生物占优势。在发酵之前,肥料中就存在着各种有害和无害的菌类,当温度和其他条件适宜时,各类微生物菌群开始繁殖,利用一定养料和微生物来发展自己的群体。当温度超过 25 ℃时,中温性微生物进入旺盛的繁殖期,开始活跃地对有机物进行分解和代谢。20 h 左右温度就能升到 50 ℃,以芽孢菌和霉菌等嗜温好氧性微生物为主的菌类,将单糖、淀粉、蛋白质等易分解的有机物迅速分解。在供热和微生物消化过程中,热量不断积累,这样能节省消化时间。

2. 高温阶段

当堆肥温度上升到 60～70 ℃时,中温性微生物受到了抑制或死亡,除了易腐蚀有机物继续分解外,一些较难分解的有机物,如纤维素、木质素也逐渐被分解,此时嗜热真菌、嗜热放线菌、嗜热芽孢杆菌等微生物的活动占了优势,腐殖质开始形成。当温度升到 70 ℃ 以上时,大量的嗜热菌类死亡或进入休眠状态,在各种酶的作用下,有机质仍在继续分解,热量会由于微生物的死亡、酶作用的消退而逐渐降低,温度低于 70 ℃时,休眠的嗜热微生物又重新活跃起来并产生新的热量,经过几次反复,保持在 70 ℃的高温水平,腐殖质基本形成,堆肥物质初步稳定。

堆肥化处理的目的除了稳定有机废物外,还包括杀灭物料中病菌和寄生虫卵,如沙门氏菌、粪大肠菌等。当温度高于 60 ℃时,几天内就可以达到杀菌目的,但在温度 50～60 ℃时,需要持续的时间为 10～20 d。此外,在堆肥化后期,微生物产生许多抗生素类物质,也会极大地缩短病原微生物的存活时间。

3. 降温阶段

当高温持续一段时间以后,随着微生物活动的减弱,温度下降到 40℃左右,其中易腐熟的物质已成熟,剩下的大部分都是纤维素、木质纤维素和其他稳定物质,这些物质不需要加以分解,让它们在土壤中更有利于完全分解。土壤中微生物的存在和代谢,更促进了作物的生长。

4. 腐熟阶段

有机物大部分已经分解和稳定,温度下降,为了保持已形成的腐殖质和微量的氮、磷、钾肥等,应使腐熟的肥料保持平衡,有机成分应处于厌氧状态下,防止出现矿质化。

（二）堆肥过程控制

目前,尽管堆肥系统多种多样,畜禽粪便好氧堆肥工艺大致相同,其工艺流程如下:禽畜粪便—贮料池——次发酵—二次发酵—商品有机肥或还田。

堆肥过程中,微生物的活动程度直接影响堆肥周期与产品质量。因此,堆肥过程的控制参数主要是与微生物生长有关的因素。

1. 含水量

含水量是控制堆肥过程的一个重要参数。首先,水分是微生物生存繁殖的必需物质;其次,由于吸水软化后的堆肥材料易被分解,水分在堆肥中移动时,可使菌体和养分向各处移动,有利于腐熟均匀;最后,还有向堆肥内通气的作用。一般认为,含水量应控制在 45%～65%,但也有研究表明,堆肥的水分含量控制在 60%～80%为佳。

2. 通气状况

通风供氧是堆肥成功的关键因素之一。堆肥需氧的多少与堆肥材料中的有机物含量息息相关,堆肥材料中有机碳愈多,其耗氧率愈大。堆肥应掌握前期适当通气、后期嫌气的原则。堆肥分解初期,主要是好氧微生物的活动过程,需要良好的通气条件。如果通气不良,好氧性微生物受到抑制,堆肥腐熟缓慢;相反,通气过剩,则不仅堆内水分和养分损失过多,而且会造成有机质的强烈分解,对腐殖质的积累也不利。因此,堆置前期要求堆肥不宜太紧,并设通风沟等。一般认为,堆体中的氧含量应保持在 $8\%\sim15\%$。氧含量低于 8% 会导致厌氧发酵而产生恶臭;氧含量高于 15%,则会使堆体冷却,导致病原菌的大量存活。

3. 碳氮比和碳磷比

碳氮比和碳磷比是微生物活动的重要营养条件。为了使参与有机物分解的微生物营养处于平衡状态,堆肥碳氮比应满足微生物所需的最佳值 $25\sim35$,最多不能超过 40。猪粪碳氮比平均为 14,鸡粪碳氮比平均为 8。单纯粪肥不利于发酵,需要掺和高碳氮比的物料进行调解。

磷是磷酸和细胞核的重要组成元素,也是生物能 ATP 的重要组成部分,一般要求堆肥料的碳磷比在 $75\sim150$ 为宜。表 8-3 给出了主要畜禽粪便中的肥料成分含量。

表 8-3　主要畜禽粪便中的肥料成分含量　　　　　　　　　单位:%

种类	水分	有机物	氮（N）	磷（P_2O_5）	钾（K_2O）
猪粪	82.00	16.00	0.60	0.50	0.40
猪尿	94.00	2.50	0.40	0.05	1.00
牛粪	80.00	18.00	0.31	0.21	0.12
牛尿	92.60	3.10	1.10	0.10	1.50
鸡粪	50.00	25.50	1.63	0.54	0.85

例题 8-1　某发酵物料总量为 2 t,牛粪和麦秸的比例是 6∶4。已知麦秸的含碳量为 47.03%,氮元素含量为 0.48%;牛粪的含碳量为 38.6%,氮含量为 1.78%。如果要调节物料的 C/N 为 30∶1,计算发酵物料碳氮比及所需辅料(尿素,$CO(NH_2)_2$)的添加量。

解:麦秸碳含量＝$2\,000×0.4×0.470\,3＝376.2$(kg)

麦秸氮按量＝$2\,000×0.4×0.004\,8＝3.84$(kg)

牛粪碳含量＝$2\,000×0.6×0.386＝463.2$(kg)

牛粪氮含量＝$2\,000×0.6×0.017\,8＝21.36$(kg)

物料总碳含量＝$463.2＋376.2＝839.4$(kg)

物料总氮含量＝$21.36＋3.84＝25.2$(kg)

发酵物料碳氮比＝$839.4/25.2＝33.3∶1$

如果要调节物料的 C/N 为 30∶1,则:

物料中应该有的总氮量＝$839.4/30＝27.98$(kg)

尚需补充的氮量＝27.98－25.2＝2.78(kg)

尿素氮含量＝28/60＝46.7％

如果用尿素来补充不够的氮素,则:尿素的用量＝2.78/46.7％＝5.95(kg)

答:发酵物料碳氮比为33.3∶1,所需辅料(尿素)的用量为5.95 kg。

4. 温度

对堆肥而言,温度是堆肥得以顺利进行的重要因素,温度的作用是影响微生物的生长,一般认为高温菌对有机物的降解效率高于中温菌,现在的快速、高温、好氧堆肥正是利用了这一点。初堆肥时,堆体温度一般与环境温度相一致,经过中温菌1～2 d的作用,堆肥温度能达到高温菌的理想温度50～65 ℃,在这样的高温下,一般堆肥只需要5～6 d即可达到无害化。过低的温度将大大延长堆肥达到腐熟的时间,而过高的温度(＞70 ℃)将对堆肥微生物产生有害影响。

5. 接种剂——堆肥发酵素

向堆料中加入接种剂可以加快堆腐材料的发酵速度。向堆肥中加入分解较好的厩肥或加入占原始材料10％～20％的腐熟堆肥能加快发酵速度。在堆置中,自然形成了参与有机废物发酵以及从分解产物中形成腐殖质化合物的微生物群落。通过有效的菌系选择,从中分离出具有很大活性的微生物培养物,建立人工种群——堆肥发酵菌种母液。

6. 酸碱度

酸碱度对微生物活动和氮元素的保存有重要影响。微生物的降解活动需要一个微酸性或中性的环境条件。一般要求原料的pH值为6.5。好氧发酵有大量铵态氨生成,使pH值升高,发酵全过程均处于碱性环境,高pH值环境的不利影响主要是增加氮素损失。若利用秸秆堆肥,由于秸秆在分解过程中能产生大量的有机酸,故而需要添加石灰中和。

7. 腐熟度

腐熟度即堆肥中的有机质经过矿化、腐殖化过程最后达到稳定的程度。堆肥腐熟程度的高低将影响施用堆肥的安全性和经济效益,堆肥腐熟度可以用若干物理指标及化学成分分析法作为判断依据。

物理学指标或表观分析指标是指堆肥过程中一些变化比较直观的性质,如温度、气味、颜色等。堆肥开始后,堆体温度的变化过程是逐渐升高再降低,而堆体腐熟后堆体温度与环境温度一致,一般不明显变化,因此温度是堆肥过程中最重要的常规检测指标之一;堆肥原料具有令人不快的气味,并在堆肥好氧发酵过程中会产生 H_2S、NO 等难闻的气体,而良好的堆肥过程后,这些气味会逐渐减弱并在堆肥结束后消失,所以气味也可以作为堆肥腐熟的指标;堆肥过程中堆料逐渐发黑,腐熟后的堆肥产品呈黑褐色或黑色,颜色也可以作为一判断标准。

由于物理学指标难以定量化表征堆肥过程中堆料成分的变化,所以通过分析堆肥过程中堆料的化学成分或化学性质的变化来评价堆肥腐熟度的方法更常用一些。这些化学指标包括有机质变化指标、氨氮指标、腐殖化指标、碳氮比和有机酸等。在堆肥过程中,堆料中的不稳定有机质分解转化为 CO_2、水、矿物质和稳定化有机质,堆料的有机质含量变化显著,因此,可以通过一些反映有机质变化的参数(如 COD、BOD 等)的测量及某些有机质在堆肥过程中的变化规律来表征腐熟度;在堆肥的生化降解过程中,含氮的成分发生降解产生氨气,在堆肥后期部分氨气被氧化成亚硝酸盐和硝酸盐,所以可以用亚硝酸盐或硝酸盐的存在判断腐熟度,并且由于这两个指标的测定较为快速而简单,这种方法具有较好的实用价值;堆肥过程中伴随着腐殖化的过程,研究各腐殖化参数的变化是评价腐熟度的重要方法,如阳离子交换容量、腐殖质、腐酸、富里酸等参数可以用来评价堆肥腐熟度;碳源是微生物利用的能源,氮源是微生物的营养物质,碳和氮的变化是堆肥的基本特征之一,C/N(固相)是最常用的腐熟度评价参数。有机酸广泛存在于未腐熟的堆肥中,可通过研究有机酸的变化评价堆肥腐熟度。

　　堆料中微生物的活性变化及堆肥对植物生长的影响常用于评价堆肥腐熟度,这些指标主要有呼吸作用、生物活性及种子发芽率等。堆肥是富含腐殖质的稳定产品,微生物处于休眠状态,此时腐殖质的生化降解速率及 CO_2 产生和氧气消耗都较慢,因此可以用 CO_2 的产生和微生物的耗氧速率作为反映腐熟度的指标;也可以用反映微生物活性变化的参数如酶活性、三磷酸腺苷(ATP)和微生物的数量、种类来表征堆肥的稳定和腐熟度;未腐熟的堆肥产品对植物的生长有抑制作用,因此可用堆肥和土壤的混合物中植物的生长状况来评价堆肥的腐熟度,考虑到堆肥腐熟度的实用意义,这是最终和最具说服力的评价方法。

　　堆肥对城市固体废物进行处理消纳,实现稳定化、无害化,可以避免和减轻垃圾的大面积堆积影响市容以及城市垃圾自然腐败、散发臭气、传播疾病,从而对人体和环境造成危害;堆肥可以将固体废物中的适用组分尽快地纳入自然循环系统(如堆肥可回归农田生态系统中),促进自然物质循环与人类社会物质循环的统一;堆肥还可以将大量有机固体废物通过某种工艺转换成有用的物质和能源(如产生沼气、生产葡萄糖、微生物蛋白等);堆肥化可减重、减容约 50%;由于城市固体废物和农业废物数量巨大,可生物转换利用的成分多,在当前全世界普遍存在自然资源短缺及能源紧张的情况下,堆肥化回收废物资源具有深远的意义。

三、沼气发酵技术

(一)沼气发酵原理
　　如第七章所述,厌氧消化(即沼气发酵)是指在厌氧(无氧)条件下,利用厌氧微生物将复杂的大分子有机物转化成甲烷、二氧化碳、无机营养物质和稳定的腐殖质等简单化合物的生物化学过程。生产和生活中,经常见到从沼泽、池塘、粪坑、污水沟、下水道等处的底部冒出气泡,这种气泡中的气体具有可燃性,称为沼气。人畜粪便和植物秸秆等有机物在长期缺氧堆置时也会产生大量沼气,因此又称为粪料气。

沼气发酵具有过程可控、降解快、生产过程全封闭的特点;能源化效果好,可以将潜在于废弃有机物中的低品位生物能转化为可以直接利用的高品位沼气;易操作,与好氧处理相比,厌氧消化无须通风动力,设施简单,运行成本低,属于节能型处理方法;产物可再利用,适合用于处理高浓度有机废水和废物,经厌氧消化后的废物基本得到稳定,可以作为农肥、饲料或堆肥化原料。但厌氧微生物的生长速度慢,常规方法的处理效率低,设备体积大,厌氧过程中还会产生恶臭气体。

如第七章所述,有机物的厌氧分解过程包括水解阶段、产氢产乙酸阶段和产甲烷阶段。或者,可将前两个阶段统称为酸性发酵阶段,将后一过程称为碱性发酵阶段。除少量可溶物能省略水解步骤外,大部分可降解固相垃圾都要依次经历水解酸化、产氢产乙酸和产甲烷三个反应过程。接下来对厌氧微生物的代谢过程做进一步介绍。

水解酸化过程是纤维素分解菌、脂肪分解菌和蛋白质分解菌等微生物将非溶解性的含氮有机物($C_a H_b O_c N_d$,如蛋白质、死菌体和其他动植物残渣等)和碳氢类有机物($C_a H_b O_c$,如淀粉、纤维素、半纤维素等糖类物质、脂类物质和醇类等)转化为溶解性的醇类($C_{a1} H_{b1} O_{c1}$)和各种有机酸($C_{a2} H_{b2} O_{c2}^-$)的生化反应过程,水解反应需要在胞外酶的作用下完成:

$$C_a H_b O_c N_d + NH_4^+ + H^+ + HCO_3^- \longrightarrow C_\alpha H_\beta O_\varepsilon N_\delta + C_{a1} H_{b1} O_{c1} + NH_4^+ + CO_2 + H_2O$$

$$C_a H_b O_c + NH_4^+ + H^+ + HCO_3^- \longrightarrow C_\alpha H_\beta O_\varepsilon N_\delta + C_{a2} H_{b2} O_{c2}^- + NH_4^+ + CO_2 + H_2O$$

$$C_{a1} H_{b1} O_{c1} + NH_4^+ + HCO_3^- \longrightarrow C_\alpha H_\beta O_\varepsilon N_\delta + C_{a2} H_{b2} O_{c2}^- + CO_2 + H_2O$$

可见在水解(液化)反应时,微生物都需要消耗一定的 NH_4^+ 和碱度,当电子供体是含氮有机物时,还要消耗一定的 H^+,而含氮有机物中的氮素会以 NH_4^+ 释放出来。纤维素的水解反应分两步进行,依次生成纤维二糖和葡萄糖,葡萄糖通过糖酵解转化为丙酮酸后,在不同菌种的作用下,进一步转化为脂肪酸和醇类,从而完成纤维素的水解酸化过程。半纤维素水解后生成木糖、甘露糖和葡萄糖,再通过糖酵解生成丙酮酸,进而转化为脂肪酸和醇类。

含果胶的有机残体物质,先由果胶降解菌分泌原果胶酶将有机物质中的原果胶水解成可溶性果胶,使有机残体物质离析,可溶性果胶经果胶甲基酯酶水解成果胶酸,果胶酸再由多聚半乳糖酶水解成半乳糖醛酸,经酵解后,转化为脂肪酸和醇类。

淀粉可分别在 α-淀粉酶、β-淀粉酶、葡萄糖淀粉酶和极限糊精酶等四种淀粉酶的作用下,依次水解成糊精、麦芽糖和葡萄糖后,被酵解转化成脂肪酸和醇类。

在脂肪酶的作用下,脂肪首先被水解为甘油和脂肪酸,甘油(丙三醇)在微生物细胞内,除被微生物吸收利用转化为细胞物质外,主要被分解为丙酮酸,并进一步转化为脂肪酸和醇类。

蛋白质在蛋白酶的催化下,通过胞外水解分解成氨基酸,氨基酸是水溶性物质,可被微生物吸收进细胞内。部分氨基酸用于细胞物质的合成,部分则通过脱氨基作用、脱羧基作用以及脱氨基脱羧基作用生成 NH_3、乙酸、CO_2、H_2S 及胺等物质。

通常,纤维素的水解速率要大于蛋白质和脂肪,但受到木质素的包裹影响,纤维素的水解进程又会受到很大的限制。在水解反应中,微生物需要消耗一定的碱度。

产氢产乙酸过程是产乙酸菌和产氢菌利用水解酸化反应过程产生的可溶性物质(醇类 $C_{a1}H_{b1}O_{c1}$ 和有机酸 $C_{a2}H_{b2}O_{c2}^-$)作为电子供体最终产生乙酸或氢气的过程。产乙酸的反应式如下:

$$C_{a1}H_{b1}O_{c1}+NH_4^++HCO_3^- \longrightarrow C_\alpha H_\beta O_\varepsilon N_\delta+CH_3COO^-+CO_2+H_2O$$

$$C_{a2}H_{b2}O_{c2}^-+NH_4^++HCO_3^- \longrightarrow C_\alpha H_\beta O_\varepsilon N_\delta+CH_3COO^-+CO_2+H_2O$$

产氢气的反应式如下:

$$C_{a1}H_{b1}O_{c1}+NH_4^++HCO_3^-+H_2O \longrightarrow C_\alpha H_\beta O_\varepsilon N_\delta+CO_2+H_2$$

$$C_{a2}H_{b2}O_{c2}^-+NH_4^++HCO_3^-+H_2O \longrightarrow C_\alpha H_\beta O_\varepsilon N_\delta+CO_2+H_2$$

水解酸化产物的产氢产乙酸过程进行得很快,不会成为固相垃圾降解的影响环节。但是,若产甲烷速率低于产乙酸速率,会出现挥发酸的积累现象,导致反应器酸化,最终影响固体废物的降解进程。

产甲烷过程是甲烷菌利用乙酸、H_2 和 CO_2 生成甲烷气体的过程,标志着固相有机垃圾的彻底降解。

当以 H_2 为电子供体时,反应式如下:

$$H_2+NH_4^++HCO_3^-+H_2O \longrightarrow C_\alpha H_\beta O_\varepsilon N_\delta+CH_4+H_2O$$

当以乙酸为电子供体时,反应式如下:

$$CH_3COO^-+NH_4^++H_2O \longrightarrow C_\alpha H_\beta O_\varepsilon N_\delta+CH_4+HCO_3^-+CO_2$$

当以甲醇为电子供体时,反应式如下:

$$CH_3OH+HCO_3^-+NH_4^++H_2O \longrightarrow C_\alpha H_\beta O_\varepsilon N_\delta+CH_4+CO_2$$

可见,产甲烷过程以 H_2 和甲醇为电子供体时,需要消耗一定的 NH_4^+ 和碱度,当以乙酸等为电子供体时,除将消耗一定的 NH_4^+ 外,还将产生一定量的碱度。

(二) 沼气成分及特性

沼气是含有多种气体成分的混合气体。它的主要成分是甲烷,约占总体积的 $55\%\sim70\%$;其次是二氧化碳,约占总体积的 $25\%\sim40\%$;此外还有少量的氢气、一氧化碳、硫化氢等,总量不超过 5%。

沼气的特性及性质由组成它的气体性质及相对含量来决定。沼气中以甲烷和二氧化碳对沼气的性质影响最大。

(1)可燃性。甲烷是种可燃气体,其着火点为 650～750 ℃,热值是 35 847～39 796 kJ/m³。沼气的着火点比甲烷略低,为 645 ℃,热值为 5 500～6 500 kJ/m³。沼气中甲烷的含量达到 30% 时,可勉强点燃,含量达到 50% 时,方可正常燃烧。空气中如混有 5%～15% 的甲烷,在封闭条件下遇火会发生爆炸。

(2)腐蚀性。沼气中含有的硫化氢气体具有腐蚀性。硫化氢溶于水后生成氢硫酸。氢硫酸是一种弱酸,能与铁等金属起反应,具有强烈的腐蚀作用。因此,在沼气的生产过程中需要进行净化脱硫处理,以延长沼气贮存、运输及燃烧设备的使用寿命。

(3)麻醉性。沼气中的甲烷成分本身无毒,但在空气中含量为 25%～30% 时,对人畜有一定的麻醉作用,含量为 50%～70% 时,能使人窒息。因此,由于沼气的可燃性特点,在沼气的生产与使用过程中,应注意防火、防爆等安全工作。

(三)沼气发酵工艺

连续发酵是在投加物料启动以后,经过一段时间发酵稳定以后,每天连续定量地向发酵罐内添加新物料和排出沼渣沼液。序批式发酵是指一次性投加物料发酵,发酵过程中不添加新物料,当发酵结束以后,排出残余物再重新投加新物料发酵,一般进料固体浓度在 15%～40%。

研究表明,对于处理高木质素和纤维素的物料,若在动力学速率低、存在水解限制时,序批式反应器比全混式连续反应器处理效率高。序批式发酵水解程度更高,甲烷产量更大,比连续式进料系统的投资低约 40%。虽然序批式进料处理系统占地面积比连续进料处理系统大,但由于其设计简单、易于控制、对粗大的杂质适应能力强、投资少,适合在发展中国家推广应用。

1. 发酵原料

充足的发酵原料是提供沼气发酵细菌繁殖、代谢、产气所需营养的物质基础。自然界可作为沼气发酵原料的有机质相当丰富,如人畜粪便、作物秸秆、杂草树叶、阴沟污泥、垃圾、生活污水以及各种动物残体等,但是不同有机物产气量各不相同,人畜粪便属于富氮原料,碳氮比一般都小于 25:1,这种原料分解速度快、氮素含量较高、发酵周期短、产气速度快,是目前农村留气发酵原料的主要来源之一。

2. 发酵温度

与所有生物处理工艺一样,沼气发酵工艺的性能受运行温度的影响显著。最佳性能只有在最佳温度范围内才能达到,即中温范围 30～40 ℃、高温范围 50～60 ℃。

目前,我国户用沼气通常采用常温发酵工艺。常温发酵工艺是指在自然温度下进行的沼气发酵,该工艺发酵温度不受人为控制,基本上随气温变化而变化,通常夏季产气率较高,冬季产气率较低。为了解决北方地区冬季气温低、产气量少的问题,可将沼气池建在太阳能猪舍下,并与太阳能蔬菜大棚相结合,可使冬天发酵池池温提高 5 ℃以上,达到 10 ℃。

3. pH 值及碱度

pH 值对沼气发酵的正常运行同样有着重要影响。当 pH 值偏离最佳值时,生物活性会下降。这种影响对于沼气发酵尤其明显,因为甲烷细菌比其他微生物受影响的程度更大。因此,当 pH 值偏离最佳值时,甲烷细菌活性下降得更多。对于甲烷细菌,最佳 pH 值范围是 6.8~7.4。

4. 进出料方式

(1)批量进出料。批量进料是指将发酵原料和接种物一次性装满沼气池,中途不再添加新料,产气结束后一次性出料。产气特点是初期少,之后逐渐增加,然后产气保持基本稳定,最后产气又逐步减少直到出料。因此,该工艺的发酵产气是不均衡的。

(2)连续进出料。连续进料是指沼气池加满料正常产气后,每天分几次或连续不断地加入预先设计的原料,同时也排走同体积的发酵料液。其发酵过程能够长期连续进行。

(3)半连续进出料。此种进料方式介于上述两种方式之间,即在沼气池启动时一次性加入较多原料,正常产气后,不定期、不定量地添加新料。在发酵过程中,一般可根据其他因素(如农田用肥需要等)不定期地出料;到一定阶段后,将大部分料液取走改作他用。我国农村户用沼气由于原料特点和农村用肥集中等原因,主要采用这种工艺。

(四)干式发酵

上述发酵为湿式发酵,它是以固体有机废物(固含率为 5%~15%)为原料的沼气发酵工艺。干式发酵是以固体有机废物(固含率为 20%~30%)为原料,在没有或几乎没有自由流动的条件下进行的沼气发酵工艺,是一种新生的废物循环利用方法。干式厌氧发酵原料呈固态,处理过程中不产生污水,无沼液消纳问题,发酵剩余物可制成有机肥料,基本上实现零污染物排放,同时经济效益较好,能量呈正效应。

湿式发酵系统与废水处理中污泥厌氧稳定化处理技术相似,但在实际设计中有很多问题需要考虑,特别是对于城市生活垃圾,需要分选去除粗糙的硬垃圾及将垃圾调成充分连续的浆状的预处理过程等。干式发酵技术受到了国内外广大研究者的关注,使其在处理城市生活垃圾和农林残余物等方面得到了广泛的重视,也使得干式发酵技术成为厌氧发酵研究的热点。

为达到既去除杂质又保证有机垃圾正常处理的目标,需要采用过滤、粉碎、筛分等复杂的处理。这些预处理过程会导致 15%~25% 的挥发性固体损失。浆状垃圾不能保持均匀的连续性,因为在消化过程中重物质沉降,轻物质形成浮渣层,导致反应器中形成两种明显不同密度的物质层,重物质在反应器底部聚集可能破坏搅拌器,必须通过特殊设计的水力旋流分离器或者粉碎机去除。

法国、德国已经证明,对于机械分选的城市生活有机垃圾的发酵,采用干式系统是可靠的。而且与湿式发酵相比,它有明显的优势:

（1）干发酵总固体含量通常在15％以上，含水量较少，使得有机质浓度也较高，从而提高了容积产气率；

（2）节约用水；

（3）后处理容易，几乎没有废水的排放，且发酵后的剩余物中只有沼渣，可直接作为有机肥利用，产生的沼气中含硫量低，无须脱硫，可直接利用；

（4）运行费用低，过程稳定，干发酵工艺不会存在如湿法发酵中出现的浮渣、沉淀等问题。

与湿法厌氧消化相比，有机废物干法厌氧消化虽具有众多优势与益处，但推广应用仍然存在许多困难：一是反应基质浓度高，造成反应中间产物与能量在介质中传递、扩散困难，从而形成反馈抑制；二是反应基质的结构、组成以及颗粒大小等呈不均匀性，使得系统运行难以控制，连续运行不稳定；三是搅拌阻力大，使得基质搅拌混合困难。

目前，国外沼气干发酵技术已经较为成熟，如瑞典的考穆坡盖斯（Kompogas）公司大型沼气干发酵系统，已经投入生产性应用，可进行规模化沼气生产。

我国自20世纪80年代开始农村户用干式发酵技术的研究。同时，一些高校、科研院所如北京化工大学、昆明理工大学、武汉大学、华中农业大学、农业部规划设计研究院、农业部南京农业机械化研究所等，均有这方面的研究，取得了一定的进展，但是缺乏实际的大型规模化产业化的工程案例。

在我国广大农村建立沼气池，能够使畜禽废物得到处理，获得清洁能源产品沼气，用于照明做饭、温室保温、烘烤农产品、储备粮食、水果保鲜等。同时，沼渣和沼液又是很好的有机饲料和肥料。这样既减少了污染，又提高了污染物治理的经济效益。

四、工程实例比较

我国规模化养殖场目前主要使用三种清粪方式：干清粪、水冲粪和水泡粪。畜禽养殖污水主要包括畜禽排出尿液，圈舍、饲槽、地面清洁、设备清洁等冲洗水，以及少量的工人生活生产过程中产生的废水。清粪方式对污水量和污染物浓度有很大的影响。不同清粪工艺废水水质和水量比较如表8-4所示。

表 8-4　不同清粪工艺的养猪废水水质和水量

项　　目		水冲清粪	水泡清粪	干式清粪
水量/[升/(头·天)]		35～40	20～25	10～15
水质指标/(mg/L)	BOD$_5$	7 700～8 800	1 230～15 300	3 960～5 940
	COD	1 700～19 500	2 720～31 000	8 790～13 200
	SS	1 030～11 700	164～20 500	3 790～5 680

以作物生长最佳营养元素用量为限制因素,采用基于生态良好循环的粪污全量收集还田模式处理畜禽养殖粪污,大规模养殖场种养沼一体化模式工艺流程如图 8-12 所示。相关参数如下:污水储存时间在 180 天以上;好氧堆肥粪便和秸秆的质量比为(1:1)～(1:2),每 3 天翻堆一次,12～20 天腐熟,农家肥重金属含量符合《有机肥料》标准(NY525—2012)的要求。规模化畜禽养殖场采用干清粪工艺,将畜禽粪便和周边农田的作物秸秆在微生物菌剂的作用下进行高温好氧堆肥,可就地农田利用,也可进行科学适宜的养分调配,制成有机肥进行售卖,实现畜禽粪便资源化利用的同时,也实现了作物秸秆的回收利用。养殖污水通过收集管道和固液分离设备,进入上流式厌氧污泥床反应器(UASB)或厌氧折流板反应器(ABR),实现养殖污水的一级处理,此时养殖废水中化学需氧量的浓度大幅度降低。

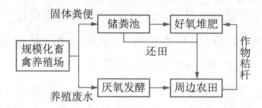

图 8-12　大规模养殖场种养沼一体化模式

该工艺中,厌氧发酵对化学需氧量的降解率约为 50%,稳定后化学需氧量在 2 000～3 000 mg/L,可与灌溉用水混合后用于农田灌溉,将厌氧处理出水进行水肥一体化施用,达到粪污资源化的目的。

猪粪—玉米秸秆混合堆肥,投加的作物秸秆能促进有机质的分解,加快堆体水分蒸发,从而加剧浓缩效应,提高堆肥产品的养分含量。在堆肥中添加微生物菌剂有利于堆体水分的扩散,堆体腐熟效率高,高温期持续时间长,含水率下降明显。

厌氧发酵产气模式是我国防治畜禽污染的另一主要模式,在粪污处理模式中发挥着重要的作用,该模式的畜禽污染防治功能已得到了广泛认可,能够有效降低粪便污水的氨氮、总磷、总氮、COD、BOD_5 等有机质,解决粪便污水对水体的污染。沼气生态处理模式的污染防治作用如下:畜禽养殖粪便污水经过沼气池发酵处理,能降低废水中的有机质含量,改善排放废水的水质,其厌氧发酵过程能对污染物质进行无害化处理,控制和降低农村面源污染。对沼气、沼渣和沼液的资源化利用也会产生更好的环保效果,减少对环境的污染。厌氧发酵产气模式工艺流程如图 8-13 所示。

图 8-13　厌氧发酵产气模式工艺流程

目前,国内常见的厌氧消化器包括升流式厌氧复合床(UBF)、升流式固体反应器(USR)、完全混合式厌氧反应器(CSTR)和上流式厌氧污泥床(UASB)。

厌氧发酵随着温度的升高,产气量也会提高。根据总固体(total solid,TS)含量不同,厌氧发酵又分为湿法厌氧发酵技术和干法厌氧发酵技术两种。与湿法发酵技术相比,干法具有运行费用低、负荷大、需水量少和沼液少等优点。沼气工程和户用沼气池多采用湿法发酵,湿法发酵TS一般小于15%。当厌氧发酵系统的TS值为15%时,产气量最高,产气速率也最大。厌氧发酵系统中猪粪与小麦秸秆配比为3∶7时,产气量最高。

全量收集还田模式的主要优点为粪污收集、处理、贮存设施建设成本低,粪便和污水全量收集,养分利用率高。主要不足如下:粪污贮存周期一般要在半年以上,需要足够的土地建设面积,粪污全量利用需要足够的农田消纳面积,施肥期较集中,剩余粪污堆积,继续造成环境污染,粪污长距离运输费用高,只能在一定范围内施用,进一步影响粪污高效的资源化利用。好氧堆肥还田模式在全量收集的基础上建设异位发酵槽,能够使粪污稳定化,具有较好的处理效果,有利于粪污资源化利用。

厌氧发酵产气模式以专业生产可再生能源为主要目的,依托专门的畜禽粪污处理企业,收集周边养殖场粪便和污水,投资建设大型沼气工程,进行高浓度厌氧发酵,沼气发电上网或提纯生物天然气,沼渣生产有机肥农田利用,沼液农田利用或深度处理达标排放。但是,该模式一次性投资高,能源产品利用难度大,沼液产生量大,处理成本较高,需要配套后续处理利用工艺。因此,该模式不适合处理规模较为分散的畜禽养殖地区。

五、蚯蚓床技术

固体废物的蚯蚓分解处理是根据蚯蚓在自然生态系统中具有促进有机物质分解转化的功能而在垃圾发酵处理的基础上发展起来的一项主要针对农业废物、城市有机生活垃圾和污水厂污泥的生物处理技术。由于蚯蚓分布广、适应性强、繁殖快、抗病力强、养殖简单,可以大规模进行饲养与野外自然增殖。因此,利用蚯蚓处理固体废物是一种投资少、见效快、简单易行且效益高的工艺方法。

蚯蚓是杂食性动物,喜欢吞食腐烂的落叶、枯草、蔬菜碎屑、作物秸秆、畜禽粪及居民的生活垃圾。蚯蚓消化力极强,它的消化道分泌蛋白酶、脂肪分解酶、纤维素酶、甲壳酶、淀粉酶等,除金属、玻璃、塑料、橡胶外,几乎所有的有机物质都可被它消化。

蚯蚓处理固体废物的过程实际上是蚯蚓和微生物共同处理的过程。二者构成了以蚯蚓为主导的蚯蚓—微生物处理系统。在此系统中,蚯蚓直接吞食垃圾,经消化后,可将垃圾中的有机物质转化为可给态物质,这些物质同蚯蚓排出的钙盐与黏液结合即形成蚓粪颗粒,蚓粪颗粒是微生物生长的理想基质。另一方面,微生物分解或半分解的有机物质是蚯蚓的优质食物,二者构成了相互依存的关系,共同促进有机固体废物的分解。

蚯蚓对垃圾中的有机物质有选择作用;通过砂囊和消化道,蚯蚓具有研磨和破碎有机物质的功能;垃圾中的有机物通过消化道的作用后,以颗粒状结构排出体外,有利于与垃圾中其他物质的分离;蚯蚓活动改善垃圾中的水气循环,同时也使得垃圾和其中的微生物得以运动;蚯蚓本身通过同化和代谢作用使得垃圾中的有机物质逐步降解,并释放出可为植物利用的 N、P、K 等营养元素。可以非常方便地对整个垃圾处理过程及其产品进行毒理监察。

农业废物均属于碳水化合物,其主要成分有纤维素、半纤维素、木质素、戊聚糖等,此外还含有一定量的粗蛋白、粗脂肪等。例如,作物残体一般含纤维素 30%～45%,半纤维素 16%～27%,木质素 3%～13%。因此,农业废物都能被蚯蚓分解转化而形成优质有机肥料。

农业废物的蚯蚓处理首先要进行发酵腐熟。将杂草树叶、稻草、麦秸、玉米秸秆、高粱秸秆等铡切、粉碎成 1 cm 左右;蔬菜瓜果、禽畜下脚料要切剁成小块,以利于发酵腐烂。发酵腐熟废物的条件如下:第一,良好的通气条件;第二,适当的水分;第三,微生物所需要的营养;第四,料堆内的温度;第五,料堆的酸碱度。

然后进行预湿,即将植物秸秆浸泡吸足水分,预堆 10～20 h。干畜禽粪同时淋水调湿、预堆。最后进行建堆,原料为植物秸秆 40%、粪料 60% 和适量的土。先在地面上按 2 m 宽铺一层 20～30 cm 的湿植物秸秆,接着铺一层约 3～6 cm 的湿畜禽粪;然后再铺厚约 6～9 cm 的植物秸秆、3～6 cm 的湿畜禽粪。这样按植物秸秆、粪料交替铺放,直至铺完为止。堆料时,边堆料边分层浇水,下层少浇,上层多浇,直到堆底出水为止。料堆应松散,不要压实,料堆高度 1 m 左右。料堆呈梯形、龟背形或圆锥形,最后,堆外面用塘泥封好或用塑料薄膜覆盖,以保温保湿。

堆制后第二天堆温开始上升,4～5 天后堆内温度可达 60～70 ℃。待温度开始下降时,要翻堆进行二次发酵。翻堆时要求把底部的料翻到上部,边缘的料翻到中间,中间的料翻到边缘,同时充分拌松、拌和,适量淋水,使其干湿均匀。第一次翻堆 7 天后,再进行第二次翻堆,以后每隔 6 天、4 天各翻堆一次,共翻堆 3～4 次。

废物堆沤发酵 30 天左右,需要鉴定物料的腐熟程度,发酵腐熟的物料应满足下列条件:无臭味、无酸味;色泽为茶褐色;手抓有弹性,用力一拉即断;有一种特殊的香味。

投喂前腐熟料的处理如下:将发酵好的物料摊开混合均匀,然后堆积压实,用清水从料堆顶部喷淋冲洗,直到堆底有水流出;检查物料的酸碱度是否合适,一般 pH 值在 6.5～8.0 都可以使用,过酸可添加适量石灰,碱度过大用水淋洗;含水量需要控制在 37%～40%,即用手抓一把物料挤捏,指缝间有水即可。

经过上述处理的物料先用少量蚯蚓进行饲养试验,经 1～2 昼夜后,如果有大量蚯蚓自由进入栖息、取食,无任何异常反应,即可大量正式喂养。在废物的蚯蚓处理过程中要定期清理蚯蚓粪并将蚯蚓分离出来,这是促进蚯蚓正常生长的重要环节。

当前对畜牧废物进行无害化处理的方法很多,而利用蚯蚓的生命活动来处理畜禽粪是很受人们欢迎的一种方法,此方法能获得优质有机肥料和高级蛋白质饲料,不产生二次污染,具有显著的环境效益、经济效益和社会效益,符合社会经济的可持续发展要求,是一种很有发展前途的畜禽废物处理方法。适合用蚯蚓处理的畜牧废物有马粪、牛粪、猪粪、兔粪、羊粪、禽粪。许多试验研究结果表明,畜禽粪便经过一定的熟化处理后,可以单独饲喂蚯蚓进行分解转化。也可以将畜禽粪便与农业废物、食品加工废物、原木或木材加工废物等按一定比例混配,经过一定时间的发酵腐化处理后,用蚯蚓进行分解转化处理。

蚯蚓对某些重金属具有很强的富集作用,因此可以利用蚯蚓来处理含这类重金属的废物,从而实现重金属污染的生物净化。在蚯蚓处理废物的过程中,废物中的重金属可被摄入蚯蚓体内,通过消化过程,一部分重金属会蓄积在蚯蚓体内,其余部分则排泄出体外。蚯蚓对镉有明显的富集作用,且对不同重金属有着不同的忍受能力。当某一种重金属元素的浓度超过蚯蚓的耐受极限时,它就会通过排粪或其他方式排出体外。

利用蚯蚓处理固体废物的优点如下:其过程为生物处理过程,无不良环境影响,对有机物消化完全彻底,其最终产物相较于单纯堆肥具有更高的肥效;使养殖业和种植业产生的大量副产物能合理地得到利用,避免资源浪费;对废物减容作用更为明显,试验表明,单纯堆肥法减容效果一般为15%~20%,经蚯蚓处理后,其减容效果可超过30%;除获得大量高效优质有机肥外,还可以获得由废物中生产的大量蚓体。

它的局限性如下:在利用蚯蚓处理废物时,通常选用那些喜有机物质和能忍受较高温度的蚯蚓种类,以获得最好的处理效果。但即使是最耐热的蚯蚓种类,温度也不宜超过30 ℃,否则蚯蚓不能生存。另外,蚯蚓的生存还需要一个较为潮湿的环境,理想的湿度为60%~70%。因此,在利用蚯蚓处理固体废物时,应该从技术上避免不利于蚯蚓生长的因素,才能获得最佳的生态和经济效益。

第四节　秸秆氨化技术

一、技术概述

秸秆中含有大量的粗纤维,直接作为饲料适口性差、消化率低。针对这一问题,秸秆氨化处理后,粗蛋白含量增加,质地松软,味甘辛,可提高适口性,增加采食量,提高了秸秆的消化率及养畜的经济效益。秸秆氨化处理技术是在密闭的条件下,将氨化料(原液氨、氨水、尿素溶液、碳酸氢铵溶液)按一定的比例喷洒到植物秸秆上,在适宜的温度条件下,经过一定时间的反应,破坏秸秆木质素与纤维素之间的联系,促使木质素与纤维素、半纤维素分离,使纤维素及半纤维素部分分解、细胞膨胀、结构疏松,从而提高秸秆饲用价值的一种处理秸秆的方法。秸秆氨化的原理分为三个方面。

1. 碱化作用

秸秆的主要成分是粗纤维。粗纤维中的纤维素、半纤维素可以被草食牲畜消化利用,木质素基本不能被家畜利用。秸秆中的纤维素和半纤维素有部分与不能消化的木质素紧紧地结合在一起,阻碍牲畜消化吸收。碱可以破坏木质素和纤维素之间的联结结构,使其分离,变得容易被牲畜消化吸收。

2. 氨化作用

氨吸附在秸秆上,增加了秸秆粗蛋白质含量。氨随秸秆进入反刍家畜的瘤胃,微生物利用氨合成微生物蛋白质。尽管瘤胃微生物能利用氨合成蛋白质,但非蛋白氮在瘤胃中分解速度很快,特别是在饲料可发酵能量不足的情况下,不能充分被微生物利用,多余的则被瘤胃壁吸收,有中毒的危险。通过氨化处理秸秆,可减缓氨的释放速度,促进瘤胃微生物的活动,进一步提高秸秆的营养价值和消化率。

3. 中和作用

氨呈碱性,与秸秆中的有机酸结合,中和了秸秆中的潜在酸度,形成适宜瘤胃微生物活动的微碱性环境。由于瘤胃内微生物大量增加,形成了更多的菌体蛋白。纤维素、半纤维素分解可产生低级脂肪酸,促进乳脂肪、体脂肪的合成。铵盐可改善秸秆的适口性,提高家畜对秸秆的采食量和利用率。

秸秆氨化技术优点包括五个方面。

(1) 提高了秸秆的适口性,增加了家畜对秸秆的采食量,经过氨化的秸秆质地变得柔软,具有糊香味,适口性显著提高,家畜喜食,采食量和采食速度可提高20%以上。

(2) 提高了秸秆的消化率,氨化秸秆比未氨化秸秆的消化率高10%~20%,从而使得秸秆中潜在的部分营养物质能够被家畜利用。

(3) 提高了秸秆的营养价值,氨化处理可使秸秆的粗蛋白质含量提高4%~6%,使秸秆的粗蛋白质含量满足反刍家畜饲料中蛋白质含量不得低于8%的条件,而且提高了秸秆中蛋白质的生物学价值。

(4) 氨化秸秆的成本低,方法简单易行,氨化秸秆比未氨化秸秆每kg仅增加成本0.03元,氨化1 000 kg只需要投资30元,其中包括氨化用药品、塑料薄膜、设备用工等费用。氨化设备及操作程序简单,很容易被接受和理解,便于推广应用。

(5) 可杀灭病虫害,氨具有杀菌作用。氨化处理可杀死秸秆上的一些虫卵和病菌,减少家畜疾病;可使秸秆中夹杂的杂草种子丧失发芽力,从而起到控制农田杂草的作用。

二、技术要点

1. 物料、场地及设备的准备

(1) 场地选择。选择宽敞、交通方便、避风向阳、平坦、不受畜禽损害、远离火源、排水良好、饲喂方便、便于管理的地方进行氨化。

(2) 新鲜秸秆。各种麦秸、稻草、玉米秸等农作物秸秆都可作为氨化原料。用于氨化的秸秆必须不发霉、不腐烂、不变质，没有泥土等杂质，并且营养价值较高，养分损失少，灰尘少，附着的菌类及尿酶活性强，有利于氨化。麦秸最好铡短，也可以脱粒后整垛氨化；玉米秸要铡碎，切成 1～2 cm 长。

(3) 氨源准备。有条件的地方可选择液氨，用液氨进行氨化速度快、价格便宜，但液氨运输需要专用氨瓶，并要注意防毒防爆。没有液氨可采用尿素、碳酸氢铵、氨水。氨水需要用橡皮罐或塑料缸等特制容器装运；尿素和碳酸氢铵易潮解挥发，需要用双层塑料袋贮运，在阴凉干燥处存放。

(4) 氨化容器与设备。可选择氨化池、氨化缸、塑料袋或直接堆垛氨化，有条件的可用氨化炉。

氨化池可以是圆形或长方形，用砖或石头砌壁，用水泥抹面，使内壁光滑。容积依氨化量而定，每 m³ 可氨化饲料 30～60 kg。农户制作氨化饲料，若饲养 1～3 头牛，可修建宽 1.5 m、深 1.5～2 m、长 3～5 m 的氨化池。

若挖土窖，内铺塑料薄膜也可以进行氨化。大量氨化可在地上铺塑料膜堆垛氨化。用塑料膜制成的大约长 1.0～1.5 m、口径 0.5～0.7 m 的袋子也可作为氨化容器，但要防止塑料袋被扎破或被鼠咬破。塑料膜应选择无毒、厚度不小于 0.2 mm 的，塑料膜大小取决于垛、池、窖、袋大小，并在四边留出压头，供封闭时压边。养畜头数不多的农户，可以利用表面上釉的陶瓷缸作为氨化容器，每次氨化少量的秸秆饲喂家畜。以上氨化容器受天气的影响较大，有条件的地方可选用氨化炉，则不受天气的限制，可以大大缩短氧化时间，使秸秆质量易于控制。

2. 氨化方法

(1) 尿素氨化。这种方法简便易行，氨化时不需要多少设备，储存运输都很方便，也不会像液氨或氨水那样若处理不当会对人体有害。尿素氨化安全，适合广泛推广，尤其农民使用起来更方便。尿素氨化可采用地面堆垛法，要选择平坦场地，并在准备堆垛处铺好塑料布；也可采用氨化池，氨化需要提前砌好池子，并用水泥抹好。将风干的秸秆用铡草机铡碎，或用粉碎机粉碎，并称重。称取秸秆重的 4%～5% 的尿素，然后用温水溶化，配成尿素溶液，用水量为风干秸秆重量的 60%～70%。将尿素溶液加入秸秆中，并充分搅拌均匀，然后装入氨化池或堆垛，并踏实。最后用塑料布密封，四周用土封严，确保不漏气。

（2）碳酸氢铵氨化。这种氨化方法步骤与尿素氨化完全相同，只是二者的用量有所差别，一般每 100 kg 风干秸秆可以用碳酸氢铵 15～16 kg。

（3）氨水氨化。氨水氨化常在氨化池中进行，也可以用缸或塑料袋少量制作。利用氨水氨化秸秆，需要提前准备好氨水，并计算好用量。若氨水含氮量为 15％，其含氨量为 18.15％，每 100 kg 风干秸秆用 15 kg 氨水即可。将氨水稀释 3～4 倍，即 100 kg 风干秸秆加入 60～70 kg 稀释好的氨水，经充分搅拌均匀后，便可堆垛或装池封闭。秸秆在氨化前先切成 1.5～2 cm 长的短节，装入池内，边装边压实，装满后上面覆盖塑料薄膜，周边用土封严，顶部留出一通氨孔。操作人员应配防风镜、手套和口罩，站在上风向一边，将注氨管插入秸秆中，打开氨水罐开关，将计算好的氨水量全部注入，迅速抽出注氨管，用绳子将口扎紧或用胶布贴紧。

（4）液氨（无水氨）氧化。在选好的场地上除清杂物，铺好塑料薄膜，为防止秸秆扎破薄膜，在上边先铺层松散的秸秆。将秸秆铡碎、称重，可将秸秆打成直径 0.5～0.7 m 的捆堆垛，也可以不打捆堆成散草垛。捆草垛整齐，垛可以堆高，节省塑料薄膜，便于机械化管理，不易漏气，并且可以按草捆计算垛的重量，但水不易喷匀。散草垛堆不高，必须用塑料薄胶包好，以防漏气。在堆垛时应边堆垛边喷水，调节秸秆的含水量到 25％～30％。将垛压实，顶部堆成屋脊形以利于排水。垛宽 3～4 m，高 1.5～2 m，长度可因量而定。垛堆完后，在上面覆盖塑料薄膜，四周边各长出 0.5 m，与铺底的塑料薄膜边缘重合，由外向里卷好，用土压紧压实。在垛距地面 0.5 m 高处插入氨枪，缓慢打开液氨罐阀门，当充氨量达到秸秆物质的 3％时，停止充氨，并立即用胶膜封好充氨孔。氨用量可以通过称量液氨罐求得，或用流量计计算。

用液氨氨化法也可以用氨化池氨化秸秆，操作方法如下：将秸秆平放入池中，边放边洒水，搅拌均匀并压实；再放一层，再洒水，直至高出池边 0.2～0.3 m，用塑料薄膜覆盖，边缘用土压住；在池边的中央插入通氨管，按秸秆重量的 3％通氨，然后封口，并用土盖在顶上。可将秸秆打成 15 kg 的小捆。将拌湿的秸秆装池或堆垛，并用塑料布密封，四周用土或泥压严密，严防漏气。

3. 方法步骤（以尿素氨化为例）

（1）将修好的氨化池清扫干净。

（2）把待氨化秸秆切成 1～2 cm 长。

（3）将尿素制成水溶液，按每 100 kg 秸秆取尿素 4～6 kg，溶于 20～30 kg 水中（用水量根据秸秆含水量而定，原则上要使氨化秸秆的水量达 30％～40％），制成尿素溶液。

（4）将切碎的秸秆均匀放入氨化池中，每层厚度 20 cm 左右，每放入一层秸秆则喷洒一层尿素溶液，边装边踩实。最下层的秸秆应少洒尿素溶液，随着秸秆往上装，再逐渐加大尿素溶液用量，做到秸秆全部放入池中时尿素液也正好用完。

（5）最后形成中间高周边低的馒头状，中间高于周边 0.2～0.3 m。上面盖好塑料膜，用挤压法排出空气,将塑料膜四周压盖于氨化池四周洞外并埋入小沟,呈封闭状态。

三、青贮

青贮技术是把新鲜的秸秆填入密闭的青贮窖或青贮塔,经过微生物发酵作用,达到长期保持其青绿多汁营养特性之目的的一种简单、可靠、经济的秸秆处理技术。青贮发酵的效果包括六个方面。

(1)提高饲草的利用价值。新鲜的饲草水分高、适口性好、易消化,但不易保藏,容易腐烂变质。青贮后,饲料可比青绿饲料的鲜嫩、青绿,营养物质不但不会减少,而且有一种芳香酸味,刺激家畜的食欲,采食量增加,对肉羊的生长发育有良好的促进作用。

(2)扩大饲料来源。青贮原料除大量的玉米、甘薯外,还有牧草、蔬菜、树叶及一些农副产品等,如向日葵头盘、菊芋茎秆等。经过青贮后,可以除去异味和毒素。如马铃薯鲜喂有毒素,木薯也不宜大量鲜食,青贮后则可安全食用。

(3)调整饲草供应时期。我国北方饲料生产的季节性非常明显,旺季时吃不完,饲草、饲料易霉烂,淡季时则缺少青绿饲料。青贮可以做到常年均衡供应,有利于提高肉羊的生产才能。

(4)青贮是一种经济实惠的比拟青绿饲料的办法。青贮可以使单位面积收获的总养分达到最高值,减少营养物质的浪费。另外,青贮便于实现机械化作业收割、运输、贮存,能减轻劳动强度,提高工作效率。

(5)治疗病虫害。对于玉米、高粱的钻心虫和牧草的一些害虫,通过青贮可以杀死虫卵、病原菌,减少植物病虫害的发生与蔓延。

(6)青贮饲料属于乳酸菌发酵饲料,自然青贮利用自然界植物上存在的乳酸菌进行发酵。由于自然界植物上的乳酸菌含量少,仅占细菌总数的 $0.01\% \sim 1\%$。所以在发酵过程中,乳酸菌很难迅速地形成优势菌群,不能在短时间内降低 pH 值,在发酵过程中霉菌和腐败菌大量繁殖,会造成青贮料局部发霉和腐烂,特别是顶部、底部和边沿霉变、腐烂情况严重。所以,一般添加外源性乳酸菌,提高青贮的质量。

第五节 农业固体废物的热化学转化技术

农业生产和生活消费产生了规模巨大、产出集中的农业固体废物,如作物收割后的秸秆、果园的枯枝落叶、屠宰和食品加工后的残体残渣、养殖业的动物粪便和死亡遗体,以及食物消费的厨余和生活垃圾等。这些完成和终止了生命过程的生物质残余,其主要成分是有机质,富含 C、N、P、K 及其他矿质营养元素,且携带尚未利用的生物质能,因而具有资源化利用的价值。

农业固体废物的热裂解技术恰恰可以对其进行有效的处理。农业固体废物热裂解工程技术源于自然界热裂解基本原理,通过特定反应器的水分、温度、氧气、速率等条件控制,人为使废物生物质发生快速高效的裂解,来获取一定规模的能源、炭质和养分,同时达到安全处置的要求。

农业固体废物热裂解工程系统一般由原料处理、炭化窑核心处理和产物分离处理等部分构成。经过初步脱水的农业固体废物在密闭(隔离空气而缺氧)反应器中经受高温(>300 ℃)热解,病原微生物被杀灭,药残等有机污染物分子被破坏,生物残体有机质被分解,部分小分子有机物被聚合或缩合,矿质元素离析而化合为矿物质,同时重金属元素被吸附、螯合而钝化。产物进一步经冷却分离,挥发性有机分子被挥发析出可燃气体作为能源使用(部分经过气热转换后转化为热能回用于废物干燥脱水);水及大分子可冷凝有机分子冷却为热解油;获得的固态剩余物为生物质炭。这些不同相态的物质分离纯化后分别可得到生物质能源、生物质炭和生物质裂解油等产物,可作为原料进行利用。

目前,农业固体废物热裂解技术主要有四个发展方向。

(1)新能源:回收利用农业固体废物热裂解产出的挥发分有机质及其热值的资源循环产品。包括热裂解产生的可燃气成分的直接利用(气热电转化,气热转换供热)以及对焦油的进一步裂解而生产能源产品和绿色化工产品。

(2)新肥料:回收利用热裂解产物中的有机质和养分的循环利用技术产品。其中,生物质炭作为结构性有机质用于制造炭基有机-无机团聚体复合肥;而活性有机质用于制造促生抗逆优质的叶面肥料或有机无机水溶肥。

(3)新材料:回收生物质炭纳米结构性有机质,通过矿质—有机复合团聚体的结构功能优化而服务于环境修复或生态修复的农业固体废物生物质资源循环新产品。包括园林基质、城市覆盖土壤和土壤改良剂、污染修复剂等。

(4)热化学化转换技术:该技术包括三方面,干馏技术、气化制生物质燃气、热解制生物油。干馏技术的主要目的是同时生产生物质炭和燃气,它可以把能量密度低的生物质转化为热值较高的固定炭或燃气,这些炭和燃气可分别用于不同用途。生物质气化是把生物质转化为可燃气的技术,根据技术路线的不同,可以是低热值气,也可以是中热值气。它的主要优点是生物质转化为可燃气后,利用效率较高,而且用途广泛,如可以用作生活煤气,也可以用于烧锅炉或直接发电。它的主要缺点是系统复杂,而且由于生成的燃气不便于储存和运输,必须有专门的用户或配套的利用设施。热解制油是通过热化学方法把生物质转化为液体燃料的技术,它的主要优点是可以把生物质制成油品燃料,作为石油产品替代品,用途和附加值大大提高,还可以从中提取多种化学品(如内醚糖)。它的主要缺点是技术复杂,目前的成本仍然太高。

一、生物质的气化

1. 生物质气化的基本过程

生物质气化是一个将生物质固体燃料转化为生物质燃气的热化学转化过程,同时也是生物质在高温下与气化剂发生化学反应的过程,气化得到的气体产物包含的可燃气体主要是氢气、一氧化碳、甲烷,副产品主要为焦油和炭粉。通常,气化剂包括空气、氧气和水蒸气(或水蒸气与氧气、空气的混合物)。在生物质气化中,使用的氧气含量通常是理论上完全燃烧所需要量的 $20\%\sim40\%$,也就是说,气化的化学过程是在缺氧条件下进行的。气化的主要化学反应如表 8-5 所示。气化过程主要包括三个阶段。

表 8-5 气化中的主要化学反应

气化阶段	反应公式	反应种类	反应热/($kJ \cdot mol^{-1}$)
第一阶段 氧化和其他 放热反应	$C + \frac{1}{2}O_2 \longrightarrow CO$	(1) 部分氧化	+110.700
	$CO + \frac{1}{2}O_2 \longrightarrow CO_2$	(2) 一氧化碳的氧化	+283.000
	$C + O_2 \longrightarrow CO_2$	(3) 总体氧化	+393.700
	$C_6H_{10}O_5 \longrightarrow XCO_2 + YH_2O$	(4) 总体氧化	$\gg 0$
	$H_2 + \frac{1}{2}O_2 \longrightarrow H_2O$	(5) 氢的氧化	+241.820
	$CO + H_2O \longrightarrow CO_2 + H_2$	(6) 水—煤气转化	+41.170
	$CO + 3H_2 \longrightarrow CH_4 + H_2O$	(7) 甲烷化	+206.300
第二阶段 热解	$C_6H_{10}O_5 \longrightarrow C_xH_z + CO$	(8) 热解	<0
	$C_6H_{10}O_5 \longrightarrow C_nH_mO_y$	(9) 热解	<0
第三阶段 气化(还原)	$C + H_2O \longrightarrow CO + H_2$	(10) 水蒸气气化	−131.400
	$C + CO_2 \longrightarrow 2CO$	(11) Boudouard 反应	−172.580
	$CO_2 + H_2 \longrightarrow CO + H_2O$	(12) 水的逆向转化	−41.170
	$C + 2H_2 \longrightarrow CH_4$	(13) 加氢反应	+74.900

(1) 第一阶段:氧化和其他放热反应。气化过程开始于反应混合物的自供热。这个过程所需的热量主要来源于部分生物质燃料燃烧时放出热量。

(2) 第二阶段:热解(也被称为轻度气化、炭化和脱挥发分)。生物质燃料在高温下裂解为可燃气体,同时高分子化合物通过表 8-5 中的反应(8)和(9)分解为小分子化合物和一氧化碳。在这个阶段,同时也生成焦油和炭。因为生物质比煤含有较多的挥发分(干基下为70%～80%),所以热解在生物质气化过程中所起的作用比在煤气化过程中大。

(3) 第三阶段:气化(还原)。在这个阶段,碳、二氧化碳和水通过还原反应再转化为一氧化碳、氢气和甲烷,它们是生物质燃料气的主要可燃成分。对生物质燃气的热值影响最大的气化反应,即反应(10)—(13),发生在气化器的还原区,这些反应都需要在高温下进行,因此,这个阶段主要是吸收热量,生物质燃料气的温度也必然要降低。焦油主要在这个阶段被气化,同时炭也通过反应(10)和(11)被大大地"燃烧"了。

2. 生物质气化过程的衡量指标

燃气产率(G_y)是指单位质量的生物质原料气化后所生成的生物质燃料气在标准状态下的体积(Nm^3/kg)。

气化效率是指生物质气化后生成生物质燃料气的总热量与生物质原料的总热量之比。它是衡量气化过程的主要指标。

$$气化效率(\%) = \frac{燃气热值(kJ/Nm^3) \times 燃气产率(Nm^3/kg)}{原料热值(kJ/kg)} \quad (8\text{-}1)$$

3. 生物质气化器

依据气化床种类可以将气化器分为固定床气化器和流化床气化器。在固定床气化器中,气流在通过物料层时,物料相对于气流处于静止状态。根据气化器内气流流动的方向,固定床气化器分为上吸式气化器、下吸式气化器、横吸式气化器和变化式气化器,固定床气化器适合用于块状及大颗粒原料。

图 8-14 是上吸式草煤气发生炉示意图,上吸式气化炉在运行过程中,物料从顶部加入,被上升气流干燥并将产生的水蒸气用管道引入炉内底部进行循环反应,干燥的物料下降时被热气流加热进行热解反应,释放出挥发分并生成生物炭,生物炭继续下降与上升的 CO_2 及水蒸气反应,还原生成 CO 和 H_2 及有机可燃气体,剩余的炭继续下行,在炉底部进入氧化反

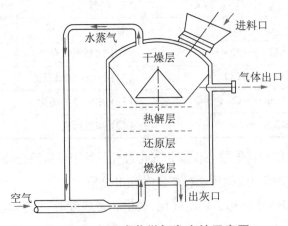

图 8-14 上吸式草煤气发生炉示意图

应区和氧气产生氧化反应,产生的燃烧热为整个气化过程提供热量。

上吸式气化炉热解气的热值约 5 000 kJ/m³,气化效率约为 75%,气体中焦油含量小于 25 g/m³,炭转化率达 99%,原料适应性广,可适应含水率在 15%~45%的原料的气化。

在流化床气化器中,一般采用惰性物料(如砂子)作为流化介质,由气化器底部吹入且向上流动的强气流使惰性物料和生物质物料像液体"沸腾"起来一样。流化床气化器具有气固接触好、混合均匀的优点,是床温恒定的气化器。按照气化器结构和气化过程,可将流化床气化器主要分为单反应器(鼓泡流化床)、双反应器、循环流化床。按照气化压力,流化床气化器可以分为常压流化床气化器和加压流化床气化器。流化床气化器适合水分含量大、热值低和着火困难的生物质原料,原料适应性好,可大规模、高效利用。

二、生物质热解

(一)生物质热解的一般原理和主要特征

生物质热解是指在无氧存在的条件下,将生物质加热升温,促使生物质内部的大分子裂解,得到固体焦炭和气体的过程。其中,气体包括可凝气体和不可凝气体。根据加热速度的不同,可以将生物质热解分为慢速、常规、快速或者闪速几种热解工艺。慢速裂解已经有几千年的历史,是一种以生成木炭为目的的炭化过程,低温和长期慢速裂解可以得到 30%的焦炭产量;低于 600 ℃ 的中等温度及中等升温速率(0.1~1 ℃/s)的常规热解可以制成相同比例的气体、液体和固体产品;快速热解大致有 10~200 ℃/s 的升温速率,小于 5 s 的气相停留时间;闪速热解比快速热解条件更为严格,气相停留时间通常小于 1 s,升温速率要求大于 1 000 ℃/s,并以 100~1000 ℃/s 的冷却速率对气体产物进行冷却。

生物质在快速热解过程中,原料在缺氧的条件下被加热到较高的反应温度,引发了大分子的分解,产生了小分子气体和可凝性挥发分以及少量的生物炭。可凝性挥发分被快速冷却,成为生物油(bio-oil)。生物油为深棕色或深黑色、具有刺激性木材烧焦气味的油状液体。不管用什么方式热解获得的生物油具有共同的特征:高密度(约 1 200 kg/m³),酸性(pH 值介于 2.8~3.8 之间),高水分含量(15%~30%),以及较低的发热量(14~18.5 MJ/kg)。以纤维素分子为例,热解反应式可用下式描述:

$$3C_6H_{10}O_5 \longrightarrow 8H_2O+C_6H_8O(生物油)+2CO+2CO_2+CH_4+H_2+7C(生物炭)$$

热解过程工艺参数的选择直接决定了热解产物的组成和比例。这些工艺参数主要是由热解反应器的类型及其热传递方式决定的,具体表现为热解温度、传热速率、压力、停留时间,以及生物质原料的种类、粒度等。这些工艺参数直接影响热解过程的热质传递、化学反应和相变情况,从而影响热解产物的分布和收率。如果生物质热解的目的是得到高产量的液体产物,热解条件应为低温、高热传导速率和短的气体停留时间。如果热解目的是获得高产量的燃料气体,热解条件应为高温、低热传导速率和长的气体停留时间。如果热解目的是获得高产量的焦炭,热解条件应为低温和低热传导速率。

生物油对温度非常敏感,温度过低,则生物质中可凝气体不能挥发出来,热解产油率较低,主要成分为水;温度过高,则生物油将会发生二次裂解,生成小分子的不可凝气体,同样热解油产率也很低。另外,原料在反应器中的停留时间对热解油产率影响也很大,停留时间过长也容易发生二次裂解。一般反应温度控制在 500 ℃ 左右,气相停留时间小于 1 s 的情况下液体产物的收率最高。

(二)生物质热解的优点

生物质资源丰富,热解具有很多优点。生物质热解投资低,易于在生物质原料基地建设,且液体产物收率高。

生物质热解技术能够以较低的成本、连续化的工艺和生产方式将常规方法难以处理的低能量密度的生物质转化为高能量密度的气、液、固产品。这些二次产品减少了生物质的体积,在运输、贮存、燃烧、改性以及生产和销售的灵活性方面都优于生物质原料,并有利于它们在现有动力设备中的应用。

生物油是一种环境友好燃料,生物油经过改性和处理后,可作为燃料直接使用。

生物油除了能量的应用外,还可作为化工工业的重要原料。生物油中含有酚、醇、酸、糖等多种石油化工途径难以合成的有机化合物,可以从生物油中提取这些高附加值的化学品。以这些化合物为前体物质可进一步制取染料、农药、医药、香料、树脂等化工产品。

此外,热解工艺还有操作系统封闭、减容率高、无氮氧化物等污染气体排放、几乎所有的重金属都被还原为低价态并被固定在固体剩余物中、能实现能量的自给和资源的回收等优点。

(三)生物质热解工艺简介

生物质热解系统通常主要由原料预处理和给料设备、反应器、气固分离器、液体冷凝器几个部分组成。根据热解过程工艺参数的不同,热解技术可分为三大类:常规热解(conventional pyrolysis),快速热解(fast pyrolysis),闪解(flash pyrolysis)。它们的主要分类工艺参数指标如表 8-6 所示。

表 8-6　三类热解技术的主要参数

	常规热解	快速热解	闪　　解
热解温度/℃	300~700	500~1 000	800~1 000
加热速率/(℃/s)	0.1~1	10~200	>1 000
颗粒尺寸/mm	5~50	<1	<0.2
停留时间/s	600~6 000	0.5~10	<0.5

天然生物质原料含有较多的自由水,如果直接热解,这些水分便会挥发后冷凝到热解油中,相较于从生物油中除水分,热解前的干燥要容易得多。再者,原料水分过高也影响热解过程的传热速率。原料粒度对热解也是重要的影响因素,但是原料粉碎粒度过小,系统的运行成本会相应加大。

反应器是热解的核心部分。反应器类型主要根据产物要求进行选择。在生物质热解过程中,小颗粒的焦炭不仅是热解的产物,而且这些小颗粒的焦炭会在热解蒸汽的二次裂解中起催化作用,并对生物油产生不稳定影响。因此,有效地将这些颗粒物与热解气体分离开来至关重要。目前,主要采用过滤器、旋风分离器、重力分离器进行分离脱除。

热解油的收集是热解的重要环节,裂解产物中的挥发分在冷凝过程中与非冷凝性气体形成烟雾状的气溶胶形态,是一种由蒸汽、微米级的小颗粒、带有极性的水蒸气分子组成的混合物,收集较困难。

(四)热解反应器

在各种生物质热解工艺中,不同的研究者由于获取目标产物的不同,采用了形式多样的热解反应器和工艺路线。然而,热解反应器的研究始终是热解技术的核心和重点。热解反应器的类型和传热传质方式的选择直接影响了热解产物的分布。

生物质热解反应器的类型如下:旋转锥反应器,由荷兰特文特(Twente)大学和生物质技术集团(Biomass Technology Group,BTG)1989年开发研制的生物质快速热解设备,后与中国沈阳农业大学合作研制中试设备,该反应器的特点是利用离心力将热解气与固体产物分离;真空热解反应器,由加拿大拉瓦尔(Laval)大学研制的真空快速热解设备,其目的在于研究负压条件下生物质快速热解生产燃料和化学品;烧蚀涡流式反应器,由美国可再生能源实验室(National Renewable Energy Laboratory,NREL)开发研制的生物质快速热解设备,其原理为在离心力作用下,高压下高速运动的生物质颗粒接触高热的反应器管壁,生物质颗粒在几秒内发生热解气化;循环流化床反应器,由韦仕敦(Western)大学研究快速热解时发展形成的技术,该技术以获得最大量液体和气体热解产物为目标,同时从热解产物中提取化学品;滑铁卢(Waterloo)大学研发的流化床热解反应器。虽然目前生物质热解反应器形式多样,研究较多的热解反应器类型是流化床。

从传热传质角度来说,流化床有四大特点。

(1)床层温度分布均匀。由于床层内流体和颗粒剧烈搅动混合,使床内温度均匀,避免了局部过热现象。

(2)流化床内的传热及传质速率高。颗粒的剧烈运动使两相间表面不断更新,因此床内的传热及传质速率高,这对于以传热和传质速率控制的化学反应和物理过程是非常有用的,可大幅度地提高设备的生产强度,进行大规模生产。

(3)床层和金属器壁之间的传热系数大。固体颗粒的运动使金属器壁与床层之间的传热系数大为增加,比没有固体颗粒存在的情况下大数十倍乃至上百倍。因此,便于向床内输入或取出热量,所需的传热面积较小。

(4) 流态化的颗粒流动平稳,类似液体,其操作可以实现连续、自动控制,并且容易处理。

(五) 热解动力学分析

一般认为,纤维素的热解存在下面几个连续一级反应:

纤维素(cellulose)在加热条件下先形成活性纤维素(active glucose),一部分活性纤维素再形成内醚糖(levoglucosan)等可冷凝气体(volatiles),另一部分活性纤维素则脱水形成脱水纤维素(anhydrocellulose),最后脱水纤维素热解形成热解气(gases)和木炭(char)。其中,形成活性纤维素一般认为是转糖苷键反应,其活化能大约在 200 kJ/mol。事实上,生物质在热解时,由于传热速率的限制,生物质的温度是逐步升到能够越过转糖苷键反应能垒的(被认为约 250 ℃),而纤维素热解时也会脱水形成木炭,其活化能(E_2)比形成活性纤维素低,因此在温度较低时,一部分纤维素会首先发生脱水反应形成木炭,它与形成内醚糖的反应是一个竞争反应,故而它会降低内醚糖的产量。以上热解模型强调了活性纤维素的形成。如果忽略活性纤维素步骤(因为该步活化能可以归到形成内醚糖的总活化能 E_1 上),且考虑低温阶段的热解脱水反应,则纤维素热解反应可以用下式描述:

$$纤维素 \begin{cases} \xrightarrow{k_1} 内醚糖 \xrightarrow{k_3} 热解气 \\ \xrightarrow{k_2} 木炭 + 水 + 二氧化碳 \end{cases}$$

纤维素在较低温度条件下可以脱水形成木炭,热解形成内醚糖则需要较高的温度。因此,脱水反应的能垒较热解反应低,即 $E_1 > E_2$,这里 E_1 是热解活化能,E_2 是脱水活化能。设开始纤维素的量为 a,经 t 时间后生成 x_1 的内醚糖和 x_2 的木炭,那么这两个反应的速率方程如下:

$$\frac{\mathrm{d}x_1}{\mathrm{d}t} = k_1(a - x_1 - x_2) \tag{8-2}$$

$$\frac{\mathrm{d}x_2}{\mathrm{d}t} = k_2(a - x_1 - x_2) \tag{8-3}$$

两式相除,可以得到:

$$\frac{\mathrm{d}x_1}{\mathrm{d}x_2} = \frac{k_1}{k_2} \tag{8-4}$$

当 $t=0$ 时,内醚糖和木炭的量均等于 0,经 t 时间后,它们的量分别为 x_1 和 x_2,在此两限间对上式积分,可以得到:

$$\frac{x_1}{x_2} = \frac{k_1}{k_2} \tag{8-5}$$

式(8-4)说明,该竞争反应中,生成物 Levoglucosan 和 Char 的数量之比等于它们的反应速率常数之比,并且在反应过程中它们的比值保持不变。为了提高内醚糖的产量,就要设法改变它们的反应速率常数比。由于 $E_1 > E_2$,根据阿伦尼乌斯(Arrhenius)方程:

$$k = A \mathrm{e}^{-E/RT} \tag{8-6}$$

提高温度有利于 k_1/k_2 值增大,即有利于提高内醚糖的产率。因此可以看出,由纤维素热解转化为内醚糖,温度越高越有利于提高内醚糖的产量。

然而,在高温条件下内醚糖可以进一步分解为热解气,这个转化反应具有更高的活化能 $E_3(E_3 > E_1)$。因此,从纤维素到热解气实际上经历了连续两步反应(A 为纤维素,B 为内醚糖,C 为小分子有机物):

$$A \xrightarrow{k_1} B \xrightarrow{k_3} C$$

假设当 $t=0$ 时,A 量为 $[A]_0$,B 量为 0,C 量为 0;当反应时间为 t 时,A 量为 $[A]$,B 量为 $[B]$,C 量为 $[C]$。根据质量作用定律,它们的速率方程如下:

$$-\frac{d[A]}{dt} = k_1[A] \tag{8-7}$$

$$\frac{d[B]}{dt} = k_1[A] - k_3[B] \tag{8-8}$$

$$\frac{d[C]}{dt} = k_3[B] \tag{8-9}$$

式(8-7)的积分式如下:

$$[A] = [A]_0 \mathrm{e}^{-k_1 t} \tag{8-10}$$

由式(8-8)、式(8-9)、式(8-10)可以得到反应时间为 t 时 B 和 C 的量:

$$[B] = \frac{k_1[A]_0}{k_3 - k_1}[\mathrm{e}^{-k_1 t} - \mathrm{e}^{-k_3 t}] \tag{8-11}$$

$$[C] = [A]_0\left(1 - \frac{k_3}{k_3 - k_1}\mathrm{e}^{-k_1 t} + \frac{k_1}{k_3 - k_1}\mathrm{e}^{-k_3 t}\right) \tag{8-12}$$

如果想得到最大量的内醚糖,可以将式(8-11)对 t 求导,并使其导数为 0,可以得到式(8-13):

$$t_{max,B} = \frac{\ln \dfrac{k_1}{k_3}}{k_1 - k_3} \tag{8-13}$$

因此,利用它们的反应速率常数可以控制反应时间得到最大的内醚糖转化产量,如果要得到最大的热解气产量,则需要反应时间尽可能地长。从式(8-11)可以看出,提高热解温度会使 k_3 增大,不利于内醚糖的形成。因此,综合考虑纤维素热解竞争反应和连续反应,要想获得最大产量内醚糖,就需要一个合适的温度。另外,反应器的传热效率也有具体的影响,因此,每个反应器获得最大内醚糖产量所需要的温度也可能是不同的。提高热效率,物料粒径尽可能小、改进热传递过程等将是具体的实际热解控制措施。常常采用热重分析仪进行生物质的热解动力学研究。

(六)工程实例

流化床的研究已有几十年的历史,流化床具有结构简单、传热传质性能良好、可以连续生产、易于操作、易于工业放大等优点。装置特点如下:能够实现连续稳定进料和连续生产;反应器具有良好的传热传质性能,生物质原料能够在反应器内充分反应;有快速冷凝系统能迅速冷凝热解产物,可以获得最大量目标产物;对整个过程能够方便地进行数据采集和实时监控。

1. 组成部分

生物质流化床气化/热解系统主要由进料系统、流化床反应器、气固分离系统、冷凝系统、控制装置五部分组成,其流程如图 8-15 所示。

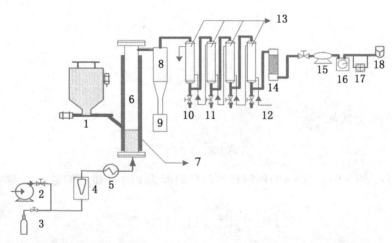

1—进料系统;2—空压机;3—氮气钢瓶;4—流量计;5—流化气预热器;6—流化床反应器;7—流化床加热炉;8—旋风分离器;9—炭粉收集箱;10—一级油(焦油、热解油)出口;11—二级油出口;12—冷却水系统;13—冷凝器;14—过滤器;15—真空泵;16—煤气表;17—气相在线分析仪;18—室外燃烧器。

图 8-15　生物质流化床气化/热解系统

(1) 进料系统。采用双螺旋无级变速加料系统,动力设备是变速电机。料箱顶端加料口采用法兰加橡胶垫密封与外界隔绝,避免空气混入生物质颗粒中。为防止料仓内棚料,在料仓壁上安装一定时振动器,实验(生产)过程中定时振动,从而保证连续均匀给料。第一级螺旋加料器定量把生物质原料输送至第二级螺旋加料器,第二级螺旋加料器快速把生物质原料送入反应器,连续均匀进料,两级螺旋进料能有效地防止反应器内压力升高造成的气体泄漏。

(2) 流化床反应器。流化床反应器是整个生物质气化/热解装置的核心,反应物料在这里与热载体发生传热传质过程。生物质物料在强热的作用下,迅速发生气化/热解反应。流化床反应器本体为耐热不锈钢管。流化床外侧均装有电加热元件并有良好的保温,沿床高布置有四根 K 型热电偶,用以监测和控制反应器内的温度。在布风系统进口和扩大段出口各设一压力测量装置,根据压力变化可以判断反应器内流化状态以及反应工况。流化床反应器温度由智能控制仪控制,可在 0~950 ℃ 之间任意调节。反应器的炉体外部用硅酸铝纤维板进行保温,外壳以镀锌铁皮环包。

(3) 高温气固分离系统。高温气固分离系统在气化/热解气体产物进入冷凝器之前,将随气态物质流动而从反应器中夹带出来的固体颗粒炭粉从气流中迅速分离。本装置采用旋风分离器进行气固分离。为防止离开流化床反应器的高温气体在旋风分离器中发生冷凝,旋风分离器外部采用电加热带进行了保温。

(4) 冷凝系统。为了将气态产物迅速冷凝以收集焦油或者热解油,必须将离开反应器的高温气态产物进行快速冷凝。本装置采用四级冷凝装置以收集不同冷凝条件下的产物。四级冷凝装置均为由不锈钢管组成的套管式换热器,不锈钢管下部接有贮液槽,通过阀门可以放出其中的冷凝液(焦油或者热解油)。不可凝气体经过滤器过滤后,经过在线色谱检测、再经煤气表计量后至室外燃烧。气化/热解过程中产生的水蒸气和轻质油在第一级冷凝器中冷凝出来,重组分会在二级冷凝器中冷凝出来。

(5) 控制系统。由控制柜、热电偶、智能控制仪、温度显示表、压力表、转子流量计等构成。

2. 工艺流程

将筛分后的一定量的河沙装入反应器内。启动空压机向反应器送入空气,并将预热器和反应器加热器的温度设定到反应要求温度,等反应器温度达到设定温度后,切换空压机供气为热解气(或 N₂ 等其他惰性气体),调节流量至反应要求的流量,待反应系统内空气被置换完毕后,启动第二级送料电机,调节转速,然后启动第一级定量给料电机,调节变频器调速旋钮至实验(生产)要求的给料转速,同时开始记录时间及各运行参数。打开冷却水进出口阀门,在进料过程中,启动料仓振动器。热解气体产物经反应器顶部出口导出,在保温的旋风分离器中进行气固分离后进入一级冷凝器,可凝性气体中的轻质油和热解气中的水蒸气在一级冷凝器中冷凝下来,称为一级生物油(热解油),可凝气中的重组分在二级冷凝器中冷凝下来,称为二级油。不可凝性气体从冷凝器出来后在真空泵的抽引下进入一个过滤器,经过煤气表导出室外燃烧。所有操作单元(包括管路)之间,均可灵活拆装,以适应不同生物质原料热解的需要。

(七)热解与焚烧的区别

过去,我国许多农林废弃物被采用野外焚烧处理,近些年由于秸秆资源化技术的发展,这种浪费资源的处理方式已逐渐消失。焚烧是有机废物在有氧条件下高温分解和深度氧化的处理过程,而热解是将有机物在无氧或缺氧状态下加热,使之成为气态、液态或固态可燃物质的化学分解过程;焚烧是一个放热反应,而热解是吸热反应;焚烧的产物是二氧化碳和水,产生的热能一般可以就近利用,而热解的产物是热解气、热解油和生物炭等资源物质,可以存储或远距离运输。与焚烧相比,热解的主要特点如下:热解转化的产物是物质资源;热解是在密闭条件下进行的,其气态产物为可利用资源,对大气环境的二次污染小;废物中的硫、重金属等有害成分大部分被固定在生物炭中;由于热解过程保持还原条件,高价态的重金属以低价态存在,降低毒性;NO_x 的产生量少。

知识链接 8-1

农业固体废物分类及其污染风险识别和处理路径分析

本章小结

本章介绍了农业固体废物的概念、来源、分类、现状、危害,简述了秸秆粉碎预处理、蚯蚓床处理、青贮、高温成型等技术,详细阐述了农作物秸秆及禽畜粪便的组成特点以及好氧堆肥、沼气发酵、秸秆氨化和热解气化等资源化技术原理,概述了秸秆与禽畜粪便的生物处理、热化学处理工艺及其相关设备。本章学习目标是掌握农业固体废物组成特点与资源化处理利用技术。

关键词

秸秆　禽畜粪便　压实成型　沼气发酵　氨化　热解　气化

习 题

1. 填空

(1) 对于所有微生物来说,凡是生活时需要氧气的都可以称为_____微生物,只有在无氧环境中才能生长的称为_____微生物,在无氧和有氧的环境中都能生活的统称为_____微生物。

(2) 秸秆_____是指在一定温度与压力作用下,将松散,密度低的生物质材料压制成有一定形状的,密度较大的成型燃料的技术。

(3) 青贮饲料属于_____菌发酵饲料。

(4) _____技术主要目的是生产生物质炭。

(5) 气化得到的气体产物包含的可燃气体主要是_____、_____、二氧化碳、甲烷,副产品主要为焦油和炭粉。

(6) 秸秆粉碎技术主要有_____、击打、_____等。

2. 影响好氧发酵过程的主要因素有哪些?

3. 好氧堆肥过程中,一次发酵完成之后,为何还要进行二次发酵?

4. 热解的影响因素有哪些?

5. 与焚烧相比,热解有哪些优点? 其热解产物有哪些?

6. 简述木素在秸秆致密成型中的作用。

7. 用一种成分为 $C_{31}H_{50}NO_{26}$ 的堆肥物料进行实验室规模的好氧堆肥实验。实验结果为每 1 000 kg 堆料在完成堆肥化后仅剩下 200 kg,测定产品成分为 $C_{11}H_{14}NO_4$,试求每 1 000 kg 物料的化学计算理论氧需求量。

第九章　建筑垃圾

📖 **学习目标**

　　1. 了解建筑垃圾的概念、来源、分类、现状、危害，了解我国建筑垃圾收集、运输等的管理，了解建筑垃圾回填、受纳的处理处置方式。

　　2. 掌握建筑垃圾的组成特点以及破碎、分选等预处理技术原理、工艺与设备。

　　3. 熟悉建筑垃圾中的混凝土和废砖资源化再生利用技术。

第一节　建筑垃圾概述

一、建筑垃圾的概念、来源

　　不同国家和地区对建筑垃圾有不同的定义和解释。

　　日本对建筑垃圾的定义为"伴随拆迁构筑物产生的混凝土破碎块和其他类似的废弃物"，是稳定性产业废弃物的一种。在厚生劳动省指南中，更具体化为"混凝土碎块""沥青混凝土砂石凝结块废弃物"等，而木制品、玻璃制品、塑料制品等废材并不包括在"建筑废材"中。

　　美国环境保护局对建筑垃圾的定义是"在建筑物新建、扩建和拆除过程中产生的废弃物质"。这里的建筑物包括各种形态和用途的建筑物和构筑物。根据生成建筑垃圾的建筑活动的性质，通常将其分为五类，即交通工程垃圾、挖掘工程垃圾、拆卸工程垃圾、清理工程垃圾和扩建翻新工程垃圾。

　　中国香港环境保护署将建筑垃圾分为两类：新建过程中的垃圾和拆除过程中的垃圾。新建过程中的垃圾包括报废的建筑材料、多余的材料、使用后抛弃的材料等。

　　我国《固体废物污染环境防治法》给出的定义如下：建筑垃圾是指建设单位、施工单位新建、改建、扩建和拆除各类建筑物、构筑物、管网等，以及居民装饰装修房屋过程中产生的弃土、弃料和其他固体废物。我国原建设部颁布的《城市垃圾产生源分类及垃圾排放》（CJ/

T3033—1996)将城市垃圾按其产生源分为九大类,这些产生源包括居民垃圾产生场所、清扫垃圾产生场所、商业单位、行政事业单位、医疗卫生单位、交通运输垃圾产生场所、建筑装修场所、工业企业单位和其他垃圾产生场所。建筑垃圾即为在建筑装修场所产生的城市垃圾,建筑垃圾通常与工程渣土归为一类。根据原建设部 2003 年颁布的《城市建筑垃圾和工程渣土管理规定》,建筑垃圾、工程渣土是指建设、施工单位或个人对各类建筑物、构筑物等进行建设、拆迁、修缮及居民装饰房屋过程中所产生的余泥、余渣、泥浆及其他废弃物。建筑垃圾按照来源可分为土地开挖、道路开挖、旧建筑物拆除、建筑施工和建材生产垃圾五类。

建筑垃圾属于固体废物的一种,其性质与其他固体废物相似,具有鲜明的时间性、可再生性和持久危害性。

1. 时间性

时间性,一方面是指任何建筑物都有一定的使用年限,超过这个年限,所有的建筑物都会变成建筑垃圾;另一方面,现在所谓的垃圾仅仅是相对于现在的科技水平和经济条件而言的,随着时间的推移和科技的进步,越来越多的建筑垃圾都会转化为有用的资源。例如:废混凝土块可作为生产再生混凝土的骨料;废屋面沥青料可回收用于沥青道路的铺筑;废竹木可作为燃料回收能量。

2. 可再生性

从再生利用的角度来看,一种建筑垃圾不能作为建筑材料直接利用,但是可以作为生产其他产品的原料而被利用。例如,废弃的混凝土经过破碎后可以用作生产混凝土的骨料,废木料可作为生产黏土—木料—水泥复合材料的原料,生产出一种具有质量轻、导热系数小等优点的绝热黏土—木料—水泥混凝土材料。又如,沥青屋面废料可回收作为热拌沥青路面的材料。

3. 持久危害性

建筑垃圾主要为渣土、碎石块、废砂浆、砖瓦碎块、混凝土块、沥青块、废塑料、废金属料、废竹木等的混合物,如不做任何处理直接运往建筑垃圾堆场堆放,堆放场的建筑垃圾一般需要经过数十年才可趋于稳定。垃圾中废砂浆、混凝土块中含有水合硅酸钙和氢氧化钙,使渗滤水呈碱性;废石膏中的硫酸根离子会转化成硫化氢;废金属可使渗滤水中含有大量的重金属离子……上述这些因素会使周边的地下水、地表水、土壤和空气受到污染,而且受污染的地域还可能扩大至堆放地之外的其他地方。一般情况下,堆放的建筑垃圾要经过数十年才可趋于稳定,而即使建筑垃圾达到稳定化程度,不再释放有害气体,渗滤水不再污染环境,大量的无机物仍然会占用大量土地,并继续导致持久的环境问题。

二、建筑垃圾的分类和组成

(一)建筑垃圾的分类

按照来源分类,建筑垃圾可分为土地开挖、道路开挖、旧建筑物拆除、建筑施工和建材生产垃圾五类,主要由渣土、碎石块、废砂浆、砖瓦碎块、混凝土块、沥青块、废塑料、废金属料、废竹木等组成。混凝土与砂浆片约占 30%～40%(其中钢筋约占 6%～8%,粗骨料约占 15%～20%)、砖瓦约占 35%～45%、陶瓷和玻璃约占 5%～8%,其他约占 10%。

(1) 土地开挖废弃物。分为表层土和深层土。前者可用于种植,后者主要用于回填、造景等。

(2) 道路开挖废弃物。分为混凝土道路开挖和沥青道路开挖,包括废混凝土块、沥青混凝土块。

(3) 旧建筑物拆除废弃物。主要分为砖和石头、混凝土、木材、塑料、石膏和灰浆、屋面废料、钢铁和非铁金属等,数量巨大。

(4) 建筑施工废弃物。分为剩余混凝土、建筑碎料以及房屋装饰装修产生的废料。剩余混凝土是指工程中没有使用掉而多余出来的混凝土,也包括由于其他某种原因(如天气原因)暂停施工而未及时使用的混凝土。建筑碎料包括凿除、抹灰等产生的旧混凝土、砂浆等矿物材料,以及木材、纸、金属和其他废料等类型。房屋装饰装修产生的废料主要有废钢筋、废铁丝和各种废钢配件、金属管线废料,废竹木、木屑、刨花,各种装饰材料的包装箱、包装袋,散落的砂浆和混凝土、碎砖和碎混凝土块,搬运过程中散落的黄沙、石子和块石等,其中,主要成分为碎砖、混凝土砂浆、桩头、包装材料等,约占建筑施工废弃物总量的 80%。

(5) 建材生产废弃物。主要是指生产各种建筑材料所产生的废料、废渣,也包括建材成品在加工和搬运过程中所产生的碎块、碎片等。例如,在生产混凝土过程中难免产生的多余混凝土以及因质量问题不能使用的废弃混凝土,长期以来一直是困扰着商品混凝土厂家的棘手问题。经测算,平均每生产 100 m³ 的混凝土,将产生 1～1.5 m³ 的废弃混凝土。

此外,还可以根据建筑废弃物的主要材料类型或成分对其进行分类,据此可将每一种来源的建筑废弃物分成三类:可直接利用的材料、可作为材料再生或可以用于回收的材料,以及没有利用价值的废料。例如,在旧建筑材料中,可直接利用的材料有窗、梁、尺寸较大的木料等,可作为材料再生的主要有矿物材料、未处理过的木材和金属,再生后其形态和功能都和原先有所不同。

还有其他一些分类方法,如先将建筑废弃物按成分分为金属类(钢铁、铜、铝等)和非金属类(混凝土、砖、竹木材、装饰装修材料等);按能否燃烧分为可燃物(非惰性物)和不可燃物(惰性物)。再将剔除金属类和可燃物后的建筑废弃物(混凝土、石块、砖等)按强度分类:标号大于 C10(即抗压强度 10 MPa)的混凝土和块石,命名为Ⅰ类建筑废弃物;标号小于 C10 的废砖块和砂浆砌体,命名为Ⅱ类建筑废弃物。为了能更好地利用建筑废弃物,还进一步将Ⅰ类细分为ⅠA类和ⅠB类,将Ⅱ类细分为ⅡA类和ⅡB类(表 9-1)。

表9-1　各类建筑废弃物的分类标准及用途

大类	亚类	标号	标志性材料	用　途
I	I A	≥C20	4层以上建筑的梁、板、桥	C20混凝土骨料
	I B	C10～C20	混凝土垫层	C10混凝土骨料
II	II A	C5～C10	砂浆或砖	C5砂浆或再生砖骨料
	II B	＜C5	低标号砖	回填土

（二）建筑垃圾的组成

不同结构类型建筑物所产生的建筑施工垃圾各种成分的含量不同,主要由土、渣土、散落的砂浆和混凝土、剔凿产生的砖石和混凝土碎块、打桩截下的钢筋混凝土桩头、废金属料、竹材、木材、装饰装修产生的废料、各种包装材料和其他废弃物组成(见表9-2)。

表9-2　不同结构形式的建筑工地中建筑施工废弃物的组成比例

废弃物组成	所占比例/%		
	砖混结构	框架结构	框架-剪力墙结构
碎砖(碎砌砖)	30～50	15～30	10～20
砂浆	8～15	10～20	10～20
混凝土	8～15	15～30	15～35
桩头	—	8～15	8～20
包装材料	5～15	5～20	10～15
屋面材料	2～5	2～5	2～5
钢材	1～5	2～8	2～8
木材	1～5	1～5	1～5
其他	10～20	10～20	10～20
合计	100	100	100

建筑垃圾中,土地开挖垃圾、道路开挖垃圾和建材生产垃圾一般成分比较单一,其再生利用或处置比较容易。建筑施工垃圾和旧建筑物拆除垃圾一般在建设过程中或旧建筑物维修、拆除过程中产生,大多为混凝土、砖等固体废弃物。

三、建筑垃圾的现状

建筑垃圾是我国城市垃圾的主要组成部分,约占城市垃圾产生量的30％～40％。据测算,建设项目新建过程中产生的垃圾数量大约为建筑项目原材料总量的10％～20％,我国每年施工建设产生的建筑垃圾达4 000万t,绝大部分未经处理而直接运往郊外堆放或填埋。

2017 年,建筑垃圾的产生量 19.3 亿 t,每吨建筑垃圾的运输与处置费用按照 35 元计算,2017 年我国建筑垃圾处理行业规模达到了 675.5 亿元;2017 年,我国建筑拆除面积在 4.69 亿 m² 左右,按照每平方米拆除费用 1 000 元人民币计算,建筑拆除要花费 4 600 亿元人民币。2019 年,全国建筑垃圾年产生量约 35 亿 t,在北京、上海、西安等 35 个城市(区)已开展建筑垃圾治理试点。就目前的情况而言,我国大部分建筑垃圾都是在没有经过任何处理的情况下直接采用露天堆放或填埋的方式进行处理。这种处理方式一方面占用了大量宝贵的土地资源,也浪费了许多可以循环利用的短缺的建筑材料,另一方面在运输和处理的过程中给城市也带来了环境污染。

2020 年前,我国对建筑垃圾管理的重要性虽已有所认识,但还没有引起足够的重视,没有建立完善的相关法律法规。部分大城市制定了地方法规,例如,2002 年 4 月 1 日起实施的《上海市市容环境卫生管理条例》是上海市市容环境卫生管理最直接的规范依据,条例中的第 43 条和第 44 条均对建筑垃圾的管理做出了明确规定。

2020 年 4 月 29 日,新修订的《固体废物污染环境防治法》对建筑垃圾的管理给出了明确的规定,内容包括:县级以上地方人民政府应当加强建筑垃圾污染环境的防治,建立建筑垃圾分类处理制度;县级以上地方人民政府应当制定包括源头减量、分类处理、消纳设施和场所布局及建设等在内的建筑垃圾污染环境防治工作规划;国家鼓励采用先进技术、工艺、设备和管理措施,推进建筑垃圾源头减量,建立建筑垃圾回收利用体系;县级以上地方人民政府应当推动建筑垃圾综合利用产品应用;县级以上地方人民政府环境卫生主管部门负责建筑垃圾污染环境防治工作,建立建筑垃圾全过程管理制度,规范建筑垃圾产生、收集、贮存、运输、利用、处置行为,推进综合利用,加强建筑垃圾处置设施、场所建设,保障处置安全,防止污染环境;工程施工单位应当编制建筑垃圾处理方案,采取污染防治措施,并报县级以上地方人民政府环境卫生主管部门备案;工程施工单位应当及时清运工程施工过程中产生的建筑垃圾等固体废物,并按照环境卫生主管部门的规定进行利用或者处置;工程施工单位不得擅自倾倒、抛撒或者堆放工程施工过程中产生的建筑垃圾。这些规定为建筑垃圾的产生、分类、贮存、转运、处理与资源化等的管理提供了法律依据。

当前,我国建筑垃圾主要存在以下五个问题。

(1) 落后的施工管理、建筑材料和施工工艺技术导致产生大量建筑垃圾。

(2) 建筑垃圾分类收集程度低,绝大部分建筑垃圾是混合收集,增加了建筑垃圾资源化、无害化处理的难度。

(3) 规范处理建筑垃圾的意识淡薄。一些施工单位、运输单位及从业人员尚未形成建筑垃圾规范化处理意识,对随意性倾倒建筑垃圾的危害性认识不足。

(4) 建筑垃圾回收利用率低。全国缺少规模化大型建筑垃圾资源化处理企业,缺乏新技术新工艺的开发能力。

(5) 建筑垃圾资源化的产业链不够完整,缺乏建筑垃圾资源化的推动机制。

四、建筑垃圾的危害

建筑废弃物具有数量大、组成成分种类多、性质复杂、污染环境的途径多、污染形势复杂等特点,可直接或间接地污染环境。同时,建筑废弃物对环境具有持久危害性。一旦建筑垃圾造成环境污染或潜在的污染变为现实,消除这些污染往往需要比较复杂的技术和大量的资金投入,耗费较大的代价进行治理,并且很难使污染破坏的环境完全复原。建筑废弃物对环境的危害主要表现在以下几个方面:侵占土地,污染水体、大气和土壤,影响市容和环境卫生等。

1. 污染土壤

随着城市建筑垃圾量的增加,垃圾堆放点也在增加,垃圾堆放场的面积也在逐渐扩大。此外,露天堆放的城市建筑垃圾在种种外力作用下,较小的碎石块也会进入附近的土壤,改变土壤的物质组成,破坏土壤的结构,降低土壤的生产能力。

2. 影响空气质量

建筑垃圾在堆放过程中,在温度、水分等因素的作用下,某些有机物质发生分解,产生有害气体;垃圾中的细菌、粉尘随风飘散,造成对空气的污染,少量可燃建筑垃圾在焚烧过程中会产生有毒的致癌物质,对空气造成二次污染。

3. 污染水域

建筑垃圾在堆放和填埋过程中,由于发酵和雨水的淋溶、冲刷以及地表水和地下水的浸泡而渗滤出的污水,会造成周围地表水和地下水的严重污染。垃圾渗滤液内不仅含有大量有机污染物,而且还含有大量金属和非金属污染物,水质成分很复杂。一旦饮用这种受污染的水,将会对人体造成很大的危害。

4. 破坏市容,恶化市区环境卫生

城市建筑垃圾占用空间大,堆放杂乱无章,与城市整体形象极不协调,工程建设过程中未能及时转移的建筑垃圾往往成为城市的卫生死角。混有生活垃圾的城市建筑垃圾如不能进行适当的处理,一旦遇雨天,脏水污物四溢,恶臭难闻,往往成为细菌的滋生地。以北京为例,相关资料显示:由于奥运工程建设前对原有建筑的拆除以及新工地的建设,北京每年都要设置 20 多个建筑垃圾消纳场,造成不小的土地压力。

5. 安全隐患

大多数城市建筑垃圾堆放地的选址在很大程度上具有随意性,留下了不少安全隐患。施工场地附近多成为建筑垃圾的临时堆放场所,由于只图施工方便和缺乏应有的防护措施,在外因素的影响下,建筑垃圾堆会出现崩塌,阻碍道路甚至冲向其他建筑物的现象时有发生。

五、建筑垃圾的收集与运输

事先应将垃圾进行分类,建筑工地垃圾主要分为剩余混凝土(工程中没有使用掉的混凝土)、建筑碎料(凿除、抹灰等产生的旧混凝土、砂浆等矿物材料)以及木材、纸、金属和其他废料等类型。同时应将废料统一进行堆放,配备专业清运工人进行清运处理。分类堆放应符合下列要求:

(1)建筑垃圾可采取露天或室内堆放方式,露天堆放的建筑垃圾应及时苫盖,避免雨淋和减少扬尘;

(2)建筑垃圾堆放区应至少保证 3 天以上的建筑垃圾临时贮存能力,如无专用提升设施,建筑垃圾堆放高度不宜超过 3 m;

(3)建筑垃圾堆放区地坪标高应高于周围场地不小于 15 cm,堆放区四周应设置排水沟,满足场地雨水导排要求;

(4)放置区应设置明显的分类堆放标志。

建筑垃圾运输单位必须经当地建筑垃圾管理部门核准,并应满足如下要求:运输车辆、船舶应有合法的行驶证,并通过年审;运输单位应具有当地主管部门颁发的准运证或营运证;具有建筑垃圾经营性运输服务资质。

建筑垃圾运输车辆应按核准的路线和时间行驶,并到核准的地点处理处置建筑垃圾。具体要求如下:建筑垃圾运输车运行时间安排应避开交通高峰时段,以减少对交通的影响;建筑垃圾运输车辆的运输路线应由当地建筑垃圾主管部门会同交通管理部门规定;运输单位将建筑垃圾倾倒在核准的处理地点后,应取得受纳场地管理单位签发的回执,交送当地建筑垃圾主管部门查验。

建筑垃圾运输车辆型式和载重选择应符合以下要求:工程渣土运输宜采用载重大于 8 t 的密封式货车;装修及拆迁垃圾运输宜采用载重 5~15 t 的密封式货车;工程泥浆运输宜采用载重大于 8 t 的密封罐车。

建筑垃圾运输车厢盖应采用机械密闭装置,开启、关闭时动作应平稳灵活,无卡滞、冲击现象。厢盖与厢盖、厢盖与车厢侧栏板缝隙不应大于 30 mm,厢盖与车厢前、后栏板缝隙不应大于 50 mm,卸料门与车厢栏板、底板结合处缝隙不应大于 10 mm。

建筑垃圾运输车辆应容貌整洁、外观完整、标志齐全。车辆车窗、挡风玻璃、反光镜、车灯应明亮,无浮尘、无污迹;车辆车牌号应清晰、无明显污渍,距车牌 15 m 处应能清晰分辨车牌上的字迹;车厢厢体、厢盖外表面应光滑平整,无明显的凹陷和变形;车厢外部锈蚀或油漆剥落单块面积不得超过 0.01 m²,总面积不得超过 0.05 m²;车辆底盘无大块泥沙等附着物,轻轻敲打时,应无块状泥沙等污渍脱落;建筑垃圾装载高度应低于车厢栏板高度,装载量不得超过车辆额定载重;车辆装载完毕后,厢盖应关闭到位,并检查车厢卸料门锁紧装置,保证锁紧有效、可靠;车厢液压举升机构及厢盖液压、启闭机构的液压部件各结合面无明显渗漏;运输单位应定期对车辆进行维护和检测,保证车况完好。

同时,清理施工垃圾时应使用容器吊运,严禁随意凌空抛撒造成扬尘。施工垃圾要及时清运,清运时应适量洒水减少扬尘。易飞扬的废料尽量保持湿润,如露天存放应采用严密遮盖。运输和卸运时要防止遗洒飞扬。在清运过程中应注意安全。

建筑垃圾属于特殊垃圾,它的处理方式与其他垃圾的处理方式的不同点在于以下几点:排放的单位必须提前向所在地城市环境卫生管理部门申报;必须采取专门方式单独收集,送往指定的专门垃圾处理处置场进行处理处置,如泥浆类垃圾应在专用的泥浆池中存放,通过吸污车运输;从收集到处理处置的过程,应由经专门培训的人员操作或由专业人员指导进行,严禁在专门处理处置设施外随意混合、焚烧或处置;建筑垃圾一般为无污染固体,国内一般采取填埋法处理,部分回收利用,少部分进行焚烧。

第二节 建筑垃圾的预处理

一、建筑垃圾的破碎

实际上任何一种破碎机械都不能只用一种方式来进行破碎,一般都是用两种或两种以上的方式联合起来进行破碎的,如挤压和弯曲、冲击和研磨等。在破碎物料时,究竟选用哪种方法比较合适,必须根据物料的物理性质、料块的尺寸及需要破碎的程度来确定。例如:对于硬质物料,采用挤压和冲击方式破碎;对于黏性物料,则采用挤压带研磨的方式破碎;对于脆性和软质材料,必须采用劈裂和冲击等方式破碎。

由于破碎方法不同而且处理的物料性质也有很大的差异,为适应实际工作的需要,破碎机型式是多种多样的。建筑垃圾处理中所用的破碎机,可按照它的作业对象或结构及工作原理来区分。按作业对象可分为三种。

(1)粗碎机。用于大块物料的第一次破碎,能处理的最大物料块直径允许在 1 m 以上,主要以压碎方法进行破碎。破碎比不大,一般小于 6。

(2)中碎机。处理的物料粒度通常不大于 350 mm,主要以击碎或压碎方法进行破碎。由于这一类破碎机通常包括细碎的作业在内,故破碎比较大,一般为 3~20,个别可超过 30。

(3)细磨机。用于磨碎粒度为 2~60 mm 的物料颗粒,其产品尺寸不超过 0.1~0.3 mm,最细可低于 0.1 mm,粉碎比能超过 1 000。

建筑垃圾破碎生产线主要由振动给料机、颚式破碎机、重型第三代制砂机、振动筛等多种专用设备组成。根据建筑废料的生产流程对建筑垃圾中的混凝土、废砖块、石头等进行处理加工，从而实现资源再利用。

　　建筑垃圾破碎生产线是在老锤式破碎机的基础上改进而来的，由两台锤式破碎机组合而成，合理地组成了一个整体。建筑垃圾粉碎机外观好看、实用性强，采用的是上下双级双转子粉碎的原理。

　　生产过程中对建筑垃圾中的混凝土、废砖块、石头等在颚式破碎机中进行简单的粗碎，接着进入建筑垃圾破碎机中进行细碎，然后进入振动筛进行筛分。合格的物料经由皮带输送机进入干式磁选机进行除铁处理，不合格的物料再次进入建筑垃圾破碎机进行破碎，从而形成闭路循环，保证材料的质量规格。

二、建筑垃圾的分选

　　建筑垃圾的分选是建筑垃圾处理的一种方法（单元操作），分选的目的在于选出可利用的资源和无用的废物。通过分选为接下来的处理工艺提供对应的原料，提高接下来处理工序的效率。区分有毒、有害垃圾和无毒、无害垃圾，并对有毒害的垃圾进行适当处置，以减少二次公害的发生。建筑垃圾的分选分为机械分选和人工分选。机械分选根据建筑垃圾中杂物在尺寸、磁性、比重等物理特性上的不同进行高效分离，主要包括筛选、风选、磁选、水力浮选等；人工分选主要针对无磁性金属、玻璃、陶瓷等一般机械手段难以分离的杂物。在建筑垃圾处理过程中，因其所含杂质种类繁杂，除杂过程往往是多种分选方法并用。

　　1. 筛选

　　筛选是利用筛子上的网孔将建筑废弃物分离的机械分选方法，小于筛网孔的垃圾通过筛面落下，大于筛网孔的垃圾留在筛面上，等待再次加工，如筛网为两层，则可将垃圾分为三个细度。

　　2. 风选

　　风力分选是重力分选的一种常用方法，其以空气为分选介质，在气流作用下对固体废物按比重和粒度大小进行分选，按气流作用的方向可分为吸风式和鼓风式两种。吸风式风选原理与除尘器类似，在建筑垃圾输送或筛分过程中设置吸风口，利用负压实现轻质物、细微颗粒等的分离，再经过旋风除尘器、布袋等实现杂物捕集。鼓风式风选的基本原理是气流能将较轻的物料向上带走或沿水平方向带向较远的地方，而重物料则由于上升气流不能支持而沉降，或由于惯性在水平方向抛出较近的距离，被气流带走的轻物料再进一步从气流中分离出来。根据目标分离物的不同，吸、出风口风速一般控制在 $15\sim50$ m/s。

　　3. 磁选

　　建筑垃圾中的磁性物几乎全部为混凝土建筑结构中的钢筋，建筑物拆除后，裸露的废钢筋、较大体积的钢板、钢梁、地脚螺栓等可气割处理后人工分拣,包裹夹杂在混凝土块中的废钢筋则需要经过破碎处理后,通过磁选的方法实现分选。建筑垃圾磁选工艺一般安排在各级破碎工序之后,以跨带式磁选机与永磁滚筒磁选机相配合的磁选工艺最为常见。

4. 水力浮选

建筑垃圾中混杂的废塑料、废木材、废纸张、加气混凝土等轻质物比重小于水,可利用其在水中的可浮性与混凝土、砖瓦等分选。区别于选矿行业的浮选工艺,建筑垃圾浮选并不需要添加浮选药剂改变可浮性,通过自然可浮性的差别即可实现分选。建筑垃圾从浮选设备中部进料,不可浮的重质物沉入浮选设备底部的输送装置上,由该输送装置向一侧运出,输送过程中一并沥水;轻质杂物浮于水面上,由上部的桨叶装置从浮选设备另一侧刮出(见图 9-1)。建筑垃圾浮选的特点是处理能力大、分选效率高、除杂效果好。但由于建筑垃圾中含有一定量的渣土,需要配套水循环系统,定期清除水中的泥沙。为避免泥沙快速堆积,进入浮选工艺的建筑垃圾原料中渣土含量不宜过高,且应粒度适中,因此,浮选前应进行初级破碎及渣土预筛分。同时,浮选应与人工拣选、风选、磁选等除杂工艺相配合,不宜承担过高的除杂负荷。

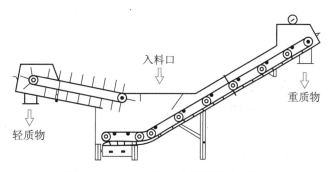

图 9-1 建筑垃圾水力浮选设备原理

第三节 建筑垃圾的处理利用

一、建筑垃圾资源化利用概述

建筑垃圾资源化利用是指以建筑垃圾为原料,经工业加工形成生产品,使其重新应用于建设工程的行为。目前主要有再生骨料、再生砖、再生无机混合料、再生骨料混凝土及砂浆制品等。

因此,建筑垃圾的资源化利用即是采取有效管理措施和再生技术从建筑垃圾中回收有用的物质和能源。它包括三个方面的内容。

(1) 物质回收,即从建筑垃圾中回收一次物质。例如,从建筑垃圾中回收废塑料、废金属料、废竹木、废纸板等。

(2) 物质转换,即利用建筑垃圾制取新形态的物质。例如,利用废弃混凝土块作为生产再生混凝土的骨料,利用废屋面沥青料作为沥青道路的铺筑材料等。

(3) 能量转换,即从建筑垃圾处理过程中回收能量,生产热能或电能。例如,通过建筑垃圾中的废塑料、废纸板和废竹木的焚烧处理回收热量或进一步发电,利用建筑废弃物中的废竹木作为燃料生产热能等。建筑垃圾的资源化利用对生态文明建设意义重大。

联合国教科文组织于 1971 年发起了"人与生物圈计划"(Man and the Biosphere Programme, MAB),该计划提出采用生态学的有关方法研究生态城市的规划建设。1984 年,为了着手开展生态城市、生态小区的研究,我国也成立了中国生态学学会城市生态专业委员会,并取得了一些研究成果。基于生态建设的构想,1988 年,第一届国际材料研究学会联盟(International Union of Materials Research Societies, IUMRS)提出了"绿色材料"的概念。人类社会从此进入了绿色时代,其核心是"保护自然、崇尚自然、促进可持续发展"。使用建筑再生产品,既可以满足人们对资源的需求,减少开采砂石等天然资源以及降低建筑垃圾对环境的污染,又能为子孙后代留下宝贵的财富,是解决资源短缺的有效途径。

建筑垃圾循环再生处理产生的建筑再生产品能够满足世界环境组织提出的"绿色"的三项意义:①节约资源、能源;②不破坏环境,更应有利于环境;③可持续发展,既可满足当代人的需求,又可满足不危害后代人发展的能力的要求。因此,建筑再生产品是一种可持续发展的绿色建筑材料,具有生态可行性。

建筑垃圾资源化利用在技术上具有可行性。建筑垃圾资源化利用的核心技术内容是将建筑垃圾中的所有可再生的组成成分,通过相应的处理技术加工成各种材料,大幅度降低不可再生废弃物的排放量,形成良性循环,达到环境保护、节约资源、废弃物再生利用和经济合理等综合效果。技术的支撑是建筑垃圾资源化利用成为现实的首要条件。

根据国内外的经验,建筑垃圾经分拣、剔除或粉碎后,大多可以作为再生资源重新利用,其中有一部分可经综合处置后生成再生建筑原材料,重新用于城市建设;80%的挖槽土方可用于工程回填、铺设道路、绿地基质等;只有很小一部分的有害有毒弃料和装修垃圾暂时没有再生利用价值。

目前,建筑垃圾的处理技术主要包括三个部分,即建(构)筑物的拆除、回收与加工。在这三个方面,欧洲、美国、日本等均有成套设备,已投入生产运营多年。这些装备可进行建筑垃圾的初分、破碎、筛分和钢筋分离,按组分及粒度进行分类供使用。仅以德国为例,其土木工程废弃物的再生率已经超过 60%,其建筑工程废弃物的再生率也已经超过 40%。由此可见,德国建筑垃圾再生利用率已经达到了较高的水平。建筑垃圾是一种比较清洁的垃圾,可资源化程度很高。目前,国际上和我国有关建筑垃圾的再生处理已经有了很完善的处理方法。关于建筑垃圾的各个组分已经有了很明确的处理方式,在处理方式、设备选用以及工艺流程方面都有技术上的依据。因此,在技术层面,建筑垃圾的再生处理可以完全实现。

知识链接 9-1

各省建筑垃圾回收利用率规划及政策扶持

二、建筑垃圾的再生利用

(一)配制再生骨料混凝土

废砖、瓦、混凝土经破碎筛分分级、清洗后可作为再生骨料配制低标号再生骨料混凝土,用于地基加固、道路工程垫层、室内地坪及地坪垫层和非承重混凝土空心砌块、混凝土空心隔墙板、蒸压粉煤灰砖等生产。再生骨料组分中含有相当数量的水泥砂浆,致使再生骨料孔隙率高、吸水性大、强度低。这些都将导致所配混凝土拌合物流动性差,混凝土收缩值、徐变值增大,抗压强度偏低,限制了该混凝土的使用范围。

(二)废砖的综合利用

建筑物拆除的废砖,如果块型比较完整且黏附砂浆比较容易剥离,通常作为砖块回收,重新利用。如果块型已不完整,或与砂浆难以剥离,其综合利用主要有两种渠道:①将废砖适当破碎,制成轻骨料,用于制作轻骨料混凝土制品;②将废砖破碎得较细,使最大粒度不超过 5 mm,其中小于 0.1 mm 的颗粒不少于 30%,然后与石灰粉混合,压力成型,蒸汽养护,形成蒸养砖,其生产工艺流程及主要工艺参数如图 9-2 所示。

该原料在制造有机彩砂时,将其磨细至 0.08 mm 以下,即成为优良的调料。在塑料、橡胶、涂料中使用时,具有化学性质稳定、与高分子材料结合牢固、耐磨、耐热、绝缘等特点。

(三)生产环保型砖块

利用建筑垃圾中的渣土可制成造土砖;利用废砖石和砂浆与新鲜普通水泥混合再添加辅助材料可生产轻质砌块;利用废旧水泥、砖、石、沙、玻璃等经过配制处理,可制作成空心砖、实心砖、广场砖和建筑废渣混凝土多孔砖等,其产品与黏土砖相比,具有抗压强度高、抗压性能强、耐磨、吸水性小、质量轻、保温、隔音效果好等优点。

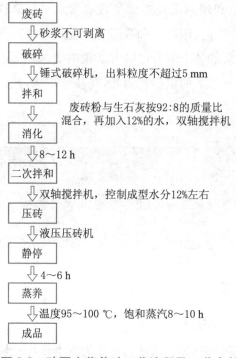

图 9-2　砖再生蒸养砖工艺流程及工艺参数

（四）用于夯扩桩

利用建筑垃圾（如平房改造下来的碎砖烂瓦、废钢渣、矿渣砖、碎石、石子等废物材料）为填料，采用特殊工艺和专门施工机具，形成夯扩超短异形桩，是针对软弱地基和松散地基的一种地基加固处理新技术。

用建筑垃圾夯扩超短异形桩施工技术采用旧房改造、拆迁过程中产生的碎砖瓦、废钢渣、碎石等建筑垃圾为填料，经重锤夯扩形成扩大头的钢筋混凝土短桩，并采用了配套的减隔振技术，具有扩大桩端面积和挤密地基的作用。单桩竖向承载力设计值可达 500～700 kN。经测算，该项技术较其他常用技术可节约基础投资 20% 左右。

（五）用于造景

对建筑垃圾筛选处理后，可进行堆砌胶结表面喷砂，做成假山等人造景观。

天津市的南翠屏公园就是利用 500 万 m^3 建筑垃圾造山、造景而成。根据测算，工程建设后，在树木的生长季节每天可吸收二氧化碳 35 t，释放氧气 26 t，成为"城市之肺"。地块内的大面积林木成长后可使背风面的风速下降 75%～85%，并能吸滞大量的尘埃，因此能防风治沙、净化空气，特别是对冬、春季的大风扬沙天气具有一定的缓解作用。另外，地块内的大面积绿化使该地区的绿化覆盖率达到 50%，林木所蒸腾出的大量水分可使周边地区气温下降 13%，湿度提高 10%～20%，基本消除城市热岛效应。绿地内的部分针叶树还具有杀灭有害细菌的能力;由于绿地内林带宽度达到 50 m 以上,可使噪声消减 14～20 dB。

(六) 其他

旧建筑物拆毁之前或拆毁过程中,易拆除的门窗、砖、瓦经清理可重复使用;建设工程中的废木材,除了作为模板和建筑用材再利用外,还可通过木材破碎机弄成碎屑,可作为造纸原料或作为燃料使用,或用于制造中密度纤维板;废金属、钢料等经分拣后可送钢铁厂或有色金属冶炼厂回炼;废陶瓷洁具、瓷砖经破碎筛分、配料压制成型可生产烧结地砖或透水地砖;废玻璃分拣后可送玻璃厂或微晶玻璃厂做生产原料;基坑土及边坡土可送烧结砖厂生产烧结砖,碎石经破碎、筛分、清洗后可做混凝土骨料。

三、建筑垃圾的回填

建筑工程施工过程中,为了打桩或者进行地梁浇筑,必须将泥土挖到施工图设计的标高,待桩基处理或者地梁处理完成后,回填泥沙到设计标高,这一施工过程就叫回填。建筑垃圾回填是现有低洼地块或即将开发利用但地坪标高低于使用要求的地块,以建筑垃圾代替土方回填的方式。用于场地平整、道路路基的建筑垃圾应根据使用要求破碎后利用矿选设备选出可利用填充物回填利用,用于洼地填充的建筑垃圾可不经破碎直接回填利用。

根据《建筑地基与基础工程施工质量验收标准》(GB50202—2018),在进行土方回填时应满足以下要求:

(1) 土方回填前应清除基底的垃圾、树根等杂物,抽除坑穴积水、淤泥,验收基底标高,如在耕植土或松土上填方,应在基底压实后再进行;

(2) 对填方土料应按设计要求验收后方可填入;

(3) 填方施工过程中应检查排水措施,每层填筑厚度、含水量控制、压实程度,填筑厚度及压实遍数应根据土质、压实系数及所用机具确定。

因此,《建筑地基基础设计规范》(GB50007—2011)中说明,建筑垃圾或稳定的工业废料均质性和密实度较好时,可以利用作为持力层,而含有机质较多的生活垃圾未经处理,不宜作为持力层。也就是说,建筑垃圾在一定条件下是可以用作回填材料的。

建筑垃圾回填的要求包括:计算垃圾中的有机质或容易腐烂的木竹(或容易变形的瓶罐)大致比例;确定建筑形体差异大小,判断是否易于压实;垃圾中的异物是否容易清理或处理;确认回填的具体部位。

建筑垃圾具有高强度、高硬度、冲击韧性强、耐磨性好、耐水性好等优良特性,同时具有较好的物理及化学稳定性,性能已超过黏土、粉性土、砂土及石灰土。由于建筑垃圾具有遇水不冻胀、不收缩的良好透水特性,颗粒较大、含薄膜水少、比表面积小、不具备塑性,且建筑垃圾与其他建筑材料相比还具有质量好、数量多且成本低的优良特点,常被应用于公路、广场及城市道路等工程的建设中，将其作为强度和水稳定性高的路基建筑材料是明智之举。

建筑垃圾土由骨料及土两部分构成，其主要来源是市政工程、房地产工程等建设中产生的水泥混凝土及砖块等废弃物骨料，具有良好的坚硬性、吸水性及抗压强度，其抗压强度是碎石的一半，可代替碎石作为骨料进行路基回填，山皮土源来自建设场地的原状土体。建筑垃圾土有如下缺点：粗集料强度变化较大，分布不均，且总体强度偏低；粗集料粒径变化大，超大颗粒含量较高；山皮土中含有表层杂填土，且植物根系腐殖质含量较高，不利于道路工程施工；建筑废渣和土混杂，级配很差，粗细集料的比例不稳定。然而，虽然建筑垃圾土有以上不良特性，但仍具备建筑路基材料基本特性，可通过调整其与良性土的掺加比例，有效地将其运用于路基回填工程。这样就地取材的施工方法，不仅控制了工程的成本，同时也为降低建筑废料环境污染做出了贡献。

回填的优势：充分地利用了建筑垃圾，节约施工的成本，就地利用回填材料，解决了施工、现场的部分垃圾，同时还减少了清运建筑垃圾的问题，节约了社会资源。

四、建筑垃圾的受纳

建筑垃圾受纳的目的是使得建筑物本身及其所处环境在一定情况下能够维持整洁、尽可能少地受到建筑垃圾的污染，而此类垃圾到了垃圾受纳场后能够第一时间进行分类、处理、回收，对城市建设有着莫大的作用。随着工程建设的不断加快，建筑垃圾的产生量也在高速增长，在未来较长的时间内，受纳处置仍是我国建筑垃圾的主要处置方式之一。

建筑垃圾受纳场即为建筑垃圾填埋场。受纳场受纳新建、改建和拆除各类建筑物、构筑物、管网以及装修房屋等施工活动中产生的废弃砖瓦、混凝土和建筑余土等建筑废弃物，不得受纳工业垃圾、生活垃圾或者有毒有害、易燃易爆等危险废物，并应采取有效措施防止建筑垃圾污染周围环境，主要包括预处理系统、填埋区和渗滤液处理系统等设施。

五、工程实例

在北京环球主题公园土方填垫工程中，建筑垃圾变废为宝，杂填土被处理为高品质的再生骨料和优质还原土，并进行回填，是国内首个杂填土资源化处置项目，有 180 万 m^3 的杂填土可实现回填。

北京环球主题公园土方填垫工程，主要是对 4 km^2 的土地进行场地清表、开挖、填筑并完成场地雨水排放设施、场地水土保持设施等施工，是整个工程建设的第一步。根据前期地质勘测，在这 4 km^2 范围内，共有约 250 万 m^3 杂填土。这些杂填土由土壤和深埋地下的建筑垃圾及其他固体废弃物、杂草混合而成，无法满足北京环球主题公园对场地承载力、总沉降、压实度等指标的要求。挖出这些杂填土后,如果采用传统方式填埋或者堆放处理,需要在 35 个足球场上堆 10 m 高才能全部消纳。运输过程中,又会造成道路遗撒、交通拥堵、尾气污染等问题。同时,因为挖出的土方量巨大,很难找到足够的素土土源进行换填。

面对一系列难题,北京建工资源公司为北京环球主题公园项目"量身定制"了一个在国内从未实施过的解决方案:通过在施工现场建设临时处置生产线,形成杂填土原位处置能力,杂填土不用外运,在现场就地通过对建筑垃圾的破碎和杂质分选,生成再生骨料和还原土,然后再用于场地内的土方回填。

项目团队进行了数百次的回填试验,分别填垫天然素土和将杂填土进行资源化处置后形成的还原土、再生骨料。经权威第三方检测机构测试,还原土和再生骨料填垫的地块承压能力达到 160 kPa 以上,并且各项指标都优于天然素土,完全满足北京环球主题公园的高标准建设要求。工程预处理线的日处理能力达到 1.9 万 m^3,建筑垃圾资源化处置线日处理能力达到 2 000 m^3,对杂填土的资源化率达到 97%,相当于节省了 260 多亩(约 173 333 m^2)的填埋土地资源。

此外,为避免对环境造成二次影响,对杂填土进行处置的整个过程采取了高标准的除尘降噪措施,工艺设备全封闭,并在粉尘点配置了布袋除尘系统,为破碎设备配备隔音房,通过现场实时分贝探测器检测现场工作环境的任何响动,经验丰富的现场管理人员通过噪声超出标准的异常变化便可以判断设备该如何进行调整。

资料来源:耿学清.北京环球主题公园建筑垃圾变废为宝[EB/OL]. 千龙网,https://m.sohu.com/a/235731855_161623.

本章小结

　　本章介绍了建筑垃圾的概念、来源、分类、现状、危害,简述了城市垃圾产生源分类及垃圾排放、城市建筑垃圾和工程渣土等的管理规定,详细阐述了建筑垃圾的组成特点、破碎分选预处理技术以及混凝土再生骨料、废砖制再生砖等资源化工艺及其相关设备,概述了建筑垃圾的回填、受纳等处置方式。本章学习目标是掌握建筑垃圾的组成特点与资源化处理利用技术。

关键词

　　建筑垃圾　混凝土　废砖　再生砖　再生骨料　受纳

习 题

1. 填空

(1)《城市垃圾产生源分类及垃圾排放》将城市垃圾按其产生源分为_____大类,_____即为在建筑装修场所产生的城市垃圾,通常与_____归为一类,按照来源可分为_____开挖、_____开挖、旧建筑物_____、建筑_____和建材生产垃圾五类。

(2)在破碎物料时,破碎方法需要根据物料的物理性质、料块的尺寸及需要破碎的程度来确定。对于_____物料,采用挤压和冲击方式破碎;而对_____物料,则采用挤压带研磨的方式破碎;对于_____和_____材料,需要采用劈裂和冲击等方式破碎。

2. 简述建筑垃圾的定义与来源。

3. 建筑垃圾与其他垃圾处理方式的区别是什么?

4. 简述建筑垃圾回填的要求有哪些?

5. 生活垃圾、危险废弃物、工业废弃物等垃圾能否运送建筑垃圾受纳场?

6. 简述建筑废弃物资源化利用的概念以及包含的内容。

第十章　生活垃圾

学习目标

1. 了解生活垃圾的概念、组成特点、来源、分类、危害与现状。

2. 掌握生活垃圾的收运系统及线路设计;掌握生活垃圾的焚烧技术原理及其污染控制;掌握厨余垃圾的特点及其资源化技术;掌握生活垃圾的卫生填埋处置。

3. 熟悉生活垃圾的管理;熟悉生活垃圾的预处理技术。

第一节　生活垃圾概述

一、生活垃圾的概念

生活垃圾是纳入《固体废物污染环境防治法》污染环境防治管理的其中一类固体废物,该法对生活垃圾给出了明确定义:在日常生活中或者为日常生活提供服务的活动中产生的固体废物以及法律、行政法规规定视为生活垃圾的固体废物。生活垃圾产量之大、增长之快、危害之严重,已经引起人们的普遍关注。

二、城市生活垃圾的主要组成

通过对代表城市广泛的实地调查和采样分析,我国城市生活垃圾的主要组成(见表10-1、表10-2)如下:居民生活垃圾约占垃圾总量的60%,这类垃圾成分最复杂,受时间和季节的影响也较大,有较大的波动性;清扫垃圾约占垃圾总量的10%,其平均含水量低,热值比居民生活垃圾略高;社会团体垃圾约占垃圾总量的30%,因产源单位不同,其成分差异较大,但总体组分比较稳定,平均含水率低,含高热值的易燃物较多。

《生活垃圾采样和分析方法》(CJ/T 313—2009)规范了生活垃圾样品的采集、制备和测

表 10-1　城市生活垃圾的来源和主要组成物

来源	主要组成物
居民生活垃圾	厨余物、纸屑、布料、木材、金属、玻璃、塑料、燃烧灰渣、碎砖瓦、废器具等
清扫垃圾	公共场所产生的废物,包括泥沙、灰土、枯枝败叶、商品包装等
社会团体垃圾	商业、工业、事业单位和交通部门产生的垃圾,不同部门差异大,厨余垃圾

表 10-2　我国典型城市生活垃圾的组分

可燃组分		不可燃组分	
组　分	质量百分率/%	组　分	质量百分率/%
厨房废渣、果皮	30.12	煤　灰	57.25
木屑杂草	2.00	陶瓷、砖、石	7.97
纸　张	1.52		
皮革、塑料、橡胶、纤维	1.14		
总　计	34.78	总　计	65.22

定。对混合垃圾,要求分析采样量为 200 kg,一般采用四分法进行采样(见图 10-1)。其方法是先将混合样品制成圆锥形,按"+"字形从圆锥顶部切分成四份,取出其中对角线两份,即为一次缩分,另外对角线两份舍去。再将一次缩分的两份混合均匀制成圆锥形。以此类推,直到样品量约为 200 kg 为止,这 200 kg 样即为粗样品。

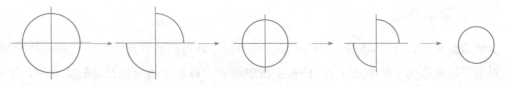

(a) 均匀四等份　　(b) 取两份,余弃　　(c) 再均匀四等份　　(d) 取两份,余弃　　(e) 至设计量

图 10-1　四分法采样图示

除四分法外,还可以按照剖面法、周边法、网格法等方法取样。取样后,再按照《生活垃圾采样和分析方法》(CJ/T 313—2009)的规定,进行一次样品和二次样品的制备,一次样品用于物理组分和含水量的分析,二次样品用于生活垃圾可燃物、灰分、热值和化学成分等项目的分析。

生活垃圾的热值是指单位质量的生活垃圾完全燃烧释放出来的热量,以 kJ/kg(或 kcal/kg)计。

热值有两种表示法:高位热值(higher heating value,HHV)和低位热值(lower heating

value，LHV)。高位热值是指化合物在一定温度下反应到达最终产物的焓的变化。低位热值与高位热值的意义相同，只是产物的状态不同，前者水是液态，后者水是气态。所以，二者之差就是水的汽化潜热。用氧弹量热计测量的是高位热值。将高位热值转变成低位热值可以通过下式计算：

$$LHV = HHV - 2\,420\left[H_2O + 9\left(H - \frac{Cl}{35.5} - \frac{F}{19}\right)\right] \tag{10-1}$$

其中：LHV 为低位热值(kJ/kg)；HHV 为高位热值(kJ/kg)；H_2O 为焚烧产物中水的质量百分率(%)；H、Cl、F 分别为废物中氢、氯、氟含量的质量百分率(%)。

若废物的元素组成可知，则可利用杜隆(Dulong)方程式近似计算出净热值(即粗热值减去综合热量损失)：

$$NHV = 2.32[24\,000m_C + 45\,000(m_H - 0.125m_O - 760m_{Cl} + 4\,500m_S)] \tag{10-2}$$

其中：m_C、m_O、m_H、m_{Cl}、m_S 分别为废物中碳、氧、氢、氯和硫的质量分数。

例题 10-1 我国某城市垃圾的组分占比为废渣及果皮质量30.12%、木屑杂草质量20%、纸张质量15.2%、皮革塑料质量11.4%，已知各组分的热值分别如下：厨房残渣 4 650 kJ/kg，木屑杂草 6 510 kJ/kg，纸张 16 750 kJ/kg，皮革塑料 32 560 kJ/kg。据此计算该城市生活垃圾的热值。

解：(1) 以 1 kg 垃圾为例，分别计算各可燃组分的质量。

废渣及果皮质量：0.301 2 kg；木屑杂草质量：0.2 kg；纸张质量：0.152 kg；皮革塑料质量：0.114 kg。

(2) 分别计算各可燃组分的热能。

厨房残渣产生的热能：$4\,650 \times 0.301\,2 = 140.058$(kJ)；木屑杂草产生的热能：$6\,510 \times 0.2 = 13$(kJ)；纸张产生的热能：$16\,750 \times 0.152 = 25.46$(kJ)；皮革塑料产生的热能：$32\,560 \times 0.114 = 37.118$(kJ)。

(3) 计算垃圾的热值。

将各可燃组分的热值相加，得该城市垃圾的热值为 215.56 kJ/kg。

三、中国城市生活垃圾成分变化的影响因素

中国地域辽阔，南北温差大，东西经济发展不平衡，燃料结构差别大，生活习惯也有很大不同，因此，中国城市生活垃圾的成分受地域、城市规模及时间变化等影响。例如：在燃气区，城市生活垃圾中的有机物占72.12%，高于无机物(占16.84%)和其他成分(占12.04%)；在燃煤区，有机物只占25.09%，无机物却占70.76%，远远高于燃气区，其他成分只占4.52%；

在发达地区,纸张在城市生活垃圾中所占比例很大,但在欠发达地区的生活垃圾中,厨余是主要的组成物。

(一)不同地域城市的影响

如表 10-3 所示为 2000 年对 73 座城市生活垃圾成分按南、北方分别进行统计的结果。表 10-3 中,生活垃圾成分被划分为 3 大类 10 小类,"其他"是指除前面 10 类组分外的物质,南、北方的划分标准是冬季是否有采暖设施。从表 10-3 可以明显地看出,南方城市生活垃圾中的有机物(特别是植物)和可回收物所占比例高于北方城市,其中,塑料、橡胶类所占比例比北方城市约高 1 倍;而灰土等无机物的含量则低于北方城市的一半。北方城市冬季均需要采暖,在燃煤区还需要通过燃煤来供暖,家庭采暖产生的大量煤灰全部进入生活垃圾,这是其成分与南方城市存在差异的主要原因。

表 10-3　2000 年不同地区城市生活垃圾成分统计结果

地区	城市数量/座	可回收物/%					有机物/%			无机物/%		其他/%
		纸类	塑料橡胶	织物	玻璃	金属	木竹	植物	动物	灰土	砖瓦陶瓷	
南方	41	6.88	13.76	2.13	2.37	0.80	3.01	48.15	2.29	12.73	3.42	4.46
北方	32	6.22	7.40	2.38	2.25	1.50	2.62	28.25	3.08	28.51	7.19	10.60

(二)不同规模城市的影响

不同规模的城市,其生活垃圾的成分也存在差异。大城市居民的生活和消费水平比中小城市高,城市居民燃气使用率也较高,因而大城市与中小城市之间的垃圾成分存在一定差异。如表 10-4 所示为 2000 年对不同规模城市生活垃圾成分的统计结果,其中,大城市是指城区常住人口不小于 50×10^4 的城市,中小城市是指城区常住人口小于 50×10^4 的建制市。大城市生活垃圾中的渣石、灰土等无机物含量明显低于中小城市,有机物和可回收物,尤其是可燃物(如纸类、塑料、橡胶等)的含量明显高于中小城市。大城市生活垃圾中无机物所占的比例远远小于中小城市,仅为中小城市的 1/3;而可回收物所占的比例则为 30% 左右,比中小城市高 1/2 以上。

表 10-4　不同规模城市生活垃圾统计结果

城市规模	城市数量/座	可回收物/%					有机物/%			无机物/%		其他/%
		纸类	塑料橡胶	织物	玻璃	金属	木竹	植物	动物	灰土	砖瓦陶瓷	
大城市	13	7.87	12.07	1.99	3.29	0.83	3.19	53.17	1.51	11.42	2.65	2.01
中小城市	54	4.29	4.88	2.33	2.40	1.46	2.11	33.40	4.14	28.86	8.62	4.54

(三) 时间变化的影响

在对中国城市生活垃圾成分进行调查、统计以及结合往年资料的基础上,得到1985—2000 年中国城市生活垃圾成分的变化情况(见表10-5)。由表10-5可看出,中国城市生活垃圾的成分具有如下特点:①垃圾中的有机物(主要是厨余垃圾)所占比例由1985—1990年的27.54%上升到1996年的最大值(57.15%),但近些年又有所下降,所占比例约为50%。②垃圾中无机物(灰、土、砖、瓦、石块等)所占比例与有机物相反,基本呈下降趋势。③垃圾中可回收物所占比例有大幅提高,其平均值由1991年的11.70%上升到2000年的26.62%,增长了1倍以上。④垃圾中可燃物成分增加,热值有所提高。其中,塑料类增长最快,其平均值由1991年的2.77%增长到2000年的11.49%,增长了3倍以上;其次为纸类,其平均值由1991年的2.85%增长到2000年的6.64%,增长了1倍以上;织物、木竹的含量变化相对较小。

表 10-5　1985—2000 年中国城市生活垃圾成分(平均值)调查统计结果

城市数量/座	年份	成分/%									
		厨余	纸类	塑料橡胶	织物	木竹	金属	玻璃	砖瓦陶瓷	其他	水分
57	1995—1990	27.54	2.02	0.68	0.70	数据不足	0.54	0.78	67.76	数据不足	数据不足
68	1991	59.86	2.85	2.77	1.43	2.10	0.95	1.60	25.03	3.41	41.06
72	1992	57.94	3.04	3.30	1.71	1.90	1.13	1.79	25.90	3.28	40.68
67	1993	54.25	3.58	3.78	1.71	1.83	1.08	1.69	27.76	4.32	41.61
75	1994	55.39	3.75	4.16	1.90	2.05	1.16	1.89	25.69	4.00	40.71
69	1995	55.78	3.56	4.62	1.98	2.58	1.22	1.91	23.71	4.64	39.05
82	1996	57.15	3.71	5.06	1.89	2.24	1.28	2.07	22.31	4.27	40.75
67	1999	49.17	6.72	10.73	2.10	2.84	1.03	3.00	21.58	3.26	48.15
73	2000	43.60	6.64	11.49	2.22	2.87	1.07	2.33	23.14	6.42	47.77

四、我国城市生活垃圾现状

经济的发展拉动城市的发展,使我国城市人口在短时间内迅猛增加,城市生活垃圾产量也迅速增加,如图10-2所示。如此庞大的生活垃圾如不及时处理,我们将生活在垃圾的包围圈中。

我国城市生活垃圾量大、成分复杂,生活垃圾的成分与人们的饮食习惯以及燃料结构密切相关,不同城市的垃圾组成成分不同。城市生活垃圾根据其性质及来源可分为可回收垃圾、厨余垃圾、有害垃圾和其他垃圾这四大类,主要成分可分为无机物和有机物。

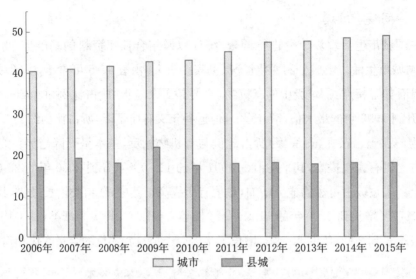

图 10-2　2006—2015 年我国生活垃圾清运量(单位:万 t/d)

　　垃圾处理方法有填埋、焚烧、堆肥和综合处理。2019 年,我国主要采用填埋和焚烧处理,占我国垃圾处理量的 90% 左右。据统计,2019 年我国城市生活垃圾处理设施有近 2 300 个(包含填埋场、焚烧厂、堆肥厂和综合处理场所)。城市规模不同,垃圾处理设施也就不同。根据城市发展的需要和人类生活的要求,生活垃圾的无害化处理和综合利用愈发受到重视,我国城市垃圾无害化处理量和无害化处理率大致如图 10-3 和图 10-4 所示。由图中可以看出,各类城市生活垃圾处理存在差异,但总体上来说是呈上升趋势的,即各类城市垃圾无害化处理量和无害化处理率都在提高。

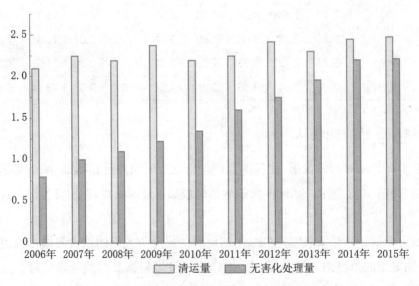

图 10-3　我国城市生活垃圾无害化处理量(单位:亿 t)

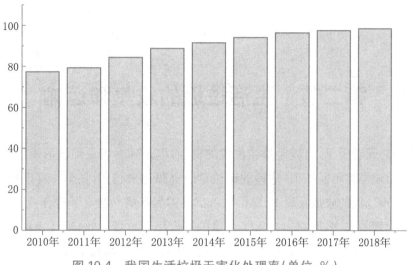

图 10-4　我国生活垃圾无害化处理率(单位:%)

《生活垃圾分类制度实施方案》(国办发〔2017〕26 号)明确在部分城市的城区范围内实施强制分类,包括直辖市、省会城市、计划单列市以及住房城乡建设部等部门确定的第一批生活垃圾分类示范城市,共 46 个城市。实施生活垃圾强制分类的城市要结合本地实际,制定出台办法,细化垃圾分类类别、品种、投放、收运、处置等方面要求;其中,必须将有害垃圾作为强制分类的类别之一,同时参照生活垃圾分类及其评价标准,再选择确定易腐垃圾、可回收物等强制分类的类别。2017 年起,我国部分城市开始建立分类投放、分类收集、分类运输、分类处理的生活垃圾全程"四步走"模式;对生活垃圾的分类也采用了新的分类方法"四分法"——可回收垃圾、易腐垃圾、有害垃圾和其他垃圾。生活垃圾的管理日趋合理、完善。

五、生活垃圾的危害

城市生活垃圾是城市发展的必然产物。在不断发展的现代化城市中,每年都会产生上亿 t 的垃圾,垃圾是污染源头,可导致环境污染,甚至直接危害人类健康。垃圾中的病原微生物通过蟑螂、苍蝇、蚊虫、老鼠等向人类传播疾病。有机垃圾容易腐烂,发出臭味污染环境,种类繁多的有机物易使人类发生癌症病变。垃圾产生的渗沥液是更为严重的污染物,成分复杂。大部分渗沥液中金属离子严重超标,如铬、铜、锌、铅、镍、镉、钙、镁、钾和钠等离子,渗沥液中氨氮含量较高,占总氮含量的 85%～90%,色度高,呈黄褐色。垃圾渗沥液对地表水、地下水及土壤造成严重污染。因此,城市生活垃圾污染是一个严峻的问题。

第二节　生活垃圾的收集和运输

在国内外环保者眼里,垃圾是放错位置的资源,但是随着国民经济的发展、人们生活水平的提高、城市规模的不断扩大,这种放错位置的资源越来越多,甚至一度出现了垃圾围城的情况。在城市垃圾的收运管理上,每个城市都根据实际情况制定了符合城市现状的收集、运输、处理和管理的方案,同时也投入了大量的资金用于垃圾的收集、运输和处理。有关数据表明,城市垃圾管理费用的80%左右用于垃圾的收运系统,垃圾的收运是垃圾处置过程中任务最繁重、耗资最大的工程。

垃圾收运系统是指垃圾的收集、运输、转运等一系列过程的总和,各个环节的合理配置、协调配合可获得最大的环境、社会和经济效益,如果衔接不好则会造成资源浪费和环境污染。

一、城市垃圾收运现状

生活垃圾收运并非单一阶段操作过程,通常需要包括三个阶段(见图 10-5):

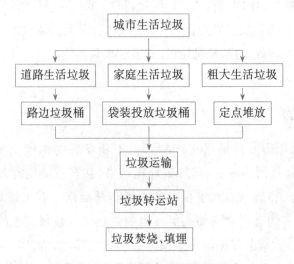

图 10-5　我国城市垃圾收运系统

第一阶段是从垃圾发生源到垃圾桶的过程,即搬运与贮存(简称运贮)。

第二阶段是垃圾的清除(简称清运),通常是指垃圾的近距离运输。清运车辆沿一定路线收集清除贮存设施(容器)中的垃圾,并运至垃圾转运站,有时也可就近直接送至垃圾处理处置场。

第三阶段为转运,特指垃圾的远距离运输,即在转运站将垃圾转载至大容量运输工具上,运往远处的处理处置场。

(一)生活垃圾的收集

从收集方式上来看,生活垃圾收集有混合收集和分类收集两种形式,目前,我国大部分城市生活垃圾收集方式基本为混合收集。

1. 混合收集模式

混合收集模式是将所有的垃圾进行混合的统一的投放、收集和运输的方法。它管理方法比较简单,对人员职业素质和技术的要求低,且建设费用和运行费用相对较低,是我国城市生活垃圾收集的主要方式。

混合收集将所有的生活垃圾混合在一起收集运输,会将其中一部分有回收利用价值的垃圾污染,破坏其回收利用价值,增大了生活垃圾资源化、减量化的难度。例如,生活垃圾中干燥的纸张、塑料、玻璃、金属和布料等,本是可回收利用的垃圾,但是如果它们由于垃圾收集的不利环境变得潮湿腐蚀或是被其他有害液体污染,则会造成回收成本增加,使其失去回收价值,甚至增加垃圾处理成本。垃圾混合收集容易混入危险废物,如废电池、日光灯管和废油等,不利于我国对危险废物的特别环境管理,并增大了垃圾无害化处理的难度。因此,混合收集被分类收集所取代是收运方式发展的趋势。

我国的垃圾一般选择混合收集后再进行分选,这样会造成人力、物力和财力的浪费,也不利于垃圾中可利用物质的回收和循环利用,可回收垃圾的减少意味着需要处理的垃圾体积量的增多,会造成很大的经济负担,不利于环境可持续发展。

2. 分类收集模式

分类收集是指居民将生活垃圾按照政府管理的要求根据垃圾成分进行分类后,投放至不同类别的垃圾收集容器中的收集方法。这种收集方法建设成本高、收运系统复杂,对城市居民的垃圾分类意识和管理制度的要求都较高。

分类收集能够有效地实现垃圾的回收再利用,减少垃圾的最终处理量,是实现垃圾减量化和资源化的重要手段,国外许多发达国家的分类收集模式已经获得了广泛的好评。但是,我国的垃圾分类收集仅仅停留在简单分类的阶段,而后续分类运输、处理处置手段缺乏,国家相关政策和制度还不完善,造成分类收集效果不显著,还造成了较大的经济浪费。

因为混合收集+分选+处理的模式不利于垃圾中可利用物质的回收和循环利用,所以不管采用哪种方式进行垃圾处理,最终需要进行卫生填埋的垃圾量都将增加,这样,不仅增加了垃圾的处理量和处理难度,还浪费土地资源,因此,建议城市生活垃圾的收集采用分类收集的模式。

为了实现垃圾的减量化、资源化和无害化,生活垃圾的分类收集是关键。我国的垃圾分类最初都是照搬国外的模式,将我国城市生活垃圾分为道路生活垃圾、家庭生活垃圾、粗大生活垃坂,居民面对这种细化甚至"烦琐"的分类模式并不适应,也不理解。之后,我国对垃圾的收集模式进行了符合我国路边垃圾桶、袋装投放垃圾桶、定点堆放、城市实际等情况的优化和简化,对生活垃圾仅按照可回收和不可回收两种分类的模式进行收集,并试点实施。但是,在对部分环卫工人和城市居民进行调查时发现,大多数人并不了解垃圾分类,对于可回收垃圾和不可回收垃圾也没有概念,只是按照习惯把生活垃圾装进袋子里,放到附近的定点,或是将垃圾"一把扔"。

由于现有的生活垃圾压缩收集箱以及压缩式垃圾车的分类处理和运送功能的缺失,已经分好类的垃圾仍然会被一起放到收集车上,"由分转混",这对人们进行垃圾分类收集的积极性造成较大打击,也浪费了我国垃圾分类收集设置的装置与设备资源。

因此,我国城市生活垃圾的收集之所以多为混合收集而没有进行分类,主要有三个方面的原因:①尚未形成有利于垃圾从源头资源化、减量化的有效治理体制和机制,垃圾分类的宣传力度不够;②我国城市居民垃圾分类意识薄弱,缺乏垃圾分类意识;③没有建立符合我国实际情况的有效的分类方式。

(二)分类收集制度的完善

我国的生活垃圾分类需要学习国内外分类收集垃圾的先进经验,强化环保意识,齐抓共管,出台配套政策,引进奖惩机制使垃圾的分类方式、收集方式、监督措施和奖惩制度等都严格地规范化、制度化,为垃圾的分类收集提供保障,从根本上强硬起来。

垃圾的分类收集,宣传教育工作也是关键。一方面,要全面发动、大力宣传。垃圾的分类收集需要全社会的动员和参与,应加强宣传教育,提高环境保护意识,使所有人都清楚地认识到垃圾混合收集带来的危害,让所有人都能了解、关心和支持垃圾的分类收集工作,为垃圾的分类收集模式的实施奠定基础。另一方面,垃圾分类收集是一项长期的战斗,而青少年是承上启下的一代,是接受能力最强的人,也是影响力最大的人,我们不能仅着手于现在,还要放眼未来。学校需要培养在校学生对于垃圾分类收集知识、制度的学习意识,对于下一代的教育是刻不容缓的,只有教育好了下一代,垃圾分类收集模式才有将来。

近年来,随着经济社会的发展和物质消费水平的提高,我国生活垃圾产生量迅速增长,环境隐患日益突出,已经成为新型城镇化发展的制约因素。2015年9月,中共中央、国务院印发《生态文明体制改革总体方案》,将制定垃圾分类制度列为一项重要改革任务。2017年3月18日,国务院办公厅转发了国家发展改革委、住房城乡建设部《生活垃圾分类制度实施方案》,标志着我国生活垃圾分类投放、分类收集、分类运输、分类处理的垃圾处理系统进入新时期。该方案指出,到2020年年底,基本建立垃圾分类相关法律法规和标准体系,形成可复制、可推广的生活垃圾分类模式,在实施生活垃圾强制分类的城市,生活垃圾回收利用率超过35%。2020年年底前,在直辖市、省会城市和计划单列市等46个重点城市的城区范围内先行实施生活垃圾强制分类。强制分类要求必须将有害垃圾作为强制分类的类别之一,同时参照生活垃圾分类及其评价标准,再选择确定易腐垃圾、可回收物等强制分类的类别。

知识链接 10-1

上海生活垃圾分类"年报"出炉分类效果正在显现

二、生活垃圾收运模式

生活垃圾的运输是指采用车辆将收集的生活垃圾运输至转运站或垃圾处理区。目前，我国一般采用"固定式"和"移动式"两种模式进行生活垃圾的运输。我国生活垃圾一般采用小型运输工具（如人力车、电动收集车等）或者流动收集车辆进行运输。采用小型运输工具时一般将垃圾运输至定点站后再统一进行转运，而采用流动收集车时则可以直接运至转运站。我国生活垃圾收运系统中的分类收集、运输和转运三个环节没有很好地衔接在一起，导致不论哪种生活垃圾的运输方式都是混合运输，使得垃圾重复污染，而垃圾的收运只有在分类收集和分类运输同时配套使用时才能真正实现街面垃圾的全过程分类处理，实现垃圾的减量化、资源化、无害化。

（一）移动容器系统

移动容器系统又叫拖曳容器系统（hauled container system，HCS），是指将某集装点装满的垃圾连容器一起运往中转站或处理处置场，卸空后再将空容器送至原处（传统法）或下一个集装点（改进法）的垃圾收集系统。拖曳容器系统又分为简便模式和交换模式。

简便模式：收集点将装满垃圾的容器（垃圾桶）用牵引车拖曳到处置场（或转运站加工场）倒空后再送回原收集点，车子再开到第二个垃圾桶放置点，如此重复直至一天工作结束，如图 10-6 所示。

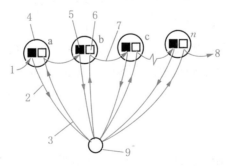

1—牵引车从调度站出发到此收集线路，一天的工作开始；2—拖曳装满垃圾的垃圾桶；3—空垃圾桶返回原放置点；4—垃圾桶放置点；5—提起装了垃圾的垃圾桶；6—放回空垃圾桶；7—开车至下一个垃圾桶放置点；8—牵引车回调度站；9—垃圾处理场或转运站加工厂。

图 10-6　移动容器系统简便模式示意图

交换模式:开车去第一个垃圾桶放置点时,同时带去一只空垃圾桶,以替换装满垃圾的垃圾桶,待拖到处置场出空后又将此空垃圾桶送到第二个垃圾桶放置点,重复至收集线路的最后一个垃圾桶被拖到处置场出空为止,牵引车带着这只空垃圾桶回到调度站,如图 10-7 所示。

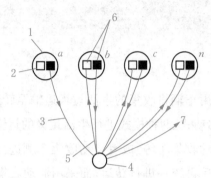

1—垃圾桶放置点;2—从调度站带来的空垃圾桶,一天收集线路的开始;3—从第一个垃圾桶放置点拖到处置场;4—处置场;5—出空垃圾桶送到第二个垃圾桶放置点;6—放下空垃圾桶再提起装了垃圾的垃圾桶;7—牵引车带着空垃圾桶回调度站。

图 10-7　移动容器系统交换模式示意图

收集系统分析(analysis of collection systems)是指针对不同收集系统和收集方法,研究完成所需要的车辆、劳力和时间。分析的方法是将收集活动分解成几个单元操作,根据过去的经验与数据,并估计与收集活动有关的可变因素,研究每个单元操作完成的时间。垃圾收集成本的高低主要取决于收集时间的长短,因此,对收集操作过程的不同单元时间进行分析,可以建立设计数据和关系式,求出某区域垃圾收集耗费的人力和物力,从而计算收集成本。根据垃圾收集过程,可将收集操作过程分为四个基本时间:装载时间、运输时间、卸车时间和非收集时间(其他用时)。

运输时间是指收集车从集装点行驶至终点所需时间,加上离开终点驶回原处或下一个集装点的时间,不包括在终点的时间。

对于拖曳容器系统,装置时间和处置场停留时间相对为常数,但运输时间取决于运输速度和运输距离,通过对不同类型的垃圾收集车辆运输速度和往返于行驶距离的关系进行估算,得出:

$$h = a + bx \tag{10-3}$$

其中:h 为运输时间(h);a 为经验时间常数(h);b 为经验平均常数(h/km);x 为平均往返行驶距离(km)。

装载时间方面,对传统法,每次行程集装时间包括容器点之间行驶时间、满容器装车时间及卸空容器放回原处时间三部分。公式如下:

$$P_{hcs} = p_c + u_c + d_{bc} \tag{10-4}$$

其中：P_{hcs} 为装载时间（h）；p_c 为装载废物容器所需时间（h）；u_c 为卸空容器所需时间（h）；d_{bc} 为两个容器收集点之间的行驶时间（h）。

改进法没有两个容器点之间行驶时间 d_{bc}。

拖曳总时间方面，一次收集清运操作行程所需时间可用式（10-5）表示：

$$T_{hcs} = (P_{hcs} + s + h) \tag{10-5}$$

其中：T_{hcs} 为拖曳容器系统运输一次废物所需总时间（h）；s 为处置场停留时间（h）；h 为运输时间（h）。

每天每车次能够完成的运输次数方面，当求出 T_{hcs} 后，每日每辆收集车的行程次数用下式求出：

$$N_d = [H(1-w) - (t_1 + t_2)] / T_{hcs} \tag{10-6}$$

其中：N_d 为每天运输次数（次/天）；H 为每天工作时间（h/d）；w 为非生产性因子（非工作因子，变化范围 0.1～0.40，常用系数 0.15）；t_1 为从终点（车库）到第一个容器放置点所需时间（h）；t_2 为从最后一个容器放置点到终点（车库）所需时间（h）。

清运指定范围的垃圾每天（或每周）需要的运输次数可用式（10-7）计算：

$$N_d = V_d / (cf) \tag{10-7}$$

其中：N_d 为每天运输次数（次/天）；V_d 为平均每天需收集的废物总量（m³/d）；c 为容器平均体积（m³）；f 为容器有效利用系数。

则每周运输次数（取整数）如下：

$$N_w = V_w / (cf) \tag{10-8}$$

每周所需作业时间（小时/周）如下：

$$D_w = N_w T_{hcs} \tag{10-9}$$

例题 10-2 从一新建工业园区收集垃圾，根据经验从车库到第一个容器放置点的时间（t_1）以及从最后一个容器到车库的时间（t_2）分别为 15 min 和 20 min。假设容器放置点之间的平均驾驶时间为 6 min，装卸垃圾容器所需的平均时间为 24 min，工业园区到垃圾处置场的单程距离为 25 km（垃圾收集车最高行驶速度为 88 km/h），试计算每天能清运的次数和每天的实际工作时间（每天工作时间 8 h，非工作因子为 0.15，处置场停留时间为 0.133 h，a 为 0.012 h，b 为 0.012 h/km）。

解：（1）由式（10-4）计算装载时间。

$$P_{\text{hcs}} = p_c + u_c + d_{bc}$$

$$p_c + u_c = 0.4(\text{h}),\ d_{bc} = 0.1(\text{h}),\ P_{\text{hcs}} = 0.4 + 0.1 = 0.5(\text{h})$$

（2）由式（10-5）计算每趟需要时间。

$$T_{\text{hcs}} = (P_{\text{hcs}} + s + a + bx) = 0.5 + 0.133 + 0.012 + 0.012 \times (25 \times 2) = 1.21(\text{h})$$

（3）由式（10-6）计算每天能够清运的次数。

$$N_d = [H(1-w) - (t_1 + t_2)]/T_{\text{hcs}}$$

$$= [8(1 - 0.15) - (0.25 + 0.33)]/1.21 = 5.14(\text{次/天})$$

取整后，每天能够清运的次数为 5 次/天。

（4）由式（10-6）计算每天实际工作时间。

$$5 = [H(1-w) - 0.58]/1.21$$

$$H = 7.8(\text{h})$$

（二）固定容器系统

固定容器系统（stationary container system，SCS，见图 10-8）收集操作法是指用垃圾车到各容器集装点装载垃圾，容器倒空后就地放回原位，垃圾车装满后运往转运站或处理处置场，最后回到调度站。固定容器收集法的一次行程中，装车时间是关键因素，装车分为机械装车和人工装车两种。

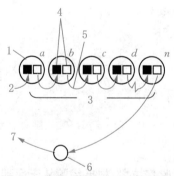

1—垃圾桶放置点；2—垃圾车辆从调度站来，开始收集垃圾；3—收集线路；4—放置点中垃圾桶出空到垃圾车上；5—垃圾车驶往下一个收集点；6—处置场或中继站、加工厂；7—垃圾车回调度站。

图 10-8　固定容器系统示意图

接下来进行收集系统分析。机械装卸车一个往返需要的总时间如下：

$$T_{\text{scs}} = (P_{\text{scs}} + s + a + bx) \tag{10-10}$$

其中：T_{scs} 为固定容器系统运输一次废物所需总时间（h）；P_{scs} 为固定容器系统装载时间（h）；

s 为处置场停留时间(h)。与拖曳容器系统的差别在于装载时间 P_{scs}。

1. 装载时间

$$P_{scs}=C_t(u_c)+(n_p-1)d_{bc} \tag{10-11}$$

其中：P_{scs} 为固定容器装载废物容器所需要时间(h)；C_t 为每趟清运的垃圾容器数(个)；u_c 为收集一个容器中的废物所需要时间(h)；n_p 为每趟清运所能清运的废物收集点数；d_{bc} 为两个容器收集点之间花费的时间(h)。

2. 每一行程能收集的容器数

每一行程能倒空的容器数直接与收集车容积、压缩比及容器体积有关，公式如下：

$$C_t=Vr/(cf) \tag{10-12}$$

其中：C_t 为每一行程能倒空的容器数；V 为垃圾车容积(m^3)；r 为垃圾车压缩系数；c 为容器平均体积(m^3)；f 为容器有效利用系数。

3. 平均每天的清运次数

$$N_d=V_d/Vr \tag{10-13}$$

其中：V_d 为平均每天需收集的废物总量(m^3)。

4. 每天需要的工作时间

$$H=[(t_1+t_2)+N_dT_{scs}]/(1-w) \tag{10-14}$$

其中：t_1 为从车库到第一个废物收集点的行驶时间(h)；t_2 为从最后一个废物收集点到车库的行驶时间(h)(若处置场到车库的时间小于半个平均行程的时间，则 $t_2=0$，若处置场到车库的时间大于半个平均行程的时间，则 t_2 为处置场到车库的时间减去半个平均行程的时间)。

5. 每周需要的工作时间(t_1 和 t_2 在非工作因子 w 中考虑)

$$T_w=[N_w×P_{scs}+t_w(s+a+bx)]/[(1-w)H] \tag{10-15}$$

其中：T_w 为每周需要的工作时间(天/周)；N_w 为每周的清运次数(次/周)；t_w 为 N_w 取整后的整数(次/周)；H 为每天的法定工作时间(h/d)。

最经济的组合取决于垃圾车的大小、每天往返的次数、收集点与中转站或处置场之间的距离。长距离运输时，运输次数越小可能越经济，此时垃圾车的容积就必须大。

例题 10-3 **比较拖曳容器系统和固定容器系统。** 在一个商业区计划建一废物收集站，试比较废物收集站与商业区的距离不同时拖曳容器系统和固定容器系统的费用。假设每一系统只使用一名工人，行驶时间 t_1 和 t_2 包括在非工作因子中。废物量为 229 m^3/周，容器大小为 6.1 m^3，容器容积利用系数为 0.67，速度常数 a 为 0.022 h，b

为 0.013 75 h/km;废物收集点之间的平均距离为 0.16 km,两种系统在收集点之间的速度常数 a_0 为 0.06 h, b_0 为 0.042 h/km,非工作因子为 0.15。

拖曳容器系统:容器装载时间为 0.33 h,容器卸载时间为 0.033 h,处置场停留时间为 0.053 h,该系统间接费用为 400 元/周,运行费用为 15 元/小时;

固定容器系统:废物收集车容积为 23 m³,废物收集车压缩系数为 2,废物容器卸载时间为 0.05 h,处置场停留时间为 0.10 h,该系统间接费用为 750 元/周,运行费用为 20 元/小时。

解:拖曳容器系统:

(1) 根据式(10-6)计算每周需要运输废物的次数。

$$N_w = V_w/(cf) = 229/(6.1 \times 0.67) = 56(次/周)$$

(2) 根据式(10-4)计算每趟平均装载时间。

$$P_{hcs} = P_c + u_c + d_{bc} = p_c + u_c + a_0 + b_0$$

$$= 0.033 + 0.033 + 0.06 + 0.042 \times 0.16 = 0.133(h)$$

(3) 计算每周需要工作的时间(天/周)。

$$T_w = N_w(P_{hcs} + s + a + bx)/[H(1-w)]$$

$$= 56(0.133 + 0.053 + 0.022 + 0.013\ 75x)/[8 \times (1-0.15)]$$

$$= 1.71 + 0.113x$$

(4) 每周的运行费用(元/周)。

$$Q = 15 \times 8 \times (1.71 + 0.113x) = 205.2 + 13.6x$$

固定容器系统:

(1) 根据式(10-12)计算每趟清运的容器个数。

$$C_t = Vr/(cf) = 23 \times 2/(6.1 \times 0.67) = 11.26(个/次)$$

(2) 根据式(10-11)计算每趟的装载时间。

$$P_{hcs} = C_t(u_c) + (n_p - 1)d_{bc} = C_t(u_c) + (n_p - 1)(a_0 + b_0 x_0)$$

$$= 11 \times 0.05 + (11-1) \times (0.06 + 0.042 \times 0.16) = 1.217(h)$$

(3) 根据式(10-13)计算每周需要运输的次数。

$$N_w = V_w/(Vr) = 229/(23 \times 2) = 4.98(次/周)$$

取整,每周需要运输 5 次。

（4）根据式(10-15)计算每周需要工作的时间（天/周）。

$$T_w = [N_w P_{scs} + t_w(s+a+bx)]/[H(1-w)]$$

$$= [4.98 \times 1.217 + 5 \times (0.10+0.022+0.013\,75x)]/[8 \times (1-0.15)]$$

$$= 0.98 + 0.01x$$

（5）每周的运行费用（元/周）

$$Q = 20 \times 8 \times (0.98+0.01x) = 156.8 + 1.6x$$

两系统的比较：

两系统费用相等时，有：

$$400 + (205.2+13.6x) = 750 + (156.8+1.6x)$$

$$x = 25.1$$

即单程距离为 12.5 km 时，两种收集系统的费用相等。

6. 人工装卸车辆

根据式(10-14)，$H = [(t_1+t_2) + N_d(P_{hcs}+s+a+bx)]/(1-w)$，采用人工装卸车辆时，每天的工作时间 H 和每天的收集行程数 N_d 不变，可以计算出每回合的装载时间 P_{hcs}。

（1）每一行程清运的废物收集点数量：

$$N_p = 60 P_{scs} n / t_p \tag{10-16}$$

其中：N_p 为每个行程清运的废物收集点数量；P_{scs} 为每个行程收集废物的装载时间(h)（由 10-4 计算）；n 为工人数量；t_p 为每个废物收集点装载时间(min)。

（2）每个废物点装载时间：

$$t_p = d_{bc} + k_1 C_n + k_2 P_{RH} \tag{10-17}$$

其中：d_{bc} 为两个容器收集点之间花费的时间(h)；k_1 为每个容器的装载时间常数（分钟/个）；C_n 为每个收集点平均容器数量（个）；k_2 为分散收集点的装载时间常数（分钟/P_{RH}）；P_{RH} 为分散收集点的百分比例(%)。

（3）需要的收集车辆的容积：

$$V = V_P N_P / r \tag{10-18}$$

其中：V 为收集车辆容积(m^3)；V_P 为每个收集点的废物量(m^3)；N_P 为每个行程清运的废物收集点数；r 为垃圾车压缩系数。

例题 10-4 某地拟建一高级住宅区,该区有 1 000 套别墅。假设每天往处置场运送垃圾 2 趟,试选择垃圾车并计算每周需要的工作时间。

其中:垃圾产生量为 0.025 米³/(户·天);每个收集点设置垃圾箱 2 个;收集频率为 1 次/周;垃圾车压缩系数为 2.5;每天工作时间为 8 h;每个收集点装载时间为 1.43 min;每车配备工人 2 名;住宅区距垃圾处置场距离为 18 km;速度常数 a 和 b 分别为 0.08 h 和 0.015 6 h/km;处置场停留时间 $s = 0.083$ h;非工作因子为 0.15;t_1 和 t_2 分别为 0.3 h 和 0.4 h。

解:由式(10-14)可得:

$$H = [(t_1 + t_2) + N_d(P_{scs} + s + a + bx)]/(1 - w)$$

则每趟的装载时间如下:

$$P_{scs} = [(1 - w)H - (t_1 + t_2)]/N_d - (s + a + bx)$$

$$= [(1 - 0.15) \times 8 - (0.3 + 0.4)]/2 - (0.083 + 0.08 + 0.015\,6 \times 18 \times 2) = 2.325\,(h)$$

根据式(10-16)计算每一行程清运的收集点数量:

$$N_p = 60P_{scs}n/t_p = 60 \times 2.325 \times 2/1.43 = 195\,(个)$$

根据式(10-18)计算需要的收集车辆的容积:

$$V = V_P N_P/r = 0.025 \times 7 \times 195/2.5 = 13.65\,(m^3)$$

计算每周需要收集的次数:

$$N_w = 1\,000/195 = 5.13\,(次)$$

根据式(10-15)计算每周需要的工作量:

$$T_w = 2 \times [N_w \times P_{scs} + t_w(s + a + bx)]/[(1 - w)H]$$

$$= 2 \times [5.13 \times 2.325 + 6 \times (0.083 + 0.08 + 0.015\,6 \times 36)]/[(1 - 0.15) \times 8]$$

$$= 4.79\,(天/周)$$

对于采用不同类别垃圾分类收集的垃圾收集方式,一般有三种垃圾运输方式。第一种是在不同时段运输不同的垃圾。这种方法使得垃圾在垃圾容器内都有一定的堆放期,而有的垃圾容器并非是封闭型的,存在二次污染,对居民和运输人员的素质和监管制度的要求都较高。第二种是采用不同运输车运输不同的垃圾,这样对于运输车的数量要求就是原来的几倍,是机械、人员和运行成本的浪费。第三种是对运输车进行改造优化,使垃圾运输车车厢分区运输,不同类别的垃圾分装到不同的区域里,节约成本和时间。

三、固体废物的中转

中转站是城市垃圾收集运输系统中的一个重要环节。在城市垃圾收运系统中,利用中转站将从各分散收集点收集的垃圾转装到大型运输工具后再将其运输到远处垃圾处理设施和处置场。只要城市垃圾收集的地点距处理地点不远,用垃圾收集车直接运送垃圾是最常用而且较经济的方法。但随着城市的发展,已越来越难在市区垃圾收集点附近找到合适的地方来设立垃圾处理工厂或垃圾处置场。而且从环境保护与环境卫生角度看,垃圾处理点不宜离居民区太近,因此城市垃圾远运将是必然的趋势。垃圾要远运,最好先集中。垃圾收集车是公认的专用的车辆,先进而成本高,常需要2~3人操纵,不是为进行长途运输而设计的,因此将其用于长途运输费用会变得很昂贵,还会造成几名工人无事干的"空载"行程,应限制使用。

(一)中转站(转运站)的作用

中转站的作用包括:集中收集和贮存来源分散的各种固体废物;对各种废物进行适当的预处理;降低运输成本;降低收集成本(尽量减少垃圾装车人员的空载)。设立中转站进行垃圾的转运,其突出的优点是可以更有效地利用人力和物力,使垃圾收集车更好地发挥其效益,也使大载重量运输工具能经济而有效地进行长距离运输。然而,当处置场远离收集路线时,究竟是否设置中转站,主要视经济性而定。经济性要考虑两个方面:一方面,中转站有助于垃圾收运总费用的降低,如长距离大吨位运输比小车运输的成本低或收集车一旦取消长距离运输能够腾出时间更有效地进行收集;另一方面,对转运站、大型运输工具或其他必需的专用设备的大量投资会提高收运费用。

要对当地条件和要求进行深入经济性分析。一般来说,运输距离长,则设置转运合算。那么运距所谓的"长"以何为依据呢?下面就运输的三种方式进行转运站设置的经济分析。

三种运输方式为移动容器式收集运输、固定容器式收集运输、设置中转站转运。三种运输方式的费用方程如下:

$$C_1 = a_1 \times S \tag{10-19}$$

$$C_2 = a_2 \times S + b_2 \tag{10-20}$$

$$C_3 = a_3 \times S + b_3 \tag{10-21}$$

其中:S 为运距;a_n 为各运输方式的单位运费;b_3 为设置转运站后,增添的基建投资分期偿还费和操作管理费;C_n 为运输方式的总运输费。一般情况下,$a_1 > a_2 > a_3$,$b_3 > b_2$。将三个方程作三条直线,如图10-9所示。

根据图10-9分析:$S > S_3$ 时,用第三种方式合理,即需设置转运站;$S < S_1$ 时,用第一种方式合理,无须设置转运站;$S_1 < S < S_3$ 时,用第二种方式合理,无须设置转运站。

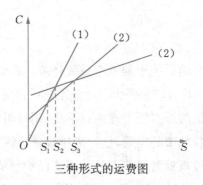

三种形式的运费图

图 10-9　设置转运站的经济性分析示意图

（二）中转站的选址

中转站应建在小型运输车的最佳运输距离内,具体包括:选择靠近服务区的中心或废物产量最多的地方;选择靠近干线公路或交通方便的地方;选择基建或操作最方便的地方。规划和设计中转站时,应考虑每天的转运量、转运站的结构类型、主要设备和附属设施、对环境的影响等。

（三）每天的转运量

每天的转运量根据服务区域内垃圾高产月份的平均日产量来确定:

$$Q=\delta nq/1\ 000 \tag{10-22}$$

其中:Q 为转运站的日转运量(t/d);n 为服务区域的实际人数;q 为服务区居民的人均垃圾日产量[千克/(人·天)],实测或 $1\sim1.2$;δ 为垃圾产量变化系数。

（四）中转站分类

按转运能力分类:大型,$Q>450\ t/d$;中型,$150\ t/d<Q<450\ t/d$;小型,$Q<150\ t/d$。

按功能分类:可将中转站分为集中储运站和预处理中转站。集中储运站是一种设施比较简单的收集站,固体废物在此不经任何处理就迅速转运出去,投资小,转运速度快,进行小规模转运;预处理中转站通常配备解毒、中和、脱水、破碎、分选、压缩等设施,可对各种废物进行分类和相应的预处理。

四、生活垃圾收集线路设计

生活垃圾收集线路设计的理想目标是垃圾运输成本最低,即荷载运输线路最短和运输过程中对周围环境影响最小,但实际运行中二者不可能同时满足。依靠科技进步,使生活垃圾的收集系统化、科学化、规范化,是一项重要的发展战略任务。下面以固定容器系统为例介绍如何设计垃圾清运路线。

第一步:在商业、工业或住宅区等的大型地图上标出每个垃圾桶的放置点、垃圾桶的收集频率和垃圾桶数量(见图 10-10)。

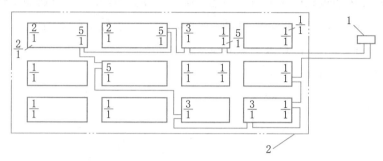

1—车辆调度站；2—工作区域

图 10-10　收集线路工作平面图

第二步，根据这个平面图，将每周收集频率相同的收集点的数目和每天需要出空的垃圾桶数目列出一张表(见表 10-6)。

表 10-6　收集线路工作运筹表

收集频率（1）	收集点数目（2）	每周旅程次数（1）×（2）	每日出空垃圾桶数目（接收相同收集频率）				
			周一	周二	周三	周四	周五
1	10	10	2	2	2	2	2
2	3	6	0	3	0	3	0
3	3	9	3	0	3	0	3
4	0	0	0	0	0	0	0
5	4	20	4	4	4	4	4
总计	45	9	9	9	9	9	9

第三步，从调度站或垃圾车停车场开始设计每天的收集线路。图 10-10 中的黑线表示了周一的收集线路。$\frac{F}{N}$ 中，F 表示收集频率，N 表示垃圾桶的数目。

第四步，设计出各种初步线路后，应对垃圾桶之间的平均距离进行计算。

为了响应和满足城市环境保护和城市可持续发展的需要，生活垃圾的收集和运输系统将不断完善，也将向资源化、减量化、规划化和制度化发展，垃圾的分类收集是势不可挡的必然趋势。生活垃圾本就被誉为放错位置的资源，其中存在很多具有回收再利用价值的物质，能够成为再生资源进入新的产品生产之中，从而减少生活垃圾的最终处理量，减少垃圾的处理成本。虽然现在我国大都采用混合收集的方式进行垃圾收集，但是这种方式不满足城市的可持续发展要求和国家的政策规定，终将被分类收集模式取代。只有将垃圾进行分类收集，才能降低垃圾后续处理的难度，提高处理效果和回收效率。故可以预见，垃圾的分类收集将不断完善,成为将来发展的主要趋势。目前的垃圾运输车已做到全密封、无污染,但是对于分类垃圾,在运输过程中又会进行混合,显然不再适用,改造垃圾运输车使其符合垃圾的最新收集方式是需要解决的问题,也是未来的趋势。随着经济的不断发展,人们对生活居住环境的要求不断提高,生活垃圾收集运输系统也将不断完善,为我国社会的可持续发展和现代化城市的建设做出贡献。

第三节　生活垃圾的预处理

随着生活水平的不断提高,人们对环境问题越来越重视,垃圾处理的标准也越来越高,生活垃圾处理难的问题已成为困扰当地环境发展的重要问题。我国生活垃圾成分复杂,并且具有可回收物质含量和热值较低、垃圾含水率和可生物降解的有机物含量高的特点,单一方式的垃圾处理系统不仅难以达到垃圾处理资源化、无害化、减量化的要求,而且还会造成不必要的浪费。对垃圾进行有效的预处理,不仅可以减少垃圾处理量,还可以回收部分资源性物质。预处理是指进入主要处理工艺前先对垃圾进行分选、破碎、调节水分等处理,使垃圾更能满足后续处理工艺的要求,从而达到更好的无害化、减量化、资源化效果,提高经济效益。

一、生活垃圾的分选

生活垃圾机械化分选技术的研发始于 20 世纪 80 年代,国外发达国家基于垃圾分类回收,为实现生活垃圾中可再生利用资源的分离和回收,同时避免昂贵的人工费用造成处理成本的大幅增加,将选矿技术应用于生活垃圾的机械分选实践,并不断进行有针对性的改进和强化,逐步形成了系列化的分选设备。我国现用的机械化分选技术大多引自欧美发达国家,并结合生活垃圾特性和混合收运的实际进行转化设计,经过多年的试验和整改,已可在对混合收运的生活垃圾进行机械分类的同时,通过各种工艺及设备的组合、配套,实现其中可再利用资源的回收,并将生活垃圾按组分特性进行分流。这已在多项国内生活垃圾处理工程中得到成功应用。当前,生活垃圾处理分选工艺以机械分选为主,人工分选为辅,主要分选工艺包括破袋、破碎、筛分、磁力分选、风力分选(图 10-11)、弹跳分选、光电分选、涡电流分选、水力分选等。

破袋、粗碎设备可以分为被动式和强制式,对应的设备分别为滚筒式破袋机和剪切式破袋机。滚筒式破袋机的优点是装机功率小、能耗低,但受垃圾袋容积、袋装垃圾质量影响,其破袋效率波动较大,有时会降至 20%～30%。剪切式破袋机破袋效率相对较高,一般可超过90%,但存在带状物缠绕刀辊、遇硬质物料频繁过载停机、人工清料等现象。剪切式粗碎机源于矿山破碎设备,增加了粗破碎、防缠绕和过硬物质自动排料的功能,破袋效率均在95%以上,但其处理能力略低。

城市生活水平的不同决定了其生活垃圾组分也不同,不同的经济发展水平也决定了生活垃圾最终处置方式也不相同,在确定分选工艺和设备时应因地制宜,灵活应用。

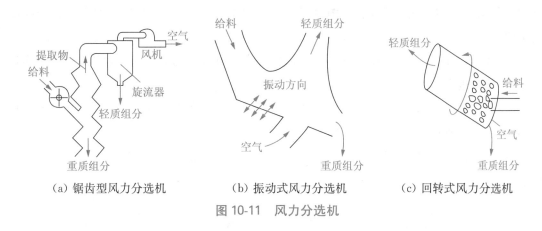

（a）锯齿型风力分选机　　　　（b）振动式风力分选机　　　　（c）回转式风力分选机

图 10-11　风力分选机

（一）根据组分确定分选工艺

依据城市生活垃圾的组分特点进行分选,将主要组分与其他组分分离,分选工艺的选择分析如下。

1. 无机物

无机物主要通过筛分的手段完成分选,对于以灰土为主的无机物成分可以采用圆盘筛或滚筒筛进行筛分,灰土大部分进入筛下物,其他组分进入筛上物流。对于砖瓦、陶瓷、煤渣等无机物组分,可通过弹跳分选工艺将其从其他物料中分离。

2. 有机物

有机物主要通过筛分的手段完成分选,可以通过两种筛分手段来实现:一种是用圆盘筛进行预筛分去除灰土,然后再用一级滚筒筛筛分,有机物大部分进入滚筒筛筛下物,其他物料进入滚筒筛筛上物;另一种是利用双级滚筒筛,筛下物为灰土成分,筛上物为可回收物和可燃物的混合物,筛中物为有机物和砖瓦陶瓷等的混合物,筛中物可通过弹跳分选进一步提高有机物纯度。

3. 可回收物

通过人工分选和机械分选相结合来实现可回收物的分选:黑色金属回收物可采用磁选工艺回收;有色金属可采用涡电流分选工艺实现回收;纸张、塑料可通过风力分选(见图10-11)实现回收;不同类别的塑料可通过光电分选进一步分离。

4. 可燃物

生活垃圾中可燃物料以木竹、织物、塑料、纸张为主,可通过部分人工分选、部分筛分方式选出。根据组分特征选择合适的筛子,筛上物料以可燃物为主,筛下物则为其他物料。

(二) 处理方式确定分选工艺

目前,城市生活垃圾的最终处置方式为填埋、堆肥和焚烧,其中,填埋是城市生活垃圾必不可少的处理手段。分选工艺的选择应依据城市生活垃圾的最终处置方式,确定合理的分选工艺路线,首先去除垃圾处理过程中的无用组分和有害组分,目的是实现垃圾综合处理及资源化。

以填埋为主的垃圾处理方式,建议采用如图 10-12 所示的分选工艺,回收部分可循环利用物质,其余进入填埋场。

以堆肥为主的垃圾处理方式,建议采用如图 10-13 所示的分选工艺,回收部分可循环利用物质,可腐有机物进入堆肥场,其余进入填埋场。

以焚烧为主的垃圾处理方式,建议采用如图 10-14 所示的分选工艺,回收部分可循环利用物质,可燃物进入焚烧炉,其余进入填埋场。

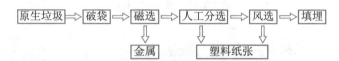

图 10-12 以填埋为主的生活垃圾处理分选工艺

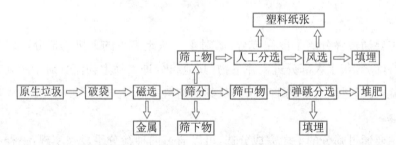

图 10-13 以堆肥为主的生活垃圾处理工艺

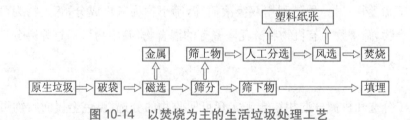

图 10-14 以焚烧为主的生活垃圾处理工艺

城市生活垃圾分选工艺的确定应从实际出发,在满足经济要求的情况下,尽量将各类物料按性质分流集中,以便于后续集中处理,并做到最大化地回收可循环利用物质,为城市生活垃圾综合利用提供便利条件。

二、生活垃圾的压实处理

垃圾压实处理是垃圾运输、处理和处置前常采用的一种预处理方法（单元操作）。可减少运输费，有利于垃圾的厌氧发酵分解，能更有效地利用处置场地。一些工业发达国家将垃圾压实和垃圾的分类收集作业结合在一起，也有的将压实装置装在收集运输车上，实现收集—压实—运输三作业一体化，可大大节省运输费用。

（一）目的

由于城市垃圾的密度较小，在自然条件下一般只有 $0.3\sim0.5$ t/m^3，这给垃圾运输和处置带来许多不便。为此，可以采用压缩技术增大密度、缩小体积。垃圾压缩技术有三个方面的应用。

（1）在垃圾转运站或垃圾运输车辆上，采用压缩装置压缩垃圾，可以增加车辆的装载量，提高运输效率，又能挤出垃圾的水分，减少垃圾含水率，减少二次污染。

（2）在垃圾填埋过程中，采用压实机械，把松散的垃圾压实，使填埋垃圾密度大于 0.6 t/m^3，这样可以缩小垃圾体积，节省填埋体积，同时可以减少蚊蝇、鼠类的滋生，减少对环境的污染。

（3）在垃圾预压缩时，可以采用固定式压缩机械，把垃圾压缩成块，作为填筑材料使用。

以城市固体废物为例，压实前密度通常在 $0.1\sim0.6$ t/m^3，经过压实器或一般压实机械压实后密度可提高到 1 t/m^3 左右，因此，固体废物填埋时常需要进行压实处理，尤其对于大型废物或中空性废物，事先压碎更显必要。

（二）处理流程

是否选用压实处理以及压实程度如何，都要根据具体情况而定，要有利于后续处理。如果垃圾压实后会产生水分，不利于风选分离其中的纸张，则不应进行压实处理；对于要分类处理的混合收集垃圾一般也不应过分压实。如果对垃圾只做填埋处理，深度压实无疑是一种最应重视的处理方法。

美国、日本等国家对城市垃圾进行压缩填埋处理的应用比较广泛，其主要工艺流程如下：先将垃圾装入四周垫有铁丝网的容器，送入压缩机压缩，然后将压缩后的垃圾块浸入熔融的沥青浸渍池中。涂浸沥青防漏，待涂浸好的压块冷却固化后，再将垃圾块用运输皮带装车运往垃圾填埋场。压缩产生的污水经油水分离器进入活性污泥处理系统，处理后的水灭菌排放。第二章的图 2-4 即是典型的城市垃圾压实处理工艺流程。

城市垃圾压实处理的主要目的是便于填埋处置，垃圾压实成坯块后不仅有利于运输且降低运输费用，还能提高填埋场的利用率。含有有害废物的城市垃圾，为防止其有害物质释出进入环境而造成危害，要求压实后的坯块有较高的强度，并需要采用稳定材料对其进行包覆（固化）处理，然后送填埋场处置。

影响填埋场生活垃圾压实效果的因素主要有四个。

(1) 垃圾层的厚度是最重要的影响因素。为了获得最大的压实密度,垃圾应推铺成不超过 0.6 m 厚的薄层。一般来讲,垃圾层推铺越厚,其压实效果就越差。

(2) 压实机重复行走次数和行走路线影响压实密度,当压实次数达到 3～5 遍时即可获得较好的效果。

(3) 垃圾堆填坡度的大小影响压实密度,当作业面坡度控制在(1∶5)～(1∶6)时可达到较好的压实效果。

(4) 垃圾的含水率影响压实密度,当含水率在 50% 左右时,压实密度达到最大。

填埋场压实机的主要目的是铺展和压实废物,也可用于表层土的覆盖,当然最重要的是获得最好的压实效果。开放的填埋面积应尽可能保持在最小规模。影响压实后密度的最重要的可控因素是每一层的深度。为了达到最大压实密度,废物应以 400～800 mm 厚为一层进行铺展和压实(成分不同,厚度不同)。一般情况下采用 500 mm 为层厚。此外,垃圾的密度也取决于压实的次数。压实 2～4 次后可以达到理想的密度,继续压实效果不会太明显。

前方斜面操作是使用压实机最有效的方法。斜面越平坦,压实效果越好,因为只有在较平坦的工作面才能最有效地利用压实机自身的重量。另外,平坦的工作面能够减少压实机燃料的消耗,前方斜面操作还可以很有效地控制雨水的流向,使之不会在装卸区积存。

选择压实机应注意三点。

(1) 在同等效率下,应选取压实力较大而功率较小的压实机;整机对地面压力要小于垃圾表面的承载力。

(2) 应根据要进行填埋的垃圾种类和要达到的压实效果,选择合适的压实机。

(3) 高度压实可延长填埋场的使用寿命,从而降低填埋场单位面积垃圾的处理成本。在选择压实机时还应考虑压实方法、道路运输情况、天气、表面覆盖材料的类型和特性等。

另外,压力大小决定了压实的程度,每层垃圾铺得薄,则压缩效果好。履带式机械的接地压力较小,因此压实效果并不理想。

第四节　厨余垃圾

厨余垃圾是指居民日常生活及食品加工、饮食服务、单位供餐等活动中产生的垃圾和废弃食用油脂等。厨余垃圾中水分、有机物、油脂及盐分含量高,具有易腐烂、营养元素丰富等特点。全世界厨余垃圾约占市政固体垃圾总量的 30%～50%,其最主要的处理方式是填埋。

据估计,中国城市每年产生的厨余垃圾总和不低于 9 000 万 t。北京每天约产生厨余垃圾 1 050 t,上海每天约产生 1 300 t,且呈现不断递增的趋势。厨余垃圾减量化成为我国目前厨余垃圾管理的首要工作。

我国厨余垃圾中主要包括食物垃圾、油脂、纸张、骨头、木头、织物、塑料及金属等,其中,食物占 70%～90%,含水率在 70% 以上,含油率 1%～5%,有机质占干物质含量的 80% 以上,粗蛋白约占干物质量的 15%,碳氮比一般为(10:1)～(30:1)。因此,厨余垃圾具有高含水率、高有机物含量、高油脂、高盐分、易腐烂、少量非食物杂质等特点。

在对厨余垃圾资源化前,必须进行垃圾预分选处理,分选出厨余垃圾中的各类污染物,并分别加以分类分级处置,提高厨余垃圾再利用率。厨余垃圾资源化利用主要以生物技术处理为主,物料的性质对生物处理过程、反应器类型、运行稳定性、产品性质等都有较大的影响。厨余垃圾预分选处理技术主要包括破袋、人工分选、滚筒筛分、弹跳分选、风力分选、红外分选、破碎等。典型的厨余垃圾预处理工艺包括沥水、分选、制浆、除砂、提油等过程,为后续厌氧处理提供有机物质含量较高的原料。因此,对厨余垃圾进行分选,根据物料特性实现分级利用是实现厨余垃圾减量化、无害化、资源化综合利用的关键。

厨余垃圾的主要资源化利用方法包括厌氧消化、好氧堆肥、生物饲料、昆虫养殖、热处理技术及生物炼制生产高附加值化学品等。厨余垃圾中的有机质含量可超过 60%,是一种优质的堆肥原料,但是厨余垃圾中含水率及盐分含量较高,对堆肥工艺及堆肥后产品的品质需要严格控制。目前也缺少厨余垃圾制备有机肥料的国家标准,亟须相关部门加快制定,为厨余垃圾堆肥产品提供出路。

厨余垃圾中含有丰富的蛋白质物料,经过微生物发酵后可生产含有高活性蛋白的生物饲料,该技术路线不仅能够提高厨余垃圾的资源利用效率,而且对改善生态环境具有重要意义。微生物生产的生物饲料具有蛋白消化吸收率高、适口性好等优点。以厨余垃圾为原料,采用枯草芽孢杆菌和酵母发酵可以生产出富含有益微生物和多种酶的生物饲料,但目前多为实验室规模的研究,工厂化规模的厨余垃圾生产蛋白质饲料的研究相对较少。厨余垃圾生产动物饲料的不安全性难以解决,可能含有口蹄疫病菌、猪瘟病菌等病原微生物,同时盐分含量也较高。我国各地区明文禁止用厨余垃圾喂养生猪。《固体废物污染环境防治法》规定,禁止畜禽养殖场、养殖小区利用未经无害化处理的厨余垃圾饲喂畜禽。因此,厨余垃圾饲料化有较大的风险,未来需要加大对工厂规模的蛋白质饲料生产过程优化的研究,同时加强对厨余垃圾源生物饲料的安全风险评价。

厨余垃圾养殖昆虫的研究逐渐受到关注,其中研究较多的是利用厨余垃圾养殖黑水虻。有机固体废弃物养殖黑水虻技术在我国广东平远县、陕西渭南县、江苏盐城市等地都有生产案例。黑水虻具有可直接食用新鲜的厨余垃圾的特点,而且具有食谱宽、食量大、容易成活、幼虫营养价值全面、生态安全性高、抗逆性强、对油盐不敏感等优点,被认为是厨余垃圾昆虫处置领域最具产业化前景的生物种类。研究表明,黑水虻处理厨余垃圾可大幅度减少厨余垃圾的体积,控制恶臭气体的排放量,同时能够减少苍蝇滋生,并有效地消除病原微生物。厨余垃圾养殖完黑水虻后可经过筛分得到黑水虻老熟幼虫及虫沙。老熟幼虫富含较高的蛋白质,可用来加工制备高附加值的昆虫蛋白源饲料,生产出来的虫沙可开发成高附加值的有机肥料。利用厨余垃圾养殖黑水虻是实现厨余垃圾减量化、无害化和资源化的一种有效的方式。

水热炭化是指在密闭的体系中,以湿碳水化合物为原料,在一定的温度和自身产生的压力条件下,经过一系列复杂反应转化为碳材料的过程。水热炭化工艺是一种能够实现厨余垃圾无害化处理的技术。水热炭化相较于传统裂解法,更为温和,固型生物质炭可通过固液分离获得,对设备要求低;水热炭化无须干燥预处理,一步成炭,更适合工业应用。研究表明,热值和水热炭中碳的比例随着温度的升高而升高,当水热温度为300 ℃时,得到的水热炭的高位热值达到了31 MJ/kg。水热炭化后,厨余垃圾中的大部分的氮、钙和镁仍在固相的水热炭中,而大部分的钾和钠则在液相中,磷的变化和温度及反应时间有关。目前关于厨余垃圾水热炭化技术的研究多集中在实验室及中试阶段,对厨余垃圾水热炭化工程化的应用研究还有待进一步加强。

随着生活垃圾分类工作的进一步加强,回收厨余垃圾中的资源和能源是未来的发展趋势,在厨余垃圾资源化利用过程中的污染主要包括臭气污染及废水污染,其中臭气污染主要产生于厨余垃圾收储运过程和资源化利用过程,废水污染主要来源于厨余垃圾收储运过程中的渗滤和资源化过程中产生的废水。对厨余垃圾资源化利用过程中的臭气及废水的处理直接关系到后续厨余垃圾资源化市场的推广。

恶臭气体是当今世界面临的六大公害之一。厨余垃圾的自然腐败及资源化利用过程均会产生对人体有害的恶臭污染物,主要包括氨、硫化氢以及乙硫醇、乙硫醚、甲硫醇和二甲二硫醚等多种挥发性有机化合物。在臭气控制方面,常用的除臭技术有物理、化学和生物方法。物理法主要是吸附法。化学除臭的方法主要是采用强氧化试剂对臭气进行氧化脱除,如芬顿(Fenton)氧化法对臭气的去除效率可超过90%,该法在处理气态异味污染物方面具有广阔的应用前景。在厨余垃圾堆肥系统里面添加石灰及磷酸盐,可以减少厨余垃圾堆肥系统里面的氨气及挥发性小分子有机酸的排放,能有效改善厨余垃圾堆肥厂环境,同时提高了堆肥产品的品质。生物法因其成本低、环境友好等特点在臭气控制方面使用得较多,常用的生物除臭技术有生物过滤法、生物洗涤法、生物滴滤法、曝气式生物法和天然植物液除臭法等。

厨余垃圾的含水率通常高达90%以上,在厨余垃圾储运及处理过程中会产生大量的废水,如在厨余垃圾存放及堆肥过程中会产生大量的渗沥液,在厨余垃圾厌氧消化处理过程中会产生大量的沼液。厨余垃圾废水水质和水量波动大、有机物及氨氮浓度高、含油含盐量大,极易散发臭气、滋生蚊虫,同时对地表水、地下水、土壤及大气有污染的风险。采用"厌氧

＋A/O－MBR＋NF＋RO"组合工艺,系统 COD$_{Cr}$、BOD$_5$、NH$_3$-N、SS 的平均去除率超过了 90％,该工艺具有抗冲击负荷能力强、高效快速、出水水质稳定等优点。另外,因为厨余垃圾废水含有丰富的小分子糖、多肽、氨基酸等营养物质,适合被微生物利用,有学者研究利用厨余垃圾废水制备微生物菌肥,为厨余垃圾废水的处理提供了新的思路。

第五节 生活垃圾的热处理

生活垃圾的热处理是指在高温条件下使其中可回收利用的物质转化为能源的过程,主要包括生活垃圾的焚烧、热解等。

城市生活垃圾焚烧处理在国外已有 100 多年的历史。欧美国家经济发达、生活水平高、垃圾产生量大、热值高,对于垃圾焚烧处理极为有利。德国是最早进行垃圾焚烧技术研究的国家,日本是目前世界上拥有垃圾焚烧厂最多的国家,美国也将城市生活垃圾处理的主要方式从填埋转向焚烧。

热解应用于生活垃圾的处理基本还处于研究阶段,焚烧处理生活垃圾在我国已经受到重视,特别是在经济比较发达的城市,垃圾焚烧处理及焚烧发电技术已被大规模应用。根据《中国城市建设统计年鉴》,截至 2008 年年底,全国有生活垃圾卫生填埋处理场 456 座,卫生填埋无害化处理能力为 25.3 万 t/d,年填埋处理量为 8 424 万 t,城市生活垃圾焚烧厂有 74 座,处理能力为 5.16 万 t/d,年无害化处理量 1 570 万 t,填埋、焚烧处理比例分别为 54.6％和 10.2％。截至 2018 年年底,国内城市生活垃圾卫生填埋无害化处理场有 663 座,卫生填埋无害化处理能力为 37.3 t/d,年无害化处理量为 11 706.0 万 t,占总量的 51.3％;生活垃圾焚烧无害化处理厂有 331 座,处理能力为 36.5 万 t/d,年无害化处理量为 10 184.9 万 t,占总量的 44.7％。2008 年与 2018 年的数据比较如表 10-7 所示。国内垃圾焚烧处理市场广阔,研发的焚烧炉主要有固定炉排焚烧炉、流化床焚烧炉、回转窑焚烧炉等。焚烧处理技术在消化、吸收、引进的过程中逐步实现技术和设备的国产化是垃圾处理的必由之路。

表 10-7 2008 年与 2018 年我国生活垃圾无害化处置数据

年份	填埋/万 t	焚烧/万 t	填埋处置率/%	焚烧处置率/%	年垃圾总处置率/%
2008	8 424	1 570	54.6	10.2	66.8
2018	11 706	10 185	51.3	44.7	99.0

一、城市生活垃圾焚烧原理

(一) 城市生活垃圾焚烧过程

城市生活垃圾焚烧过程比较复杂,通常由干燥、热分解熔融、蒸发和化学反应等传热、传质过程所组成。一般根据不同可燃物质的种类,有蒸发燃烧、分解燃烧和表面燃烧三种。城市生活垃圾中含有多种有机成分,其燃烧过程不可能是某一种单纯的燃烧形式,而是包含蒸发燃烧、分解燃烧和表面燃烧的综合燃烧过程。

一般而言,生活垃圾在焚烧时将依次经历脱水、脱气、点燃燃烧、熄火等步骤,以含碳、氢、氮、硫的有机物为例,总的化学反应式可用下式表达:

$$C_aH_{2b}O_{2x}N_{2c}S_dCl_{2e} + (a+b+c-x-e)O_2 \longrightarrow aCO_2 + 2(b-e)H_2O + 2eHCl + cN_2 + dSO_2$$

由于城市生活垃圾燃烧过程的机理极其复杂,各种元素的氧化程度未必就能按此式进行。但为了较好地认识生活垃圾的焚烧过程,一般可以将总的焚烧过程依次分为干燥、热分解和燃烧三大过程。当然,在实际的燃烧过程中三者没有严格的界限,只不过有时间的先后顺序而已。

1. 干燥过程

城市生活垃圾的干燥过程是利用热能使水分汽化,并排出生成的水蒸气的过程。按热量传递的方式,可将干燥三为传导干燥、对流干燥和辐射干燥三种方式。城市生活垃圾的含水率较高,一般为 $30\%\sim55\%$,故干燥过程中需要吸收很多的热能。生活垃圾的含水量越大,干燥过程所需的热能就越多,所花的时间也越长,焚烧炉内的温度下降也就越快,对生活垃圾焚烧的影响也就越大。严重时会使生活垃圾的焚烧难以维持下去,而必须从外界供给辅助燃料,以保证燃烧过程的顺利进行。

2. 热分解过程

城市生活垃圾的热分解过程是生活垃圾中多种有机可燃物在高温作用下的分解或聚合化学反应过程,反应的产物包括各种烃类、固定碳和不完全燃烧物等。生活垃圾中的可燃固体物一般由 C、H、O、N、S、Cl 等元素组成。这些物质的热分解包含多种反应,既有吸热反应也有放热反应。生活垃圾中有机可燃物的热分解速度可以用阿伦尼乌斯公式表示:

$$K = Ae^{-E/RT} \tag{10-23}$$

其中:K 为热分解速度;A 为系数;E 为活化能;R 为气体常数;T 为热力学温度。

城市生活垃圾中有机可燃物的活化能越小、热分解温度越高,则其热分解速度越快。同时,热分解速度还与传热传质速率有关。

3. 燃烧过程

燃烧是具有强烈放热效应、有基态和电子激发态的自由基出现,并伴有光辐射的化学反应现象。城市生活垃圾的燃烧过程是在氧气存在的条件下有机物质的剧烈氧化放热过程。生活垃圾的实际燃烧过程十分复杂,经干燥和热分解后,产生许多不同种类的气、固态可燃物,这些可燃物在与氧混合并达到一定着火条件后就会形成火焰而燃烧。城市生活垃圾的燃烧实际上是一个既有固相燃烧又有气相燃烧的非均相燃烧的混合过程,它比纯固态燃烧或纯气态燃烧均复杂得多。

(二)城市生活垃圾焚烧过程的影响因素

影响城市生活垃圾焚烧过程的因素有许多,但主要因素则是城市生活垃圾的性质、停留时间、燃烧温度、湍流度、过量空气系数(excess air coefficient)等,其中停留时间(time)、燃烧温度(temperature)和湍流度(turbulence)被称为"3T"要素,是反映焚烧炉性能的主要指标。

1. 停留时间

城市生活垃圾燃烧所需的时间就是烧掉生活垃圾所需的时间。为了使生活垃圾能在炉内完全燃烧,就需要垃圾在炉内有足够的停留时间。一般认为,生活垃圾焚烧所需的时间与垃圾固体粒度的平方近似成正比,固体粒度越细,与空气的接触面越大,燃烧的速度就越快,垃圾在炉内的停留时间也就越短。同时,生活垃圾燃烧所需的时间与生活垃圾的含水量也有一定的关系。一般来说,垃圾含水量越大,干燥所需的时间越长,垃圾在炉内所停留的时间也就越长。

此外,停留时间也指燃烧产物烟气在炉内所停留的时间。燃烧烟气在炉内所停留时间的长短决定气态可燃物的完全燃烧程度。一般来说,燃烧烟气在炉内停留的时间越长,气态可燃物的完全燃烧程度就越高。

2. 燃烧温度

城市生活垃圾的燃烧温度是指生活垃圾焚烧所能达到的最高温度。城市生活垃圾的燃烧温度越高,有毒可燃物分解得越彻底,垃圾燃烧得越完全,垃圾焚烧效果越好。一般来说,生活垃圾的燃烧温度与生活垃圾的燃烧特性有直接的关系,生活垃圾的热值越高、水分越低,燃烧温度也就越高。通常要求生活垃圾的燃烧温度高于 800 ℃。

3. 湍流度

湍流度是表征城市生活垃圾和空气混合程度的指标。湍流度越大,生活垃圾和空气的混合程度越好,有机可燃物燃烧反应也就越完全。城市生活垃圾燃烧炉内的高湍流环境是靠燃烧空气的搅动来达到的,加大空气供给量、采用适宜的空气供给方式,可以提高湍流度,改善传热与传质的效果,有利于垃圾的完全燃烧。

4. 城市生活垃圾的性质

城市生活垃圾的热值、组分、含水量、尺寸等是影响生活垃圾的主要因素。热值越高,燃烧过程越易进行,燃烧效果越好。垃圾尺寸越小,单位比表面积越大,燃烧过程中垃圾与空气的接触越充分,传热传质的效果越好,燃烧越完全。

5. 过量空气系数

过量空气系数对城市生活垃圾的燃烧状况有很大的影响,供给适量的过量空气是有机可燃物燃烧的必要条件。增大过量空气系数既可以提供过量的氧气,又可以增加焚烧炉内的湍流度,有利于生活垃圾的燃烧。但过量空气系数过大又有一定的副作用,过量空气系数过大既降低了炉内燃烧温,又增大了垃圾燃烧烟气的排放量。

(三)城市生活垃圾的焚烧产物

城市生活垃圾在焚烧炉内与空气混合燃烧后,其产物主要有烟气、飞灰和炉渣等。

1. 烟气的产生与特性

城市生活垃圾燃烧烟气的成分、烟气量与生活垃圾的组分、燃烧方式、烟气处理设备等有关。城市生活垃圾的组分十分复杂,可燃的生活垃圾基本上是有机物,有大量的碳、氢、氧、氮、硫、磷和卤素等元素。这些元素在燃烧过程中与空气中的氧气起化学反应,生成各种氧化物和部分元素的氢化物,从而成为垃圾燃烧烟气的主要组成部分。

(1) 有机碳在焚烧时,其产物为 CO_2 气体。

(2) 有机物中的氢在焚烧时,其产物为水蒸气,当有氟、氯等存在时也可能会生成卤化氢。

(3) 生活垃圾中的有机硫在焚烧时,其产物为二氧化硫或三氧化硫。

(4) 生活垃圾中的有机磷在焚烧时,其产物为五氧化二磷。

(5) 生活垃圾中的有机氮化物在焚烧时,其产物为氮气和氮的氧化物。

(6) 生活垃圾中的有机氟化物在焚烧时,其产物主要是氟化氢。如燃烧体系中氢的量不足以与所有的氟结合成氟化氢时,可能会生成四氟化碳或二氟化碳。

(7) 生活垃圾中的有机氯化物在焚烧时,其产物为氯化氢。

(8) 生活垃圾中的有机溴化物在焚烧时,其产物为溴化氢及少量的溴。

(9) 生活垃圾中的有机碘化物在焚烧时,其产物为碘化氢及少量的元素碘。

由此可见,城市生活垃圾焚烧时,其烟气成分特别复杂,与一般燃料燃烧时所产生的烟气在组分上有较大的区别,主要表现在 HCl 和 CO_2 的浓度较高。

2. 其他污染物

(1) 飞灰。焚烧过程中产生的飞灰一般为无机物质,主要是金属的氧化物和氢氧化物、碳酸盐、磷酸盐及硅酸盐,来源于垃圾中的不熔氧化物、非挥发性金属及不完全燃烧的有机物等。

(2) 酸性气体。包括 HCl、NO_x、SO_x 等,主要由垃圾中的含氯、含氟与含硫等化合物高温燃烧时生成。

(3) 金属化合物(重金属)。烟气中的金属化合物一般由垃圾中所含的金属氧化物和盐类等反应生成。这些金属氧化物主要来源于垃圾中油漆、电池、灯管、化学溶剂、废油、油墨等。所含的金属元素按照性质基本可分为三类：

① 非挥发性元素（沸点大于 1 200 ℃），包括铝、钡、铍、钴、镁、铁、钾、硅、钛等，一般存在于飞灰和炉渣之中；

② 挥发性金属，包括锑、砷、铜、铅、锌等，一般与飞灰凝结在一起；

③ 挥发性汞（700 ℃），在垃圾焚烧高温烟气中仍是气态。

（4）未完全燃烧产物。主要为一氧化碳、高分子碳氢化合物和氯化芳香族碳氢化合物。现已证实，其中某些芳烃化合物有致癌作用，如 3，4-苯并芘是有机物不完全燃烧时产生的剧毒物质。保证垃圾焚烧炉内完全燃烧是防止该类有毒物质产生的有效手段。

（5）微量有机化合物。主要有多环芳烃（PAHs）、多氯联苯（PCBs）、甲醛、二噁英（PCDDs）及多氯代二苯并呋喃（PCDFs）等。其中，PCDDs 和 PCDFs 是强致癌、致畸的危险性有毒物质，在垃圾焚烧炉内燃烧温度高于 200 ℃时开始生成，温度高于 700 ℃开始分解，当烟气温度高于 850 ℃才能分解完全。

二、燃烧过程中的二噁英污染

我国《生活垃圾焚烧污染控制标准》（GB 18485—2014）规定了生活垃圾焚烧厂的选址要求、技术要求、入炉废物要求、运行要求、排放控制要求、监测要求、实施与监督等内容，对烟气、飞灰、炉渣、渗沥液等排放控制做了规定。其中，生活垃圾焚烧排放的污染物中，危害较大的是二噁英和飞灰。

（一）二噁英的物理、毒理性质

二噁英是由 2 个苯环通过与 1 个氧原子或 2 个氧原子连接而生成的芳香烃族化合物，其苯环上不同位置上的 H 被 Cl 所取代形成了一系列化合物。多氯代二苯并-对-二噁英（PCDDs）与多氯代二苯并呋喃（PCDFs）合称为二噁英（见图 10-15）。

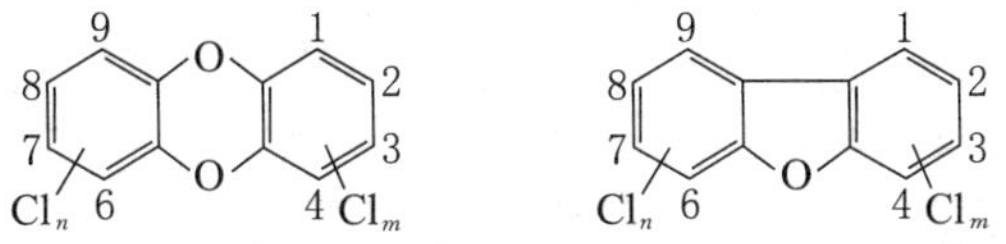

(a) PCDDs (b) PCDFs

图 10-15 （a）PCDDs，多氯代二苯并-对-二噁英；（b）PCDFs，多氯代二苯并呋喃

二噁英是一类非常稳定的亲油性固体化合物，其熔点较高，分解温度大于 700 ℃，极难溶于水，可溶于大部分有机溶液，所以容易在生物体内积累。美国环境保护局（EPA）确认的有毒的二噁英类物质有 30 种，其中包括 PCDDs 7 种、PCDFs 10 种、PCBs 13 种，以毒性大、致癌作用强的 2，3，7，8 四氯代二苯并-对-二噁英（2，3，7，8-TCDD）为代表。不同的二噁英类取代衍生物具有不同的毒性，但可以采用毒性等价换算值的方法，用统一的数值来表示其

浓度。即将各异构体的浓度乘以对应的毒性等价换算系数（2，3，7，8-TCDD toxicity equivalent factor，TEF），则可换算成 TCDD 的毒性当量（toxic equivalent quantity，TEQ）。

根据美国 EPA 1995 年的报告，二噁英是迄今人类所发现的毒性最强的物质，其理化性质如表 10-8 所示。其对人类健康的影响超过了 20 世纪 60 年代滴滴涕（DDT）杀虫剂对人类健康的影响。非常小剂量的"错误信号"能对激素调控产生极大的影响作用，包括影响细胞分裂、组织再生、生长发育、代谢和免疫功能，因此，二噁英被称为"毒素传递素"，影响和危害正常人体系统，如内分泌、免疫、神经系统等。如表 10-10 所示是二噁英 2，3，7，8-TCDD 的一些毒理效应。二噁英可存积于空气、土壤、食物（肉制品、乳制品、鱼、蛋、蔬菜等）中，经由食物链在人类身体中累积。二噁英对人的危害可通过空气、饮水、膳食等途径传递。膳食摄入可占总侵害的 97.5%，世界卫生组织的分支机构国际癌症研究机构在 1997 年的报告中将 2，3，7，8-TCDD 列为一级致癌物，其毒性相当于氰化钾（KCN）的 1 000 倍，其他的二噁英毒性以与该化合物毒性比较得到的当量因子进行评价（见表 10-9）。

表 10-8　二噁英的理化性质

项　目		2，3，7，8-TCDD	OCDD
分子量		322	456
熔点/℃		305	130
溶解度/(mg/L)：			
溶 剂	邻二甲苯	1 400	1 830
	氯苯	720	1 730
	二甲苯	—	3 580
	苯	570	—
	氯仿	370	560
	丙酮	110	380
	甲醇	10	—
	水	7.2×10^{-6}	—
化学稳定性：			
	普通酸	稳定	稳定
	碱	稳定	有条件分解
	氧化剂	强氧化剂分解	稳定
	光	分解	分解

表 10-9　二噁英类的等价毒性当量因子

化合物名称	TEF
2, 3, 7, 8-TCDD	1
1, 2, 3, 7, 8-P_5CDD	0.5
2, 3, 7, 8-取代 H_6CDD	0.1
1, 2, 3, 4, 6, 7, 8-H_7CDD	0.01
OCDD	0.001
2, 3, 7, 8-TCDF	0.1
1, 2, 3, 7, 8-P_5CDF	0.05
2, 3, 4, 7, 8-P_5CDF	0.5
2, 3, 7, 8-取代 H_6CDF	0.1
2, 3, 7, 8-取代 H_7CDF	0.01
OCDF	0.001

表 10-10　二噁英的毒理效应

影　　响	毒　理　效　应
激素、受体、生长因子调节的影响	固醇类激素(雄性激素、雌性激素、胰岛素)和受体等
免疫系统的影响	细胞和体液免疫控制,增加对传染源的敏感性,自身免疫反应
生长发育的影响	先天缺陷,胎儿死亡,影响神经系统发育,智力低下,性别发育异常
雄性生殖系统毒性	降低血清雄性激素浓度,睾丸萎缩,结构异常,雌性化激素反应
雌性生殖系统毒性	生育能力下降,流产,死胎,卵巢功能下降或消失
其他影响	器官毒性(肝、脾、胸腺、皮肤、牙齿),糖尿病,体重减轻,糖和脂肪代谢异常

(二) 二噁英的来源

二噁英主要来源于固体废物焚烧,约占排放量的 90%,含氯农药合成、纸浆的氯气漂白等也可产生二噁英。

关于在焚烧垃圾过程中生成二噁英的各种理论,有以下四种:

(1) 燃烧含有微量 PCDD 的垃圾,在其排出废气中必然产生 PCDD;

(2) 在有两种或多种有机氯化物存在的情况下,它们是形成 PCDD 的前趋体(precursor),由于二聚作用(dimerization),这些化合物(氯酚)在适当的温度和氧气条件下就会结合并生成 PCDD;

(3) 单分子的前趋体化合物的不完全氧化也可生成 PCDD,如多氯代二酚的不完全氧化;

（4）由于氯的存在，氯（氯化物）就会破坏碳氧化合物（芳香族）的基本结构，而与木质素（如木材、蔬菜等废物）相结合，促使生成 PCDD。

通常认为，燃烧混有金属盐的含氯有机物是产生 PCDD/Fs 的主要原因，其中金属起催化剂作用，如氯化铁、氯化铜可以催化 PCDD/Fs 的生成。城市生活垃圾中含有大量的有机氯化物（如塑料、橡胶、皮革）和无机氯化物（如氯化钠），焚烧过程中温度在 250～650 ℃时会生成 PCDD/Fs，且在 300 ℃时生成量最大。

（三）二噁英的降解与控制

环境中的二噁英是相当稳定的，在深层土壤中 2，3，7，8-四氯二苯并-对-二噁英的半衰期长达 10～20a，底泥中二噁英也能长期稳定。二噁英在环境中稳定、持久，环境中的二噁英通过垂直迁移、蒸发或降解的损失率很低，表层的二噁英主要损失途径是挥发和降解。环境中二噁英的降解由于具有相对稳定的芳香环，具有稳定性、亲脂性、热稳定性，同时耐酸、碱、氧化剂和还原剂，且抵抗能力随分子中卤素含量的增加而增强，因而二噁英广泛分布于空气、水、土壤中，并具有高度的持久性。

目前环境中的二噁英的降解途径、降解机制及速率成为研究的热点之一。环境中的二噁英，特别是高氯代二噁英，不管是在有氧条件还是在缺氧条件下几乎不发生化学降解。生物代谢也缓慢，主要是光降解。但在有机溶剂如二氧六环、三氯甲烷、环己烷、甲醇等中，用紫外灯照射，它会很快被分解。

控制焚烧厂产生 PCDDs/PCDFs，可从控制来源、减少炉内形成及避免炉外低温区再合成三方面着手。

（1）控制来源。通过废物分类收集，加强资源回收，避免含 PCDDs/PCDFs 物质及含氯成分高的物质（如 PVC 塑料等）进入垃圾中。

（2）减少炉内形成。焚烧炉燃烧室保持足够的燃烧温度及气体停留时间，确保废气中具有适当的氧含量（最好在 6％～12％），达到分解破坏垃圾内含的 PCDDs/PCDFs，避免产生氯苯及氯酚等物质的目标。控制燃烧温度抑制 PCDDs/PCDFs，促使 NO_x 浓度升高，但若降低燃烧温度来避免 NO_x 的产生，废气中的 CO 含量会随之升高。此外，由于炉内蓄热增加提高了锅炉出口废气温度，所以可能促使 PCDDs/PCDFs 在后续除尘设备内再合成。故而欲同时控制 PCDDs/PCDFs 及 NO_x 时，应先以燃烧控制法降低由炉内形成的 PCDDs/PCDFs 及其先驱物质，再于炉内喷入 NH_3 或尿素进行无触媒脱氯（selective non-catalytic reduction，SNCR），或于空气污染防制设备末端进行触媒脱硝（selective catalytic reduction，SCR）以降低可能增加的 NO_x 浓度。

（3）避免炉外低温再合成。PCDDs/PCDFs 炉外再合成现象多发生在锅炉内（尤其在节热器的部位）或在粒状污染物控制设备前。有些研究指出，主要的生成机制为铜或铁的化合物悬浮粒催化生成了二噁英的先驱物质，工程上普遍采用半干式洗气塔与布袋除尘器搭配的方式,控制粒状污染物在废气中的浓度并控制废气进入布袋除尘器的温度不高于 232 ℃。

在干式处理流程中,最简单的方法为喷入活性炭粉或焦炭粉,以吸附及去除废气中的 PCDDs/PCDFs。活性炭粉虽然单价较高,但因其活性大、用量少,且蒸汽活化安全性高,同时对汞金属亦具有较优的吸附功能,是较佳的选择。喷入的位置因除尘设备的不同而异。使用布袋吸尘器时,吸附作用可发生在滤袋的表面,能为吸附物提供较长的停留时间,活性炭粉或焦炭粉直接喷入除尘器前的烟道内即可。使用静电除尘器时,因无停滞吸附作用,故活性炭喷入点应提前至半干式或干式洗气塔内(或其前烟管内),以增加吸附作用时间。利用吸附作用除 PCDDs/PCDFs 的方法,除活性炭粉喷入法外,也可直接在静电除尘器或布袋除尘器后端加设一含有焦炭或活性炭固定床的吸附过滤器,但因过滤的速度慢(0.1～0.2 m/s)、体积大,焦炭或活性炭滤层可能有自燃或尘爆的危险。

在湿式处理流程中,因湿式洗气塔仅扮演吸收酸性气体的角色,而 PCDDs/PCDFs 的水溶性甚低,故其去除效果不佳。但在不断循环的洗涤液中,氯离子浓度持续累积,造成毒性较低的 PCDDs/PCDFs(毒性仅为 2,3,7,8-TCDD 的千分之一)占有率较高,虽对总浓度的影响或许不大,也不失为一种控制 PCDDs/PCDFs 毒性富量浓度的方法;若欲进一步将 PCDDs/PCDFs 去除,可在洗气塔低温段加入去除剂,但此种控制方式仍需要进一步的研究。

(1) 控制燃烧温度。二噁英的最佳生成温度为 300 ℃,但是在 400 ℃ 以上时,仍然有二噁英生成的可能。当温度达到 900～1 000 ℃ 时,二噁英将无法生成。因此,维持燃烧温度高于 1 000 ℃ 是防止二噁英生成的首要条件。

(2) 提高燃烧效率。因为二噁英的生成与燃烧效率有直接的关系,CO 中的碳可能参与二噁英的生成反应,所以,供氧充足,减少 CO 的生成,可以间接地减少二噁英的生成;烟气中比较理想的 CO 浓度指标是低于 60 mg/m³,O_2 浓度不低于 6%,在炉膛及二次燃烧室内的停留时间不小于 2 s。

(3) 加强烟道气温度控制。一般新建的大型垃圾焚烧厂都有废热回收系统,烟道气自燃烧室进入该系统后,温度将逐渐降低至 250～350 ℃,而此温度范围又恰巧是二噁英生成反应(从头合成,即 DeNovo 合成反应)的最佳区域,因此,必须将从焚烧炉出来的烟气的温度在短时间内骤降至 150 ℃ 以下,以确保有效遏止二噁英的再生成。

(4) 化学加药。向烟道中喷入 NH_3 或喷入 CaO 等吸收 HCl,以抑制前驱物质的生成。

(5) 选用新型袋式除尘器,控制除尘器入口处的烟气温度低于 200 ℃,并在进入袋式除尘器的烟道上设置活性炭等反应剂的喷射装置,进一步吸附二噁英。

(6) 在生活垃圾焚烧厂中设置先进、完善和可靠的全套自动控制系统,使焚烧和净化工艺得以良好执行。

(7) 通过分类收集或预分拣控制生活垃圾中氯和重金属含量高的物质进入垃圾焚烧厂。

(8) 由于二噁英可以在飞灰上被吸附或生成,所以对飞灰应用专门容器收集后作为有毒有害物质送至安全填埋场进行无害化处理,有条件时可以对飞灰进行低温(300~400 ℃)加热脱氯处理或熔融固化处理后再送至安全填埋场处置,以有效地减少飞灰中二噁英的排放。

三、灰渣处理

生活垃圾焚烧产生的灰渣约占焚烧前总重量的 5%~20%,分为炉渣(slag)和飞灰(fly ash)两部分,炉渣是从炉排下收集的焚烧炉渣,飞灰是由除尘器等捕集下来的烟气中的颗粒物质。

垃圾焚烧灰渣中,重金属是最主要的污染因子,主要来自电池、家用电器、温度计、报纸、杂志、塑料、颜料、橡胶、防锈金属、半导体、彩色胶卷、纺织品、杂草等垃圾原料。原生垃圾中的重金属将经历蒸发、化学反应、颗粒的夹带和扬析、金属蒸气的冷凝、烟气净化、颗粒的沉降捕集等过程,各种重金属的熔沸点等因素影响着它们各自的迁移过程。重金属在焚烧炉中常以多种形态出现。重金属在焚烧炉中的最终分布除了受重金属本身特性(蒸发压力和沸点)影响外,还受原生垃圾组成(含氯量等)以及焚烧环境等因素的影响。

(1) Al、Ba、Be、Ca、Co、Fe、K、Mg、Mn、Si、Sr、Ti 等,这些元素因为具有很高的沸点,因而在燃烧区域不挥发,它们构成炉渣的基体,较多地存在于炉渣中,而很少沉降在飞灰的表面。

(2) As、Cd、Cu、Ga、Pb、Zn、Se 等,这些元素在燃烧过程中挥发,停留在炉渣中的可能性小。燃烧烟气冷凝时,这些金属的化合物富集在飞灰颗粒上,且随着飞灰颗粒尺寸减小,富集浓度增加。

(3) Hg、Cl、Br 等,这些元素经历了挥发且不被冷凝,在整个过程中都停留在气相。

(一)炉渣

根据我国现有的污染控制标准,对常州垃圾焚烧厂的炉渣进行监测,结果表明,其炉渣属于一般废物。然而,炉渣中仍然存在一些未燃尽的有机废物和可以回收的废物。因此,在运往填埋场或堆放场之前,建议进行分选。

瑞士保罗谢勒研究院(Paul Scherrer Institute)提出了生态型焚烧炉的概念,通过提高焚烧温度、改变焚烧方式、采用先进焚烧系统等措施来使垃圾中的重金属尽可能蒸发到烟道气中,从而被烟道除尘器捕集形成飞灰,而炉渣中的重金属被降低到填埋标准以下。

(二)飞灰

1. 影响飞灰性质的因素

纯垃圾焚烧的炉排炉产生飞灰重金属的质量分数高于掺煤混烧的流化床飞灰中重金属的质量分数。

随着飞灰颗粒尺寸的减小,所富集的重金属质量分数增加。

飞灰渗沥液的 pH 值随飞灰中碱金属质量分数的增加而增加,不同的飞灰渗沥液 pH 值不同。

飞灰中重金属的渗滤特性受飞灰渗沥液 pH 值的影响最大。在碱性环境下,重金属的渗滤一般都很少,这一特点为垃圾焚烧飞灰的最终处理提供了必要的依据,减少垃圾焚烧对环境造成的二次污染。

2. 垃圾焚烧发电厂飞灰的性质

飞灰中主要含有 SiO_2、Al_2SiO_5、$NaCl$、KCl、$CaAl_2Si_2O_8$、Zn_2SiO_4、$CaCO_3$、$CaSO_4$ 等无机物,溶解盐含量高达 $17.9\% \sim 22.1\%$,酸中和能力为 $3.0 \sim 6.0$ meq/g,对环境 pH 值变化的抵抗能力强。

飞灰中 Pb 和 Hg 的浸出浓度超过我国危险废物鉴别标准的允许浓度,因此飞灰为危险废物。

3. 垃圾焚烧飞灰的综合利用

垃圾焚烧飞灰的综合利用需考虑以下三个因素。

(1) 适宜性。这是指飞灰进行某一应用的难易程度,它依赖于垃圾焚烧飞灰的物化特性。适宜性决定了飞灰的利用方法。

(2) 使用性能。这是指飞灰综合利用加工为产品的使用性能,它决定飞灰加工产品的利用程度。

(3) 对环境的影响。飞灰利用加工的产品必须呈现无毒性或在环境允许的范围内,对环境没有影响,这样才能真正做到飞灰的再利用。

垃圾飞灰中含有 $24\% \sim 27\%$ 的石灰和一些硅、铝,因此可代替石灰用于生产水泥。这种水泥称为硫代铝酸盐水泥,属低能量水泥,有较高的强度和快速硬化等特点。但飞灰生产水泥产品有一定的技术难度,因为飞灰中含有较高的重金属和氯化物,这将导致它们在水泥中的含量也增加。飞灰中的氯化物在水泥回转窑高温段挥发,然后在低温段冷凝,会堵塞某些设备,引起设备停产。所以,飞灰生产水泥产品时必须进行水洗等预处理,降低重金属和氯化物的含量,以满足水泥生产的要求。

除了可替代水泥用于混凝土外,飞灰还可作为骨料用于混凝土。粉状的飞灰不能单独作为骨料,要通过混入砂中作为骨料,所产生的混凝土属轻质混凝土,致密度和强度都较低,但有较好的绝热性和隔音,可用于室内建筑。

陶瓷是基于消耗大量硅酸盐物质的产品,这是飞灰用于陶瓷的应用基础,并且细颗粒的飞灰可直接加入陶瓷原料,无须进行预处理,适当加入飞灰可提高陶瓷性能。

在发达国家尤其是日本,玻璃化是处理垃圾飞灰的一种常见方法。飞灰在玻璃化过程中,有机组分和有毒物被破坏,去毒率 $>99.9\%$,同时,重金属可固化在硅酸盐基体中,或者通过蒸发、沉淀而分离。飞灰玻璃化后的产物用途较广,可用于喷砂丸、混凝土的骨料、路基、堤坝、建筑与装饰材料(可渗透水砖、瓷砖和地面铺设砖)等。

玻璃化的缺点是能耗大,处理成本高。为了减少成本,产生了另外一种处理飞灰的方法,即在玻璃化过程中,正确控制温度和操作方法,减少玻璃体中的晶体,生成玻璃陶瓷。

飞灰用于路基,主要是代替部分砂作为填充层,或掺入水泥中替代部分水泥生成水泥固化体作为道路支撑层。当飞灰替代部分水泥使用时,正确的操作和配料可使所得材料符合建筑原料的要求,对环境影响较小;而作为道路填充层应用时,可能对土壤或地下水产生污染。

修建堤坝时需要大量的填充物,通常用水泥或石灰对土壤进行稳定化作为填料。飞灰可代替水泥或石灰来稳定软土壤作为堤坝填料。

飞灰中含有较多的元素,如磷和钾等,因此,可以代替化肥供给植物养分。飞灰作为肥料或改良剂的最大问题是重金属和盐的影响。飞灰中含有较多的重金属,适当的重金属可促进植物的生长,过量则变为植物毒物。在植物中可积累的元素有 Zn、Cd、Pd、Mo、B、Cu等,虽然有些重金属在植物体内富集量超过允许的量时植物仍能正常生长,但重金属就有可能通过食物链在高级动物体内富集,甚至危及人体健康。同时,重金属可能通过迁移污染土壤和地下水,影响迁移的因素有 pH 值和飞灰中的氯化物含量,控制土壤的 pH 值和飞灰中的氯化物可减缓重金属的迁移。由于飞灰中含有可溶性盐,当飞灰添加到土壤中时会增加土壤的盐度,从而使植物不能正常生长,导致植物的产量下降。

飞灰通过水热碱性处理合成沸石类物质,尽管它的质量低于通常用的吸附物(自然沸石或活性炭),但根据 TCLP 固体废物毒性浸出试验,使用该合成沸石是安全的。然而合成过程中产生的残留物含有高浓度重金属,必须事先控制。飞灰合成的沸石作为吸附物可应用于化工工业,如吸取不同溶解态的离子和分子,也可用于工业废水处理吸取重金属和在农业废水中吸附氨离子。

4. 垃圾焚烧飞灰的处理方法

水泥固化和玻璃化是当前飞灰处理处置的发展方向。

水泥固化是把飞灰、水泥按一定比例混合,加入适量的水,使之固化的一种方法。该方法是传统的飞灰处理方法,成本低,处理简单。可以采用水泥、石灰、高炉渣作为固化剂,其中使用最多的是水泥。还可以添加磷酸盐、硫酸亚铁等作为稳定剂,它们可与重金属反应产生稳定的、不溶于水的化合物,将重金属固化在固化体内。

在水泥的水化过程中,重金属可以通过吸附、化学吸收、沉降、离子交换、钝化等多种方式与水泥发生反应,最终以氢氧化物或络合物的形式固化在水泥水化形成的水化硅酸盐胶体表面上,同时水泥也为重金属提供了碱性环境,抑制了重金属的渗滤。

水泥固化方法在一定的飞灰掺和比例下是可行的,具备一定的抗压强度和较低的重金属浸出率。然而,由于飞灰的副作用影响水泥的正常水化过程,为达到一定的强度,使飞灰的掺和量受到限制,一般在 20%～30%,水泥的消耗量大。

有研究指出,飞灰经水洗后大部分碱性物质、可溶的硫酸盐及氯化物从飞灰中脱除,用水泥固化时,可大大缩短水泥的凝硬过程,提高飞灰掺和量到 75%～90%,所得到的混合物硬度最低值在 0.6～1.4 MPa,满足工程填埋的要求。这种方法虽然增加了飞灰水洗过程,但因水泥用量大大减少,消耗的费用是原方法的 50%～65%左右。

垃圾焚烧灰渣熔融处理是无害化和资源化的一项处理技术。熔融炉有利用燃料燃烧和电热两种方式,包括表面熔融炉、电弧熔融炉、等离子体熔融炉等。在高温 1 200～1 400 ℃状况下,飞灰中有机物发生热解、气化及燃烧,而无机物则熔融形成玻璃质熔渣。经熔融处理后,飞灰中的二噁英等有机物受热分解被破坏,飞灰中所含的沸点较低的重金属盐类转移到气体中并以熔融飞灰的形式捕集下来,其余的金属则转移到玻璃熔渣中,大大降低了重金属的浸出特性。灰渣经熔融处理后,密度大大增加,灰渣减容可超过 2/3,并且可以回收灰渣中的金属,稳定的熔渣可作为路基材料、混凝土骨料、沥青骨料等,达到有效利用的目的。

飞灰还可进行烧结处理。烧结处理与熔融处理相比,消耗的热量低,与水泥固化相比,所得的产品体积小、硬度高,重金属的浸出率低,这种方法既可以降低飞灰的毒性,又可以将烧结产品作为结构材料进行资源化利用,如做混凝土代替骨料、路基、堤坝等。

此外,飞灰还可以用化学药剂进行处理。药剂处理可分为有机药剂和无机药剂两种。有机药剂以螯合型药剂为主,即用一种水溶性的螯合高分子,与重金属离子反应形成不溶于水的高分子络合物,从而使飞灰中的重金属固化下来。无机类药剂主要利用磷酸类药剂与飞灰中的 Si、Al、Ca 等反应生成结合力很强的羟基磷石灰矿物,有害金属固化到这种矿物结构中,使其浸出率大大减小。

四、工程实例

某日处理生活垃圾 1 000 t 垃圾焚烧厂(见表 10-11),投资 4.69 亿元。主体工程包括 2×500 t/d 垃圾焚烧炉及配套的 2 台 45 t/h 余热锅炉、垃圾暂存及上料系统、1×20 MW 汽轮发电机组、烟气净化及除渣系统等,包括焚烧主厂房(垃圾卸料平台和垃圾储坑、垃圾焚烧系统、余热锅炉系统和汽轮发电系统)、调节池、冷却塔、工业水池、渗沥液处理车间、雨水收集池、办公楼、宿舍及食堂等建筑物。焚烧炉为机械炉排炉,焚烧烟气处理系统包括石灰浆制备系统、喷雾干燥反应塔系统、干粉喷射系统、袋式除尘器、活性炭系统和灰渣输送系统。厂区雨污分流,分区防渗。污染物产排及环保措施包括除臭系统(帘幕、活性炭除臭、负压等),烟气净化系统(SNCR 炉内脱硝＋半干法脱酸＋干法脱酸＋活性炭吸附＋袋式除尘器组合工艺,经 80 m 集束烟囱排放),飞灰处理(螯合剂＋水泥稳定化处理后送至生活垃圾填埋场填埋),污水处理系统(预处理＋调节池＋UASB 厌氧＋MBR 膜生物反应＋NF 纳滤工艺处理废水和渗沥液、初期雨水,处理规模 300 m³/d,处理后排至污水处理厂,中水深度处理系统排水等以及经化粪池处理后的生活污水直接排放至管网)。焚烧炉设有启动燃烧器和辅助油燃烧器,燃料为天然气。渗沥液处理系统沼气经预处理后引入焚烧炉,检修时火炬燃烧。辅料有石灰、消石灰、氢氧化钠、活性炭、水泥、螯合剂、尿素等。项目设置 500 m 防护距离,周边无环境敏感点。垃圾运输采用专用垃圾运输车辆,运输路线固定,尽量避开村庄等敏感点。采取环境风险应急预案和措施可以有效防控停炉检修、垃圾渗沥液渗漏等环境风险事故,风险水平可接受。大气污染物排放满足《生活垃圾焚烧污染控制标准》、欧盟 2000/76/EC 标准、《恶臭污染物排放标准》及环评执行标准相应限值要求。城市生活垃圾焚烧发电项目概况如表 10-11 所示。

表 10-11 城市生活垃圾焚烧发电项目概况

项目名称			城市生活垃圾焚烧发电项目	
工程投资/亿元			4.69	
建设内容			建 设 规 模	备 注
主体工程	垃圾焚烧系统		本期 2 台,2×500 t/d,机械炉排炉(垃圾焚烧炉)	—
	垃圾接受、贮存与输送系统	卸料平台	位于卸料大厅,标高 7.5 m,卸料位 7 个,平台跨度 27 m	—
		垃圾贮坑	长 57.5 m,宽 25.1 m,深 7 m,可贮存垃圾约 9 191 t,可满足 2×500 t/d 焚烧线 9 天的焚烧量	全封闭负压操作
		垃圾给料	垃圾抓斗起重机 2 台,2×16 t,一用一备;焚烧炉给料斗容积 60 m³	全自动
		渗沥液收集与输送系统	垃圾贮坑底部保持 2%~2.5% 排水坡度,并在底部设置格栅和渗沥液收集池,渗沥液通过格栅后汇集于收集池,有效容积 200 m³	—
	发电系统	发电机组	本期 1 台,1×20 MW 汽轮发电机,年发电量 1.33×10⁸ kW·h	—
		余热锅炉	本期 2 台,2×45 t/h,自然循环卧式水管炉	—
		烟囱	1 座双管集束烟囱,高度 80 m,单管内径 2 m	—
公用工程	水源		以污水处理厂的中水为生产水源,生活用水由园区自来水供应	—
	供水系统		本期工程需要新建专用中水供水管线及中水深度处理设施	—
	排水系统		采取雨污分流制,垃圾渗沥液、生产废水、生活污水、初期雨水在厂内经相应处理设施处理达到《污水综合排放标准》(GB 8978—1996)三级标准且满足污水处理厂进水水质要求后,通过市政污水管网排入污水处理厂集中处理,少量不能全部回用的循环冷却排水亦排入污水处理厂集中处理。后期雨水接入厂外市政雨水管网	—
	消防系统		新建生产消防合用蓄水池,总容积 4 000 m³(2×2 000 m³);新建生产、消防综合泵房 1 座;厂区不设消防站和消防车,消防事故时利用园区消防设施	—
	绿化		厂区绿化率 30%	—

续表

建设内容		建 设 规 模	备 注
辅助工程	冷却系统	逆流式机械通风冷却塔 2 座	—
	自动控制系统	集散控制系统(distributed control system，DCS)	—
	点火及助燃系统	点火及助燃采用天然气，园区市政天然气管道敷设	—
	活性炭储仓	1 个，容积 10 m³，满足正常运行 5 天需要	本期年耗量约 100 t
	石灰储仓	2 座，总容积 300 m³ (2×150 m³)，满足正常运行 7 天需要	本期年耗量约 2 500 t
	尿素储仓	以尿素作为 SNCR 系统脱硝还原剂，厂内设立式筒仓 1 个，容量 3 m³，满足正常运行 5 天需要	本期年耗量约 250 t
	炉渣储坑	1 座，尺寸 34.4 m×5.45 m×4 m，储渣量约 900 t，可贮存 2 台机组约 7 天的渣量	—
	飞灰储仓	2 座，总容积 300 m³ (2×150 m³)，设在飞灰固化间内，可储存本期工程约 5 天的灰量	—
	水泥储仓	1 座，总容积 60 m³，可满足正常运行 6 天需要	本期年耗量 2 620 t
	螯合剂储罐	1 个，总容积 4 m³，可满足正常运行 6 天需要	本期年耗量 215 t
	升压站	110 kV 电压等级，主变压器和配电装置均户内布置	—
	办公及生活设施	新建办公综合楼 1 座	—
环保工程	厂区排水管网	实现厂区雨污分流、清污分流	—
	渗沥液处理系统	采用"除渣预处理＋调节池＋厌氧 UASB 反应器＋外置式 MBR＋纳滤"处理工艺，处理能力 300 t/d	—
	烟气处理系统	采用"SNCR 脱硝＋半干法脱酸＋干法脱酸＋活性炭吸附＋袋式除尘器"处理工艺	—
	恶臭防治	抽气负压、活性炭除臭、阻隔帘幕及其他密闭措施	—
	噪声控制	合理布局，安装消声器、隔声罩等	—
	飞灰固化系统	建设 1 套 2.5 t/h 飞灰水泥固化系统	—

第六节　生活垃圾的卫生填埋处置

卫生填埋又称卫生土地填埋,是指填埋场采取防渗、雨污分流、压实、覆盖等工程措施,并对渗沥液、填埋气体及臭味等进行控制的生活垃圾处理方法。土地填埋是从传统的堆放和填地处理发展起来的一项城市生活垃圾最终处理、处置技术。

卫生填埋是世界上最常用的垃圾处置技术,截至 2008 年年底,国内城市生活垃圾无害化处理场有 579 座,其中填埋场 456 座,填埋处置的垃圾量占总量的 81.7%。由于卫生填埋投资和运行费用较低,处理工艺简单,可方便迅速、大规模处理生活垃圾,该方法在我国很长一段时间内都是垃圾处置采取的主要方法。

2014 年 3 月 1 日我国颁布实施了《生活垃圾卫生填埋处理技术规范》(GB 50869—2013),主要内容包括填埋物入场技术要求,场址选择,总体设计,地基处理与场地平整,垃圾坝与坝体稳定性,防渗与地下水导排,防洪与雨污分流系统,渗沥液收集与处理,填埋气体导排与利用,填埋作业与管理,封场与堆体稳定性,辅助工程,环境保护与劳动卫生,工程施工及验收等。

我国《生活垃圾填埋场污染控制标准》(GB 16889—2008)规定了生活垃圾填埋场选址、设计与施工、填埋废物的入场条件、运行、封场、后期维护与管理的污染控制和监测等方面的要求。该标准适用于生活垃圾填埋场建设、运行和封场后的维护与管理过程中的污染控制和监督管理。该标准的部分规定也适用于与生活垃圾填埋场配套建设的生活垃圾转运站的建设、运行。

2017 年 1 月 21 日,我国颁布实施了《生活垃圾卫生填埋场封场技术规范》(GB 51220—2017),代替了原《生活垃圾卫生填埋场封场技术规程》(CJJ 112—2007),主要内容包括覆盖工程,地下水控制工程,填埋气体导排收集、处理与利用工程,渗沥液导排与处理工程,防洪与地表径流导排,垃圾堆体绿化,填埋场封场监测,封场工程的施工与验收,封场后维护与场地再利用等。

进入填埋场的填埋物应是居民家庭垃圾、园林绿化废弃物、商业服务网点垃圾、清扫保洁垃圾、交通物流场站垃圾、企事业单位的生活垃圾及其他具有生活垃圾属性的一般固体废弃物。城镇污水处理厂污泥进入生活垃圾填埋场混合填埋处置时,应经预处理改善污泥的高含水率、高黏度、易流变、高持水性和低渗透系数的特性,改性后的泥质应符合现行国家标准《城镇污水处理厂污泥处置 混合填埋用泥质》(GB/T 23485—2009)的规定。填埋物中严禁混入危险废物和放射性废物。生活垃圾焚烧飞灰和医疗废物焚烧残渣经处理后满足现行国家标准《生活垃圾填埋场污染控制标准》规定的条件,可进入生活垃圾填埋场填埋处置。处置时应设置与生活垃圾填埋库区有效分隔的独立填埋库区。

一、填埋处置的作用原理

填埋处置的根本目的是使城市垃圾找到一个最终的归宿,将其对周围环境的影响减小到最低程度。填埋处置的功能主要有储存、隔水、净化、处理、处置等方面。

(1) 储存功能:填埋处置的基本功能。利用自然地形或人工修建的地形空间,将城市垃圾以适当的方法存储其中,经过一定时期的稳定恢复原生态环境。

(2) 隔水功能:通过工程措施,设置隔水屏障和收集设施,既要防止城市垃圾本身降解及与降水接触所产生的垃圾渗沥液对地下水和地面水的污染,又要防止外界降水和地表径流、地下水进入填埋场。

(3) 净化功能:城市垃圾利用自然界的代谢功能,其中的有机物(含碳的化合物,称为碳水化合物或脂肪)在微生物的作用下,在有氧或无氧的条件下,被分解成二氧化碳、甲烷和水,逐步达到稳定化和无害化。

(4) 处理、处置功能:垃圾填埋的工程实质上也是对垃圾产生的二次污染进行治理的过程。除了利用自然界的代谢功能使得垃圾得到一定程度的稳定、降解外,还必须对垃圾渗沥液、填埋气及作业中产生的恶臭气体、虫害等进行必要的治理和控制,使其达到无害化。

城市垃圾的构成与城市经济发展水平、城市功能和所处的地理位置紧密相关。在填埋处理尚未成为真正意义上的城市垃圾最终处置方式的前提下,城市垃圾通过源头分类,对其主要成分有机物、纸类、塑料、玻璃、金属、布类等进行资源回收利用。垃圾填埋场就像一个巨大的"反应器",其中,生化反应占主导地位。在不同的垃圾降解阶段,微生物群落种类及其作用不同。在垃圾好氧降解阶段,好氧菌和真菌起主要作用。兼性厌氧菌则在垃圾兼性厌氧降解阶段起主导作用。专性厌氧水解发酵菌、专性厌氧产乙酸菌、专性厌氧产甲烷菌和纤维素分解菌等,则是垃圾厌氧降解时期的主要菌种。

细菌的生长繁殖可以分为六个时期:适应期、加速期、对数期、减速期、静止期及衰亡期,加速期和减速期都历时很短。每种细菌在渗沥液处理中,都要经历一段适应期后,才能在适宜的环境中大量繁殖。有研究表明,在垃圾填埋作业时,加入一定量细菌繁殖已处于对数期填埋数年的陈垃圾或厌氧活性污泥,对新鲜垃圾进行细菌接种,可以缩短细菌的适应期,加快垃圾的降解。同时,在填埋时对底层垃圾进行好氧堆肥预处理,也能达到同样的效果。

生活垃圾因其固有的物质特性在外界条件的作用下,利用填埋作业所形成的厌氧层、兼氧层或好氧层,会发生一系列相关联的各种生物、化学和物理反应,而填埋处理、处置就是通过采取一系列的工艺、工程措施,来抑制或加快填埋场内的各种反应,并减少因反应而给环境带来的危害,加速填埋场的稳定化和无害化。

生活垃圾中的有机物在微生物的作用下,发生好氧性分解和厌氧性分解,这是整个填埋场中发生的最重要的反应(见图10-16)。好氧分解在较短时间内即可完成,最终形成二氧化碳和水等物质,厌氧性分解分为两步进行:第一步为液化,即有机物被分解成有机酸或乙醇等;第二步为甲烷化,即在前一步的基础上,分解为甲烷、二氧化碳、少量的氨和硫化氢等。

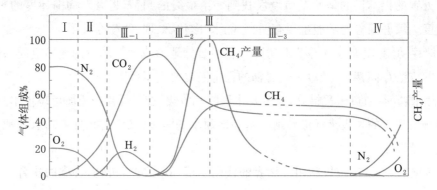

图 10-16　厌氧型生活垃圾卫生填埋场的稳定进程

受填埋垃圾中的含氧量所限,好氧阶段(Ⅰ)历时较短。此时,垃圾中的糖类物质与氧发生好氧反应而生成水和二氧化碳,反应过程为 $C_6H_{12}O_6+6O_2\longrightarrow 6CO_2+6H_2O$,同时释放一定的能量,垃圾温度明显升高。在好氧阶段产生的渗沥液中,污染物主要来源于垃圾中颗粒物的洗出、可溶物的溶解和少量固相垃圾好氧分解产生的有机物。

在缺氧阶段(Ⅱ),分子氧已经耗尽,硝酸盐还原菌和硫酸盐还原菌分别以 NO_3^- 和 SO_4^{2-} 为电子受体发生下列还原反应,同时消耗一定的 COD 基质:

$$SO_4^{2-}+4H_2+H^+\longrightarrow HS^-+4H_2O$$

$$CH_3COO^-+SO_4^{2-}+H^+\longrightarrow 2HCO_3^-+H_2S$$

$$NO_3^-+4H_2+2H^+\longrightarrow NH_4^++3H_2O$$

$$CH_3COO^-+NO_3^-+H^++H_2O\longrightarrow 2HCO_3^-+NH_4^+$$

$$2NO_3^-+5H_2+2H^+\longrightarrow N_2+6H_2O$$

在缺氧阶段,受回灌渗沥液流动的影响,厌氧型生物反应器填埋场填埋垃圾中的可溶物继续溶解,同时淀粉、纤维素等固相垃圾的水解酸化反应不断发生,因而渗沥液的挥发性脂肪酸(volatile fatty acid, VFA)、COD 等有机污染物浓度不断升高,pH 值不断下降,氧化还原电位(oxidation-reduction potential, ORP)保持在较高正值。

随着 NO_3^- 和 SO_4^{2-} 的耗尽,厌氧型生物反应器填埋场就正式过渡到厌氧阶段。在厌氧不产甲烷阶段,固相垃圾水解进行到一定程度后,由于累积的高浓度COD、VFA等的抑制作用,固相垃圾的继续水解不能进行,因而COD、VFA等有机污染物浓度升高到一定程度后,不再继续升高。在该阶段,pH值开始回升,ORP下降以逐渐向产甲烷反应过渡。

随着填埋场环境向适宜甲烷菌生长繁衍的方向转变,生物反应器填埋场开始进入加速产甲烷阶段。此时不仅产甲烷速率迅速增加到一个最大值,填埋场气体中的甲烷含量也逐步上升到50%～60%的水平,COD、VFA开始快速下降,pH值和碱度继续上升。

填埋场渗沥液中先前积累的VFA和COD被甲烷菌消耗而转化为甲烷气体,此时固相垃圾水解速率也不能满足日益增长的甲烷菌的要求,因而厌氧型生物反应器填埋场很快进入减速产甲烷阶段。此时,甲烷气体产生速率逐步下降,但甲烷气体含量、渗沥液pH值、碱度等基本保持不变,COD、VFA浓度则缓慢下降。

垃圾中可生物降解有机垃圾被基本分解完毕后,厌氧型生物反应器填埋场进入成熟好氧阶段。此时,渗沥液污染物浓度很低且基本稳定,沉降已基本停止,甲烷气体基本不再产生,标志着该填埋场已基本稳定,大气重新进入填埋场内导致少量好氧反应发生,渗沥液中常常含有一定量的难降解的腐殖质和富里酸。

生活垃圾填埋处理物理化学反应主要包括五个方面。

(1)溶解/沉淀:城市垃圾在本身的持水及自然降水的作用下,将垃圾中的可溶性物质溶解出来,产生高浓度的有机废水,通常称其为渗沥液;渗沥液中的某些盐类随着pH值的变化,还会产生沉淀反应。

(2)吸附/解吸:垃圾填埋处置产生的气体中的挥发性和半挥发性有机化合物、渗沥液中的有机和无机污染物,会被所处置的垃圾和土壤所吸附,而在一些条件下,也会发生解吸作用,使污染物进入气体或渗沥液。

(3)脱卤/降解:有机化合物的脱卤作用和水解、化学降解作用。

(4)氧化/还原:垃圾中含有一些可溶或不可溶的盐类,通过氧化或还原反应,影响金属和金属盐的可溶性,并使其互相转化。

(5)其他反应:另有一些重要的化学反应发生在填埋物与衬层、衬层与土壤等之间,其机制尚未清楚。

生活垃圾填埋处理物理反应主要包括四个方面。

(1)蒸发/汽化:垃圾中的水分、挥发性和半挥发性有机化合物,通过蒸发、汽化转入处置过程所产生的气体中。

(2)沉降/悬浮:渗沥液中的悬浮物和胶体物质在液相中所发生的重力作用。

(3)扩散/迁移:气体在填埋场中横向扩散和向周围环境释放,渗沥液在处置场中迁移和进入覆盖土的下层。

(4)衰变:这是一种随着时间的变化而发生在自然界中的自发现象。

二、填埋场选址的原则和步骤

（一）选址原则

选址是填埋场的一个重要组成部分,填埋场选址的恰当与否,直接关系到填埋场建设投资的高低、日后运行维护费用的大小及使用过程中二次污染控制的难易程度。国外一些发达国家都非常重视填埋场的选址问题,并将其纳入有关法律条文中加以贯彻实施。目前,我国对这一问题也逐步重视。一个合适的填埋场址的确定,是卫生填埋场全面规划设计的第一步,也是最重要的一步。影响选址的因素很多,主要应从工程学、环境学、经济学、法律和社会学等方面加以考虑。

确定选址前,应首先对国家和当地的有关条文法规进行研究、对照,严禁将填埋场选在水源保护区、湿地保护区、农林保护区、野生动物保护区、影响机场安全飞行地带或其他国家规定的保护区范围内。城市在制定总体规划时,应将填埋场的选址规划纳入其中,使填埋场的建设、标准与城市经济发展水平和居民生活水平的提高一致。

地形决定了地表水的走向和流速,同时也直接关系到填埋场建设的难易程度、建设成本和填埋容量。合理的选址可以充分利用场地的天然条件,尽可能减少挖掘土方量、降低场地施工造价。选择地形时,应尽可能考虑有利于填埋场施工和其他配套建筑设施的建设,而不宜选在地形坡度变化过大的地方和低洼汇水处。在考虑地质情况时,应尽量选择具有天然防渗性能(渗透系数小于 10^{-7} cm/s)并达到一定层厚和地下水位较低的地区。尽量避开地质断裂带、坍塌地带、地下溶洞等类似不稳定带,以防止垃圾渗沥液对地下水的侵蚀;同时还应避免软土地基和可能产生低级沉降的地区,防止填埋作业时因受力不均匀而造成不均匀沉降或边坡坍方。

填埋场要远离密集的居民居住区,并尽可能在当地夏季风向的下方,防止对居民的生活环境和自然环境造成影响。《生活垃圾卫生填埋处理技术规范》中规定,场址应距居民居住区或人畜供水点 500 m 以外,而国外一些发达国家如德国,都明文规定场址要在 1 km 以外甚至更远。

为了防止填埋作业时有害气体、悬浮颗粒物、噪声、虫害等影响周边居民的正常生活,在填埋场区周围要设置 1~2 道防护隔离林带。

合理的运输距离是建成后直接反映运行成本高低的一个关键要素。场址离开垃圾收集点或转运点越远,意味着将来的运输费用就越高。一般而言,填埋场距离转运站的距离不应超过 20 km,但随着我国城市化进程的加快,越来越多的城市已很难选到这样运距合适的填埋场。国外有些发达国家的填埋场也逐步向城外推进。我们也常常看到一辆辆特大型的集装箱大卡车疾驶在通向郊外的高速公路上,因此,转运的效率往往是填埋场选址需要同时考虑的一个重要因素。

填埋场的选址十分困难,因此,填埋场地应尽可能选择具有足够储存空间的地方。通常,填埋场库容越小,可供使用的年限就越短,那么它的吨投资费用也就越高。为了发挥投资规模效益,我国在《生活垃圾卫生填埋处理技术规范》和《生活垃圾卫生填埋处理工程项目建设标准》中明确规定,一个填埋场址的确定,必须要有充分的填埋库容和较长的使用期,填埋库容必须达到设计量,使用期一般至少为10年,特殊情况下也不低于8年。

(二)选址步骤

1. 划定选址范围,对拟选场址做出预评估

根据城市发展总体规划,结合填埋场选址有关法规、标准,利用已有的地形地质和水文、人文资料,对照填埋场选址规定的要求,开展资料收集和调查工作,划定选址范围,对拟选场址做出预评估,同时制定全程选址计划和相应的现场勘察计划,为后阶段的选址工作做好充分准备。

(1)水文、地质调查。在填埋场设计中,最难得到的也是最关键的就是候选场址的水文及地质资料。在选择填埋场场址的时候,必须对地下水流的途径及边界(含水层及隔水层)的分布与水力特性、地基土的变形特性,以及改善地基土层水密性的可能性等有准确的认识。还应考虑是否需要建立适当的防渗系统以及发生渗漏后的补救措施。

为评估作为垃圾填埋场的土层性质,应当了解当地的地质总貌,包括以下主要方面:地貌特征,表层土壤的结构、延伸范围和地质年代,地质构造,较深的地基土层(如果存在洞穴或可溶性岩石),含水层和地下水流,是否存在地震和其他自然灾害的危险。为了了解填埋场的地基土,必须了解下列各项:土层的成分、物理性质和化学性质,以及土层的次序;土层的侧向和竖向连续性,以及土层分布;土层的渗透性;土层对侵蚀的抵抗力;应力和变形的性能。

为了了解地基土层,应考虑的因素如下:岩石的类型、矿物成分及地层次序,风化状态和抗风化能力,在水中、渗沥液或其他侵蚀性溶液中的可溶性,地质边界的类型和位置,岩溶现象和塌陷的危险,岩体的变形特性,对水、渗沥液、沼气和其他侵蚀性溶液的渗透性。

应该防止垃圾填埋场对地下水和地表水,尤其是对供水的水源产生不良的影响。因此,需要对地下水情况有全面的了解,包括下列各项详细的资料:地下水情况、流向、水力梯度和流速,包括长期和季节性的变化;地表层的水平及竖直向渗透率,并给出最大值及最小值;含水层、阻水层和滞水层的分布、厚度和埋藏深度;地下水位,需要时提供不同土层的水力梯度和有效流速;地下水的化学性质,包括天然存在的侵蚀性物质,以及地下水质的测定;地下水保护区的范围;抽吸地下水及其影响;暂时或长期降低地下水位的影响,以及将来恢复地下水位、抽吸地下水或抬高地下水位的影响;临近地表水体的影响,以及与地下水系统的关系;对接受地下水补给的河流的影响情况,以及洪水、潮汐的影响;有效降水量、地表径流、渗透率、地表蒸发,以及地下水补给。

（2）社会、人文、地理资料的调查。除了场地的地质、水文条件对填埋场选址有很大影响以外，人口密度、工业分布、地形条件、交通运输及生态环境对选址工作的影响也是很大的。

地区特性包括人口密度、工业分布、地区开发前景及规划；垃圾性质包括来源、种类、数量及分布；气候条件包括年降水量和月降水量、风向力、气温、日照量；交通运输包括运输方式、路线及交通量；自然环境包括灰尘、气味、噪声对周围环境的影响，对农业生产的影响，重要的植物群体、稀有动物生息情况；场地容量包括可填埋的垃圾数量、填埋年限。

2. 确定选址

通过对拟选场址的初步评估，初步确定 2～3 个候选场地。

对候选场地进行现场勘察，完成勘察报告和总体评价是确定场地可以入选的重要依据。通过勘察，可以证明各地块防渗性能的好坏，查明场地的地质结构、水文地质和工程地质特征，查清工程场地的综合地质条件，对场地的防护能力、安全程度、稳定性、环境影响和污染预测能据此做出可靠评价，也为填埋场的结构设计和施工设计提供详细可靠的技术数据。

（1）现场勘查。在候选的填埋场进行现场勘察，应该从仔细研究分析开始，由此制定现场勘察的工作计划。钻孔和探坑能够提供地基土的直接资料，在特殊情况下要挖掘竖井和勘探隧道。钻孔可以提供特定地点的地基土特征。

场地的勘察应包括全部的填埋场地区，需要时还应包括周围地区，并应该考虑对地下水的影响，钻孔的深度一般要达到第二含水层，要分层采集水样和土样。

在过去未曾勘察过的地基土上，应该布置足够数量的钻孔（建议每 hm² 填埋场面积至少要一个钻孔）。必要时，还应对填埋场的周界及周围地区的水文地质情况进行勘察。场地选择时的地质勘探钻孔要结合场地的总体规划统一考虑，勘探钻孔可以安装井管，作为封场后的监测井。

（2）勘察报告。现场勘察结果应该按有关标准及规程提出报告。建议用图表和曲线表示勘察成果。

① 地平面图。应注明钻孔和探坑等位置、地质和地下水的高程及等高线、地下水流的方向及有效流速、地下水的开采区（包括水源汇集区和水保护区）、地表水和其他水文特征。

② 地质剖面图。注明采用的钻孔记录。

③ 系统的说明。注明降雨量分布、地下水位升降、洪水和潮汐影响。

对现场地质、水文的勘察结果要进行全面的分析与评价，其中要考虑到特定的设计阶段以及整个安全计划的特殊要求。应当把总体评价列入勘察工程报告。总评价至少要包括下列各项：地质构造的描述和图示；强透水层的存在以及层间联系；天然弱透水层的存在及适应性（厚度、埋藏深度、水平向连续性、透水性及吸附性）；填埋地域及周围的地下水情况和渗透性；可能要求提出地下水的运动模型；天然或人工边坡的稳定性；地基土的承载力和变形特性;断层、可能的塌陷、失稳、地震和其他灾害的风险;对下层地基土作为场地天然阻隔层的总评价;对场地内的土可能作为矿物密封料的评价(可能要经过处理或改良后使用);若要把场地的地基土作为天然阻隔层,需要注明采取什么措施来改良土性。

同时还应包括下列各项:整个地区详细的工业、农业、居住区分布图;未来 20 年土地的详细规划图;垃圾的主要产生地区、垃圾的种类分布,要以密度分布图的形式表达;要对今后 20 年的垃圾量做出预测,计算出所需场地面积;对气候加以分析,选择干燥、下风向的地区,并给予详细说明;详细的交通网络图,并加以分析,需要指出最有效、便捷的交通路线。

这些资料可以从当地的有关部门得到,如果资料不全或不完全可信,必须实地调查,同样要以图表的形式形成成果报告,同时给予总体评价。

(3) 比选推荐,确定选址。场地的选择将直接决定一个卫生填埋场对公众健康和当地的水、空气和土地资源质量影响的程度和性质,同时也决定着卫生填埋场的施工费用及运营费用。根据地质勘察报告和总体评价所提供的技术资料和数据,对各备选地块的地质条件进行综合分析、评价,做出相对优化的选择。但是很明显,这样的选择是比较难以做出的,主要考虑七个方面的因素。

① 垃圾的来源、种类、性质和数量。还要考虑未来 10~20 年垃圾数量、种类的变化,通过计算来确定所需场地的面积、规模。

② 场地地形必须便于施工。不能是洼地或沼泽地,否则将产生大量的渗沥液,增加防渗难度及处理费用;土地应开阔,以满足以后增加的垃圾填埋量;距离主要的垃圾源头不能太远,否则会增加运营费用,同时也造成运输沿途的环境污染。

③ 场地的地质构造要稳定。承载能力要强,防止地震、塌方等现象的出现,而且防渗能力要强,以减少填埋场的人工防渗投入,增加填埋场运营时的安全性;要容易取得覆盖土源,土壤要易于压实,防渗性要强,以提高表面径流量和降低表面渗透率。

④ 场地的地下水位要尽量低。距离最底层的垃圾填埋体至少 1.5 m;场地的位置不能在主要地下水源补给点,也不能在可能发生洪水的地方。

⑤ 气候最好是干燥型的。干燥的气候可以减少渗沥液的产生;要避开高寒区,防止冻土层出现。

⑥ 交通要便利。应具有在各种天气下运输的全天候公路系统;如果同时拥有便利的水路交通则更加理想。

⑦ 土地征用越便宜越好。尽量选择贫瘠的无人居住的荒地,同时要考虑本地区的未来远景规划。还要考虑本地区长年的风向,以及与居住区之间有无树木隔离带等。

要做出一个简单的评测标准是很难的,这就要求我们必须系统地考虑每一个因素,而且根据地区的不同而有所侧重。

另外,在对几个可供选择的场地进行比选时,经济评估也是一个非常重要的评判因素。

在同等可行的几个场地的比选中,建设费用和运行成本最低的场地则将成为首选。因此,垃圾填埋场选址的比选可以采取这样的方法:将影响场址选择的因素按照重要程度加以排列,对每一项的重要程度给出量化的评价,然后对候选厂址的各个影响因素进行打分,经过数据处理,最终得分最高的就是要选的最优化的厂址。

三、填埋场的防渗

填埋场的防渗是填埋场选址、设计、施工、运行管理和终场维护最为重要和关键的内容。填埋场防渗的主要目的,除了防止渗滤水渗入地下水系外,还包括防止地表水进入填埋场。

(一)防渗方式

(1)水平防渗。"水平"是针对防渗层的铺设方向而言的,即防渗层向水平方向铺设,防止垃圾渗滤水向周围及垂直方向渗透而污染地下水。

(2)垂直防渗。防渗层竖向布置,防止垃圾渗滤水横向渗透迁移,污染周围地下水。

(3)顶面防渗。在每天作业完毕、一个作业区暂时完工或整个填埋场终场后,在顶面铺设防渗层,防止降水进入填场,同时也有利于气体收集。

一个填埋场防渗方式的选择要考虑填埋场址的地形、地质情况,可以采取一种或几种组合方式。

(二)防渗材料

大量资料表明,绝大多数国家和地区对填埋场防渗衬层材料的防渗性能要求基本一致。《生活垃圾卫生填埋处理技术规范》规定,采用天然黏土类防渗衬层,需要天然基础层渗透系数小于 1×10^{-7} cm/s,且其场地及四壁衬里厚度要大于 2 m,改良土衬里的防渗性应达到黏土类防渗性能。

1. 天然防渗层

天然防渗系统主要在场地的土壤、水文地质条件允许的情况下才能采用。一般年自然蒸发量要超过降水量 50 cm。这种填埋场的类型多为可溶性场地,即地基由不渗水的黏土层构成,渗沥液被容纳在填埋场中。下面介绍天然防渗系统要满足的条件。

在填埋场底部和周边铺设的土壤衬层,主要由一种含足够数量的高黏性土壤和粉沙淤泥的压实土壤层组成,各个部位的土层必须保持均匀,厚度至少大于 2 m,其渗透系数至少达到 1×10^{-7} cm。

除了低渗透性外,天然土壤衬层还必须满足相关土壤标准,要求土壤 30% 能够通过 200 号的筛子,液体限度大于 30%,塑性大于 1.5,pH 值大于 7。

天然衬层能抵抗渗沥液的侵蚀,不因渗沥液的接触而使其渗透性增加。

黏土因其渗透率低、经济成本低,曾被视为填埋场唯一可供选择的防渗材料,目前仍为一些地质条件好的国家或地区广泛采用。黏土是岩石风化后产生的次生矿物,颗粒极小,主要由蒙脱石、伊利石和高岭石组成。

黏土衬层包括两类：自然黏土衬层和人工压实黏土衬层。

自然黏土衬层是具有低渗透性、富含黏土的自然形成物。选择自然黏土衬层的关键是衬层材料的连续性和渗透率。连续性主要是为了避免衬层严重的水力缺陷，如裂缝、结合缺陷及洞眼等，而渗透率的大小则是衡量可否采用自然防渗层的重要依据。

人工压实黏土衬层基本上是由自然黏土材料经过人工压实而成。压实的目的是将松散、不均匀的黏土压实成均匀分布、低渗透性的黏土层。部分国家对填埋场采用黏土衬层的有关规定如表 10-12 所示。

从表 10-12 中可以看出，各国对黏土衬层渗透率的要求基本相同，但是对其厚度要求却各不相同。相对而言，发达国家对黏土层厚度的要求更高一些。

表 10-12　部分国家或地区对填埋场采用黏土衬层的有关规定

国家和地区	渗透系数/（cm/s）	衬层厚度/m
美　国	1×10^{-7}	0.6
加拿大	1×10^{-7}	1.0
澳大利亚	1×10^{-7}	0.9
新西兰	1×10^{-7}	0.6
德　国	5×10^{-7}	1.5
法　国	1×10^{-7}	5.0
丹　麦	1×10^{-8}	0.5

天然防渗层的最大优点就是造价低廉，我国目前大部分城市的垃圾填埋场和部分工业固体废物填埋场都采用当地天然黏土或改性土壤作为防渗层。天然黏土防渗层的基本特征是会使一部分渗沥液在一段时间内穿透，并由此产生地下水的污染。所以，几乎所有采用天然防渗层的填埋场都会对地下水造成不同程度的污染。

2. 改良型衬层

改良型衬层是指将性能不达标的亚黏土、亚砂土等通过人工改性，使其达到防渗性能要求的衬层。人工改性的添加剂分为有机、无机两种。无机添加剂相对而言费用较低，效果好，比较适合在发展中国家推广应用。

黏土-石灰、水泥改良型衬层：在天然黏土中添加适量的石灰、水泥改善黏土性质，从而大大提高黏土的吸附能力、酸碱缓冲能力。掺和添加剂再经过压实，黏土的空隙明显减小，抗渗能力增强。改良后黏土的渗透系数可以达到 1×10^{-9} cm/s，完全符合填埋场衬层对防渗性能的要求。

黏土-膨润土改良型衬层:在天然黏土中添加适量膨润土矿物,使改良后的黏土达到对防渗材料的要求。国内外的研究成果和工程应用的实践表明,膨润土由于具有吸水膨胀的特点和巨大的阳离子交换容量,将其添加在黏土中,不仅可以减少黏土的孔隙、降低其渗透性、增强衬层吸附污染物的能力,而且还可以大幅度提高衬层的力学强度。因此,膨润土在填埋场防渗工程中具有很大的推广前景。

3. 人工合成膜防渗

天然黏土和改良型黏土是填埋场防渗的理想材料,但严格地说,黏土型防渗层只能延缓渗沥液的渗漏,而不能阻止渗沥液向地下渗透,除非黏土的渗透性极低且厚度足够。事实上,也不是每个城市都可能拥有得天独厚的天然的地质地形,因此,开发出可以替代并且优于黏土型衬层的人工合成材料就显得十分必要。

为了确保场地及周围水域不受污染,通过采用工程措施,保证渗沥液不穿过地基污染到地下水体,选用的人工衬层系统要满足以下几项原则:

(1) 衬层和其结构材料必须与可能渗出的渗沥液相容,结构完整性和渗透性不因与渗沥液的接触而发生变化;

(2) 渗透系数小于 1×10^{-12} cm/s,具有适宜的强度和厚度,可铺设在稳定的基础之上;

(3) 抗臭氧、紫外线、土壤细菌及真菌的侵蚀;

(4) 具有适当的耐候性,经得起急剧的冷热变化;

(5) 具有足够的抗拉强度,能够经得起整个设施的压力和填埋机械与设备的压力;

(6) 能够经得起垃圾中各种物质的刺破、刺划和磨损,厚薄均匀,无薄点、气泡及裂痕;

(7) 便于施工及维护。

目前,国内外开发出的人工合成膜(或称柔性膜)很多,主要有以下几种:高密度聚乙烯(HDPE)、低密度聚乙烯(LDPE)、聚氯乙烯(PVC)、氯化聚乙烯(CPE)等 10 余种。柔性膜防渗材料通常具有极低的渗透性,其渗透系数可以达到 1×10^{-12} cm/s,甚至更低。

在常用的人工合成防渗透膜中,HDPE 因其耐化学腐蚀能力强、制造工艺成熟、易于现场焊接,并积累了比较成熟的工程实施经验,而被广泛应用于填埋场的水平防渗、顶面防渗、污水处理系统的基础防渗及制成 HDPE 管材等。

垂直防渗对山谷型填埋场及滩涂、低地型地下水位较高的填埋场是必需的。我国的山谷型填埋场多采用在地质条件较好的基岩上设置截污坝及帷幕灌浆垂直防渗措施,防止产生的渗沥液污染地下水。大部分建在山谷中的城市垃圾填埋场在地下水汇集出口处建筑防渗帷幕,利用压力灌浆方法将地下水出口处的风化岩石裂缝或透水层空隙填充封闭,将填埋场底部的渗沥液和其下受到污染的地下水阻截于帷幕前的水池中,不向下游及邻近地区渗透。个别填埋场,如燕山石化危险废物填埋场,沿填埋场的四周进行封闭性的灌浆帷幕防渗处理措施,地下断层采用混凝土封堵,以防渗沥液污染地下水。

（三）生活垃圾卫生填埋场底层防渗系统

人工合成衬里的防渗系统应采用复合衬里防渗结构（见图 10-17），位于地下水贫乏地区的防渗系统也可采用单层衬里防渗结构。在特殊地质及环境要求较高的地区，应采用双层衬里防渗结构（见图 10-18）。

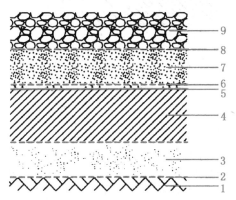

1—基础层；2—反滤层（可选择层）；3—地下水导流层（可选择层）；4—防渗及膜下保护层；5—膜防渗层；6—膜上保护层；7—渗沥液导流层；8—反滤层；9—垃圾层。

图 10-17　生活垃圾卫生填埋场底部复合衬里（HDPE 膜＋黏土）结构

复合衬里防渗结构各层应符合下列规定：

（1）基础层：土压实度不应小于 93%；

（2）反滤层（可选择层）：宜采用土工滤网，规格不宜小于 200 g/m²；

（3）地下水导流层（可选择层）：宜采用卵（砾）石等石料，厚度不应小于 30 cm，石料上应铺设非织造土工布，规格不宜小于 200 g/m²；

（4）防渗及膜下保护层：黏土渗透系数不应大于 1.0×10^{-7} cm/s，厚度不宜小于 75 cm；

（5）膜防渗层：应采用 HDPE 土工膜，厚度不应小于 1.5 mm；

（6）膜上保护层：宜采用非织造土工布，规格不宜小于 600 g/m²；

（7）渗沥液导流层：宜采用卵石等石料，厚度不应小于 30 cm，石料下可增设土工复合排水网；

（8）反滤层：宜采用土工滤网，规格不宜小于 200 g/m²。

（四）生活垃圾卫生填埋场封场覆盖系统

我国《生活垃圾卫生填埋处理技术规范》规定了生活垃圾卫生填埋场封场覆盖系统的基本要求。填埋场封场覆盖结构（见图 10-19）各层应由下至上由排气层、防渗层、排水层与植被层组成。排气层堆体顶面宜采用粗粒或多孔材料，厚度不宜小于 30 cm，边坡宜采用土工复合排水网，厚度不应小于 5 mm。排水层堆体顶面宜采用粗粒或多孔材料，厚度不宜小于 30 cm。边坡宜采用土工复合排水网，厚度不应小于 5 mm；也可采用加筋土工网垫，规格不

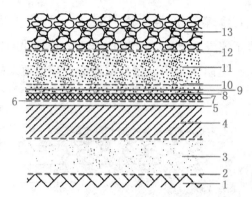

1—基础层(土压实度不小于93%);2—反滤层(可选择层,土工滤网规格不小于200 g/m²);3—地下水导流层(可选择层,卵、砾石等石料厚度不小于30 cm,石料上应铺设非织造土工布,规格不小于200 g/m²);4—膜下保护层(黏土渗透系数不大于1.0×10⁻⁵ cm/s,厚度不小于30 cm);5—膜防渗层(HDPE土工膜,厚度不小于1.5 mm;当防渗要求严格或垃圾堆高大于20 m时,厚度不小于2.0 mm);6—膜上保护层(非织造土工布,规格不小于400 g/m²);7—渗沥液检测层(土工复合排水网,厚度不小于5 mm;当采用卵、烁石等石料时,厚度不小于30 cm);8—膜下保护层(非织造土工布,规格不小于400 g/m²);9—膜防渗层(HDPE土工膜,厚度不小于1.5 mm);10—膜上保护层(非织造土工布,规格不小于600 g/m²);11—渗沥液导流层(卵石等石料,厚度不小于30 cm,石料下可增设土工复合排水网);12—反滤层(土工滤网,规格不小于200 g/m²);13—垃圾层。

图 10-18 库区底部双层衬里结构

宜小于600 g/m²。植被层应采用自然土加表层营养土,厚度应根据种植植物的根系深浅确定,厚度不宜小于50 cm,其中营养土厚度不宜小于15 cm。防渗层采用高密度聚乙烯(HDPE)土工膜或线性低密度聚乙烯(LLDPE)土工膜,厚度不应小于1 mm,膜上应敷设非织造土工布,规格不宜小于300 g/m²,膜下应敷设保护层;或可采用黏土,黏土层的渗透系数不应大于1.0×10⁻⁷ cm/s,厚度不应小于30 cm。

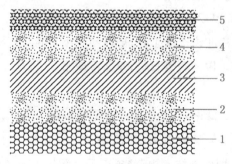

1—垃圾层;2—排气层;3—防渗层;4—排水层;5—植被层。

图 10-19 生活垃圾卫生填埋场封场覆盖示意图

填埋场封场后的土地利用应符合现行国家标准《生活垃圾填埋场稳定化场地利用技术要求》(GB/T 25179—2010)的规定。

四、渗沥液

(一)渗沥液的产生过程

渗沥液在国内外许多文献中被称为浸出液、渗出液、渗滤液、渗沥水或渗滤水等。但不论以怎样的名称命名,渗沥液是指由表面下渗的雨水、垃圾所含的水分、垃圾分解所产生的水以及入侵的地下水沥经垃圾层和所覆土层而产生的高浓度污水。一个设计规范的填埋场应防止地下水进入,产生渗沥液。

根据填埋场水量平衡状况可得渗沥液量计算公式:

$$L = P(1-R) - E - \delta S \tag{10-24}$$

其中:L 为垃圾渗沥液量;P 为填埋场区域的降水量;R 为地表径流系数;E 为地表及植物蒸发水量;δS 为垃圾层及覆土层的饱和持水量的变化量。

影响渗沥液水量和水质的因素很多,其中:影响渗沥液水量的因素主要有降水、地表径流、地下水的渗入和垃圾自身分解水等;影响渗沥液水质的主要因素有垃圾成分、当地气候、水文、填埋时间及填埋工艺等。一个面积为 $125 \times 400 \ m^2$ 的填埋作业单元,在正常降雨条件下,其三年日均渗沥液产出量为 $350 \sim 500 \ m^3$。下面从水分供给情况、填埋场表面状况、垃圾性质、填埋场底部情况及填埋场操作方式等方面来讨论对渗沥液水量的影响。

1. 降水

降水包括降雨和降雪,是渗沥液的主要来源,降水量的大小直接影响渗沥液水量的多少。内蒙古包头的青山垃圾填埋场基本上不产生渗滤,雨量稀少是一个不可忽视的因素。在工程措施和工艺条件相同的情况下,降雨量越大,渗沥液量也相对越多。降雨间隔同样影响着渗沥液水量。降雨间隔缩短,由于此时填埋场含水率较高,下渗率较低,填埋场年持水能力减小,渗沥液水量就增多。

2. 地表径流和下渗

降水的一部分形成地表径流,一部分下渗。影响地表径流的因素有雨量、雨强、填埋场的含水率、填埋场的表面状况等。降水对渗沥液的贡献一般用地表径流系数 R 来表征。R 越大,通过垃圾表面排除垃圾本体的降水量越大,对渗沥液水量的贡献就相对较小,因此,垃圾表面覆盖土层表面平整、渗滤系数小,可使 R 值增大。未被排走的水分一部分被蒸发,一部分下渗至垃圾堆体中并逐渐下渗到垃圾底部,这部分降水则成为渗沥液。有机质含量高的垃圾和土层持水能力较高,将会减小下渗速率。在填埋场中,垃圾和土壤的分层填埋也会抑制水的下渗。

3. 蒸发和蒸腾作用

土壤和垃圾的蒸发及植被的蒸腾作用是填埋场水分损失的两个重要环节。影响蒸发的因素很多：一是受辐射、气温、湿度和风速等气候因素的影响，这是蒸发的外部条件，它既决定水分蒸发过程中能量的供给，又影响蒸发表面水汽向大气的扩散过程，综合起来称为大气蒸发能力；二是受土壤或垃圾中含水率大小和分布的影响，这是垃圾和土壤水分向上输送的条件，即土壤或垃圾的供水能力，简称供水能力。

要减少渗沥液量，加强蒸发作用和蒸腾作用是重要手段，渗沥液的回灌是一个很好的方法。渗沥液回灌使填埋场表面含水率较高或呈饱和状态，从而有可能使蒸发强度保持最大。在加强蒸发作用的同时，渗沥液回灌也能加速填埋场的稳定化，使渗沥液得到处理。在降雨量大于蒸发量的地区，回灌法虽不能完全处理渗沥液，但能大大减轻后续处理设施的负荷。要加强蒸腾作用，就要因地制宜，在填埋场种植一些生长旺盛的植物。

4. 垃圾和土壤的含水率

含水率是指单位质量的含水量。根据含水量的大小，含水率可称为田间持水率和饱和含水率。田间持水率是指由毛细管引力的作用保持在垃圾或土壤毛细管孔隙中的水量，当垃圾或土壤含水率达到田间持水率后，开始产生重力水，或者说渗沥液，我们称此时的垃圾含水率为吸水能力。饱和含水率是指土壤或垃圾中的孔隙全部被水充满时垃圾或土壤的含水率。

影响垃圾含水率的因素很多，生活方式、季节、生活水平、垃圾组分、收运方式等都影响着垃圾的含水率。一般夏季产生的垃圾含水率很高；动植物等易腐性有机垃圾持水能力高，其含水率也高；在煤气比较普及的地区，由于垃圾中煤灰的减少，有机物增加，垃圾含水率也较高。不同成分的垃圾，其垃圾含水率是不同的。垃圾的吸水能力与垃圾的密度有密切关系。有资料表明，在英国，当垃圾密度为 $0.7 \sim 0.8$ t/m³ 时，其吸水能力（以水/干垃圾计）为 $0.16 \sim 0.27$ m³/t。

垃圾和土壤含水率对渗沥液水量和水质的影响，在于垃圾所含水分本身可转化为渗沥液，同时为垃圾中微生物生长提供充足的水分。垃圾和土壤含水率也通过下渗和蒸发来影响渗沥液量。下渗是指单位时间内通过地表单位面积入渗到填埋场内的水量。含水率越高，水的下渗率就越低；当垃圾和土壤的含水率较高时，其蒸发量也大，最后导致渗滤水量减少。垃圾和土壤含水率也直接影响渗沥液量，由于垃圾吸水能力一定，当其含水率较高时，垃圾的吸水量将减少，在相同下渗率时，将产生更多的渗沥液。

5. 垃圾的降解

垃圾在降解过程中固体含量减少，垃圾中有机物化为无机物，使垃圾的持水能力降低，导致部分初始含水量的释放，最后成为渗沥液从填埋场中流出。这部分水的流量与垃圾降解速率关系密切。同时，垃圾降解处于不同阶段，明显使渗沥液受到影响。在产酸阶段，由于 pH 值的降低，渗沥液的溶解能力大大提高，COD、BOD_5 和重金属的含量都很高，而在产甲烷阶段则开始下降。

（二）渗沥液水质特征

填埋层渗沥液的性质与填埋废物的种类、性质及填埋方式有关，主要取决于填埋场的使用年限和取样时填埋场所处的阶段。如表 10-13 所示为我国一些城市的渗沥液水质情况。由表 10-13 可知，渗沥液的污染物浓度较高，要比污水高几十甚至上千个单位，成分复杂，含有毒、有害物质及重金属。COD 从几千变化到几十万，BOD_5 从数百变化到数万。水质、水量随垃圾的成分、季节、填埋时间、操作条件变化而变化。与污水相比，渗沥液的一个重要特征是水质、水量变化较大，营养比例失调，氨氮含量过高，重金属含量高。这就给渗沥液处理带来了困难。

表 10-13 我国城市垃圾渗沥液水质 单位：mg/L

项目	上海	杭州	广州	深圳	台湾某市
COD_{Cr}	1 500～8 000	1 000～5 000	1 400～5 000	20 000～35 000	4 000～37 000
BOD_5	200～4 000	400～2 500	400～2 000	5 000～8 000	600～28 000
总 N	100～700	80～800	150～900	400～2 600	200～2 000
SS	30～500	60～650	200～600	2 000～7 000	500～2 000
氨氮	60～450	50～500	160～500	500～2 400	500～2 000
pH 值	5～6.5	6～6.65	6.6～7.8	6.2～6.6	5.6～7.5

（三）渗沥液处理现状

我国有两种途径处理垃圾渗沥液：第一种是异地处置，接入城市污水管网至污水处理厂进行处理；第二种是就地处置，在填埋场设置独立的渗沥液处置措施。如果渗沥液的产生量小于城市污水总量的 0.5%，同时渗沥液带来的负荷增加在 10% 以下，那么与城市污水混合处理是可行的。我国大多数卫生填埋场离城区较远，所以一般对渗沥液进行单独处理。处理的方法主要有物理化学方法、生物处理方法和土地处理方法。

1. 物理化学方法

物理化学方法主要有活性炭吸附、蒸干法、化学沉淀、密度分离、化学氧化、化学还原、离子交换、膜渗析、汽提及湿式氧化等多种方法。和生物处理方法相比，物理化学方法不受水质、水量变化的影响，出水水质稳定，能较好地适应渗沥液水量、水质的变化。对 BOD_5/COD 介于 0.07～0.20 之间及含有毒、有害的难以生化处理的渗沥液，物理化学方法处理效果较好。在过氧化氢的总投加量为 0.1 mol/L 时，COD 的去除率可达 67.5%。物理化学方法处理的效果稳定，对渗沥液的色度、氨氮、重金属离子的去除效果较好，但它的费用较高、操作复杂、能耗多。用化学沉淀法处理渗沥液时，每 t 的费用在 3.89～7.10 元。

2. 生物处理方法

生物处理方法主要有好氧、厌氧及好氧-厌氧的结合。

（1）好氧处理包括生物塘法、生物膜法、活性污泥法、生物转盘法和滴滤池法等。生物塘是一种利用天然或人工开挖的池塘进行废水处理的构筑物，它包括好氧塘和厌氧塘。厌氧塘允许接纳较高的有机负荷，但总体上生物塘有机负荷不高，不常用来直接处理高浓度的垃圾渗沥液，一般作为其他处理流程的最后一道工序。生物膜法对可生化性好的渗沥液有良好的去除效果，但不能适应渗沥液的冲击负荷，且运行过程中需要投加营养物质，产生的污泥需要后续处理。

（2）厌氧处理的方式有厌氧生物滤池、厌氧接触法、上流式厌氧污泥床、分段厌氧消化法、厌氧塘等。厌氧生物处理适合处理高浓度的有机废水。其能耗较少，操作简单，占地面积少且污泥量少，反应过程中还可以产生能量，但是处理效果较差。

（3）好氧-厌氧的结合。实际应用中，很少单独采用厌氧工艺或好氧工艺，常常将厌氧工艺和好氧工艺多次组合来处理垃圾渗沥液，以利用厌氧工艺和好氧工艺各自的优点。它包括厌氧-氧化沟-兼性塘工艺、厌氧-好氧生物氧化工艺、厌氧-气浮-好氧工艺、UASB-氧化沟-稳定塘工艺等。好氧和厌氧组合后的工艺对于处理高浓度的垃圾渗沥液是有效的。但是好氧-厌氧多级组合的建厂投资费和运行费用较高，处理时间较长，处理效果不太稳定。

3. 土地处理方法

土地处理是利用土壤自净能力进行处理的方法。由于土壤中含有大量的腐殖酸、富里酸、胡敏酸、微生物及植物根系等，加上土壤颗粒所具有的巨大的表面积和土壤上植物的吸收-蒸发作用，渗沥液流经土壤时，经过土壤的吸附、离子交换、沉淀、螯合等作用，渗沥液中的悬浮固体被除去；土壤中的微生物对溶解性的有机物进行吸收利用，并将有机氨氮转化为氨氮；植物利用渗沥液中的 C、N、P 等各种营养物质生长并通过蒸发作用减少渗沥液的量。

渗沥液的土地处理包括慢速渗透系统、快速渗透系统、表面漫流、湿地系统、地下渗滤土地处理系统及人工快滤处理系统等。目前，应用于渗沥液处理的主要有人工湿地和回灌法两种。

人工湿地是利用人为手段建立起来的，是具有湿地性质的污水处理系统。它是浮水或潜水植物及处于水饱和状态的基质层和微生物组成的复合体。湿地污水处理系统的微生物通过生化作用将水中可溶性的有机物、固体和胶体不溶性有机质（即 COD、BOD_5、N、P、重金属等污染物）转变成植物所需的营养物质，并使微生物生长繁殖，从而降解污染物。用人工湿地来处理垃圾渗沥液具有费用低、管理方便等优点，但它随着季节变化较大，处理有机物的浓度较低。它适应植物生长期长、生长旺盛的南方地区，不适应北方寒冷地区。

回灌处理方法是 20 世纪 70 年代由美国的波兰德（Pohland）最先提出的，我国同济大学在 20 世纪 90 年代也开始对垃圾渗沥液回灌进行研究。

回灌就是将未经处理的渗沥液直接喷洒到填埋场表面,利用垃圾层、覆盖土层的净化作用和终场后表面植物的吸收、蒸发作用来处理垃圾渗沥液。其实质是把填埋场作为一个生物反应器,利用填埋场自身形成的稳定系统,使渗沥液在流经覆盖层和垃圾层时发生一系列的生物、化学、物理作用而被截流、降解,同时由于植物的蒸发作用而使渗沥液量变小。研究证明,渗沥液经回灌处理后 COD、BOD_5 的去除率可超过 95％,并且土壤对渗沥液中的 COD 及重金属有一定的吸附、转化能力。有学者指出,原需 15～20a 才能达到稳定的填埋场经回灌处理后 2～3a 就可以达到稳定。据报道,通过回流循环,渗沥液的 BOD_5 和 COD 可分别降到 30～350 mg/L 和 70～500 mg/L。

回灌处理渗沥液具有设施简化、基建投资省、运行费用低、耐冲击负荷等优点。但是,它也存在着易造成土壤堵塞、对氨氮的去除效果不好等问题。一般来说,回灌处理后的渗沥液仍有较高的浓度,它很少单独作为渗沥液的处理工艺,经回灌处理的渗沥液还需要做进一步处理。

五、垃圾填埋工程实例

杭州天子岭第一填埋场是南昌有色冶金设计研究院 1987 年设计的我国第一个城市垃圾卫生填埋场,为全国首座符合国家建设部卫生填埋标准的大型山谷型垃圾填埋场。该工程先后被建设部、国家环境保护总局、国家科委评为示范工程及优秀工程,并在全国推广。该垃圾填埋场设计服务年限 13 年,1991 年 4 月正式投入运行,2004 年服务期满,共处理城市垃圾 800 多万 t。该工程地处杭州市北郊的半山镇石塘村天子岭山的青龙坞山谷,垃圾基本坝坝顶标高 65 m,为碾压堆石坝,基本坝以上部分以垃圾进行堆坝,采用 1∶3 外坡堆积垃圾堆体,设计垃圾最终填埋堆积标高 165 m,设计计算填埋库容 $600×104 m^3$。为防止垃圾渗沥液污染下游地下水,设计在调节池下侧截污坝下部采用以帷幕注浆为主的垂直防渗措施,经过近 10 年对地下水的监测,垃圾渗沥液未对下游及周边地下水产生明显污染,防渗效果较好。渗沥液采用低氧-好氧活性污泥法处理。

(一) 填埋工艺

来自城区中转站的生活垃圾由自卸汽车运输至填埋场,经地磅计量后,通过作业平台和临时通道进入填埋单元作业点按统一调度卸车,然后由填埋机械摊平、碾压。填埋单元按 1～2 d 的垃圾填埋量划分,每单元长约 50 m,每层需铺垃圾约 0.8m 厚。碾压作业分层进行并实行往复制,往复一般要进行 10 次以上,压实后厚度 0.5～0.6 m,压实后垃圾密度可为 0.8～1.0 t/m³,当压实厚度达到 2.3 m 时,覆土 0.2 m,构成 1 个 2.5 m 厚的填埋单元。一般以一日填埋垃圾作为一个填埋单元,并实行当日覆土。为减少和杜绝蚊蝇、昆虫滋生,需要对覆土后的填埋单元进行喷药消毒。填埋场对部分回拣或临时堆放的垃圾及填埋机械实行不定期喷药制度。同一作业面平台多个填埋单元形成 2.5 m 厚的单元层。5 个单元层组成 1 个大分层,总高度 12.5 m。分层外坡面坡度为 1:3,坡面为弧形,坡向填埋区周边截洪沟,以利于排除场区层面上地表径流,减少渗沥液量。大分层之间设宽度为 8~10 m 的控制平台,并设有截排坡面径流的排水沟。

(二)防渗设施

生活垃圾卫生填埋场防渗工程是防止填埋场垃圾渗沥液外泄对地下水造成污染的重要措施,它一般包括填埋区的防渗和渗沥液调节池的防渗。本工程采用的防渗方案为垂直的,即在渗沥液可能外泄的地下通道上采用构建防渗墙、帷幕灌浆等工程来防止渗沥液外泄。垂直防渗方法的适用条件为场区一般地下水贫乏,岩层透水性、富水性差,是一个小的、独立的水文地质单元,周围除谷口外,地下水分水岭较高,能防止填埋场垃圾堆填后,渗沥液越过地下分水岭向邻谷渗漏,或者地表分水岭处地层为相对隔水层,可以阻止渗沥液向邻谷渗漏。

填埋场区水资源补给来源为大气降水,大气降水绝大部分形成地表径流,小部分渗入地下形成地下水。当地下水运移受阻时,地下水上升冒出地表形成泉水,转化为地表水。场区各沟谷受不透水岩层的控制,使各沟谷之间同时构成了地表和地下分水岭。因为场区为一个小的、独立的水文地质单元,所以在填埋场形成后,其产生的渗沥液一部分被渗沥液收集系统收集,另一部分渗入场区地下含水层,向下游扩散。调节池设在垃圾坝下游的地下水总出口通道上,场区内的地下水及渗入地下水的渗沥液都将汇入调节池,因此,可以利用帷幕灌浆截断调节池与下游地下水的水力联系,防止调节池中的渗沥液及其上游的地下水向下游排泄,防止污染调节池下游地下水。

(三)清污分流

为减少垃圾渗沥液产生量,降低渗沥液处理成本,设计对填埋区外未受填埋垃圾污染的雨水和垃圾渗沥液分别收集。

1. 雨水排放系统

在场区设置了一套完整的防洪排水系统,截洪沟按十年一遇流量设计,按三十年一遇流量校核。填埋场区的排雨水系统按其排水方式分为两种。

(1)截洪沟。截洪沟包括 165 m 环库截洪沟,140 m、115 m 和 90 m 库内分区截洪沟。环库截洪沟设在南北两侧山坡的 165 m 标高上,截排未与垃圾接触的雨水。结构为浆砌块石矩形沟,断面尺寸宽 1.0 m、深 1.5 m。环库截洪沟在渗沥液调节池上游分为内沟和外沟。库内分区截洪沟共三条,分别设在库内 90 m、115 m 和 140 m 高程上,也均分为南北两段。其作用为尽可能排出未污染的雨水,减少垃圾渗沥液。未受污染的雨水通过环库截洪沟的外沟排入下游地表水体,分区截洪沟被垃圾覆盖时则改为盲沟收集垃圾渗沥液,并通过环库截洪沟的内沟进入渗沥液调节池。

（2）排洪井。设置了三个直径为 3.8 m 的排水井，顶部标高分别为 65 m、76 m 和 97 m，用于排 90 m 以下山坡雨水，井壁随垃圾填埋上升，用预制钢筋混凝土弧形板块嵌封。作业面高于 90 m 时，排水井管改作收集渗沥液的干管。

2. 渗沥液收集系统

渗沥液收集管网根据垃圾填埋的不同高程分五期设置，并根据填埋区域的不同设置了三根干管，形成了北区、中区、南区三个相对独立的排渗沥液管网，这三个区域没有确切的分界。从平面上看，主管是干管的分枝，主管的间距不小于 100 m；支管间距为 40～50 m，毛细管由支管引出，间距在 10 m 左右。整个排渗沥液管网形成一个空间的立体网络。由于在排渗沥液时，会渗入甲烷等气体，所以在主管和干管的连接处，设置了通气孔排出气体，有利于渗流。渗沥液收集管由毛细管和支管承担，分别为直径 15 mm 和直径 150 mm 的 PVC 硬化管。渗沥液经支管流入主管后，通过主管和干管迅速排入渗沥液调节池。主管和干管分别为直径 230 mm 和直径 400 mm 的钢筋混凝土管。

（四）垃圾坝

为使垃圾堆积体稳定，在填埋场最下端设置垃圾坝。垃圾坝设计为透水堆石坝，坝高 14.5 m，坝顶宽 4 m，以满足运输车辆通行的要求。垃圾坝外坡 1：1.5，内坡 1：2.0。内坡及坝基均铺设土工织物的反滤层，渗沥液可通过反滤层渗出进入渗沥液调节池。

（五）渗沥液

对渗沥液进行处理达标排放是垃圾填埋场达到卫生填埋场要求的重要保障，也是避免渗沥液对地表水和地下水产生二次污染的重要措施。垃圾渗沥液的主要污染物为 COD_{Cr}、BOD_5、NH_3-N、SS 等。

1. 渗沥液的水质和水量

垃圾渗沥液水质受垃圾成分、气候、降雨量、填埋工艺和填埋时间等方面因素的影响，变化很大。设计采用的渗沥液水质为填埋场典型值，天子岭填埋场渗沥液设计值为 COD_{Cr} 6 000 mg/L，BOD_5 3 000 mg/L，pH 值 6～7。处理后出水水质要求为 COD_{Cr}≤300 mg/L，BOD_5≤50 mg/L，pH 值 6～9，SS≤100 mg/L。根据填埋场的汇水面积、填埋工艺及当地降雨资料，确定填埋场渗沥液处理量为 300 m³/d。为调节渗沥液处理的水质和水量，设计采用 24 000 m³ 的调节池进行水质水量调节。

2. 渗沥液处理工艺

根据杭州市填埋场渗沥液水质预测，填埋初期垃圾渗沥液 COD_{Cr} 在 10 000～15 000 mg/L、BOD_5/COD_{Cr} 为 0.4～0.6，属于生化性较好的有机废水，为了降低处理成本，设计采用活性污泥法为主的生化法，并辅以物理化学法进行深度处理。

本章小结

　　本章介绍了生活垃圾的概念、来源、分类、现状、危害,简述了我国现阶段生活垃圾的管理,详细阐述了生活垃圾的收集模式、收运模式以及转运站的设置,详细阐述了生活垃圾焚烧处理、填埋处置及二次污染物二噁英和渗沥液的污染控制,概述了生活垃圾的破袋、分选、压实预处理工艺及其相关设备,概述了厨余垃圾的概念、组成特点及其资源化利用途径。本章学习目标是掌握生活垃圾的组成特点及其资源化处理利用和最终处置技术。

关键词

　　生活垃圾　厨余垃圾　焚烧　卫生填埋　二噁英　渗沥液

习　题

1. 填空

(1) 目前,我国进入了生态文明建设新时代,开启了生活垃圾分类_____、分类_____、分类_____、分类_____的全程"四步走"管理新模式。新的生活垃圾分类方法"四分法"为_____垃圾、_____垃圾、_____垃圾和_____垃圾。

(2) 生活垃圾的热值是指单位质量的燃料完全燃烧释放出来的热量,燃烧产物水是液态时为_____热值,水是气态时为_____热值,通过氧弹量热计测出的是_____热值。

(3) 生活垃圾收运通常需要包括三个阶段:_____、_____和_____。

(4) _____是腐生性的水虻科昆虫,能够取食禽畜粪便和厨余垃圾,生产高价值的动物蛋白饲料。

(5) 通常认为燃烧混有_____的含氯有机物是产生 PCDD/Fs 的主要原因,其中金属起催化剂作用,如氯化铁、氯化铜可以催化 PCDD/Fs 的生成。焚烧过程中温度在 250～650 ℃时会生成 PCDD/Fs,且在_____℃时生成量最大。

(6) 卫生填埋采用天然黏土类防渗衬层,需要天然基础层渗透系数小于_____cm/s,且其场地及四壁衬里厚度要大于_____m。

2. 简述生活垃圾收运三个阶段。

3. 简述厨余垃圾的特点及其资源化途径。

4. 比较热解与焚烧技术。

5. 画出二噁英类物质 PCDDs 和 PCDFs 的化学结构式。

6. 简述生活垃圾焚烧处理二噁英的控制措施。

7. 图示生活垃圾卫生填埋场底部复合衬里(HDPE 膜+黏土)的结构。

8. 简述渗沥液的特点。

9. 目前我国对生活垃圾是如何分类的?

10. 简述垃圾转运站的作用。

参考文献

1. 边炳鑫,张鸿波,赵由才.固体废物预处理与分选技术[M].北京:化学工业出版社,2017.

2. 曹瑞华,谭洪毅.危险废物处置过程中废气处理技术综述[J].中国资源综合利用,2020,38(01):121—122,146.

3. 曹占强,史卓成.城市生活垃圾分选技术应用浅析[J].环境卫生工程,2011,19(2):4—6.

4. 陈锐章.污泥半干化技术综述[J].资源节约与环保,2018(07):109—110.

5. 陈志明,张红梅.某废纸再生造纸项目环保措施及效果分析[J].环境与发展,2019,31(04):36—37,39.

6. 程建萍,梁谦,程新德,等.双掺粉煤灰再生骨料对混凝土强度影响研究[J].再生资源与循环经济,2020,13(01):33—36.

7. 褚衍旭,高勇,李东,叶志成,蔡金宏,张朋飞,陈新宇.危险废物安全填埋场建设质量控制研究[J].环境与可持续发展,2019,44(02):144—147.

8. 崔红梅,黄星,郭丹,等.粉煤灰在废水处理中的应用研究进展[J].化学通报,2020,83(01):35—41.

9. 崔素萍,刘晓.建筑废物资源化关键技术及发展战略[M].北京:科学出版社,2017.

10. 邓俊.厨余垃圾无害化处理与资源化利用现状及发展趋势[J].环境工程技术学报,2019,9(06):637—642.

11. 杜德欣.公路工程建筑垃圾资源化处置及综合利用[J].工程技术研究,2020,5(03):11—14.

12. 方宁.农村垃圾处理问题研究[M].北京:中国经济出版社,2016.

13. 扶焱明.生活垃圾填埋场的现代化运营管理[J].智能城市,2020,6(04):112—113.

14. 付丽丽,黄雪,郑海霞,等.城镇污泥处理处置技术综述[J].住宅产业,2019(11):77—80.

15. 傅开彬,焦宇,徐信,汤鹏成,秦天邦.山东某硫铁矿烧渣硫酸浸出液制备铁红工艺研究[J].应用化工,2018,47(02):293—295.

16. 高秉仕,甘海林,王贵忠,等.关于工业固体废物综合利用的探讨[J].环境与发展,2020,32(01):81—82.

17. 葛玉波,饶苗苗,郑立莉.微生物浸铀研究进展[J].江西化工,2019(04):65—67.

18. 宫渤海,徐家英,庞立习,等.农村和农业有机废物综合利用工艺研究[J].环境卫生工程,2015,23(04):17—20.

19. 古佩,吴雅琴,雷武琴,黄建飞,李真.浸出毒性鉴别重金属分析中存在的问题[J].环境与发展,2020,32(02):84,87.

20. 郭喜伟,汤艳峰.关于工业固体废物综合利用的探讨[J].绿色环保建材,2019(09):36—37.

21. 韩全州,陈丽娟,刘颖,谷飙.城市污水处理厂污泥低温热解技术[J].河北农业科学,2009,13(06):98—100.

22. 韩韧.工业固体废物综合利用探析[J].资源节约与环保,2019(07):70.

23. 郝永利,温雪峰,罗庆明,等.我国矿业固体废物分类分级管理研究初探[J].环境与可持续发展,2009,34(06):34—36.

24. 侯经文.建筑垃圾再生砖抗压性能研究[J].技术与市场,2020,27(01):52—53.

25. 胡斌.我国医疗废物管理法律制度研究[D].贵阳:贵州大学,2019.

26. 黄本生,刘青才,王里奥.垃圾焚烧飞灰综合利用研究进展[J].环境污染治理技术与装备,2003,4(09):12—15.

27. 黄明生,李志华,孙雨清,等.大型垃圾填埋场陈腐垃圾成分特性及开采利用研究——以江苏省某市生活垃圾填埋场为例[J].环境卫生工程,2020,28(01):26—29.

28. 黄谦.城市固体废物处理及资源化利用的有效途径[J].环境与发展,2019,31(06):217,219.

29. 黄珊珊,韦建吉.厨余垃圾无害化处理设备与应用[J].现代农业装备,2019,40(05):60—63.

30. 姜建生.建立国际化城市要求的垃圾收运模式探讨[J].商场现代化,2005(3):61—62.

31. 姜乃良.浅谈石油化工行业 HW08 类危险废物管理[J].化工管理,2020(07):218—219.

32. 姜艳雯.环境工程建设中固体废物治理措施探究[J].湖北农机化,2019(17):37.

33. 蒋霖,伍珍秀,高官金.混磨工艺对钒渣钠化焙烧效果的影响研究[J].钢铁钒钛,2019,40(06):24—29.

34. 鞠美庭,李维尊,韩国林,等.生物质固废资源化技术手册[M].天津:天津大学出版社,2014.

35. 康国云.房屋建筑回填土施工常见质量缺陷与应对措施[J].中国新技术新产品,2018(15):86—87.

36. 李成福.我国危险废物处理现状及方法[J].环境与发展,2019,31(03):245,247.

37. 李大江,郭持皓,袁朝新,等.熔融氯化挥发提金技术进展[J].世界有色金属,2018(16):12—13.

38. 李刚.氯碱固废盐泥治理综合利用总结[J].中国氯碱,2020(01):36—40,48.

39. 李航宇,阎蕊珍,闫亚杰,等.粉煤灰取代水泥对再生混凝土砖性能的影响[J].新型建筑材料,2020,47(02):92—94,99.

40. 李浩林,夏举佩,曾德恢,等.加压酸浸煤矸石中氧化铝工艺及动力学研究[J].煤炭转化,2020,43(02):89—96.

41. 李进中,李建光.危险废物焚烧烟气净化系统优化分析及应用[J].工程建设,2020,52(01):68—73.

42. 李明,李振卿.厨余垃圾处理工艺及应用[J].中国科技信息,2019(19):57,60.

43. 李青松,金春姬,乔志香,等.垃圾填埋场渗滤液的产生及处理现状[J].青岛大学学报(工程技术版),2003,18(04):80—83.

44. 李秋义.建筑垃圾资源化再生利用技术[M].北京:中国建材工业出版社,2011.

45. 李秀金.固体废物处理与资源化[M].北京:科学出版社,2011.

46. 李运凯.浅谈城市固体废物资源化处理[J].科技风,2020(02):133—134.

47. 梁帅表.电子垃圾的回收和利用技术现状[J].世界有色金属,2018(06):209—211.

48. 梁照东.我国危险废物规范化管理现状及策略研究[J].节能与环保,2020(Z1):86—87.

49. 廖利.城市垃圾清运处理设施规划[M].北京:科学出版社,2000.

50. 廖世焱.铬渣回收利用及其无害化处理研究[J].武汉:武汉工业学院,2012.

51. 廖仕臻,杨金林,马少健.赤泥综合利用研究进展[J].矿产保护与利用,2019,39(03):21—27.

52. 林海,王鑫,董颖博,等.异养细菌对含钒石煤微生物浸出效果的研究[J].稀有金属,2017,41(09):1050—1055.

53. 林宏飞,陆立海,谭恒,等.再生造纸废渣制作燃料棒技术研究[J].能源工程,2019(06):74—78.

54. 刘常鹏,李卫东,王向锋,等.碱度对高炉渣玻璃化率的影响实验研究[J].冶金能源,2019,38(06):40—43.

55. 刘畅,李慧,贾雷,张帅.高炉渣回收利用现状及钛提取技术[J].热加工工艺,2019,48(07):1—3,9.

56. 刘绿川.钢铁行业环境治理方面存在的主要问题及应采取的治理措施[J].中国金属通报,2019(05):187—188.

57. 刘佩垚,赵俊,田伟,等.污泥炭化处理技术综述[J].资源节约与环保,2019(01):

79—81.

58. 刘庆丰,罗枫,周显武.循环经济产业园规划与产业政策和相关规划的协调性分析 [J].再生资源与循环经济,2020,13(01):13—16.

59. 刘润伟.危险废物焚烧处置过程余热锅炉出口结焦情况研究[J].节能,2020,39(02): 93—94.

60. 刘洋,张春霞.水淬高炉渣制备硅肥的研究[J].矿产综合利用,2019(05):116—120.

61. 刘渝,黄靖,刘孟新.固体废物及其防治方法浅谈[J].科技视界,2018(07):224—225.

62. 刘增革.厨余垃圾的处理技术[J].科技创新与应用,2019(35):155—156.

63. 龙源.固体废物的处理现状与处理方法[J].节能与环保,2019,298(04):76—77.

64. 卢金龙,肖潇.危险废物焚烧预处理工程的安全设计分析[J].有色冶金设计与研究, 2019,40(06):79—82.

65. 路晓涛,赵俊学,王鹏飞,等.有色冶金高铁高硅渣炼制生铁的应用探讨[J].钢铁研 究,2012,40(03):57—59.

66. 罗晔.利用废塑料制备型煤黏结剂的研究[N].世界金属导报,2019-12-31(B12).

67. 罗岳平.让垃圾分类政策落地跑起来[N].中国环境报,2020-03-23(005).

68. 马少雄.浅谈危险废物的处理与处置[J].科技风,2019(36):113—114.

69. 孟志国,徐晓晨,靳文尧,等.农业固体有机废物综合治理与资源化[J].中国资源综合 利用,2018,36(05):62—65.

70. 聂永丰.固体废物处理工程技术手册[M].北京:化学工业出版社,2012.

71. 宁平.固体废物处理与处置[M].北京:高等教育出版社,2007.

72. 潘根兴,卞荣军,程琨.从废物处理到生物质制造业:基于热裂解的生物质科技与工程 [J].科技导报,2017,35(23):82—93.

73. 彭晓静.关于危险废物管理与处理处置的研究[J].节能与环保,2020(Z1):84—85.

74. 戚鹏.煤矸石粗集料混凝土的工程可行性研究[J].资源信息与工程,2020,35(01): 56—60.

75. 钱红宇,邓鑫磊,邓家平,等.建筑垃圾烧结多孔(空心)砖的研制与中试生产[J].北方 建筑,2020,5(01):45—50.

76. 钱萌.农村固体废物资源化利用研究[J].北京农业,2014(24):338.

77. 饶苗苗,周仲魁,葛玉波,等.嗜酸性氧化亚铁硫杆菌耐氟性研究[J].有色金属(冶炼 部分),2019(10):50—54.

78. 任连海,田媛.城市典型固体废弃物资源化工程[M].北京:化学工业出版社,2009.

79. 申晨.危险废物的处理处置技术[J].能源与节能,2019(04):88—89.

80. 沈吉敏,张宪生,厉伟,等.城市生活垃圾焚烧过程中的二噁英污染[J].环境科技,

2003，16(03)：28—30.

81. 史小慧.造纸厂废塑料裂解制取燃料油的研究[J].广东化工,2020,47(02):44—45.

82. 史雅娟,吕永龙.农业固体废物的资源化利用[J].环境科学进展,1999,7(6):32—37.

83. 舒颖.防治固体废物污染:让生态安全和人民健康更有保障[EB/OL].中国人大网,http://www.npc.gov.cn/npc/c30834/201908/e0fe4fe990664c44b8f1e803216021d2.shtml.

84. 孙晓钟.探究生活垃圾焚烧发电厂烟气污染治理技术[J].建材与装饰,2020(08):171—172.

85. 万明杰,虞璐嘉,吴晓云.浅析城市固体废弃物减排之垃圾分类[J].科技风,2020(09):145.

86. 王丹,梁良,刘阳.我国厨余垃圾处理工艺技术路线选择与分析[J].中国标准化,2019(20):220—222.

87. 王甘霖,姜胜,仇晨光,等.城市污泥处理处置技术综述[J].水电与新能源,2018,32(02):75—78.

88. 王晋麟.煤矸石烧结砖企业的转型升级及相应措施[J].砖瓦,2020(01):44—48.

89. 王俊桃.金属硫化矿床地区矿业固体废物对水环境的影响研究[D].西安:长安大学,2004.

90. 王罗春,赵爱华,赵由才.生活垃圾收集与运输[M].北京:化学工业出版社,2006.

91. 王旻烜,张佳,何皓,等.城市生活垃圾处理方法概述[J].环境与发展,2020,32(02):51—52.

92. 王培.危险废物管理及规范化处置对策研究[J].中国资源综合利用,2020,38(01):153—155.

93. 王涛,宿宇.污泥处理处置技术路线综述[J].中国环保产业,2020(01):51—55.

94. 王伟,周建勋,贾文超,等.北京市生活垃圾分类管理与技术需求分析[J].环境卫生工程,2008,16(02):38—42.

95. 王学川,程正平,丁志文,任可帅,叶永彬.我国危险废物管理制度与含铬皮革废料的管理现状及建议[J].皮革科学与工程,2020,30(02):42—47.

96. 王焱,江熠,姜传宁,等.高铝粉煤灰钙矿相转化行为研究[J].有色金属(冶炼部分),2020(03):85—90.

97. 王洋,齐长青,罗彬,等.生活垃圾卫生填埋场雨污分流治理探讨[J].环境卫生工程,2020,28(01):79—82.

98. 王耀军.国内厨余垃圾处理现状与发展趋势分析[J].节能与环保,2019(08):47—48.

99. 王肇嘉.生活垃圾焚烧飞灰处置技术现状及发展趋势分析[N].中国建材报,2020-03-30(003).

100. 王志勇,徐学,张贺江.焙烧硫铁矿的沸腾炉改烧废硫黄渣存在的问题及解决办法[J].磷肥与复肥,2019,34(12):20—22.

101. 卫文灿,孙超,梅玉峰.论生活垃圾焚烧发电的污染源和环境保护策略[J].中国市场,2020(08):114—115.

102. 温久然,刘小婷,刘开平,等.黏土质煤矸石强化技术研究[J].硅酸盐通报,2020,39(01):233—241.

103. 吴俊.铬铁矿无钙焙烧渣的解毒及浸出研究[D].重庆:重庆理工大学,2018.

104. 吴世超,朱立新,孙体昌,等.赤泥综合利用现状及展望[J].金属矿山,2019(06):38—44.

105. 吴远彬.农业固体废物资源化处理技术[M].北京:中国农业科技出版社,2006.

106. 吴云青.为生活垃圾强制分类贡献"实战经验"[N].南京日报,2020-03-26(A05).

107. 肖希.工业固体废物污染现状及环境保护防治工作研究[J].资源节约与环保,2019(12):89.

108. 肖献法,崔柳青.我国垃圾分类处理:开始迈入"立法"强制时代——垃圾运输车辆将发生相应变化[J].商用汽车,2019(07):16—23.

109. 行宇,张增强,张斌,等.城市生活垃圾焚烧处理工艺的探讨[J].环境卫生工程,2010,18(01):55—57.

110. 幸卫鹏.赤泥综合利用评述[J].世界有色金属,2019(08):269—270.

111. 徐海云.生活垃圾焚烧处理发展分析[J].城市垃圾处理技术,2006(1):24—29.

112. 徐红霞.脱墨装置和废纸再生处理装置[J].中华纸业,2017,38(14):75—80.

113. 徐文彬,朱军强,徐梦兰.危险废物焚烧飞灰处理处置技术[J].广东化工,2019,46(24):125—126.

114. 徐玉波,李颖,樊斌.我国建筑垃圾资源化利用行业现状、问题和建议[J].墙材革新与建筑节能,2019(12):56—59.

115. 徐振佳,张雪英,周俊,等.城市污水厂剩余污泥脱水技术综述[J].净水技术,2018,37(02):38—44.

116. 薛洪其.氧化亚铁硫杆菌对钼镍尾矿金属的浸出作用及其机理探讨[D].贵阳:贵州大学,2017.

117. 薛赛利.我国电子废弃物处理法律制度研究[D].兰州:甘肃政法学院,2019.

118. 薛智勇,陈昆柏,郭春霞.农业固体废物处理与处置[M].郑州:河南科学技术出版社,2016.

119. 闫开放,张军仓.我国煤矸石烧结制品发展历程回顾及几点建议[J].砖瓦,2020(01):25—29.

120. 言文.塑料污染治理任重道远[N].中国石化报,2020-02-25(08).

121. 阳小东,李进.电石渣的综合利用[J].聚氯乙烯,2017,45(09):1—4.

122. 杨崇.等离子体处置危险废物及烟气净化系统工艺浅析[J].广东化工,2020,47(04):132,139.

123. 杨飞,孙晓敏.含铬钢渣制备水泥混合材的试验研究[J].钢铁钒钛,2019,40(04):84—89.

124. 杨家宽,姚鼎文,肖波,等.废石膏与氯化钾焙烧制硫酸钾新工艺[J].化工环保,2001(06):365—366.

125. 杨莉,杨有海,刘永河.固体废物的固化/稳定化技术研究进展[J].河西学院学报,2015,31(05):37—41.

126. 姚婷,曹霞,吴朝阳.一般工业固体废物治理及资源化利用研究[J].经济问题,2019(09):53—61.

127. 姚维杰,朱德庆,潘建,等.某硫酸渣中铅、锌的氯化焙烧动力学研究[J].金属矿山,2019(03):194—199.

128. 姚逸,邓秋婷,李艺,等.煤矸石的综合治理及其开发利用现状[J].中国资源综合利用,2019,37(12):83—85.

129. 叶智杰,马炳健,李子新.回填土人工挖孔桩施工技术的应用实践研究[J].机电信息,2019(02):63—64.

130. 佚名.危险废物无害化处置技术线路[J].资源再生,2019(08):47—51.

131. 尹升华,王雷鸣,吴爱祥,等.我国铜矿微生物浸出技术的研究进展[J].工程科学学报,2019,41(02):143—158.

132. 尹旭.国内垃圾焚烧发电厂主要系统的组成[J].吉林电力,2020,48(01):40—43.

133. 袁维芳,王浩,汤克敏,等.垃圾渗滤液处理技术及工程化发展方向[J].环境保护科学,2020,46(01):76—83.

134. 再协.如何给电子垃圾找个好去处[J].中国资源综合利用,2017,35(07):5—6.

135. 曾洋,朱宝玉.城市生活污水处理工艺综述[J].环境与发展,2019,31(07):76,78.

136. 詹丽萍.利用建筑垃圾制备再生混凝土路面砖的试验研究[J].福建建材,2020(02):6—8.

137. 张冠军,李涛.电石渣在综合利用过程中对环境的影响[J].中国水泥,2018(09):86—89.

138. 张恒,许磊,李鹏飞,等.磷石膏利用存在问题及解决新方法[J].磷肥与复肥,2016,31(06):41—42,47.

139. 张惠林,曾晨,王佳,等.垃圾焚烧电厂炉渣分选工艺设计研究[J].环境卫生工程,

2020，28(01)：17—21.

140. 张俊，严定鎏，万新宇，等.高炉渣不同干法粒化工艺的对比试验[J].钢铁，2020，55(02)：139—143.

141. 张力，袁晓洒，贾星亮，等.浅谈建筑垃圾资源化再生混凝土现状[J].科学技术创新，2020(04)：95—96.

142. 张倩倩.探究高炉渣的综合利用及展望[J].冶金与材料，2019，39(02)：178，180.

143. 张庆松，李恒天，李召峰，等.不同粒径组合对煤矸石基充填材料性能的影响[J].金属矿山，2020(01)：73—80.

144. 张权，张有为，蒲港，等.污泥处理现状及资源化利用研究综述[J].山西建筑，2018，44(06)：192—194.

145. 张艳玲.电子垃圾回收企业责任研究[D].石家庄：河北地质大学，2019.

146. 张逸飞.从禁止洋垃圾来浅谈中国固体废物处理现状[J].中国资源综合利用，2019，37(11)：109—111，114.

147. 张宇宁，朱京海.城市污泥处置技术及资源化利用研究综述[J].环境保护与循环经济，2019，39(04)：5—7.

148. 张哲媛.电子垃圾的简单粗放回收对环境和管理方法的影响[J].环境与发展，2018，30(01)：203—204.

149. 张政委，殷智华.国内外生活垃圾焚烧发电技术进展[J].现代农村科技，2020(03)：95.

150. 张梓越，陈学青，梁高峰，等.高铝粉煤灰综合利用中氯化铝淘洗纯化影响因素的研究[J].现代化工，2020，40(03)：103—106，111.

151. 章华熔，芦佳，叶兴联，等.污泥热干化技术应用综述[J].中国环保产业，2020(01)：56—59.

152. 章鹏飞，李敏，吴明，崔洁.我国危险废物处置技术浅析[J].能源与环境，2019，47(04)：22—24.

153. 赵洁婷.氯化焙烧法回收铜渣中的铁[J].有色金属(冶炼部分)，2018(07)：9—12，39.

154. 赵丽敏，黎鹏，闫超.我国建筑垃圾资源化利用若干产业政策[J].河南建材，2019(06)：206—208.

155. 赵由才.实用环境工程手册：固体废物污染控制与资源化[M].北京：化学工业出版社，2002.

156. 赵由才，宋立杰.垃圾焚烧厂焚烧底灰的处理研究[J].环境污染与防治，2003(02)：22—34.

157. 钟秀霞.建筑垃圾资源化利用的现状与策略分析[J].江西建材,2019(12):2—3.

158. 周金金.浅析危险废物安全填埋场开展营运期监理的意义及要点[J].污染防治技术,2019,32(05):69—71.

159. 周金金.危险废物安全填埋场项目环境影响评价的要点[J].污染防治技术,2019,32(04):19—20,30.

160. 周楠,姚依南,宋卫剑,等.煤矿矸石处理技术现状与展望[J].采矿与安全工程学报,2020,37(01):136—146.

161. 周翔,齐红军,张笃学,等.煤矸石充填材料配比试验研究[J].采矿技术,2020,20(01):33—35,39.

162. 周益辉,曾毅夫,刘先宁,叶明强.电子废弃物的资源特点及机械再生处理技术[J].电焊机,2011(02):37—41,90.

163. 朱建国,陈维春,王亚静.农业固体废物资源化综合利用管理[M].北京:化学工业出版社,2015.

164. 朱明璇,李梅,刘承芳,等.污泥处理处置技术研究综述[J].山东建筑大学学报,2018,33(06):63—68.

165. 朱申红.矿业固体废物——尾矿的资源化[J].环境与开发,1999(01):26—27,30.

166. 厌氧消化理论研究进展[EB/OL].百度文库,https://wenku.baidu.com/view/cadf60f9941ea76e58fa0422.html.

167. Li J, Lu H, Guo J, et al. Recycle Technology for Recovering Resources and Products from Waste Printed Circuit Boards[J]. Environmental Science & Technology, 2007, 41(06):1995—2000.

168. Zhang S, Forssberg E. Mechanical separation-oriented characterization of electronic scrap[J]. Resources Conservation and Recycling, 1997, 21(04):247—269.

附录 1　固体废物处理与处置实验

一、目的与要求

（1）实验教学目的：固体废物处理与处置实验是环境工程专业主干课程之一，属于必修课程。教学目的是使学生在了解固体废物处理与处置的基本概念、基本理论和基本方法的基础上，掌握固体废物的特性，固体废物的破碎、分选，固体废物可降解处理，固体废物焚烧处理，固体废物的热解处理，以及固体废物的填埋等最终处置技术。

（2）实验教学要求：要求学生掌握一般固体废物组成特点，掌握固体废物的分选原理与应用，掌握危险废物的特点与处理处置要求，掌握我国对固体废物的管理法规，掌握填埋、焚烧等一般处置技术，使学生重视固体废物污染控制工程的实践与创新，提高其分析和解决问题的能力。

（3）建议实验教学学时：16 学时。

二、实验项目学时分配表

序　号	实验项目	实验类别	学　时
1	固体废物破碎与筛分实验	综合性	4
2	危险废物固化体浸出实验	综合性	4
3	固体废物热值的测定实验	综合性	4
4	污泥的真空脱水过滤实验	综合性	4
5	有机固体废物发酵液挥发性脂肪酸的测定实验	综合性	4
6	木质纤维素类生物质废弃物成分的测定实验	综合性	4
7	生活垃圾的采样及容重、热值分析实验	综合性	4
合　计			16*

＊注：7 个实验项目任选 4 项（16 学时）。

三、成绩评定方法与标准

按照课堂实验的操作情况和实验报告编写的情况将成绩评为优、良、中、差 4 个等级。

实验一　固体废物破碎与筛分实验

1. 实验目的

(1) 了解固体废物(如煤矸石)的破碎及筛分原理。

(2) 熟悉破碎和筛分设备的安全操作。

2. 设备工作原理

利用外力克服固体物质点间的内聚力而使大块物料分裂成小块,实现破碎的目的。根据所得产物的粒度不同,利用不同孔径的筛面,将物料中小于筛孔的细小颗粒透过筛面,大于筛孔的粗物料留在筛面上,从而实现粗细物料的分离。

3. 实验设备

颚式破碎机、双滚筒破碎机、球磨机、振动筛。

4. 实验步骤

(1) 颚式破碎:开启电机,将煤矸石放入料斗内,进行破碎,得到破碎产物。求出极限破碎比。

(2) 双滚筒破碎:开启电机,将上述步骤(1)中的产物均匀地加入进料口内,进行破碎。

(3) 振动筛分:将筛子按筛目大小顺序排好,将上述步骤(2)中的产物约 10 kg 放入振动筛内,开启电机连续振动 5 min。用天平称取不同粒径的物料重量,计算不同粒径物料所占百分比。

(4) 球磨机磨碎:取双滚筒破碎后的产物 10 kg,放入球磨机的筒体内,开启电机 10 min。之后,取出物料,按上述步骤(3)进行筛分并计算不同粒径物料所占百分比。

5. 思考题

(1) 颚式破碎机、双滚筒破碎机对物料有什么要求?

(2) 请对上述两类破碎机进行比较。

(3) 球磨机的工作特点是什么?

实验二　危险废物固化体浸出实验

1. 实验目的

(1) 掌握危险废物固化体的浸出率测定方法。

（2）熟悉分光光度法测定六价铬的原理、方法。

2. 实验原理

Cr^{6+} 被水泥固化后，浸入水中，部分 Cr^{6+} 被水浸出。在酸性溶液中，Cr^{6+} 与二苯碳酰二肼反应，生成紫红色化合物。在 540 nm 波长处，吸光度与浓度的关系符合比尔定律。根据标准工作曲线，可求得溶液中 Cr^{6+} 的含量。

3. 实验步骤

（1）固化体的样品处理：①干燥：103～105 ℃，保持 2 h；②用研钵将固化体研磨成 3 mm 以下的粒度试样；③用天平称量 10 g 处理好的试样。

（2）水平振荡浸出：①固液比按 1∶10 取样，放到 150 mL 的带塞锥形瓶内；②振荡频率为 110±10 次/分钟，振幅 40 mm；③时间 1.5 h，静置 0.5 h 后过滤。

（3）标准工作曲线的配制：取不同数量的铬标准溶液，分别加入硫酸、磷酸和显色剂，测其吸光度。根据吸光度和浓度的关系可绘制出标准工作曲线。

（4）样品的测定：

取过滤后的水样 5 mL，稀释到 50 mL，按上面的步骤测其吸光度。

4. 计算

在标准工作曲线上，根据吸光度找出对应的浓度，计算 Cr^{6+} 含量。

5. 思考题

（1）衡量危险废物固化处理的指标有哪些？

（2）若样品的吸光度超过工作曲线，如何处理？

（3）若 Cr^{6+} 的浸出率超标，对固化体如何处置？

实验三　固体废物热值的测定实验

1. 实验目的和要求

（1）了解 SDACM3000 量热仪性能及操作规程。

（2）掌握煤矸石的热值测定方法。

2. 仪器工作原理

启动计算机进入实验测控系统，当实验准备就绪（氧弹已接好，实验参数输入）后，系统自动完成内筒水的称取和水温的调节，自动进入实验状态。经过测温探头及测控电路准确地采集温度数据，按程序约定，自动完成整个实验过程，保存测试结果。

3. 实验操作方法

(1) 打开电脑电源和量热仪加热专用开关,预热 30 分钟。

(2) 启动电脑,进入 Windows XP 操作系统后,双击桌面上的"SDACM5000 量热仪"图标进入测控程序,仪器自动调节控温点与室温之差于 10 ℃内,即达到温度平衡。

(3) 氧弹的使用:

① 将氧弹芯挂于氧弹支架上,将已烘干的坩埚置于天平称量盘上,称出其质量。用干净牛角勺取混匀煤矸石试样放入坩埚内,称量试样质量;

② 将坩埚放入氧弹的坩埚支架上,将点火丝接到坩埚支架(氧弹电极杆)上并拧紧螺帽,使点火丝靠近煤矸石试样;

③ 点火丝不得与坩埚相接触;

④ 平稳地将氧弹芯放入装有 10 mL 蒸馏水的氧弹筒内,旋紧弹盖并平稳放到充氧气装置上充气,在压力为 2.8～3.0 MP 的条件下,充氧时间为 30～45 s。

(4) 测量:将氧弹放入内筒内,盖上筒盖;将煤矸石试样质量等参数输入电脑程序,启动测试程序。30 min 后,仪器自动显示测定结果。

4. 思考题

(1) 对低热值试样如何测定?

(2) 如何检测氧弹是否漏气?

(3) 对液体和气态物质能否测定热值?

实验四　污泥的真空脱水过滤实验

1. 实验目的

(1) 了解真空过滤机的基本构造。

(2) 掌握污泥真空脱水过滤的基本操作。

2. 实验原理

真空过滤是在滤液出口处形成负压作为过滤的推动力,液体通过滤渣层和过滤介质必须克服阻力。旋空泵在电机驱动下将负压罐内空气抽出形成负压,从而在过滤介质两侧产生过滤推动力。

3. 实验步骤

(1) 悬浮污泥的制备:取一定量的淤泥,加水搅拌制成固形物含量为 10% 左右的悬浮液

（可取适量放置于烘箱,烘至恒重,称量,计算出含水量）。

（2）将外接电源接通,控制面板的电源指示灯亮。

（3）开启滤盘上环,在多孔的筛板上铺上滤纸,然后放下上环,用压紧钩使之与盘座压紧。

（4）启动真空泵,十余 s 内真空表指针达到 91.2 kPa。

（5）将污泥倾入滤盘,启动工作滤盘的电池阀（指示灯亮）,开始工作。同时开始计时。过滤期间,不得启动非工作的过滤盘以免充气而破坏正常过滤。

（6）待滤盘内悬浮液经抽滤后呈饼状时（以滤饼表面水膜消失为准）,停泵并记下过滤时间,然后停止工作滤盘电磁阀。此时,将未工作的滤盘电磁阀打开一次,将真空负压罐内的液体及时排出（测定滤饼含水量）。

（7）开启滤盘上环,取出滤饼并将盘内擦拭干净以备下次再用。

4. 计算

求出污泥的脱水率。

5. 思考题

（1）设备的脱水率受哪些因素影响?

（2）脱水后的污泥如何处置?

（3）如何测定污泥的含水率?

实验五　有机固体废物发酵液挥发性脂肪酸的测定实验

1. 实验目的

（1）掌握有机固体废物发酵液挥发性脂肪酸的测定方法。

（2）了解有机固体废物发酵液挥发性脂肪酸指标的意义。

2. 实验原理

有机固体废物在厌氧发酵的液化产酸阶段,其主要产物是挥发性脂肪酸（VFA）,其中以乙酸为主（含量有时可高达 80%）。甲酸和乙酸是形成 CH_4 的重要前体物。在发酵过程中,丙酸、丁酸可以转化为甲酸。挥发性脂肪酸是沼气发酵中有机物降解重要的工艺参数。

发酵液中 VFA 的测定主要有两种方法：

（1）VFA 总量测定,以乙酸作为基数进行计算;

（2）对甲酸、乙酸等各种挥发性脂肪酸分别定量分析,并计算出 VFA 的总量。

对各种 VFA 的测定需要气相色谱或液相色谱，而对 VFA 总量测定可以采用比较简单的化学滴定分析方法。本实验采用化学滴定方法，其原理如下：发酵液经加热蒸馏，VFA 随水蒸气逸出，冷凝后流出液用水吸收收集，收集后用 NaOH 进行滴定，通过 NaOH 消耗的量计算 VFA 的总量。

3. 实验仪器与试剂

（1）实验仪器：蒸馏装置、碱式滴定管、锥形瓶、容量瓶、移液管、量筒、离心机。

（2）实验试剂：10% 磷酸、酚酞指示剂、0.100 0 mol/L NaOH、蒸馏水、发酵液。

4. 实验步骤

（1）样品制备：①取 150 mL 发酵液，3 000 r/min 离心 10 min；②用移液管移取 50 mL 上清液置于蒸馏瓶中；③蒸馏瓶中加 50 mL 蒸馏水后，再加 2 mL 10% 磷酸。

（2）蒸馏：①加热蒸馏，冷凝液导入盛有 25 mL 蒸馏水的锥形瓶中；②蒸馏液剩至 25 mL 左右时，停止加热，再加入 50 mL 蒸馏水；③继续加热蒸馏，收集蒸馏液，蒸馏瓶剩余 25 mL 左右时停止收集。

（3）VFA 测定：收集后的冷凝液加酚酞指示剂，用 0.100 0 mol/L 的 NaOH 滴定至淡粉色不消失为止，记录 NaOH 的用量。

5. 计算

挥发性脂肪酸含量 C_{VFA}（以乙酸计，mg/L）：

$$C_{VFA} = \frac{CV_1}{V_2} \times 60 \times 100\%$$

其中：C 为 NaOH 的浓度；V_1 为滴定消耗 NaOH 的体积；V_2 为发酵液的体积；60 为乙酸的相对分子质量。

6. 思考题

（1）有机固体废物厌氧发酵分为哪三段？

（2）发酵液中挥发性脂肪酸的含量测定有何意义？

（3）测定过程中如何标定 NaOH 的浓度？可以用甲基橙作为指示剂吗？为什么？

实验六　木质纤维素类生物质废弃物成分的测定实验

1. 实验目的

（1）学习使用马弗炉、恒温干燥箱及电子天平等。

(2) 了解木质纤维素生物质(如棉秸秆)组成特点。

(3) 掌握木质纤维素生物质半纤维素、纤维素、木质素及硅酸盐的测定方法。

2. 实验原理

木质纤维素生物质,如农作物秸秆、牧草和树材等的主要组成包括半纤维素、纤维素、木质素、硅酸盐以及极少量的糖等物质。

棉秸秆经中性洗涤剂(3%十二烷基硫酸钠)分解,除去大部分细胞内容物,其中包括脂肪、糖、淀粉、蜡质、单宁和蛋白质;不溶解的残渣称为中性洗涤纤维,主要是细胞壁部分,包括半纤维素、纤维素、木质素、硅酸盐以及极少量的蛋白质。在稀酸低温条件下,中性洗涤纤维(neutral detergent fibre, NDF)可进一步溶解于酸性洗涤剂的部分称为酸性洗涤剂溶解物,主要包括半纤维素和少量中性洗涤剂溶解物;剩余残渣称为酸性洗涤纤维(acid detergent fibre, ADF),其中含有纤维素、木质素和硅酸盐。ADF 经稀酸高温消解,其中的纤维素被溶解,木质素和硅酸盐为剩余残渣。所以 ADF 值减去高温消解后的残渣值即为原料的纤维素含量。把高温稀酸消解后的残渣 800 ℃灰化,灰分为原料中的硅酸盐含量,灰化中逸出部分即为木质素(acid detergent lignin, ADL)含量。

3. 试剂及其制备

(1) 中性洗涤剂(3%十二烷基硫酸钠):

准确称取 18.6 g 乙二胺四乙酸二钠(EDTA, $C_{16}H_{14}N_2O_3Na_2 \cdot 2H_2O$,化学纯,372.24)和 6.8 g 硼酸钠($Na_2B_4O_7 \cdot 10H_2O$,化学纯,381.37)加入 1 000 mL 烧杯中,加入少量蒸馏水,加热溶解后,再加入 30 g 十二烷基硫酸钠($C_{12}H_{25}NaO_4S$,化学纯,288.38)和 10 mL 乙二醇乙醚($C_4H_{10}O_2$,化学纯,90.12)。

称取 4.56 g 无水磷酸氢二钠(Na_2HPO_4,化学纯,141.96)置于另一烧杯中,加少量蒸馏水微微加热溶解后,倾入第一烧杯中,在容量瓶中稀释至 1 000 mL,此溶液 pH 值在 6.9~7.1(pH 值一般无须调整)。

(2) 稀酸洗涤剂:20 mL 浓 H_2SO_4(比重 1.84)在不断搅拌下加入 300 mL 水中,冷却至 20 ℃后补加水至 1 000 mL,即为 0.2 mol/L 硫酸溶液。

(3) 其他试剂:无水亚硫酸钠(Na_2SO_3,化学纯,126.04);丙酮(CH_3COCH_3,化学纯,58.08)。

(4) 仪器:电子天平、抽滤瓶 500 mL、砂芯漏斗(3G)、烘箱、马弗炉、压力反应釜、压力灭菌锅。

4. 实验步骤

组分测定:

准确称取样品 e mg 置于 100 mL 碘量瓶中,加入 60 mL 中性洗涤剂,之后放入已沸的高压蒸汽消毒器中,100 ℃保温 1 h,取出趁热用 3 号砂芯漏斗过滤,残渣水洗两次,丙酮冲洗两次后置于 60 ℃下烘干称重,记为 a。

把剩余残渣(a)置于 100 mL 碘量瓶中,加入 0.2 mol/L H_2SO_4 溶液,然后放入已沸的高压消毒器中,100 ℃准确保温 50 min,之后用 3 号砂芯漏斗过滤,水洗残渣至 pH 值为 6.5～7.0,再用丙酮洗两次,60 ℃干燥,称重,记为 b,$a-b$ 即得半纤维素含量。

把剩余残渣(b)置于 50 mL 烧杯中,加入 5 mL 0.2 mol/L H_2SO_4 溶液,180 ℃准确保温 150 min,之后用 3 号砂芯漏斗过滤,水洗残渣至 pH 值为 6.5～7.0,60 ℃烘干,称重,计为 c,$b-c$ 即为纤维素含量。

把剩余残渣(c)置于 550 ℃恒重的坩埚中,在马弗炉 550 ℃灰化 2.5 h,称重,计为 d,$c-d$ 即为木质素含量,d 为硅酸盐的含量。

5. 计算

计算棉秸秆各组分的百分含量。

6. 思考题

(1) 木质纤维素类生物质有哪些资源化方式?

(2) 写出半纤维素的化学结构组成。

(3) 写出纤维素的化学结构组成。

实验七　生活垃圾的采样及容重、热值分析实验

1. 实验目的

(1) 掌握生活垃圾的采样方法和容重测定方法。

(2) 了解生活垃圾的一般物理特点。

2. 实验原理

一般采用四分法进行采样。其方法是先将混合样品制成圆锥形,按"十"字形从圆锥顶部切分成四份,取出其中对角线两份即为一次缩分,另外对角线两份舍去。再将一次缩分的两份混合均匀制成圆锥形。以此类推,直到样品量符合要求为止。

采样后应立即进行物理组成分析,通过称量固定体积容器内生活垃圾重量,计算生活垃圾容重。然后如表实验 7-1 所示分拣并分析生活垃圾物理组成,估算生活垃圾的热值。

3. 实验仪器与试剂

(1) 实验仪器:塑料桶、垃圾箱、天平(精度 0.1 g)、台秤(精度 5 g)、铁锹等。

(2) 实验样品:典型的生活垃圾(为方便实验,可由实验员配制生活垃圾)。

表实验 7-1　生活垃圾物理组成表

序号	生活垃圾成分	参考高位热值/（kJ/kg）
1	塑料	32 570
2	橡胶	23 260
3	木竹	18 610
4	纺织物	17 450
5	纸类	16 600
6	灰土、砖陶	6 980
7	厨余	4 650
8	金属	700
9	玻璃	140

4. 实验步骤

（1）采样：①取 100 kg 生活垃圾，倾倒在水泥地板上，充分混合，堆放；②从圆锥顶部切分成四份，取出其中对角线两份并混合均匀制成圆锥形，另外对角线两份舍去；③继续从圆锥顶部切分成四份，取出其中对角线两份并混合，此时约重 25 kg，即为备用分析样品，另外对角线两份舍去。（为方便实验，可按比例适当调整。）

（2）容重：①往预先称重的 5 L 塑料桶里加入上述生活垃圾样品，满时振摇；②继续加入样品，满时振摇，如此 3 次加入生活垃圾至满；③称重，重复三次取计算平均值。

（3）组分：对生活垃圾样品如表实验 7-1 所示进行分拣，并分别称重，计算不同组分含量。

（4）热值：分拣后如表实验 7-1 所示估算生活垃圾的热值。

5. 计算

生活垃圾容重 d：

$$d_i = \frac{W_i - W}{V} \times 1\,000$$

$$d = \frac{d_1 + d_2 + d_3}{3}$$

其中：d 为生活垃圾容重（kg/m³）；i 为重复测定序次；W 为生活垃圾桶重量（kg）；W_i 为每次称量重量（包括容器重量，kg）；V 为生活垃圾桶容积（L）。计算结果保留 3 位有效数字。

生活垃圾物理组成 C_i：

$$C_i = \frac{M_i}{M} \times 100\%$$

其中:M_i 为各组分重量(g);M 为生活垃圾总重(g)。计算结果保留 2 位有效数字。

热值 Q:

$$Q = \frac{\sum Q_i M_i}{M}$$

其中:Q_i 为各组分参考热值(kJ/kg)。计算结果保留 2 位有效数字。

6. 思考题

(1)生活垃圾四分法采样是如何进行的?

(2)生活垃圾还有哪些采样方法?

(3)生活垃圾一般容重是多少?测定容重过程中可以压实吗?为什么?

(4)生活垃圾一般热值是多少?假定含水率 25%,热值够蒸发垃圾中的水分吗?

附录 2　固体废物处理与处置课程设计

一、设计目的和任务

通过固体废物处理与处置课程设计,进一步消化巩固本课程所学内容,并使所学的知识系统化,培养运用所学理论知识进行固体废物处理与处置设计的初步能力。设计内容为农村家用沼气池或生活垃圾卫生填埋场(二者选其一),建议设计时间2周。

二、课程设计要求

通过设计,了解工程设计的内容、方法及步骤,培养确定厌氧系统的设计方案、进行设计计算、绘制工程图、使用技术资料、编写设计说明书的能力。

三、课程设计与其他课程的关系

该课程设计是依附于"固体废物处理与处置"这门课,以"环境工程CAD""水污染控制工程""大气污染控制工程"课程为基础来设计的。

四、选题的原则及题目难度、深度、广度分析

选题是根据课堂理论课的学习和现实发展的需要选的;鉴于学生是首次设计,题目的难度和深度属于一般难度,但设计具有系统性,涵盖了整个设计过程。

五、设计的时间安排

序号	设计内容	时　间	要　求	备　注
1	设计资料的收集		独立完成	
2	方案的确定		独立完成	
3	设计计算、找老师评阅		独立完成	
4	绘图		独立完成	
5	检查设计、上交成品		独立完成	

六、成绩评定方法与标准

1. 优秀

独立完成了设计任务书中规定的内容,并做到:设计方案正确,有独特见解或创新,结构

合理,工艺切实可行;分析和计算方法正确、说明书格式规范,书写整齐,插图清楚,用语准确、符合技术规范;视图选择合理,比例恰当,能正确表达所示结构的特点,图面整洁,图线、字迹、尺寸等符合国家有关标准和规定;能独立地、正确地运用有关手册及资料;答辩中能简明扼要地陈述自己的设计内容及过程,回答问题的正确率在90%以上。

2. 良好

独立完成了设计任务书中规定的内容,并做到:设计方案正确,结构和工艺合理;分析和计算方法正确,有小错误,属于考虑不周或经验不足所致;说明书格式规范,书写整齐,语言通顺、易懂;视图选择合理,比例恰当,能比较正确地表达所示结构,图面整洁,图线、字迹、尺寸等基本符合国家有关标准和规定;在教师指导下,能独立运用手册和有关资料;答辩过程中回答问题的正确率在80%以上。

3. 中等

基本完成了设计任务书中规定的内容,但在设计方案、观点、分析和计算方法、视图选择与表达、图面质量、标准运用、文字表达等方面存在可以更改的不足,独立工作的能力一般,答辩过程中回答问题的正确率在70%以上。

4. 及格

基本完成了设计任务书中规定的内容,但在设计方案、观点、分析和计算方法、视图选择与表达、图面质量、标准运用、文字表达等方面存在明显不足,独立工作的能力不强,答辩过程中回答问题的正确率在60%以上。

5. 不及格

没有完成设计任务书中规定的内容,或在设计期间缺席时间超过规定时间1/3以上,或在设计方案、观点、分析和计算方法等方面存在严重错误,或存在明显抄袭现象,在答辩过程中能正确回答的在50%以下。

七、必要的说明

(1) 设计要求由指导教师把关。

(2) 文本每页右下角必须有页码,目录中必须标明页码。

(3) 课程设计正文内容序号为:一、二、三、……;1. 2. 3. ……;(1) (2) (3)……

正文中应包括对自己设计工作的详细表述和计算,要求论理正确、论据确凿、逻辑性强、层次分明、表达确切、计算准确。对设计过程中所获得的主要数据、现象进行定性或定量分析,得出结论和推论。对整个设计工作进行归纳和综合,阐述本课题研究中尚存在的问题及进一步开展研究的见解和建议。

(4) 致谢:简述自己在本次设计中的体会,并对指导教师以及协助完成设计的有关人员表示谢意。

（5）附录：包括与设计有关的图、表等。

（6）参考文献：为了反映文稿的科学依据和作者尊重他人研究成果的严肃态度以及向读者表明有关信息的出处，正文中应按顺序在引用参考文献处的文字右上角用［］标明，［］中序号应与"参考文献"中的序号一致，正文之后则应列出参考文献，列出的只限于作者亲自阅读过的最主要的发表在公开出版物上的文献。

参考文献的著录，应按著录/题名/出版事项顺序排列。

期刊标注顺序为：著者，题名，期刊名称，出版年，卷号（期号），起始页码。

书籍标注顺序为：著者，书名，版次（第一版不标注），出版地，出版者，出版年，起始页码。

（7）文字要求：文字通顺，语言流畅，无错别字，一般情况下应采用计算机打印成文。

（8）曲线图表要求：所有曲线、图表、线路图、流程图、程序框图、示意图等不准徒手画，必须按国家规定标准或工程要求采用计算机绘制。

（9）图纸要求：图面整洁，布局合理，线条粗细均匀，圆弧连接光滑，尺寸标注规范，使用计算机绘图。

八、设计时使用的主要参考书及手册

设计一：

（1）聂永丰.三废处理工程技术手册（固体废物卷）.北京：化学工业出版社，2000。

（2）国家环境保护总局污染控制司.城市固体废物管理与处置技术.北京：中国石化出版社，2000。

（3）李国建.城市垃圾处理工程.北京：科学出版社，2003。

（4）芈振明.固体废物处理与处置.北京：高等教育出版社，1993。

（5）《户用沼气池设计规范》（GB/T 4750—2016）。

（6）《户用沼气池施工操作规程》（GB/T 4752—2016）。

（7）《户用沼气池标准图集》（GB/T 4750—2002）。

（8）有关沼气池设计的其他论文、著作。

设计二：

（1）《生活垃圾卫生填埋处理技术规范》（GB 50869—2013）。

（2）《城市生活垃圾卫生填埋处理工程项目建设标准》（建标 124—2009）。

（3）《厂矿道路设计规范》（GBJ 22—87）。

（4）《生活垃圾填埋场污染控制标准》（GB 16889—2008）。

（5）《生活垃圾卫生填埋场环境监测技术要求》（GB/T 18772—2017）。

（6）《生活垃圾卫生填埋场防渗系统工程技术规范》（CJJ 113—2007）。

（7）《生活垃圾填埋场填埋气体收集处理及利用工程技术规范》（CJJ 133—2009）。

(8)《生活垃圾渗沥液处理技术规范》(CJJ 150—2010)。

(9)《生活垃圾卫生填埋场岩土工程技术规范》(CJJ 176—2012)。

(10)《非织造布复合土工膜》(GB/T 17642—2008)。

(11)《聚乙烯(PE)土工膜防渗工程技术规范》(SL/T 231—98)。

(12)《土工合成材料应用技术规范》(GB 50290—2014)。

(13)《建筑设计防火规范》(GB 50016—2014)。

(14)有关填埋场设计的其他论文、著作。

课程设计一　农村家用沼气池的设计

1. 设计时间及地点

(1)设计时间：

(2)设计地点：

2. 设计参数

(1)气压：7 480 Pa(即 80 cm 水柱)。

(2)池容产气率：池容产气率是指每 m³ 发酵池容积 1 昼夜的产气量，单位为 m³ 沼气/(m³ 池容·d)。采用池容产气率为_____。

(3)某农户家共____人，畜生(猪)____头。

(4)贮气量：贮气量是指气箱内的最大沼气贮存量。农村家用水压式沼气池的最大贮气量以 12 h 产气量为宜，其值与有效水压间的容积相等。

3. 课程设计内容和要求

(1)设计农村家用沼气池工艺流程。

(2)了解沼气池形状及平面布局原则。

(3)发酵料液的计算。

(4)厌氧发酵间的设计：计算发酵间的容积、气室容积、发酵间各部分尺寸。

(5)进料间、出料间(水压间)的设计。

(6)编写设计说明书：设计说明书按设计程序编写，包括方案的确定、设计计算、有关设计的简图等内容。课程设计说明书应有封面、目录、前言、正文、小结及参考文献等部分，文字应简洁、通顺，内容正确完整，书写工整，装订成册。

(7)图纸要求：

① 沼气池池型图一张(1号或2号图);

② 应按比例绘制、标出主要配件、管件及其编号。

4. 工艺流程

沼气发酵工艺类型较多,我国农村普遍采用的是下述两种工艺。

(1) 自然温度半批量投料发酵工艺:这种工艺的发酵温度随自然温度变化而变化,采用半批量方式投料,基本流程如图1所示。

这种工艺的发酵期视季节和农用情况而定,一般为5个月左右,运行中要求定期补充新鲜原料,以免造成产气量下降,该工艺主要缺点是出料操作劳动量大。

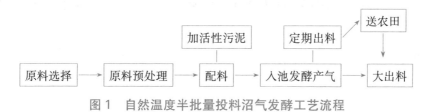

图1 自然温度半批量投料沼气发酵工艺流程

(2) 自然温度连续投料发酵工艺:这种工艺是在自然温度下,定时定量投料和出料,能维持比较稳定的发酵条件,使沼气微生物(菌群积累)区系稳定,保持逐步完善的原料消化速度,提高原料利用率和沼气池负荷能力,达到较高的产气率;工艺自身耗能少,简单方便,容易操作。

5. 发酵料液的计算

(1) 发酵料液体积的计算:

$$V_1 = [(n_1 + n_2)k_2 + n_3]T$$

其中:V_1 为发酵料液体积(m³);n_1 为产人粪便总量,按常住人口×0.006—0.001 3 米³/(人·天)取值;n_2 为产牲畜粪便总量,按养猪头数×0.006—0.15 米³/(头·天)取值;n_3 为每日舍外能定量收集粪便总量(m³/d);k_2 为收集系数,取值0.5～1.0;T 为原料滞留期(d),蔬菜区 T 取30,平坝农业区取35,丘陵区取40。

(2) 气室容积的计算:

$$V_2 = 1/2V_1 k_3$$

其中:V_2 为气室容积(m³);V_1 为发酵料液体积(m³);k_3 为原料产气率,我国通常采用的产气率包括 0.15 m³/(m·d)、0.2 m³/(m³·d)、0.25 m³/(m·d)、0.3 m³/(m·d)。

6. 发酵间的设计

(1) 发酵间的容积:

$$V = (V_1 - V_2)k_1$$

其中，V 为发酵间容积(m^3)；V_1 为发酵料液体积(m^3)；V_2 为气室容积(m^3)；k_1 为容积保护系数，取 0.9～1.05。

（2）发酵间各部分尺寸的确定：

沼气池的直径根据用户平面布置确定。

① 发酵间池盖削球体矢高和净容积。

池盖削球体矢高：

$$f_1 = D/a_1$$

其中：f_1 为池盖削球体矢高(m)；D 为圆柱体型池身直径(m)；a_1 为直径与池顶矢高的比值，取 5～6。

池盖削球体净容积：

$$Q_1 = \frac{\pi}{6} \times f_1 \times (3R^2 + f_1^2)$$

其中：Q_1 为池盖削球体净容积(m^3)；π 为圆周率，取 3.141 6；f_1 为池盖削球体矢高(m)；R 为池身圆柱体内半径(m)。

② 发酵间池底削球体矢高和净容积。

池底削球体矢高：

$$f_2 = D/a_2$$

其中：f_2 为池底削球体矢高(m)；D 为圆柱体型池身直径(m)；a_2 为直径与池底矢高的比值，取值 8～10。

池底削球体净容积：

$$Q_3 = \frac{\pi}{6} \times f_2 \times (3R^2 + f_2^2)$$

其中：Q_3 为发酵间池底削球体净容积(m^3)；π 为圆周率，取 3.141 6；R 为池身圆柱体内半径(m)；f_2 为池底削球体矢高(m)。

发酵间池身圆柱体净容积：

$$Q_2 = V - Q_1 - Q_3$$

其中：Q_2 为发酵间池身圆柱体净容积(m^3)；V 为发酵间总容积(m^3)；Q_1 为池盖削球体净容积(m^3)；Q_3 为发酵间池底削球体净容积(m^3)。

发酵间池身圆柱体高度：

$$H = Q_2/\pi R^2$$

其中：Q_2 为发酵间池身圆柱体净容积(m^3)；R 为发酵间池身圆柱体半径(m)；H 为发酵间池身圆柱体高度(m)；π 为圆周率，取 3.141 6。

发酵间内总表面积：

$$S = S_1 + S_2 + S_3$$

其中：S 为内总表面积(m^2)；S_1 为池盖削球体内表面积(m^2)；S_2 为池身圆柱体内表面积(m^2)；S_3 为池底削球体内表面积(m^2)。

池盖削球体内表面积：

$$S_1 = \pi/(R^2 + f_1^2)$$

其中：S_1 为池盖削球体内表面积(m^2)；R 为池身圆柱体半径(m)；f_1 为池盖削球面矢高(m)；π 为圆周率，取 3.141 6。

圆柱体池身内表面积：

$$S_2 = 2\pi R^2 H$$

其中：S_2 为池身圆柱体内表面积(m^2)；R 为池身内圆柱体内半径(m)；H 为池身圆柱体高度(m)；π 为圆周率，取 3.141 6。

池底削球体内表面积：

$$S_3 = \pi(R^2 + f_2^2)$$

其中：S_3 为池底削球体内表面积(m^2)；f_2 为池底削球体矢高(m)；R 为池身内圆柱体内半径(m)；π 为圆周率，取 3.141 6。

7. 进料口(管)的设计

进料口(管)由上部长方形槽和下部圆管组成，其中上部长方形槽几何尺寸是长×宽×深=600 mm×320 mm×500 mm；下部圆管宜采用 ϕ200~300 mm 预制混凝土管或现浇混凝土管，管与池墙角不小于 30°。

水压式沼气池进料管安装位置一般都确定在发酵间的最低设计液面高度处。该位置的计算如下。

(1) 计算死气箱拱的矢高：池盖拱顶点到发酵间的最高液面。其中，死气箱拱的矢高可按下式计算：

$$f_{死} = h_1 + h_2 + h_3$$

其中：h_1 为池盖拱顶点到活动盖下缘平面的距离，该值一般在 10~15 cm；h_2 为导气管下露出长度，取 3~5 cm；h_3 为导气管下口到液面距离，一般取 20~30 cm。

(2) 死气箱容积：

$$V_{死} = \pi f_{死}^2 [\rho_1 + (f_{死}/3)]$$

其中：$V_{死}$、$f_{死}$、ρ_1 分别为死气箱容积、死气箱矢高、池盖曲率半径。

（3）投料率。根据死气箱容积，可计算出沼气池投料率：

$$投料率 = [(V - V_{死})/V] \times 100\%$$

其中：V、$V_{死}$ 分别为发酵间容积和死气箱容积（m^3）。

（4）最大贮气量：

$$V_{贮} = 池容 \times 池容产气率 \times 1/2$$

（5）气箱容积：

$$V_{气} = V_{死} + V_{贮}$$

其中：$V_{气}$、V、$V_{死}$ 分别为沼气池气箱总容积、死气箱总容积和有效气箱容积（最大贮气量）。

（6）发酵间最低液面位。对一般沼气池来说，$V_{气}$ 均大于 Q_1，也就是说，最低液面位置在圆筒形池深范围内。此时，要确定进、出料管的安装位置，应按下式计算出气箱在圆筒形池身部分的容积：

$$V_{筒} = V_{气} - Q_1$$

因此，

$$h_{筒} = V_{筒}/\pi R^2$$

其中：$h_{筒}$ 为圆筒形池身内气箱部分的高度（m）。

最低液面位在池盖与池身交接平面以下 $h_{筒}$ 的位置上。这个位置也就是进出料管的安装位置。

课程设计二　生活垃圾卫生填埋场课程设计

1. 设计时间及地点

（1）设计时间：

（2）设计地点：

2. 设计参数

（1）设计服务人口 5 万～30 万人。

（2）平均垃圾产量 $0.6\sim1.2\,\mathrm{kg/d}$。

（3）人口年增长率 5%。

3. 设计条件

（1）某县主要气象特征值如下。

① 气温：

平均气温在_____℃，极端最低气温—_____℃，极端最高气温_____℃。

② 降水（6—8 月份降雨量占全年的_____%）：

年平均降水量_____毫米，最大降雨量_____米，最低降雨量为_____毫米。

③ 蒸发量：

年平均蒸发量为_____毫米。

④ 风向风速：

年主导风向为_____风，夏季主导风向为_____风。

（2）填埋场渗滤液必须经过处理，出水水质必须达到《生活垃圾填埋场污染控制标准》（GB 16889—2008）中的一级标准，紧挨填埋场有水、电源及公路。

（3）D 县生活垃圾卫生填埋场地形图。

4. 课程设计内容和要求

（1）收集设计基础资料（包括设计手册、技术规范、相关法律法规），熟悉资料。

（2）熟悉处理工艺流程及填埋作业程序；计算库区总容量和填埋总量。

（3）填埋场主体工程工艺设计计算，计算主体设施的工艺参数，确定主要尺寸。

（4）填埋场配套工程及辅助设施和设备的工艺布置。

（5）编写设计说明书：设计说明书按设计程序编写，包括方案的确定、设计计算、有关设计的简图等内容。课程设计说明书应有封面、目录、前言、正文、小结及参考文献等部分，文字应简洁、通顺，内容正确完整，书写工整，装订成册。

（6）图纸要求：垃圾填埋场平面布置、剖面及主要构筑物工艺图，图件每人 4 张（垃圾填埋场总平面图、垃圾填埋场场地平整剖面图、垃圾填埋场封场图、垃圾填埋场纵剖面图、垃圾填埋场渗滤液处理工艺流程图等任选）；应按比例绘制、标出主要配件、管件及其编号。设计成果除打印外，应交电子文件。

5. 课程设计成果要求

课程设计文本结构：课程设计封面—课程设计题目、摘要、关键词—课程设计目录—课程设计正文

5.1 概述

5.1.1 工程概况

5.1.2 设计原则与范围

（1）填埋场总体布置图。

（2）垃圾填埋场封场图平面图。

（3）垃圾封场堆体断面剖面图（纵、横剖面图）。

（4）垃圾填埋场渗滤液处理工艺流程图。

习题答案

第一章　绪论

1. 填空

(1)《中华人民共和国固体废物污染环境防治法》中把固体废物分为生活垃圾、工业固体废物、危险废物、建筑垃圾和农业固体废物进行分类管理。其中,一个国家固体废物污染控制的有效性主要看危险废物的控制。

(2) 我国控制固体废物污染的基本原则为三化原则,即减量化、资源化和无害化。

2. 名词解释

(1) 固体废物。在生产、生活和其他活动中产生的丧失原有利用价值或者虽未丧失利用价值但被抛弃或者放弃的固态、半固态和置于容器中的气态的物品、物质以及法律、行政法规规定纳入固体废物管理的物品、物质。

(2)《巴塞尔公约》:1989 年 3 月 22 日,联合国环境规划署在瑞士巴塞尔召开的"关于控制危险废物越境转移全球公约全权代表大会"上,通过了一部国际公约《控制危险废物越境转移及其处置巴塞尔公约》,公约中规定控制的有害废物共 45 类。《巴塞尔公约》的主要目标包括:①减少危险废物的产生并促进危险废物的无害环境管理,而无论其处置地点在何处;②限制危险废物的越境转移,除非其转移被认为符合无害环境管理的原则;③在允许越境转移的情况下,实行管制制度。这是一部国际间控制有害废物污染转嫁的法律,我国是签约国之一,需要加强防范,以保证公约在我国疆域内的贯彻实施。

3. 答: ① 时间性:在当前经济技术条件下暂时无使用价值的废物,在发展循环利用技术后可能就是资源。

② 空间性:在此生产过程或此方面可能是暂时无使用价值的,但并非在其他生产过程或其他方面无使用价值。在经济技术落后国家或地区抛弃的废物,在经济技术发达国家和地区可能是宝贵的资源。

③ 分散性:有人类生活的地方就有固体废物的产生。

④ 复杂性:固体废物的种类繁多,往往各种废物混杂在一起,因此,它具有成分复杂性,增加了处理与利用的难度。

⑤ 危害性:固体废物的危害具有潜在性、长期性和灾难性。

⑥ 综合性:固体废物是最具综合性的环境问题,它既是各种污染物质的富集终态,又是土壤、大气、地表水和地下水等的污染源,因此,固体废物的处理处置具有综合性的特征。

4. 答: 淘汰污染严重的落后生产工艺和设备;采用清洁的资源和能源;采用精料;加强生产过程控制,提高管理水平和员工的环保意识;提高产品质量和寿命;发展物质循环利用工艺;进行综合利用;进行无害化处理与处置。

5. 答: 侵占土地,污染土壤,污染水体,污染大气,影响环境卫生。

6. 答: 固体废物污染防治设施与主体工程同时设计、同时施工、同时投入使用。

第二章　固体废物处理技术

1. 填空

(1)容重表示固体废物的干密度。

(2)空隙率是指固体废物的空隙体积与表观体积之比。

（3）压缩比是固体废物<u>压实后</u>与<u>压实前</u>的体积之比。

（4）通常用<u>筛分效率</u>评定筛分设备的分离效率。

（5）重力分选是根据固体废物中不同物质颗粒间的<u>密度差异</u>，在运动介质中利用重力、介质动力和机械力的作用，使颗粒群产生<u>松散分层</u>和<u>迁移分离</u>，从而得到不同密度产品的分选过程。

（6）电选是利用固体废物中各种组分在高压电场中<u>导电性</u>的差异而实现分选的一种方法。

（7）浮选药剂有<u>捕收剂</u>、<u>调整剂</u>、<u>起泡剂</u>。

（8）药剂稳定化是利用化学药剂通过化学反应使有毒有害物质转变为<u>低溶解性</u>、<u>低迁移性</u>及<u>低毒性</u>物质的过程。

（9）评价固化效果的指标有<u>浸出速率</u>、<u>抗压强度</u>、<u>体积变化因数（增容比）</u>。

2. 名词解释

（1）低温破碎技术：利用物料在低温变脆的性能对一些在常温下难以破碎的固体废物进行有效破碎的过程，也可利用不同废物脆化温度的差异在低温下进行选择性破碎。主要用于汽车轮胎的破碎。

（2）湿式破碎技术：利用特制的破碎机将投入机内的含纸垃圾和大量水流一起剧烈搅拌和破碎成为浆液的过程。

3. 答：① 为便于运输和贮存，经破碎减容；

② 为便于分选回收，经破碎达到解体或分选设备的适用粒度范围；

③ 为便于热处理，增加比表面积；

④ 为便于制造建材，满足建材制品对原料的粒度要求；

⑤ 为便于填埋压实，经破碎增加密实度；

⑥ 为保护处理设备，经破碎减小冲击力。

4. 答：压实是一种采用机械方法将固体废物中的空气挤压出来、减少其空隙率以增加其聚集程度的过程。

压实的目的包括：减少体积、增加容重以便于装卸和运输，降低运输成本；制作高密度惰性块料以便于贮存、填埋或作为建筑材料。

5. 答：按介质不同，重力分选分为风力分选、跳汰分选、重介质分选、摇床分选和惯性分选等。

6. 答：对于含 Cd^{2+} 的废物，投加硫酸亚铁和氢氧化钠，并用空气氧化，这时 Cd^{2+} 就和 Fe^{2+}、Fe^{3+} 发生共沉淀而包含于铁氧体中，因而可被永久磁铁吸住，这就克服了氢氧化物胶体粒子难过滤的问题。把 Cd^{2+} 聚集于铁氧体中，使之有可能被永久磁铁吸住，这就是共沉淀法捕集废物中 Cd^{2+} 的原理。

7. 答：在固体废物与水调制的料浆中，加入浮选药剂，并通过空气形成无数细小气泡，使欲选物质颗粒黏附在气泡上，随气泡上浮于料浆表面成为泡沫层，然后刮出回收；不浮的颗粒仍留在料浆内，通过适当处理后废弃。

8. 答：目前常用的固化处理方法主要包括水泥固化、石灰固化、沥青固化、塑性材料固化、有机聚合物固化、自胶结固化、熔融固化（玻璃固化）和陶瓷固化等。

9. 解：加重质的质量：$m = \dfrac{\rho(\rho_c - 1)V}{\rho - 1} = \dfrac{4.4 \times (1.9 - 1) \times 1}{4.4 - 1} = 1.165(\text{kg})$

水的质量：$m_w = V \times 1 - \dfrac{m}{\rho} = \left(1 - \dfrac{1.165}{4.44}\right) = 1 - 0.262 = 0.738(\text{kg})$

悬浮液的浓度：$w = \dfrac{m}{m + m_w} = \dfrac{1.165}{1.165 + 0.738} = 61.2\%$

10. 答： 水泥固化是以水泥为固化剂，将危险废物进行固化的一种处理方法，在用水泥稳定化时，废物被掺入水泥的机体中，水泥与废物中的水分或另外添加的水分发生水化反应后，生成坚硬的水泥固化体。

适用对象：重金属、氧化物、废酸。

优点：① 水泥搅拌、处理技术已相当成熟；

② 对废物中化学性质的变动具有相当的承受力;

③ 可通过控制水泥与废物的比例来弥补固化体的结构缺点,改善其防水性;

④ 无须特殊的设备,处理成本低;

⑤ 废物可直接处理,无须前处理。

缺点:① 废物如含特殊的盐类,会造成固化体破裂;

② 有机物的分解造成裂隙,增加渗透性,降低结构强度;

③ 大量水泥的使用,可增加固化体的体积和质量。

11. 答: 沥青固化是指以沥青类材料作为固化剂,与危险废物在一定的温度、配料比、碱度和搅拌作用下发生皂化反应,使有害物质包容在沥青中并形成稳定固化体。

适用对象:重金属、氧化物、废酸。

优点:① 固化体孔隙率和污染物浸出速率均大大降低;

② 固化体的增容比较小。

缺点:① 需要高温操作,安全性较差;

② 一次性投资费用与运行费用比水泥固化法高;

③ 有时需要对废物进行预先脱水或浓缩。

第三章 危险废物

1. 填空

(1) 危险废物是指列入国家危险废物<u>名录</u>或者根据国家规定的危险废物鉴别<u>标准</u>和鉴别<u>方法</u>认定的具有危险特性的废物。

(2) 当 pH 值大于或等于 <u>12.5</u>,或者小于或等于 <u>2.0</u> 时,则该废物是具有腐蚀性的危险废物。

(3) <u>安全填埋</u>被认为是危险废物的最终处置方法。

(4) 我国 2016 年版《国家危险废物名录》有 <u>46</u> 大类别共 <u>479</u> 种。

(5) <u>深井灌注</u>是将液态废物注入地下与饮用水和矿脉层隔开的可渗透性的岩层中。

(6) 危险废物安全填埋场所采用的防渗材料高密度聚乙烯膜,其渗透系数必须≤1.0×10^{-12} cm/s。

2. 名词解释

危险废物:列入国家危险废物名录或者根据国家规定的危险废物鉴别标准和鉴别方法认定的具有危险特性的废物。

3. 答: 腐蚀性、毒性、易燃性、反应性和感染性。

4. 答: 有感染性、病理性、损伤性、药物性、化学性等五类危险废物。

5. 答: 根据《固体废物浸出毒性浸出方法》和《固体废物浸出毒性测定方法》,低于填埋场控制限值的固体废物可以直接入场填埋,超出限值的必须处理后符合稳定化限值才能进场填埋。另外,禁止填埋医疗废物和与衬层不相容的废物。

6. 答: 回转窑+二燃室+余热锅炉+SNCR 脱硝+烟气急冷+干法脱酸+布袋除尘器去除二噁英除尘+湿法脱酸。

7. 答: 危险废物焚烧处置前必须要进行前处理或特殊处理以达到进炉的要求。焚烧炉的技术性能要达到《危险废物焚烧污染控制标准》(GB18484—2001)规定的指标。焚烧设施必须有前处理系统、尾气净化系统、报警系统和应急处理装置。危险废物焚烧产生的残渣和烟气处理过程中产生的飞灰都属于危险废物,需要按危险废物进行安全处置。焚烧炉排气筒应设置永久样孔,并安装用于采样和测量的设施,排气筒高度要符合相关要求。焚烧炉出口烟气中的氧气含量应为 6%~10%(干气)。焚烧炉运行过程中要始终保证系统处于负压状态,避免有害气体逸出。焚烧炉的设计、建设、试烧测试及投入正常运行运转都必须经环保机构审核同意,并要取得相关执照。

解：

$$4C_6H_5NO_2 + 25O_2 \longrightarrow 24CO_2 + 10H_2O + 2N_2$$

$$2C_6H_5Cl + 14O_2 \longrightarrow 12CO_2 + 4H_2O + 2HCl$$

$$C_6H_5SO_3H + 7O_2 \longrightarrow 6CO_2 + 3H_2O + SO_2$$

需要标况下理论空气：$22.4 \times (25/4 + 14/2 + 7)/0.21 = 2160(L)$

第四章　电子垃圾

1. 填空

(1) 电子垃圾破碎的目的主要是使<u>金属</u>与<u>非金属</u>解离,以便提高物料的分选效率。废弃电路板由<u>玻璃纤维</u>、<u>树脂</u>和<u>金属</u>等多种成分组成,三者层压黏结,破碎解离的难度相对较大,需要采用<u>剪切</u>和<u>冲击</u>联合的破碎方式,即"粗碎＋细碎"模式,破碎的颗粒粒径需要在 <u>1</u> mm 及以下,再通过电选等工艺进行塑料和金属的分离。

(2) 我国《废弃电器电子产品处理目录(2014 年版)》包括电视机、电冰箱、洗衣机、房间空调器及微型计算机等 <u>14</u> 类产品。

2. 答:废弃电子产品俗称"电子垃圾",主要包括各种使用后废弃的电脑、通信设备、电视机、电冰箱、洗衣机等电子电器产品的淘汰品。

3. 答:电子垃圾具有危害性。电子垃圾种类繁多、成分复杂,其中含有多种有毒有害物质,如多氯苯并二噁英同系物、多种重金属及其化合物等。如果随意堆弃填埋、自由回收或采用不当的工艺技术和设备对其进行处理和处置,其中的有毒有害物质就会进入水、土壤和大气,给人类的生存环境及人体健康造成潜在的、长期的危害。

4. 答:电子垃圾通过破碎后一般采用磁选、涡流分选的方法分别获得金属铁、铝。

5. 答:申请废弃电器电子产品处理资格,应当具备下列条件:
① 具备完善的废弃电器电子产品处理设施;
② 具有对不能完全处理的废弃电器电子产品的妥善利用或者处置方案;
③ 具有与所处理的废弃电器电子产品相适应的分拣、包装以及其他设备;
④ 具有相关安全、质量和环境保护的专业技术人员。

第五章　矿业固体废物

1. 填空

(1) 浸矿微生物均为<u>硫杆菌属</u>,都属于<u>化能自养菌</u>,能在较高温度和较强酸性环境中生长。

(2) 化学反应说认为细菌的作用在于生产优良浸出剂 H_2SO_4 和 $Fe_2(SO_4)_3$,金属的溶解则是纯的化学反应过程。

(3) 溶剂浸出动力学过程可以分为<u>外扩散</u>、<u>化学反应</u>、解吸和<u>反扩散</u>四个阶段。

(4) 煤矸石在熔化过程中有三个特征温度:<u>开始变形温度</u>、软化温度及<u>流动温度(熔化温度)</u>,一般以矸石的<u>软化温度</u>作为衡量其熔融性的主要指标。

(5) <u>深地质处置</u>被认为是安全处置高放射性废物最现实可行的方法。

2. 答:矿业废物是"矿业固体废物"的简称,主要指矿山开采过程中产生的剥离物和废石(包括煤矸石),以及洗选过程中排弃的尾矿。

3. 答:为防止废石和尾矿受水冲刷和被风吹扬而扩散污染,可采用下列稳定法:
① 物理法,向细粒尾矿喷水,覆盖石灰和泥土,用树皮、稻草覆盖顶部;
② 植物法,在废石或尾矿堆场上栽种永久性植物;

③ 化学法,利用可与尾矿化合的化学反应剂(水泥、石灰、硅酸钠等),在尾矿表面形成固结硬壳;

④ 土地复原法,在开采后被破坏的土地上,回填废石、尾矿,沉降稳定后,加以平整,覆盖土壤,栽种植物,或建造房屋。

4. 答:(1) 煤矸石的主要来源。

① 露天剥离以及井筒和巷道掘进过程中开凿排出的矸石,占 45%。

② 在采煤和煤巷掘进过程中,煤层中夹有矸石或削下部分煤层底板,使运到地面上的煤炭中含有矸石,占 35%。

③ 煤炭洗选过程中排出的矸石,占 20%。

(2) 煤矸石的成分。

① 矿物组成。按成因类型可将其分为两类:一类是原生矿物,最主要的原生矿物有硅酸盐类、氧化物类、硫化物类和磷酸盐类矿物四类;另一类是次生矿物,按次生矿物的构造和性质可分为三类,即简单盐类、三氧化物类和次生铝硅盐类(黏土矿物)。

② 化学成分。煤矸石中主要的化学成分为 SiO_2、Al_2O_3、Fe_2O_3、CaO、MgO、TiO_2、P_2O_5、K_2O 和 Na_2O 等。

③ 元素组成:煤矸石的主要成分是无机矿物质,其元素组成为氧、硅、铝、铁、钙、镁、钾、钠、钛、钒、钴、镍、硫、磷等。

5. 答:目前采用煤矸石做燃料的工业生产主要有以下四个方面:烧沸腾锅炉、化铁、烧石灰、回收煤炭。

6. 答:煤矸石作为化工原料,主要用于生产无机盐类化工产品。

① 制备无水三氯化铝基本原理。利用煤矸石中的氧化铝与氯气在一定条件下反应来制备无水三氧化铝。具体反应如下:

$$Al_2O_3 + 3C + 3Cl_2 \longrightarrow 2AlCl_3 + 3CO$$

② 制备氢氧化铝、氧化铝基本原理。用煤矸石生产氧化铝一般采用酸析法,即利用硫酸和硫酸铵等的混合溶液溶出矿物,并利用铵明矾极易除杂质的特点去除铁、镁、钾、钠等杂质;加入氨水,进行盐析反应生成 $Al(OH)_3$ 沉淀物,经过滤、去离子洗涤,烘干后得 $Al(OH)_3$ 产品。继续将制备的 $Al(OH)_3$ 产物在活化焙烧炉中进行活化焙烧,温度为 350 ℃、焙烧时间为 1~2 h,脱水后即得 Al_2O_3 产品。

③ 煤矸石制取水玻璃及白炭黑基本原理。煤矸石的主要成分是 Al_2O_3 和 SiO_2,如果将其破碎、焙烧、酸溶(HCl)过滤,那么滤液中的氯化铝经过浓缩、结晶、热解、聚合、固化、干燥等过程,就可制成聚合氯化铝。滤渣中的二氧化硅与氢氧化钠反应,就可制得水玻璃,其反应方程式如下:

$$2NaOH + nSiO_2 \longrightarrow Na_2O + nSiO_2 + H_2O$$

如果将水玻璃与稀盐酸进一步作用,可制得白炭黑。

7. 答:① 从尾矿中回收有用金属和矿物;

② 生产建筑材料;

③ 用尾砂回填矿山采空区;

④ 在尾砂堆积场上覆土造田;

⑤ 用尾砂做微肥。

8. 答:主要有物理法、化学法、植被法、深理法、水覆盖法、综合法。

物理法亦称覆盖法,就是在废石堆和尾矿库的表面经过整理后,用泥土、碎石、砂子、粗粒物料或其他材料进行覆盖。

化学法就是将化学药剂喷洒在废石堆、尾矿库的表面上,使药剂与废石、尾矿表面起化合作用,形成一层固结硬壳,使氡析出率、γ 辐射剂量和铀矿粉尘等得到有效的控制,而且还能起到抗风、防水和空气侵蚀的作用。

植被法就是在对废石堆和尾矿库表面进行简易修整后,栽种各种植物的方法。这种方法不但可以固结废石堆和尾矿库表面,防止粉尘飞扬和水土流失,对降低氢气析出率及 γ 辐射剂量率也能起到一定的作用。

深埋法就是将铀矿山的废石或尾矿深埋在山谷、壕沟、洼地、湖泊、废弃露天坑以及废弃矿井里的方法。

水覆盖法就是将废石或尾矿回填到较深的洼地、湖泊、废弃露天矿坑里,然后再用水进行覆盖。

综合法就是上述几种方法的综合应用。一般来说,先用物理法或化学法固结废石和尾矿表面,然后再覆盖植被、种植农作物或植树造林等。

9. 答:① 氯化焙烧是指废物原料与氯化剂混合,在一定的温度或气氛下进行焙烧,使废物中的有价金属与氯化物发生化学反应,生成可溶性金属氯化物或挥发性气态金属氯化物的过程。如硫酸渣、高钛渣等废物的预处理。例如,用氯化钠处理高钛渣:

$$2NaCl + SiO_2 + H_2O \xrightarrow{\triangle} Na_2SiO_3 + 2HCl$$

$$TiO_2 + 4HCl \longrightarrow TiCl_4 + 2H_2O$$

② 离析焙烧是氯化焙烧的发展,它是在有还原剂存在时,在高于氯化焙烧的温度下进行的,生成的挥发性氯化物再被还原为金属,沉积到还原剂表面的金属再用浮选的方法回收。如铜的回收:

$$2NaCl + SiO_2 + H_2O \xrightarrow{\triangle} Na_2SiO_3 + 2HCl$$

$$2CuO + 2HCl \longrightarrow \frac{2}{3}Cu_3Cl_3 + H_2O + \frac{1}{2}O_2$$

$$C + H_2O \longrightarrow CO + H_2$$

$$Cu_3Cl_3 + 3/2H_2 + C \longrightarrow Cu(C) + 3HCl$$

10. 答:在废物原料中加入硫酸钠、氯化钠、碳酸钠等添加剂进行焙烧,使有价金属与添加剂反应生成可溶性钠盐,再用水浸出焙砂,使有价金属转入溶液而与其他组分分离。如钒渣的加盐焙烧提钒:

尾矿加盐焙烧:$V_2O_5 + Na_2CO_3 \xrightarrow{\triangle} Na_2O \cdot V_2O_5 + CO_2$

之后用水浸出:$2Na_3 \cdot VO_4 + H_2O \longrightarrow Na_4V_2O_7 + 2NaOH$

焦钒酸钠再用 NH_4Cl 沉淀析出无色结晶的偏钒酸铵:

$$Na_4V_2O_7 + 4NH_4Cl \longrightarrow 2NH_4VO_3 \downarrow + 2NH_3 + H_2O + 4NaCl$$

偏钒酸铵再焙烧回收 V_2O_5:

$$2NH_4VO_3 \longrightarrow 2NH_3 + V_2O_5 + H_2O$$

11. 答:微生物浸出是利用微生物新陈代谢过程或代谢产物将废物中目的元素转变为易溶状态并得以分离的过程。

化学反应说认为细菌的作用在于生产优良浸出剂 H_2SO_4 和 $Fe_2(SO_4)_3$,金属的溶解则是纯化学反应过程。

直接作用说认为附着于矿物表面的细菌能通过酶活性直接催化矿物而使矿物氧化分解,并从中直接得到能源和其他矿物营养元素满足自身生长需要。

第六章　工业固体废物

1. 填空

(1) 高炉渣化学成分中的主要**碱性**氧化物之和与**酸性**氧化物之和的比值,称为高炉渣的碱性率或碱度。按冷却方式的不同高炉渣有**水渣**、**重矿渣**、**膨珠(膨胀矿渣)**三种基本类型。钢渣具有活性,是指钢渣中的 $3CaO \cdot SiO_2$、$2CaO \cdot SiO_2$ 等作为活性矿物,具有**水硬胶凝性**。

(2) 钢渣具有不稳定性,是指有游离氧化钙(CaO)和游离氧化镁(MgO),会消解成为氢氧化钙、氢氧化镁,导致钢渣的体积膨胀,可大至一倍。含五氧化二磷(P₂O₅)超过 4% 的钢渣,可直接用作低磷肥料,相当于等量磷的效果。钢渣资源化的首要目标是最大程度上将铁(Fe)从钢渣中提取分选出来,返回炼钢或炼铁,节约资源。

(3) 铬渣干法解毒是将铬渣与无烟煤按一定比例在 800～900 ℃温度下焙烧,将六价铬还原成三价铬。

(4) 废纸回用再生纸的关键程序是脱墨,会产生大量且难处理的作为危险废物的脱墨废渣(脱墨污泥)。

(5) 高强轻质耐火砖是以粉煤灰中选取的空心漂珠为主要原料,经合理配制、高温烧结、精制而成的耐火材料制品。

2. 答:①生产水泥:生产矿渣硅酸盐水泥、普通硅酸盐水泥、石膏矿渣水泥、石灰矿渣水泥、钢渣矿渣水泥;②生产矿渣混凝土;③生产矿渣砖;④矿渣碎石用作基建材料;⑤膨胀矿渣和膨胀矿渣珠做轻骨料;⑥生产矿渣棉;⑦生产微晶玻璃;⑧用作硅肥及土壤改良剂;⑨从含钛高炉渣回收钛。

3. 答:①用作冶金原料,回收钢渣中的铁,用作冶炼溶剂;②用作建筑材料,生产钢渣水泥,生产钢渣微粉混凝土掺合料,用作筑路及回填材料,生产建材制品;③用于农业生产;④用于废水处理。

4. 答:回收金属,用于冶金生产,用作水泥掺合料和矿渣砖,生产铸石制品,生产耐火材料、回收化工原料或用作农肥,用于制备微晶玻璃,用于制备矿渣棉等。

5. 答:化学工业固体废物是指化学工业生产过程中产生的固体、半固体或浆状废弃物,包括化工生产过程中进行化合、分解、合成等化学反应时产生的不合格产品(包括中间产品)、副产物、失效催化剂、废添加剂、未反应的原料及其原料中夹带的杂质等直接从反应装置设备排出的或在产品精制、分离、洗涤时由相应装置排出的工艺废物,同时还包括净化装置排出的粉尘、废水处理产生的污泥、化学品容器和工业垃圾等。

6. 答:①做玻璃着色剂;②用于炼铁;③制砖;④制水泥;⑤生产钙镁磷肥。

7. 答:①在水泥工业中的应用,如工业废石膏水泥缓蚀剂、做水泥矿化剂、磷石膏制硫酸联产水泥等;②在建筑材料中的应用,如用于生产石膏板材和石膏砌块、生产石膏胶凝材料、用作路基或工业填料;③用于改良土壤;④在化肥工业中的应用,如制硫酸铵、制取硫酸钾等。

8. 答:①制矿渣砖;②做水泥添加剂;③提取有色金属;④制铁系颜料;⑤选矿法回收铁精矿。

9. 答:①提取有价元素和矿物;②粉煤灰用作建筑材料,如生产粉煤灰水泥、粉煤灰混凝土、制砖、陶粒、砌块、轻质板材、功能材料等;③筑路回填;④用于农业生产,如用作土壤改良剂、用作农业肥料;⑤在环保方面的应用,如粉煤灰制分子筛、制烟气脱硫剂、用于废水处理。

10. 答:锅炉渣可用来制砖内燃料、做硅酸盐制品的骨架,以及用于筑路或做屋面保温材料等。

11. 答:细度、需水量、活性、烧失量、安定性、玻璃体、游离氧化钙以及抗压强度比等。

12. 答:在高温熔融状态下,铬渣中的六价铬离子与玻璃原料中的酸性氧化物、二氧化硅作用,转化为三价铬离子而分散在玻璃体中,使玻璃呈现墨绿色、绿色、浅绿色;六价铬解毒彻底且稳定性好,资源化程度高;铬渣中的氧化镁、氧化钙等组分可代替玻璃配料中的白云石和石灰石原料,可降低玻璃制品生产的原材料消耗和成本;铬渣能降低玻璃料的熔融温度,缩短熔化时间,节约能源。

13. 答:长期性,呆滞性,间接性,隐蔽性,污染物成分相对固定、单一。

第七章　污泥

1. 填空

(1) 通常含水率在 85% 以上时,污泥呈流态,65%～85% 时呈塑态,低于 60% 时则呈固态。

(2) 污泥中水分的存在形式有表面吸附水、间隙水、毛细结合水和内部水。

(3) 污泥的温差调理包括加热调理和冷冻-融化调理两类。

(4) 在湿式环境中,在 150～375 ℃和自生压力下将生物质转化为可进一步用作燃料、肥料等用途的炭基材料的过程叫水热炭化。

（5）厌氧消化是指在厌氧(无氧)条件下,利用厌氧微生物将复杂的大分子有机物转化成<u>甲烷</u>、<u>二氧化</u><u>碳</u>、无机营养物质和稳定的<u>腐殖质</u>等化合物的生物化学过程。

（6）从沉淀池(初沉池和二沉池)分离出来的沉淀物或悬浮物称为<u>生</u>污泥,经浓缩处理后得到的污泥称为<u>浓缩</u>污泥,经厌氧消化后得到的污泥称为<u>消化</u>污泥。应用自然热源(太阳能)的干化过程称为<u>自然</u>干化;一般干化含水率可降至 75%,强化干化可达 35%。使用人工能源当热源的则称污泥的<u>干燥</u>,仅适用于脱水污泥的后续深度脱水,含水率可降至 20% 以下。含固率 85% 以上称为<u>全干化</u>污泥;含固率在 50% 以上称为<u>半干化</u>污泥。

（7）污泥在厌氧消化过程若 pH 值低于 6.5,<u>甲烷菌</u>将会受到抑制,通常采用减少污泥的加入量或加入<u>石灰</u>来进行调节。根据温度条件的不同,厌氧消化分为常温消化(20 ℃)、<u>中温</u>消化(30～35 ℃)和高温消化(50～55 ℃)。

2. 答:它的主要作用包括:

① 将污泥中的一部分有机物转化为沼气;

② 将污泥中的一部分有机物转化成为稳定性良好的腐殖质;

③ 提高污泥的脱水性能;

④ 使得污泥的体积减小 1/2 以上;

⑤ 使污泥中的致病微生物得到一定程度的灭活,有利于污泥的进一步处理和利用。

3. 答:两段论:

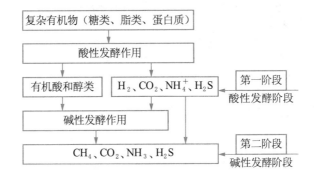

三段论:

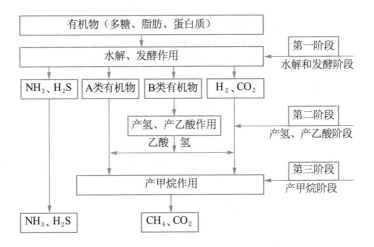

4. 答:污泥体积的变化:

$$终了体积 V_2 = V_1(100-p_1)/(100-p_2) = V_1(100-95)/(100-85) = (1/3) \times V_1$$

污泥浓度的变化:

$$初始浓度 C_1 = 100-p_1 = 5\%,终了浓度 C_2 = 100-p_2 = 15\%$$

污泥重量的变化:终了重量 $W_2 = W_1(100-p_1)/(100-p_2) = W_1(100-95)/(100-85) = (1/3) \times W_1$

5. 污泥的好氧堆肥是指在好氧条件下,利用好氧的嗜温菌、嗜热菌的作用,将污泥中有机物分解,并杀灭传染病菌、寄生虫卵和病毒,提高污泥肥分,产生的肥料用于园艺和农业目的。它是一种无害化、减容化、稳定化的综合处理技术。

6. 答:① 按来源分,污泥主要有生活污水污泥、工业废水污泥和给水污泥。

② 按处理方法和分离过程分,污泥可分为初沉污泥、活性污泥、腐殖污泥和化学污泥。

③ 按污泥的不同产生阶段分,污泥可分为沉淀污泥、生物处理污泥、生污泥、消化污泥、浓缩污泥、脱水干化污泥、干燥污泥。

④ 按污泥的成分和性质分,污泥可分为有机污泥和无机污泥,亲水性污泥和疏水性污泥。

7. 答:重力浓缩法、气浮浓缩法和离心浓缩法三种。

8. 答:① 浓缩系数,即浓缩污泥浓度与入流污泥固体浓度的比值。

② 分流率,即清液流量与入流污泥流量的比值。

③ 固体回收率,即浓缩污泥中固体物总量与入流污泥中固体物总量的比值。

9. 答:污泥好氧消化具有以下优点:

① 对悬浮同体的去除率与厌氧法大致相等;

② 上清液中 BOD 的质量浓度较低,为 10 mg/L 以下;

③ 处理后的产物无臭味,类似腐殖质,肥效较高;

④ 运行安全、管理方便;

⑤ 处理效率高,需要的处理设施体积小,投资较少。

也具有以下缺点:

① 因需供氧,相应的运行费用高;

② 不能产生甲烷气体等有用的副产物;

③ 消化后的污泥的机械脱水性能较差。

10. 答:板框式污泥脱水机、带式压滤脱水机、离心式污泥脱水机、螺旋压榨脱水机、叠氏污泥脱水机。

11. 答:① 污泥堆肥;

② 污泥的土地利用:农田林地利用、用于严重扰动的土地改良;

③ 污泥的建材利用:污泥制砖、污泥制水泥、污泥制生化纤维板、污泥制陶粒等;

④ 其他方面的利用:污泥制动物饲料、污泥做黏结剂、污泥制吸附剂。

12. 答:

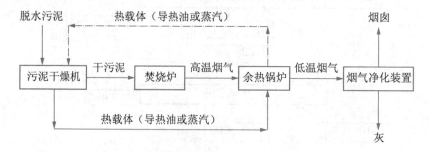

第八章　农业固体废物

1. 填空

（1）对于所有微生物来说,凡是生活时需要氧气的都可以称为<u>好氧微生物</u>,只有在无氧环境中才能生长的称为<u>厌氧微生物</u>,在无氧和有氧的环境中都能生活的统称为<u>兼氧性微生物</u>。

（2）秸秆<u>固化（或压实、致密）</u>成型是指在一定温度与压力作用下,将松散、密度低的生物质材料压制成有一定形状的、密度较大的成型燃料的技术。

（3）青贮饲料属于<u>乳酸菌</u>发酵饲料。

（4）干馏技术主要目的是生产生物质炭。

（5）气化得到的气体产物包含的可燃气体主要是<u>氢气</u>、<u>一氧化碳</u>、二氧化碳、甲烷,副产品主要为焦油和炭粉。

（6）秸秆粉碎技术主要有<u>铡切</u>、击打、<u>揉搓</u>等。

2. 答:有机物含量;含水率;通风和耗氧速率,C/N比;温度;pH酸碱度。

3. 答:一次发酵完成之后,还有少量易分解的和大量难分解的有机物没有降解,进行二次发酵有利于有机物的彻底降解和腐熟。

4. 答:热解温度、固体废物的含水率、热解速度、空气量等。

5. 答:优点:与焚烧相比,操作系统封闭,减容率高,无污染气体排放,几乎所有的重金属颗粒都残留在固体剩余物中,能实现能量的自给和资源的回收。

产物:可燃性气体,液态燃料油焦油,炭黑残渣。

6. 答:木素是一类以苯丙烷单体为骨架,具有网状结构的无定型高分子化合物,在常温下,木素主要部分不溶于任何有机溶剂,属于非晶体,没有熔点但有软化点。当温度为 70～110 ℃时,软化黏合力开始增加;在 200～300 ℃时,软化程度加剧而达到液化,此时加以一定压力,可使其与纤维素紧密黏接,同时与邻近的秸秆颗粒互相交接。这样经过一定形状的成型孔眼,就会形成具有固定形状的压缩成型棒或颗粒燃料。

7. 解:① 计算出堆肥物料 $C_{31}H_{50}NO_{26}$ 千摩尔质量为 852 kg,可计算出参加堆肥过程的有机物物质的量 $=1\,000/852=1.173$（kmol）;

② 堆肥产品 $C_{11}H_{14}NO_4$ 千摩尔质量为 224 kg,可计算出每千摩尔物料参加堆肥过程的残余有机物物质的量 $n=200/(1.173\times224)=0.76$（kmol）;

③ 堆肥过程反应式可表示如下:

$$C_aH_bO_cN_d+0.5\times(ny+2s+r-c)O_2 \longrightarrow C_wH_xN_zO_y+sCO_2+rH_2O+(d-nz)NH_3$$

由已知条件:$a=31$, $b=50$, $c=1$, $d=26$, $w=11$, $x=14$, $y=1$, $z=4$,

$$r=0.5\times[50-0.76\times14-3\times(1-0.76\times1)]=19.32$$

$$s=31-0.76\times11=22.64$$

堆肥所需的氧量:

$$m=0.5\times(0.76\times4+2\times22.64+19.32-26)\times1.173\times32=781.5\text{（kg）}$$

第九章　建筑垃圾

1. 填空

（1）《城市垃圾产生源分类及垃圾排放》将城市垃圾按其产生源分为<u>九大类</u>,<u>建筑垃圾</u>即为在建筑装修场所产生的城市垃圾,通常与<u>工程渣土</u>归为一类,按照来源可分为<u>土地</u>开挖、<u>道路</u>开挖、旧建筑物<u>拆除</u>、建筑施工和建材生产垃圾五类。

（2）在破碎物料时，破碎方法需要根据物料的物理性质、料块的尺寸及需要破碎的程度来确定。对于<u>硬质</u>物料，采用挤压和冲击方式破碎；而对<u>黏性</u>物料，则采用挤压带研磨的方式破碎；对于<u>脆性</u>和<u>软质</u>材料，需要采用劈裂和冲击等方式破碎。

2. 答：建筑垃圾、工程渣土是指建设、施工单位或个人对各类建筑物、构筑物等进行建设、拆迁、修缮及居民装饰房屋过程中所产生的余泥、余渣、泥浆及其他废弃物。建筑垃圾按照来源可分为土地开挖、道路开挖、旧建筑物拆除、建筑施工和建材生产垃圾五类。

3. 答：建筑垃圾属于特殊垃圾，它的处理方式与其他垃圾的处理方式的不同点在于以下四点：

① 排放的单位必须提前向所在地城市环境卫生管理部门申报；

② 必须采取专门方式，单独收集，送往指定的专门垃圾处理处置场进行处理处置，如泥浆类垃圾应在专用的泥浆池中存放，通过吸污车运输；

③ 从收集到处理处置的过程，由经专门培训的人员操作或由专业人员指导进行，严禁在专门处理处置设施外随意混合、焚烧或处置；

④ 建筑垃圾一般为无污染固体，国内一般采取填埋法处理，部分回收利用，少部分进行焚烧。

4. 答：① 计算垃圾中的有机质或容易腐烂的木竹（或容易变形的瓶罐）的大致比例；

② 确定建筑垃圾形体差异大小，判断能否易于压实；

③ 判断垃圾中的异物是否容易清理或处理；

④ 确认回填的具体部位。

5. 答：建筑垃圾受纳场即为建筑垃圾填埋场，受纳场受纳新建、改建和拆除各类建筑物、构筑物、管网以及装修房屋等施工活动中产生的废弃砖瓦、混凝土和建筑余土等建筑废弃物。不得受纳工业垃圾、生活垃圾或者有毒有害、易燃易爆等危险废物，并应采取有效措施防止建筑垃圾污染周围环境。

6. 答：建筑废弃物的资源化利用是指采取有效管理措施和再生技术从建筑废弃物中回收有用的物质和能源。它包括以下三方面的内容：

① 物质回收，即从建筑废弃物中回收一次物质；

② 物质转换，即利用建筑废弃物制取新形态的物质；

③ 能量转换，即从建筑废弃物处理过程中回收能量，生产热能或电能。

第十章　生活垃圾

1. 填空

（1）目前，我国进入了生态文明建设新时代，开启了生活垃圾分类<u>投放</u>、分类收集、分类<u>运输</u>、分类<u>处理</u>的全程"四步走"管理新模式。新的生活垃圾分类方法"四分法"为<u>可回收</u>垃圾、易腐垃圾、有害垃圾和<u>其他</u>垃圾。

（2）生活垃圾的热值是指单位质量的燃料完全燃烧释放出来的热量，燃烧产物水是液态时为<u>高位</u>热值，水是气态时为<u>低位</u>热值，通过氧弹量热计测出的是<u>高位</u>热值。

（3）生活垃圾收运通常需要包括三个阶段：<u>运贮</u>、清运和转运。

（4）<u>黑水虻</u>是腐生性的水虻科昆虫，能够取食禽粪便和厨余垃圾，生产高价值的动物蛋白饲料。

（5）通常认为燃烧混有<u>金属盐</u>的含氯有机物是产生 PCDD/Fs 的主要原因，其中金属起催化剂作用，如氯化铁、氯化铜可以催化 PCDD/Fs 的生成。焚烧过程中温度在 $250 \sim 650$ ℃ 时会生成 PCDD/Fs，且在<u>300</u>℃时生成量最大。

（6）卫生填埋采用天然黏土类防渗衬层，需要天然基础层渗透系数小于 $\underline{1 \times 10^{-7}}$ cm/s，且其场地及四壁衬里厚度要大于<u>2</u> m。

2. 答：生活垃圾收运通常需要包括三个阶段。

第一阶段是从垃圾发生源到垃圾桶的过程,即搬运与贮存(简称运贮)。

第二阶段是垃圾的清除(简称清运),通常指垃圾的近距离运输。清运车辆沿一定路线收集清除贮存设施(容器)中的垃圾,并运至垃圾转运站,有时也可就近直接送至垃圾处理处置场。

第三阶段为转运,特指垃圾的远距离运输,即在转运站将垃圾转载至大容量运输工具上,运往远处的处理处置场。

3. 答:高水含量(约70%),高有机物含量(约80%)/干重,高油脂含量(1%~5%),高盐含量(约0.1%),易腐烂,营养元素丰富(碳氮比10:1~30:1,粗蛋白约占干物质量的15%)。

资源化途径:养殖黑水虻、水热炭化制备水热炭、发酵产沼气。

4. 答:焚烧是有机废物在有氧条件下高温分解和深度氧化的处理过程,而热解是将有机物在无氧或缺氧状态下加热,使之成为气态、液态或固态可燃物质的化学分解过程;焚烧是一个放热反应,而热解是吸热反应;焚烧的产物是二氧化碳和水,产生的热能一般可以就近利用,热解的产物是热解气、热解油和生物炭等资源物质,可以存储或远距离运输。与焚烧相比,热解的主要特点是:热解转化的产物是物质资源;热解是在密闭条件下进行的,其气态产物为可利用资源,对大气环境的二次污染小;废物中的硫、重金属等有害成分大部分被固定在生物炭中;由于热解过程保持还原条件,高价态的重金属以低价态存在,降低毒性;NO_x 的产生量少。

5. 答:

(a) PCDDs,多氯代二苯并-对-二噁英   (b) PCDFs,多氯代二苯并呋喃

6. 答:① 控制来源:通过废物分类收集,加强资源回收,避免含 PCDDs/PCDFs 物质及含氯成分高的物质(如 PVC 塑料等)进入垃圾中。

② 减少炉内形成:焚烧炉燃烧室保持足够的燃烧温度及气体停留时间,确保废气中具有适当的氧含量(最好在 6%~12%)。

③ 避免炉外低温再合成:将从焚烧炉出来的烟气的温度在短时间内骤降至 150 ℃以下,以确保有效遏止二噁英的再生成。

7. 答:

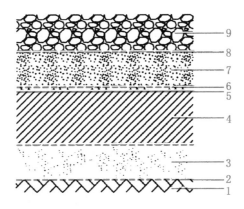

1—基础层;2—反滤层(可选择层);3—地下水导流层(可选择层);4—防渗及膜下保护层;5—膜防渗层;6—膜上保护层;7—渗沥液导流层;8—反滤层;9—垃圾层

8. 答:① 污染物种类多;

② 有机污染物浓度高:渗滤液 COD 浓度可高达 10 万 mg/L;

③ 氨氮浓度高:高达 10 000 mg/L;

④ 色度高:初期黑色,后期褐色;

⑤ 水质随时间(季节、填埋后时间)变化;

⑥ 运行方式对其影响很大;

⑦ 与污水相比,水质、水量变化较大,营养比例失调,氨氮含量过高,重金属含量高。

9. 答:目前,我国新的生活垃圾分类方法"四分法"为可回收垃圾、易腐垃圾、有害垃圾和其他垃圾。

10. 答:集中收集和贮存来源分散的各种固体废物;对各种废物进行适当的预处理;降低运输成本;降低收集成本(尽量减少垃圾装车人员的空载)。设立中转站进行垃圾的转运,其突出的优点是可以更有效地利用人力和物力,使垃圾收集车更好地发挥其效益,也使大载重量运输工具能经济而有效地进行长距离运输。

图书在版编目(CIP)数据

固体废物处理与处置/杨治广主编. —上海:复旦大学出版社,2020.9
(复旦卓越.环境管理系列)
ISBN 978-7-309-15206-7

Ⅰ.①固… Ⅱ.①杨… Ⅲ.①固体废物处理-高等学校-教材 Ⅳ.①X705

中国版本图书馆 CIP 数据核字(2020)第 134502 号

固体废物处理与处置
杨治广 主编
责任编辑/戚雅斯

复旦大学出版社有限公司出版发行
上海市国权路 579 号 邮编:200433
网址:fupnet@ fudanpress.com http://www.fudanpress.com
门市零售:86-21-65102580 团体订购:86-21-65104505
外埠邮购:86-21-65642846 出版部电话:86-21-65642845
常熟市华顺印刷有限公司

开本 787×1092 1/16 印张 26.75 字数 551 千
2020 年 9 月第 1 版第 1 次印刷

ISBN 978-7-309-15206-7/X·34
定价:68.00 元